石油工程技能培训系列教材

测井工

李军　主编

中国石化出版社

内 容 提 要

《测井工》为《石油工程技能培训系列教材》之一。本教材以测井设备和测井工艺为主线，综合阐述了测井专业理论知识、裸眼井测井、套管井测井仪器的结构及原理，并充分结合现场施工，规范了测井设备操作步骤和施工流程，明确了技术要求和注意事项，着重突出实操性和规范性。

本教材为测井技能操作人员技能培训必备教材，也可作为相关专业大中专院校师生的参考教材。

图书在版编目（CIP）数据

测井工 / 李军主编． —北京：中国石化出版社，2023.8

ISBN 978-7-5114-7178-9

Ⅰ．①测… Ⅱ．①李… Ⅲ．①测井 Ⅳ．① P631.8

中国国家版本馆 CIP 数据核字（2023）第 134347 号

中国石化出版社出版发行

地址：北京市东城区安定门外大街58号

邮编：100011 电话：（010）57512500

发行部电话：（010）57512575

http：//www. sinopec-press. com

E-mail：press@ sinopec. com

北京富泰印刷有限责任公司印刷

全国各地新华书店经销

*

787 毫米 ×1092 毫米 16 开本 18.5 印张 464 千字

2023 年 9 月第 1 版 2023 年 9 月第 1 次印刷

定价：78.00 元

《石油工程技能培训系列教材》编写工作指导委员会

测录井专业教材编写分委会

主　任：吴柏志

副主任：马艳杰　潘　军　张　波　慈兴华
　　　　许利辉

成　员：董经利　张晋言　李油建　李　迅
　　　　饶海涛　王　斌　郭同政　郭云峰
　　　　张多文

《测井工》编审人员

主　编：李　军

编　写：孙立彬　孙建军　谢金平　白玉印

刘化友　张志华　侯　斌　陈新生

冷洪涛　李剑峰

审　稿：马清明　董经利　张晋言　臧德福

王金茂　王绍刚

序

PREFACE

习近平总书记指出："石油能源建设对我们国家意义重大，中国作为制造业大国，要发展实体经济，能源的饭碗必须端在自己手里。"党的二十大报告强调："深入推进能源革命，加大油气资源勘探开发和增储上产力度，确保能源安全。"石油工程是油气产业链上不可或缺的重要一环，是找油找气的先锋队、油气增储上产的主力军，是保障国家能源安全的重要战略支撑力量。随着我国油气勘探开发向深地、深海、超高温、超高压、非常规等复杂领域迈进，超深井、超长水平段、非常规等施工项目持续增加，对石油工程企业的核心支撑保障能力和员工队伍的技能素质提出了新的更高要求。

石油工程企业要切实履行好"服务油气勘探开发、保障国家能源安全"的核心职责，在建设世界一流、推进高质量发展中不断提高核心竞争力和核心功能，迫切需要加快培养造就一支高素质、专业化的石油工程产业大军，拥有一大批熟练掌握操作要领、善于解决现场复杂疑难问题、勇于革新创造的能工巧匠。

我们组织编写的《石油工程技能培训系列教材》，立足支撑国家油气产业发展战略所需，贯彻中国石化集团公司人才强企战略部署，把准石油工程行业现状与发展趋势，符合当前及今后一段时期石油工程产业大军技能素养提升的需求。这套教材的编审人员集合了中国石化集团公司石油工程领域的高层次专家、技能大师，注重遵循国家相关行业标准规范要求，坚持理论与实操相结合，既重理论基础，更重实际操作，深入分析提炼了系统内各企业的先进做法，涵盖了各相关专业（工种）的主要标准化操作流程和技能要领，具有较强的系统性、科学性、规范性、实用性。相信该套教材的出版发行，能够对推动中国石化乃至全国石油工程产业队伍建设和油气行业高质量发展产生积极影响。

匠心铸就梦想，技能成就未来。希望生产一线广大干部员工和各方面读者充分运用好这套教材，持续提升能力素质和操作水平，在新时代新征程中奋发有为、建功立业。希望这套教材能够在实践中不断丰富、完善，更好地助力培养石油工程新型产业大军，为保障油气勘探开发和国家能源安全作出不懈努力和贡献！

中石化石油工程技术服务股份有限公司

董事长、党委书记

2023 年 9 月

前言

FOREWORD

技能是强国之基、立业之本。技能人才是支撑中国制造、中国创造的重要力量。石油工程企业要高效履行保障油气勘探开发和国家能源安全的核心职责，必须努力打造谋求自身高质量发展的竞争优势和坚实基础，必须突出抓好技能操作队伍的素质提升，努力培养造就一支技能素养和意志作风过得硬的石油工程产业大军。

石油工程产业具有点多线长面广、资金技术劳动密集、专业工种门类与作业工序繁多、不可预见因素多及安全风险挑战大等特点。着眼抓实石油工程一线员工的技能培训工作，石油工程企业及相关高等职业院校等不同层面，普遍期盼能够有一套体系框架科学合理、理论与实操结合紧密、贴近一线生产实际、具有解决实操难题“窍门”的石油工程技能培训系列教材。

在中国石化集团公司对石油工程业务进行专业化整合重组、中国石化石油工程公司成立10周年之际，我们精心组织编写了该套《石油工程技能培训系列教材》。编写工作自2022年7月正式启动，历时一年多，经过深入研讨、精心编纂、反复审校，于今年9月付梓出版。该套教材涵盖物探、钻井、测录井、井下特种作业等专业领域的主要职业（工种），共计13册。主要适用于石油工程企业及相关油田企业的基层一线及其他相关员工，作为岗位练兵、技能认定、业务竞赛及其他各类技能培训的基本教材，也可作为石油工程高等职业院校的参考教材。

在编写过程中，坚持“系统性与科学性、针对性与适用性、规范性与易读性”相统一。在系统性与科学性上，注重体系完整，整体框架结构清晰，符合内在逻辑规律，其中《石油工程基础》与其他12册教材既相互衔接又各有侧重，整套教材紧贴技术前沿和现场实践，体现近年来新工艺新设备的推广，反映旋转导向、带压作业等新技术的应用等。在针对性与适用性上，既有物探、钻井、测录井、井下特种作业等专业领域基础性、通用性方面的内容，也凝练了各企业、各工区近年来摸索总结的优秀操作方法和独门诀窍，紧贴一线操作实际。在规范性与易读性上，注重明确现场操作标准步骤方法，保持体例格式规范统一，内容通俗易懂、易学易练，形式喜闻乐见、寓教于乐，语言流畅简练，符合一线员工“口味”。每章末尾还设有“二维码”，通过扫码可以获取思维导图、思考题答案、最新修订情况等增值内容，助力读者高效学习。

为编好本套教材，中国石化石油工程公司专门成立了由公司主要领导担任主任、班子成员及各所属企业主要领导组成的教材编写工作指导委员会，日常组织协调工作由公司人力资源部牵头负责，各相关业务部门及各所属企业人力资源部门协同配合。从全系统各条战线遴选了中华技能大奖、全国技术能手、中国石化技能大师获得者等担任主编，并精选业务能力强、现场经验丰富的高层次专家和业务骨干共同组成编审团队。承担13本教材具体编写任务的牵头单位如下：《石油工程基础》《石油钻井工》《石油钻井液工》《钻井柴油机工》《修井作业》《压裂酸化作业》《带压作业》等7本由胜利石油工程公司负责，《石油地震勘探工》和《石油勘探测量工》由地球物理公司负责，《测井工》和《综合录井工》由经纬公司负责，《连续油管作业》由江汉石油工程公司负责，《试油（气）作业》由西南石油工程公司负责。本套教材编写与印刷出版过程中得到了中国石化总部人力资源部、油田事业部、健康安全环保管理部等部门和中国石化出版社的悉心指导与大力支持。在此，向所有参与策划、编写、审校等工作人员的辛勤付出表示衷心的感谢！

编辑出版《石油工程技能培训系列教材》是一项系统工程，受编写时间、占有资料和自身能力所限，书中难免有疏漏之处，敬请多提宝贵意见。

编委会办公室

2023年9月

目录

CONTENTS

第一章

测井概述

测井，也称为地球物理测井，其原理就是采用声、电、核、磁等物理测量方法，应用电子及计算机等技术，利用下井仪器沿着井筒连续记录随深度变化的地层参数形成测井曲线，通过测井资料解释与评价，得到地层的岩性、孔隙度、渗透率及含油饱和度等参数，来识别地下的岩层，划分油、气、水层、煤层、金属矿床等。测井技术作为石油勘探、开发必不可少的一个工程环节，在石油勘探开发中发挥着越来越重要的作用。

第一节　发展历程

石油测井技术起源于1921年，法国巴黎矿业学院第一次进行了人工电场测量，1927年法国斯伦贝谢公司成功测出了第一条电阻率曲线，标志着在井眼内进行地球物理测井的技术的诞生。我国的测井工作始于1939年，著名地球物理学家翁文波先生在四川巴县石油沟1号井用1m电位电极系成功测得第一条电阻率曲线，继而发展了手摇绞车点测仪。石油测井技术是随着钻井采油的发展而发展的，测井技术的发展可分为以下四个阶段。

模拟测井（1964年以前）。在1927年测井问世以后，将电、声、核、磁等各个领域内的理论和技术广泛应用于测井，研制出多项测井技术。1931~1956年，自然电位、自然伽马、感应、密度、三侧向、七侧向、声波、中子伽马等测井技术相继诞生。至1964年，用于地层评价的常规测井系列基本齐备。在这一时期，地面记录主要采用检流计光点照相记录仪。国内典型的测井系统为西安石油仪器厂的JD581测井系统。

数字测井（1965~1972年）。1965年，法国斯伦贝谢公司首次用“车载数字转换器”记录数字化测井数据，数字测井时代开始。数字记录的测井资料便于计算机处理，测井解释由单井向多井发展，测井资料的应用由单井地层评价向油（气）藏静态描述发展。这一阶段典型的测井系统为阿特拉斯的3600测井系统、西安石油仪器厂的83系列等测井系统。

数控测井（1973~1990年）。1973年，第一次在现场用现代计算机记录和处理数据，数控测井时代开始。数控测井地面采集仪器能完成对下井仪器测量数据的采集和实时记录，并能在井场进行快速直观分析。这一阶段测井系统的主要代表为斯伦贝谢CSU测井系统、阿特拉斯CLS-3700测井系统、西安石油仪器厂SKC-3700测井系统和胜利测井公司SL3000型数控测井系统。

成像测井（1980年以后）。1986年，第一种成像测井仪器（微电阻率扫描成像测井仪）问世，测量图像由传统的测井曲线变成二维或三维图像，为裂缝识别和评价提供了全新的手段。先后出现了声成像、电成像、核磁共振测井仪、阵列感应测井仪、多极子阵列声波测井仪等。这一阶段的测井系统的代表为贝克休斯ECLIPS-5700、哈里伯顿EXCELL-2000、斯伦贝谢MAXIS-500、胜利测井公司SL-6000型高分辨率多任务测井系统和西安石油仪器厂 ERA-2000 成像测井系统。经过十多年发展，目前成像测井在测井系统、下井仪器、数据传输和资料处理解释方面都得到较大发展，测量项目逐渐增多。成像测井资料广泛应用于确定地层倾角、探测裂缝、断层定位、孔洞定位、岩心归位和定向，描述薄层/薄互层、地层各向异性和非均质性等，进行沉积相分析以及其他地质和工程应用。成像测井使油藏描述更加准确，提高了复杂油气藏的勘探和开发效益。

第二节 测井方法与工艺

一 裸眼井测井

裸眼井测井是在未下套管的裸眼井中，充满钻井液或其他流体时所进行的测井作业，主要测井项目有以下几类。

电法测井：以岩石的导电性质为基础的测井方法。包括感应测井（双感应、高分辨率感应、阵列感应等）、侧向测井（八侧向、双侧向、阵列侧向、微球型聚焦等）、普通电阻率测井（微电极、4m 底部梯度、2.5m 底部梯度等）、自然电位测井。

声波测井：以岩石的声学性质为基础的测井方法。包括补偿声波（数字声波）、多极子阵列声波、声波远探测等。

核测井：以岩石的原子物理及核物理性质为基础的测井方法。包括自然伽马、自然伽马能谱、补偿中子、岩性密度等。

工程测井：测量井身结构等参数的测井方法。包括井径、井温、倾角、方位等。

成像测井：测量并对井壁和井周围介质进行物理参数成像的测井方法。包括微电阻率扫描成像、超声波成像，核磁共振等。

其他测井：地层压力测试、地层倾角、井壁取心等。

二 套管井测井

套管井测井是指油气井完井后及其整个生产过程中所进行的一系列测井工作。根据测井目的和测量对象的不同，套管井测井主要包括以下三大类：

注入产出剖面测井：测量生产井的注入剖面和产出剖面，评价生产效率。包括流量、流体密度、持水率、持气率、磁定位、自然伽马、温度、压力等。

剩余油饱和度测井：测量储层剩余油（气）饱和度、渗透率等地层参数。包括中子寿命、脉冲中子 – 中子、地层元素、碳氧比、过套管电阻率等。

工程测井：测量井身结构、套管的技术状况、固井水泥胶结质量等。包括声幅、变密度、扇区水泥胶结、自然伽马、陀螺、多臂井径、电磁探伤、超声波成像、噪声测井等。

三 施工工艺简介

①电缆测井技术。是应用时间最早、应用时间最长、应用范围最广的测井工艺。其原理是利用测井电缆给下井仪器供电并控制下井仪器工作状态，同时将测井数据信息传输到地面操作系统，完成数据的采集和存储。随着钻井工艺的不断发展进步，大斜度井、长位移井、水平井等复杂井出现，电缆测井工艺已经不能适应目前的井筒条件，水平井测井技术应运而生。现在的水平井测井方法主要有钻具输送电缆测井、挠性油管输送测井、存储式测井及随钻测井等。

②钻具输送电缆测井。是一种常用的测井工艺，测井仪器和湿接头的快速接头连接在钻杆的底部，随同钻杆下至井内预定深度，湿接头的泵下接头由电缆通过钻具水眼下至井内预定深度，实现湿接头的泵下接头与快速接头在井下机械连接，由钻具推送下井仪器实现测井。这种测井方法具有施工简便、安全，测井时效高，测井资料质量好等优点，但存在下钻过程中仪器遇阻受压损坏的风险。

③存储式测井。是在测井过程中将测井数据存储在下井仪器内，测井操作系统同时记录时间、深度数据，测井完毕后存储数据与时深数据匹配形成测井曲线文件。输送测井仪器到井内的方法一般有钻具（油管）输送、连续油管输送和电缆在钻具内输送等方法。存储式测井技术可有效解决复杂井况测井问题及大斜度井和长位移水平井测井施工难题，提升了测井作业安全性和时效性，使测井现场施工技术有了大幅度提升。

④钻具输送泵出存储式测井。是将测井仪器悬挂在专用的保护钻具内随钻具入井，测井仪器被运送到目的层后，通过释放器将仪器泵送至裸眼井段，测井仪器开始工作，起钻的同时按照预定的工作模式进行数据采集和存储。仪器所需要的电能由井下电池提供。测量完毕后，下井仪器随钻具上提到井口，完成测井作业。

⑤直推存储式测井。是将测井仪器通过过渡短节直接连接在钻具（油管）底部，使用钻具（油管）传输至测量井段，随钻具下放、上提完成两次测井资料采集，并将测井数据存储在下井仪器内部，无须测井电缆，一次下井可完成所有测井项目。

⑥过钻头测井。是在钻具下面连接专用开孔钻头，将钻具下放至目的层段底部后，利用测井电缆牵引或泥浆泵送的方式，将测井仪器从钻具水眼内输送至裸眼井段，仪器挂接在钻具底部的悬挂短节中，起出电缆后，起钻进行测井，进行数据采集并将数据存储在下井仪器内部。

⑦随钻测井。是将随钻测井仪器连接在钻具和钻头之间，在钻开地层的同时，将测量的地层参数转变为钻井液压力脉冲，随钻井液循环传送到地面，通过泥浆实时测量地层信息和上传测井数据的一种测井技术。旋转导向系统（RSS）是在钻柱旋转钻进时，随钻实时完成导向功能的一种导向式钻井系统，是20世纪90年代以来定向钻井技术的重大变革。RSS钻进时具有摩阻与扭阻小、钻速高、成本低、建井周期短、井眼轨迹平滑、易调控并可延长水平段长度等特点，被认为是现代导向钻井技术的发展方向。

第三节　测井流程

一、施工设计

测井施工设计的目的是确保油气勘探开发与生产中测井资料的有效应用，采集作业顺利实施以及资料质量可靠控制。测井设计是技术服务者在作业过程中必须遵循的准则，是实施测井监督的基本依据，也是取准取全测井资料，成功进行油气层识别和油气藏评价的保障。因此，必须按照科学、适用和可操作性的原则编制测井施工设计。

（一）基本原则

测井施工设计的基本原则也是测井设计过程中应遵循的一般准则，包括以下主要内容：

①测井设计应在钻井地质设计的基础上，参考钻井工程设计编写，并要遵守国家及当地政府有关法律、法规和条例。

②设计的目的是针对地质特点选择适用、先进、经济、安全的测井系列和测井项目，来解决地质、工程问题。

③所有井都要做测井设计。

④测井仪器系列的选择要考虑区块测井项目的完整性、一致性和可对比性。原则上一次测井仪器不超过两种测井系列，同一区块上仪器系列尽量保持稳定。

⑤设计按格式完成，各油气田公司可根据具体情况在保留设计内容和格式完整的基础上增加设计内容。

⑥因工程、地质等因素确需变更设计时，由原设计单位修正，主管领导批准后实施。

⑦编写所用测井符号及术语应执行 SY/T 6139—2005《石油测井专业词汇》和 SY/T 5254—2016《测井数据处理符号》。

（二）设计内容

不同的油气田公司，不同井的测井设计的具体内容可能存在一定的差异，但测井设计的格式和基本内容基本相同，具体包括以下内容。

1. 设计依据

测井设计的依据主要是该井的地质设计、钻井工程设计、该区前期研究成果、邻井钻探成果与测井资料，以及有关的技术规范及技术法规。

2. 基础数据

（1）基本数据

以表格形式提供井名、井别、井型、地面海拔、设计井深、完井层位、地理位置、构造位置、井位坐标 9 项井位基础数据。井别是指探井、评价井或开发井等，井型是指直井、水平井或大斜度井等。

（2）井身结构

依据钻井设计，以表格形式按钻井开次顺序依次填写各钻开井段的钻头程序、套管程序、钻井液参数及水泥返高等。

井斜数据表中应包含钻井工程设计的井斜角、方位角、垂深、水平位移以及狗腿度等数据。

（3）钻探目的及层位

应简明扼要地介绍目标井的钻探目的。预探井主要介绍该井对于区块认识和勘探发现的意义，评价井介绍该井对于油气藏深化评价的意义，进一步落实储层、含油气面积和储量的意义。两者均要简述主要钻探目的层位和钻探层位。

（4）钻遇地层信息

以表格形式提供所钻遇地层层系或层组及其代号、地层底界深度、厚度、岩性描述、含油性情况以及对于特殊情况的提示。

（5）地层压力及钻井液参数

依据钻井设计，以表格形式按钻井开次顺序依次填写各钻开井段的地层预测压力以及钻井液参数。

（6）邻井相关信息

应提供邻井钻探过程中工程施工信息，特别是应包括异常复杂井段的钻井信息。提供邻井主要目的层的录井显示信息，对邻井在测井过程中所遇到的特殊情况及其处理方法与过程加以说明，并对邻井测井系列及测井项目的适应性、实用性进行相应评价。

3. 测井资料采集

（1）采集系列设计

根据每次测井的测井性质、需求、测井项目组合及质量要求综合选择测井系列。根据测井地质、工程要求及要解决的问题在考虑适用、先进、经济和安全的前提下优选测井项目。用表格的形式详述测井装备、测井项目、测量井段、模式和采集参数。提供地质、工程条件变化时的应急措施。

（2）测井作业难点分析及应对措施

根据了解的钻井井史、复杂情况、邻井测井情况结合选定的测井系列和施工方式，有针对性地分析作业存在的风险和难点，并制定相应的措施。

（3）测井环境要求

根据测井系列及测井仪器的性能指标提出测井环境要求，主要包括井眼尺寸、钻井液矿化度、加重材料及其他添加材料的性能要求。对达不到环境要求可能产生的测井质量及工程问题进行分析及提示。

（4）测井施工方案

主要包括测井作业顺序、组合方式、特殊测井项目的测量模式及测量参数设计。对于重点井和特殊井（如复杂地质条件井、复杂工程条件井、海上井和水平井等）的测井采集，应要求与之配套的处理特殊情况的仪器备份和辅助工具。

4.HSE 要求

执行 SY/T 5726—2018《石油测井作业安全规范》、SY/T 5600—2016《石油电缆测井作业技术规范》、SY/T 5692—2016《电缆式地层测试器作业技术规范》、SY/T 5361—2014《电缆测井仪器打捞技术规范》和相关石油工程 HSE 标准。

5. 井控要求

应包括现场应急小组、表格形式列举井控设备、消防及防爆设备、井控作业要求、井场示意图等内容。

6. 应急处置方案

包括应急响应程序、井控事件应急处置方案、交通安全应急处置方案、人身伤害应急处置方案、放射性安全生产应急处置方案及应急联络通讯录。

7. 测井施工设计内容

根据不同的井别编制相应的施工设计书。

二 施工流程

（一）生产准备

①测井队队长到生产管理部门领取《测井通知单》，组织本队人员做好井下生产准备。对特殊作业井按照《作业管理程序》提前编写施工设计，并进行逐级审批。

②仪修人员按维修规程对下井仪器进行维护保养，确保下井仪器处于完好状态；对于重点井使用的下井仪器须强制保养，必要时做高温、高压试验，确保下井仪器工作正常。

③施工队按要求进行下井仪器刻度标定、张力计校准、电缆抗拉力试验、电缆深度标定等工作。施工队达不到技术要求的，不予安排生产任务。

④操作工程师对地面测井系统和下井仪器进行检查，确保地面测井系统工作正常、下井仪器符合规定指标，并做好万用表、兆欧表等相关测量器具的准备。

⑤ 地面操作手对测井辅助设备、工具等进行检查，确保电缆、滑轮、张力计、鱼雷、马笼头、拉力棒等辅助设备和工具满足安全使用要求。

⑥驾驶员做好施工车辆的清洁和检修，保持良好的车容、车况，并填写设备运转记录。

⑦对于有防喷要求或有毒有害气体防护要求的作业井，应准备相应设备，必要时进行演练。

⑧对于远离基地的作业井，准备下井仪器打捞工具。

⑨队长对各岗位准备工作进行检查确认，发现问题及时整改，填写《测井生产准备记录》，上交本单位生产管理部门。

⑩施工单位生产管理部门对测井队生产准备工作进行抽查，填写《生产准备抽查记录》。未能完成生产准备工作的测井队，责令其重新准备或不安排施工任务。

⑪现场质量检验员或操作工程师根据测井项目需要到资料解释单位借取相关资料。

⑫护源工凭《领取放射源通知单》办理放射源领取手续，对放射源专用工具、放射性监测仪和放射性防护用品等进行检查，并全程监控放射源。

⑬从事海洋、滩海陆岸施工的测井队出发前应接受安全管理人员的安全教育，填写《出海（含滩海陆岸）人员登记表》。

⑭出行车辆接受安全管理人员检查，合格后方可出车。

⑮车辆驾驶员执行《交通安全管理程序》，行驶过程中按规定路线队车行驶，途中应对测井设备采取保护措施，并由护源工押运和看护放射源。

⑯队长安排人员押车，押车人员协助司机观察路况，提醒司机控制车速，保证安全。海洋设备在陆地及海上运输时要求专人押运、全程监控。

⑰海洋小队穿戴救生服乘船、上下平台，救生服要求妥善保管。

⑱海洋设备在运输过程中，必须固定，防止滑落、丢失或被盗等。危险品箱应配置合适的浮标。

⑲出海及从事滩海陆岸施工人员应取得相关有效证件。

（二）施工前准备

①队长向地质人员、钻井技术人员等相关方了解作业井的情况，包括作业井的基本信息、钻井过程中遇到的特殊情况以及其他需要注意的事项。

②队长向井队提出施工配合要求和注意事项，包括：井场空间满足测井施工要求，指定人员配合测井作业，电缆运行过程中严禁跨越或触摸电缆，不得进行影响测井施工的交叉作业，如电焊、跨电缆吊装、动大钩、动方钻盘、动气葫芦等，井场照明符合施工要求，提供清洗电缆的气源，提供并协助接通外引电源，无关人员应处在安全距离（警示带）之外，在海洋平台，提供测井设备的安全存放场所，井队动力、大绳、链条、刹车等处于完好状态，井队在遇到可能影响测井作业的特殊情况（如井喷、应急演练等）要及时与测井队负责人沟通。

③队长进行风险分析，识别危害因素，制定相应的控制和预防措施，向本队人员提出施工要求和注意事项，并填写《施工前沟通会记录》。

（三）施工过程

①合理摆放绞车，打好掩木，固定好拖撬。

②设置警示标志，圈闭作业区域。

③绞车驾驶员将动力开关切换到绞车位置，其他开关置于安全位置。

④操作工程师连接车辆接地线，确保接地良好。

⑤操作工程师启动发电机。如需要外引电源时，由钻井方安排有电气操作资质的人员接电源线。

⑥操作工程师启动地面测井系统，录入并检查有关数据、检查存贮空间，做好资料备份准备。

⑦施工现场应严格按标准化施工，正确进行仪器搬运及装卸，合理吊升下井仪器。绞车运行过程中，严禁维修机械转动设备；海洋小队人员在海洋平台期间严禁到平台边缘活动。

⑧地面操作手在井队人员的配合下进行井口设备的安装和固定。张力计应连接在天滑轮顶端，特殊情况下，可以连接在地滑轮上；合理连接布放各种地面连线；按操作工程师指令连接下井仪器。

⑨操作工程师按相关操作规程刻度和校验下井仪器。

⑩下井仪器刻度和校验合格后，操作工程师通知地面操作手和绞车操作手将下井仪器下入井中。

⑪在地面与井口之间上提或下放仪器时，应先在仪器末端系好牵引绳。

⑫马笼头与下井仪器硬连接吊装时，应使用鹅颈管（鹅脖子），鹅颈管（鹅脖子）横杆

长度不小于 50cm；马笼头与下井仪器软连接吊装时，U 形卸扣和仪器提升帽应牢固可靠。

⑬使用卡盘在井口垂直组装和拆卸仪器。

⑭绞车操作手按绞车操作有关管理规定操作绞车。

⑮在井口组装拆卸仪器时，必须使用井口封布封盖井口；装卸放射源时，必须使用安全防护盖板和井口封布封盖井口。

⑯施工过程中，队长应安排人员在井口全程坐岗，及时处理井口出现的施工问题。

⑰电缆运行时，绞车后严禁站人，严禁触摸和跨越电缆。

⑱仪器井口对零时，绞车操作手必须观察张力显示是否与仪器串重量一致，确定张力系统的准确性。

⑲套管内电缆运行速度不大于 6000m/h，裸眼内电缆运行速度不大于 4000m/h。距井底 200m 停止下放电缆，上提仪器，记录正常张力数值，然后以不大于 600m/h 速度下放电缆至井底。

⑳下井仪器下放和上提过程中，操作工程师应注意观察遇阻、遇卡现象及仪器工作状态，有异常时应及时提示绞车操作手。

㉑绞车操作手应注意观察电缆张力变化及绞车各仪表、指示灯、井口及电缆清洁情况。

㉒下井仪器下放过程中，发生遇阻应记录遇阻曲线，通知现场甲方监督、井队负责人，协商处理；同一深度连续遇阻三次或有遇卡现象，要求通井处理。

㉓仪器上测时，每 500m 要调整一次绞车扭矩：减小扭矩至绞车停止，然后增大扭矩至绞车启动后，再顺时针增加半圈。上提仪器距井口 100m 时，应及时调整绞车扭矩：减小扭矩至绞车停止，然后增大扭矩至绞车启动后，再顺时针增加 1/3 圈。

㉔下井仪器上提至距井口 500m 时，绞车操作手应减速上提测井仪器；仪器进入套管鞋前和距井口 100m 时，绞车操作手应将下井仪器上提速度降至 10m/min 以下。

㉕下井仪器在井中遇卡时，应在安全拉力范围内（拉力棒所承受的拉力不大于其标称值的 75%）反复起下电缆，仍不能解卡应及时通知井队并请示生产管理部门处理。

㉖在测量过程中，操作工程师应按相应的下井仪器操作规程进行测井，注意观察曲线变化，发现曲线异常应及时证实。

㉗操作工程师取完测井资料后应校验仪器，并整理测井原始资料。

㉘队长及操作工程师按 SY/T 5132—2012《石油测井原始资料质量规范》对测井原始资料自检，填写《测井资料检验记录》，自检合格后交资料质量检验员检验。

㉙施工过程中，队长认真巡回检查各岗位的标准化操作情况，杜绝违章，排除隐患。

（四）施工结束

①操作工程师将地面测井系统各开关置于安全位置，并固定各面板。

②操作工程师填写《测井施工记录表》《仪器设备使用运转记录》《电缆使用维修记录》和劳务结算单等。

③根据甲方要求，提供相应测井资料。

④地面操作手将下井仪器及辅助设备、工具等装车并固定。

⑤护源工对放射源进行检查确认后将其固定上锁，填写《放射源（同位素）使用记录》。海上作业时应检查源箱的浮标，并将源箱放到专用释放架上或指定区域。

⑥各岗应清理现场垃圾，恢复现场原貌。

⑦队长检查各岗的收尾工作，了解作业过程中存在的问题，提醒返回途中应注意的安全事项。

（五）返回基地

①现场质量检验员或操作工程师应将全部测井原始资料及时送交资料解释单位检验，在《测井资料交接登记表》上签字，并归还借阅的有关资料。

②队长向生产管理部门汇报施工情况，上交《测井施工记录表》和劳务结算单，并归还下井仪器；操作工程师向仪修人员反映下井仪器的使用情况。

③护源工应及时归还放射源，接受源库管理人员检测确认后，方可办理交接手续。

④特殊作业井施工完毕后，测井队长应写出施工总结，上交生产管理部门。

⑤队长组织本队人员总结经验、整改问题、保养设备，为下次测井作业做好准备。

裸眼井测井施工流程图如图 1-3-1 所示。

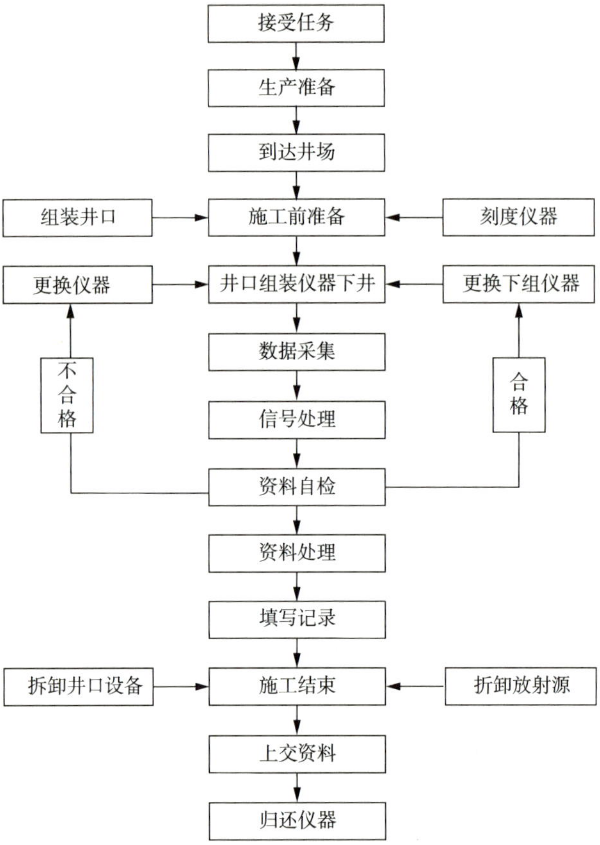

图 1-3-1　裸眼井测井施工流程图

三　测井资料解释

测井资料解释根据测井环境的不同，一般分为裸眼井测井资料解释和套管井测井资料解释两大类。

裸眼井测井资料解释利用测井资料划分井剖面的地层岩性和储集层，评价储集层岩性（矿物成分）、物性（孔隙度和渗透率）、含油气性（含油气饱和度）、产能和生产动态、工程质量等。根据测井曲线的综合特征，采用曲线重叠、交会图等方法识别地层岩性，划分渗透层，确定流体性质。定量解释是根据岩石体积物理模型对地层的矿物成分含量、孔隙度、渗透率、饱和度、岩石力学及产能等参数进行计算。

生产测井资料解释包括注入剖面、产出剖面、剩余油饱和度和工程测井解释。注入剖面解释主要用于确定注入水等流体的去向和注入量，了解油气田开发的动态。产出剖面解释可以综合分析生产井各产层油、气、水的产出量及各相的含量。剩余油饱和度解释主要利用储层、孔隙流体（油、气、水）的岩性、物性、电性、含油性的差异，来评价剩余油饱和度，为开发调整及措施实施提供依据。工程测井解释主要了解井下管柱深度、套管损坏（变形、破裂、错断和漏失）、井径变化、套管腐蚀及补贴效果、射孔质量、固井质量、管外窜槽位置、压裂酸化及封堵效果、出砂层位等。

思考题

1. 测井技术的发展可分为哪几个阶段？
2. 裸眼井测井方法分为哪几类？
3. 套管井测井方法分为哪几类？分别有什么测井方法？
4. 常用测井施工工艺有哪几种？
5. 测井施工设计内容主要有哪几部分？
6. 简述裸眼井测井施工流程。
7. 裸眼井测井资料定量解释有哪些参数？
8. 生产测井资料解释包括哪几类？

扫一扫
获取更多资源

第二章

测井仪器

PART 2

测井仪器对石油勘探和开发具有重要意义，应用测井技术对矿井进行探测可以有效采集地下环境中的多种物理信息。根据应用场景的不同，测井仪器可分为地面仪器和下井仪器两大类。其中，下井仪器的种类较为丰富，不同类型和不同型号的下井仪器均具有自身特性，而地面仪器因需与下井仪器相连，要求具备良好的兼容性和匹配度，以适用于不同场合与需求。

第一节　操作系统

一　系统组成

测井操作系统由计算机控制的数据采集、传输、处理、记录系统组成，在测井软件程序控制下，完成各种不同的测井作业项目。

在测井操作系统中，可进行多种下井仪器组合测井，下井仪器通过下井仪器总线连接到下井仪器控制单元。下井仪器控制单元根据地面指令控制各下井仪器的工作，并把各下井仪器所采集的数据通过电缆传输到地面操作系统。

操作系统的预处理设备接收通过电缆传输到地面的井下信息，并把它们转换为地面计算机所能接收和处理的数字信号，包括对调制传输信号的解调、模拟信号的数字化、脉冲信号的计数等。预处理后的数据由计算机读取并进行各种相应的处理，其结果送往显示器、打印机等外接设备。预处理设备还包括仪器跟踪系统，它提供下井仪器运行方向、速度、张力等信息，由预处理设备对这些信息进行处理。

二　典型操作系统

（一）ECLIPS-5700 测井操作系统

ECLIPS-5700 成像测井操作系统是美国贝克休斯公司 20 世纪 90 年代开发生产的测井地面数据采集系统。该系统采用主机及高速数据通信的 WTS 遥传系统。软件以多任务、多用户的操作系统为基础，大量采用现代图像处理显示技术。通过配备阵列化、成像化及大信息量为特点的新一代测井仪器，实现以多参数采集、多任务分时处理为特点的实时测井数据采集、控制和处理。为用户提供常规和成像测井图件及记录数据，并能完成井壁取心、射孔和测井数据的现场通信传输及现场测井数据的初步分析处理等服务。

1. 系统组成

ECLIPS-5700 测井操作系统框图如图 2-1-1 所示，外观图如图 2-1-2 所示。

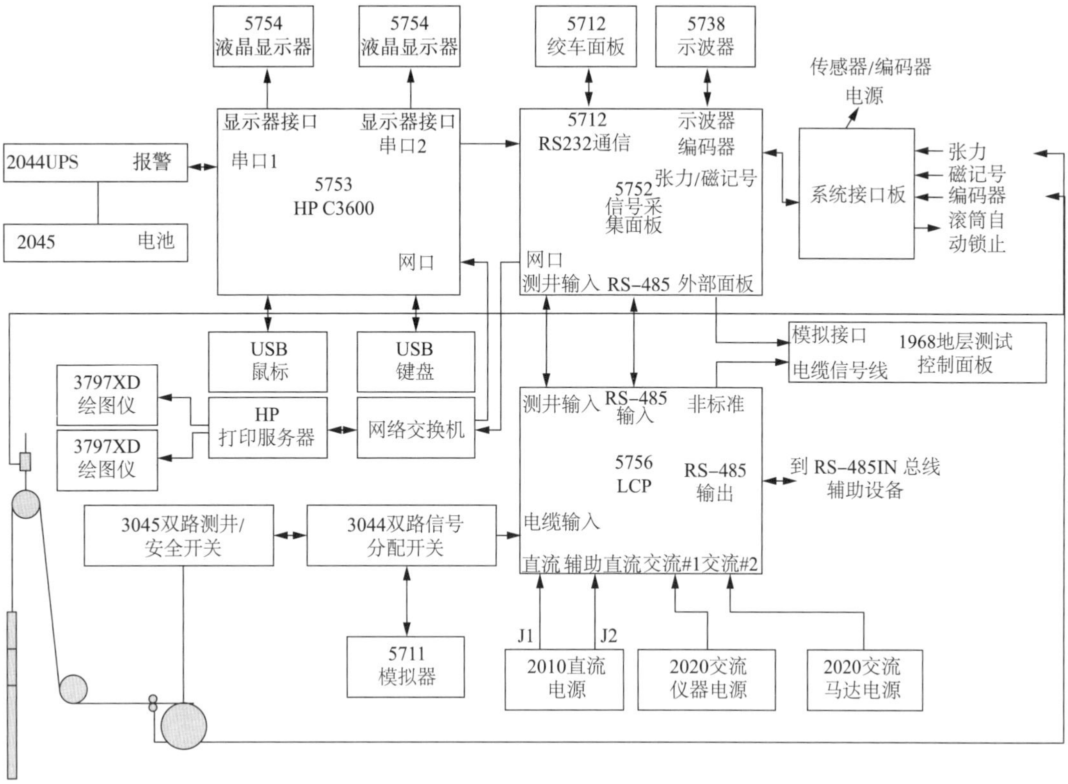

图 2-1-1　ECLIPS-5700 测井操作系统框图

图 2-1-2　ECLIPS-5700 测井操作系统

①接线控制面板（5756LCP）。其功能是将电缆接通到合适的面板上并控制下井仪器的换挡、马达供电和通信。

②采集面板（5752DAPS panel）。将编码信号或者由 LCP 送来的原始信号转换成计算机可以接收的信号，并将操作指令编码下传至下井仪器和外围设备。

③基于 HP UNIX 操作系统的计算机。根据用户指令对输入数据完成各种处理并将其输出到各种外围设备。

④人机交互设备（HID）。包括键盘、鼠标和显示器等。

⑤外围设备。包括存储设备、输出设备、监视设备和信号模拟设备等。主要有硬盘、软驱、刻盘机、磁带机、绘图仪、示波器、信号模拟面板等。

⑥安全开关面板。其作用是切换电缆连接并在射孔和取心以及其他爆炸作业时将地面面板和下井仪器安全隔离。

⑦由交流和直流供电面板组成的下井仪器电源系统。给下井仪器提供电源。

2. 作业能力

ECLIPS-5700 系统服务平台可用于全部以 WTS 方式传输和以传统的电缆遥测传输

（3508、3506、3504）的下井仪器。可完成：裸眼井测井、套管井测井、生产井测井、井壁取心、射孔、工程爆炸松扣、解卡作业、测井资料现场快速直观解释等。

主要测井项目包括：核磁共振测井（MREX）、数字声波测井（DAL）、微电阻率扫描成像测井（STAR）、井眼声波成像测井（CBIL）、交叉多极子阵列声波测井（XMAC）、高分辨率感应测井（HDIL）、数字能谱测井（DSL）、密度测井（ZDL）、补偿中子测井（CN）、双侧向测井（DLL-S）、薄层电阻率测井（TBRT）、重复式电缆地层测试测井（FMT）、六臂地层倾角测井（HDIP）、分扇区水泥胶结测井（SBT），并兼容所有的 CLS-3700 测井仪器。

（二）EXCELL-2000 测井操作系统

EXCELL-2000 是哈里伯顿（HALLIBURTON）公司常规及特殊成像系列测井系统（图 2-1-3），可挂接哈里伯顿公司常规及核磁成像等系列测井仪器。具有下井仪器上传数据解码和地面控制系统下传数据调制功能，测井模拟信号经过模－数转化处理，根据不同仪器组合方式电缆缆芯能够自动切换，地面和井下之间上传数据和下传数据有误码率检测功能，通信方式采用了以太网接口和 GPIB（RS-488）通信接口。

1. 系统组成

EXCELL-2000 测井操作系统框图如图 2-1-3 所示，主要由以下三个子系统组成：

电源功能子系统：为下井仪器提供电源。主要包括直流电源面板（SORENSON DC）、供电面板（TPS）、电源配置面板（PCP）、400Hz 交流电源面板（ELGAR）。其中直流电源面板为仪器提供直流辅助电源；400Hz 的 ELGAR 电源面板主要为仪器提供 400Hz 的辅助电源；电源配置面板提供地面电源与七芯电缆之间的接口。

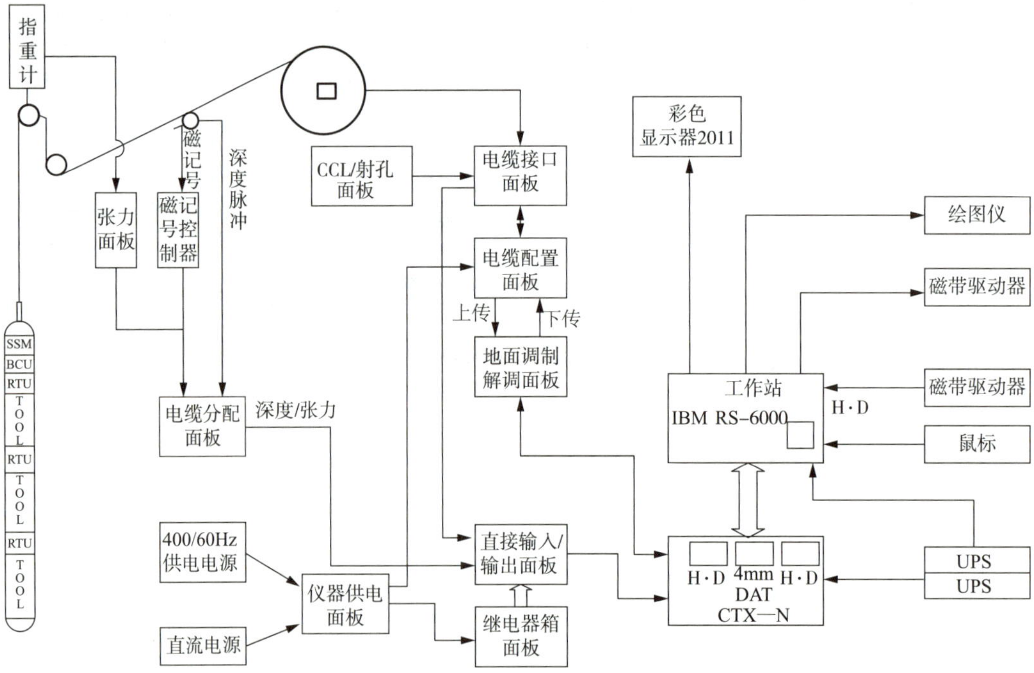

图 2-1-3 EXCELL-2000 测井操作系统框图

接口功能子系统：主要包括地面调制解调器面板（D2MP）、缆芯接口面板（CIP）、缆芯分配面板（CDP）、深度和张力面板（SDDP）。D2MP 主要负责对系统的上传和下传数据进行调制解调，下传数据进行调制后发送到电缆上，将来自电缆上的井下测井数据解调成系统可识别的数据格式，以便系统进行进一步的处理。CIP 在下井仪器和测井操作系统之间提供连接通路，并可以对缆芯的使用进行编排。SDDP 主要是对深度、张力信号进行处理。

处理功能子系统：主要包括 RS/6000 工作站、彩色显示器、GTX- Ⅲ机箱和 MTGR 热敏绘图仪。其中 GTX- Ⅲ主要由 MVME162-262、DIOP 和 DITSP 三块电路板构成前端无盘工作站系统，负责所有测井数据的采集工作。

2. 作业能力

EXCELL-2000 测井操作系统具有下井仪器上传数据的解码和地面控制系统下传数据的功能。可完成裸眼井测井、套管井测井、生产井测井、井壁取心、射孔、工程爆炸松扣、解卡作业、测井资料现场快速直观解释等。

主要测井项目包括：核磁共振测井（MRIL）、微电阻率扫描成像测井（XRMI）、交叉多极子阵列声波测井（WSTT）、数字声波测井、中子测井、密度测井、双侧向测井、井径测井、伽马能谱测井等。

（三）HH-2530 测井操作系统

HH-2530 测井操作系统是由美国哈里伯顿公司和北京环鼎公司合作研发的一种快速测井作业平台。采用 CPLD、DSP 等设计提高系统的集成化性能，模块化和独立的通道设计避免系统内部的相互影响并方便系统维护，直接配备哈里伯顿原装 DITS 系列接口电路，采用先进的计算机网络技术使系统具有优化简洁的体系结构，测井主机采用 WIN2000 操作系统，具有非常友好的人机界面，根据人体工程学原理，采用桌面式结构设计，增大了操作室活动空间，提高了操作舒适度。

1. 系统组成

测井操作系统框图如图 2-1-4 所示，由控制柜、显控台和电源机柜组成。测井操作系统主要由以下面板组成：射孔取心面板（CSP）、信号转换箱（CIP）、示波器箱（OSC）、电极系面板（DJXP）、DITS 接口箱（DIMP）、程控交流电源箱（ELGAR）、直流电源控制箱（DCCP）、四路程控直流电源、加固计算机、加固液晶显示器和网络交换机等。

2. 作业能力

HH-2530 测井操作系统可以挂接 HH-2521、CSU、WTC 生产测井及 EXCELL-2000 等仪器。可兼容多种系列裸眼井常规测井仪器，并具有哈里伯顿公司 EXCELL-2000 系列常规和成像测井功能，可进行高分辨率地层倾角测井、生产井测井和射孔取心等服务，可扩展配接重复式地层测试器等特种测井仪器。

（四）SL-6000 测井操作系统

SL-6000 测井操作系统（图 2-1-5）是胜利测井公司研发的高分辨率多任务分布式网络成像测井操作系统。应用网络技术、嵌入式处理器和嵌入式实时操作系统技术以及 DSP 和大规模可编程器件技术，使该系统在满足现代测井技术对测井操作系统采集和数据处理要求的同时，具有系统组态灵活、功能扩展方便、可靠稳定的突出特点。测井操作系统一般配置为双系统，采用以太网通信方式，数据及命令等信息的传输均通过网线、计算机、绘图仪、信号采集系统面板、接线控制面板的网线连接到 100Mb 以太网交换机（HUB）。100Mb 以太网交换机（HUB）与 6051 信号采集系统共用一个机箱，每个采集机箱的上部安

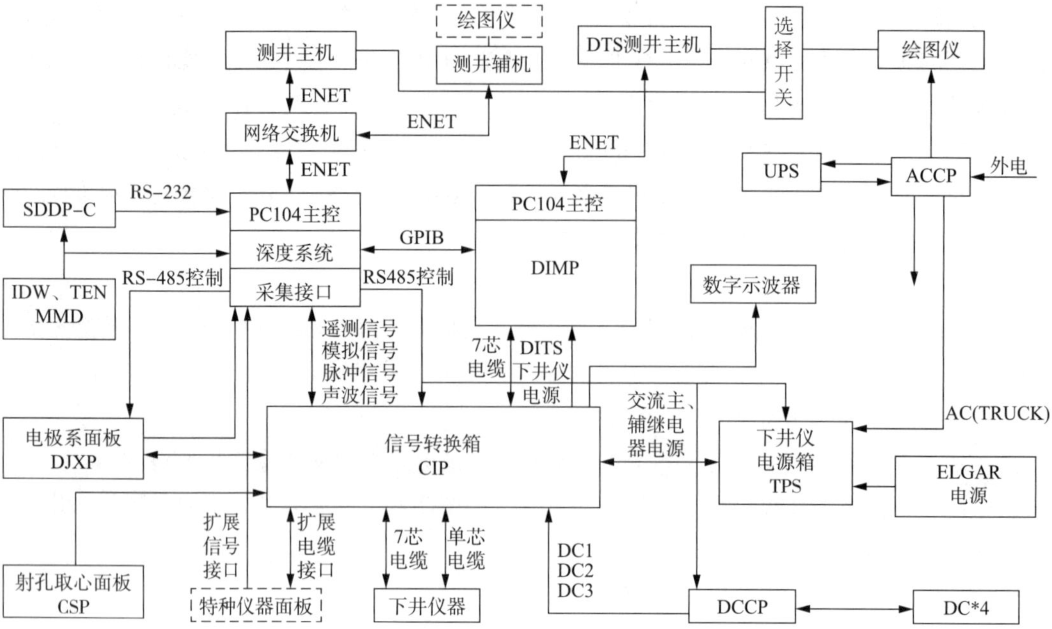

图 2-1-4　HH-2530 测井操作系统框图

装有一个 16 口的小型 HUB。既可进行完全双机配置，也可进行部分双机或单机系统配置，根据配置方式不同，系统也具有不同的工作模式。测井系统软件为基于 NT 技术开发的可运行于 win2000 或 NT4.0 的开放式多任务测井系统，系统可同时运行 2 个实时数据采集控制进程和 3 个原始数据回放控制进程，在测井的同时，可进行测井资料编辑、预处理和现场快速直观解释等工作。

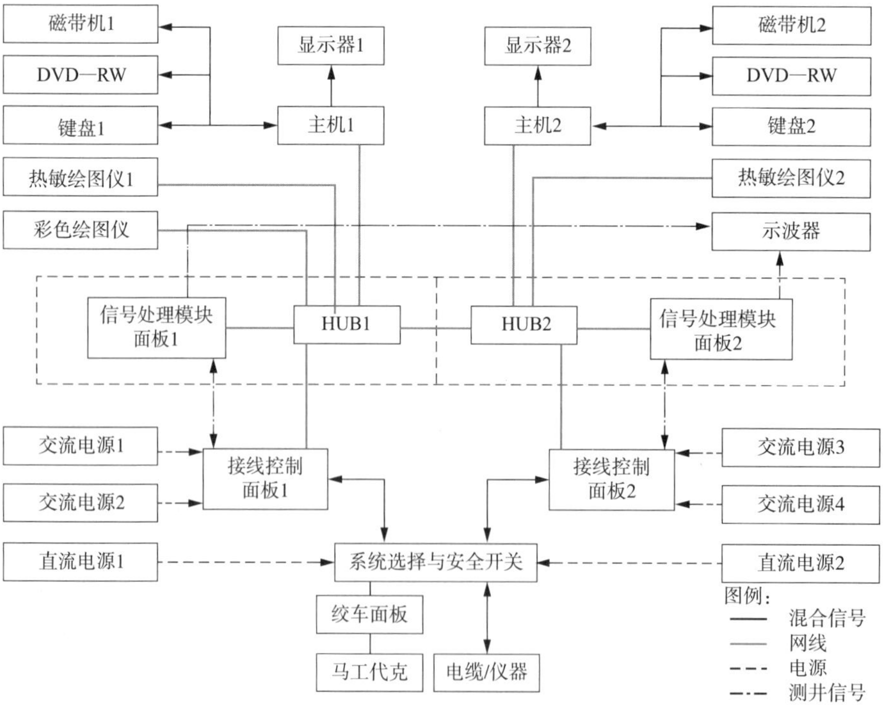

图 2-1-5　SL-6000 测井操作系统框图

1. 系统组成

交流供电面板：为交流供电的下井仪器和交流推靠器马达提供工作电源。输出功率达1000VA，可满足组合测井和成像测井的需要。

直流供电面板：为直流供电的下井仪器和直流推靠器马达提供工作电源。输出功率达1000VA，可满足直流供电测井及直流推靠器的需要。

接线控制面板：由嵌入式处理器板、缆芯及测井信号转接继电器阵列、缆芯绝缘测试、开关位置监控、换挡电源、前面板开关、信号耦合变压器及信号分离电路等几部分组成，可以完成开关位置的智能检测、缆芯的智能转接、下井仪器换挡控制、推靠器开合控制、缆芯通断和绝缘测试、下井仪器供电控制及射孔取心供电控制等。

绞车面板：用于处理电缆丈量系统送来的深度编码器信号和井口张力计送来的电缆张力信号，为绞车操作人员提供深度、测速、测向、电缆总张力及微分张力显示，同时为测井操作系统提供校正后的深度信号、张力信号，具有超张力报警、定深度报警等功能。

电极系测井面板：可完成 4m 梯度、2.5m 梯度、0.5m 电位、微电极、井径、自然电位等测井项目。

信号采集面板：是测井信号的实时采集与控制面板，由二级网络交换机（6016 Net Switch）、前端机（6015 DCP）、深度信号处理板（6011 DEP）、测井信号预处理板（6013 SDP）、4 块数字信号处理板（6012 DSP）和模拟信号处理板（6014ASP）构成。

2. 作业能力

SL-6000 高分辨率多任务测井系统是一个成像测井系统，电缆遥测系统数据传输率达到 230kb/s，可完成裸眼井测井、套管井测井、生产井测井、井壁取心、射孔、工程爆炸松扣、解卡作业、测井资料现场快速直观解释等作业任务。

（五）MVLog900 网络成像测井系统

MVLog900 网络成像测井系统是中石化经纬有限公司的网络成像测井系统，采用全网络化设计，地面系统网络与下井仪器网络间采用 ADSL 连接，仪器具有独立 IP 地址。地面系统面板包括综合接口箱、程控交流电源、程控直流电源、绘图仪、测井主机、远程测井等面板，通过网络交换机完成网络连接，系统选用 16 口工业级机架式 10Mb/s/100Mb/s 网络交换机。采用时间同步的方法实现地面系统与下井仪器的高精度时间一致性，利用时深转换算法确保了测量数据在时间点、深度点上的高精度对应转换。采用面向对象的软件分析与设计，开放式平台 + 插件的软件架构，扩展性和兼容性强，方便软件的升级和维护，满足用户不断变化的需求。地面系统功能框架连线图如图 2-1-6 所示。

1. 系统组成

测井主机：是运行测井软件的设备，该设备完成所有与测井相关的数据与信息的收集、处理和显示。

高速通信采集面板：地面系统的核心单元，其具备与下井仪器间遥测通信、数据采集与控制、提供时间基准、下井仪器供电转换等功能。主要包括 UDAQ 板、ADCB 板、MB6Q 板、PWRCTRL 板及电源等。UDAQ 板作为综合采集单元，集成了电缆通信、深度采集、模拟量采集以及时间服务器等主要功能。PWRCTRL 板包括电源监控及供电转换等功能。以 MB6Q 板作为前端机，对测井、深度、张力等数据进行采集和处理，并将系统进行高度集成化和功能模块化，能根据需求进行增减配置。

程控交流主电源：为下井仪器提供交流主电电源，用于仪器供电，可通过手动或程控控制输出。

程控直流辅电源：为下井仪器提供直流辅助电源，用于井径推靠、声波发射等供电，可通过手动或程控控制输出。

绘图仪：为黑白热敏打印机。通过页头标记传感器自动校准页头位置，内置电压和温度监控，实现自动速度微调和打印头温度补偿，在温度波动的环境下也能保持打印图像的一致性。采用 DLA 技术修正摩擦、磨损等造成的误差，实现输出图形的长度比例恒定不变。最高支持 32 级灰度打印。可装载折扇打印纸。可支持内部卷纸、后部折叠纸、后部卷纸，下部折叠纸共四种装纸方式，灵活易用。

网络交换机：地面系统包括综合接口箱、程控交流电源、程控直流电源、绘图仪、测井主机、远程测井等面板，都通过网络交换机完成网络连接，保证地面系统各面板间网络连接的高速稳定。

绞车面板：该设备完成深度采集、计算、处理、显示；张力信号采集、控制、显示；绞车刹车控制等功能。

2. 作业能力

常规测井。挂接常规测井仪器（ϕ92mm、175℃、140MPa）、高温小直径测井仪器（ϕ70mm、230℃、170MPa）及超高温高压测井仪器（ϕ85mm、260℃、206MPa）包括：三参数（井温、井下张力、钻井液电阻率）、自然电位、磁定位、连斜、井径、双侧向、双感应八侧向、微球、微电阻率、声波、自然伽马、伽马能谱、补偿中子、岩性密度、阵列感应、阵列侧向等下井仪器。

成像测井。挂接偶极声波远探测、偶极子阵列声波、套后超声扫描成像、激发极化电位、微电阻率扫描成像、地层元素、核磁及瞬变电磁过套管电阻率等成像测井仪器。

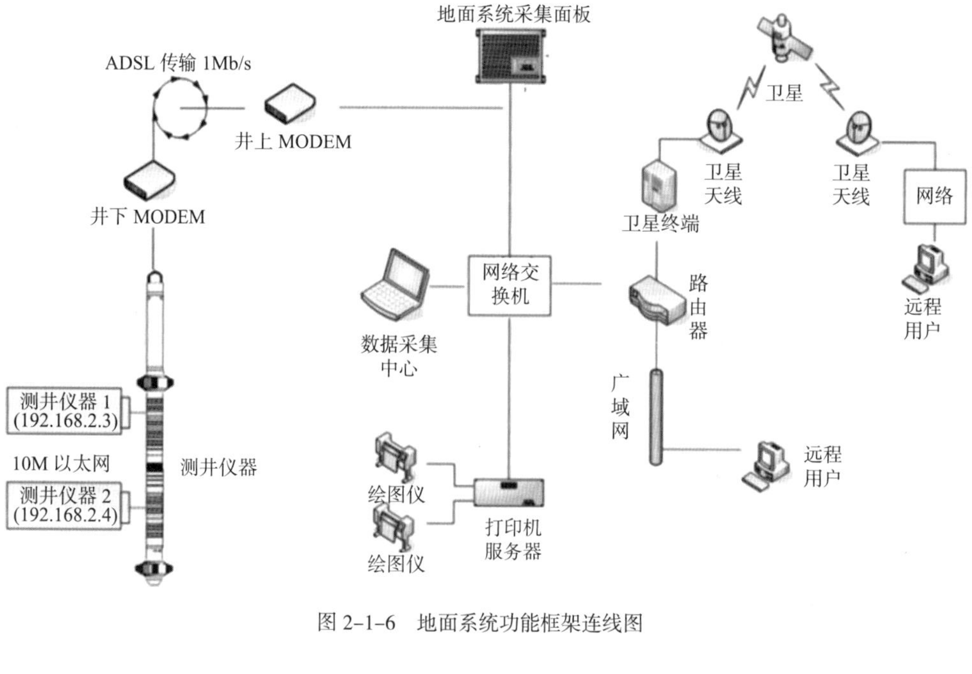

图 2-1-6　地面系统功能框架连线图

生产测井。能够配接 WTC 七参数、声幅变密度、Sondex 等生产测井仪器。

射孔取心。具备射孔、井壁取心作业能力。

多种扩展配接功能。扩展配接 5700、LOGIQ 测井系统及地层测试器、VSP（垂直地震剖面测井）等功能。

三 系统通信方式

在数字电路中，组成一连串信息的基元就是 0 和 1，数字电路能够处理的信息只有 0 和 1，而对于任何外界的信息，计算机都能通过 0 和 1 来描述，如果要传递信息就必须通过一种特殊的约定来进行同步，这种约定就是编码。

（一）基于 AMI 双极性编码的通信方式

AMI（Alternate Mark Inversion）（图 2-1-7）全称是信号交替反转码，为极性交替反转码，分别有一个高电平和一个低电平，表示两个极性。

编码规则：信码中的“1”交替编成“+1”和“- 1”，而“0”保持不变。

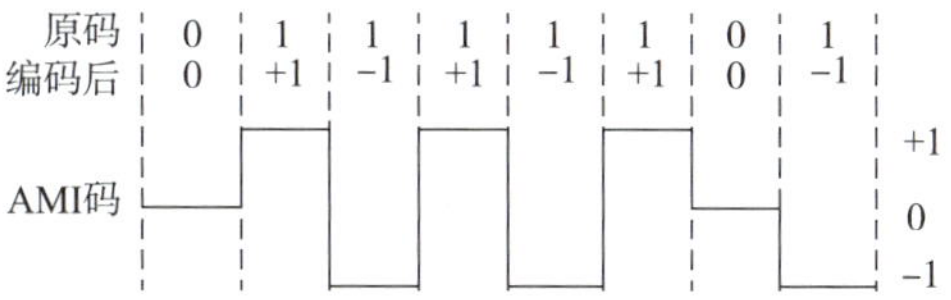

图 2-1-7　AMI 双极性编码

测井仪器通信传输（3506PCM）（图 2-1-8）采用 AMI 数据格式。通信传输系统可以连接模拟信号下井仪器和脉冲信号下井仪器。脉冲信号仪器所发送的脉冲信号，经过脉冲道数据采集送入 CPU 系统进行处理。模拟信号仪器发送的模拟信号经过多路转换开关分时传送，经过 A/D 转换后送入 CPU 系统处理，最后由 CPU 将数据编制成 AMI 码发送到测井操作系统。

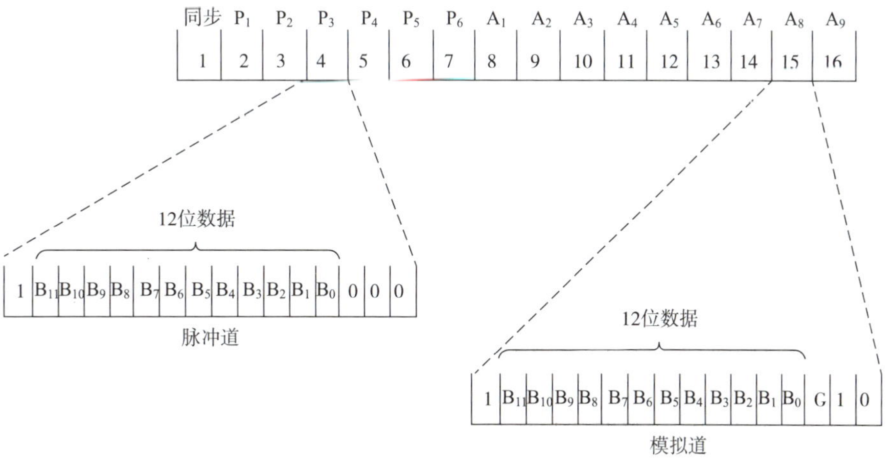

图 2-1-8　PCM3506 编码

由于 AMI 码的定义是“0”表示低电平，“1”表示高电平，且不管下井仪器是否有声波测井仪 PCM 都必须借助于声波逻辑脉冲作为地面计算机的指令控制来启动，而且 PCM3506 的波特率为 8bit/s，因此，PCM3506 在数据传输过程中存在传播速率低、抗干扰能力差等诸多弊端。

为了提高通信可靠性，便于地面解调，各道数据编制了固定内容。如图 2–1–9 所示，一次顺序送出 17 个字，第 1 字节为同步字，第 2 至第 7 个字节是 6 个脉冲道，第 8 至第 17 个字节是 10 个模拟道。第 1 道同步字为 16 个 1，脉冲道最高位为 1，接着是 12 位数据，最后 3 位为 0。模拟道最高位为 1，接着是 12 位数据，最后第 3 位 GB 为增益位，为 1 时，代表信号在下井仪器中已被放大 16 倍，这时每位代表 0.1525mV，为 0 时，代表信号在下井仪器中已放大 2 倍，每位代表 1.22mV。发送时，先发同步字，接着是脉冲道，模拟道，每道都是高位在前，低位在后，格式如下：

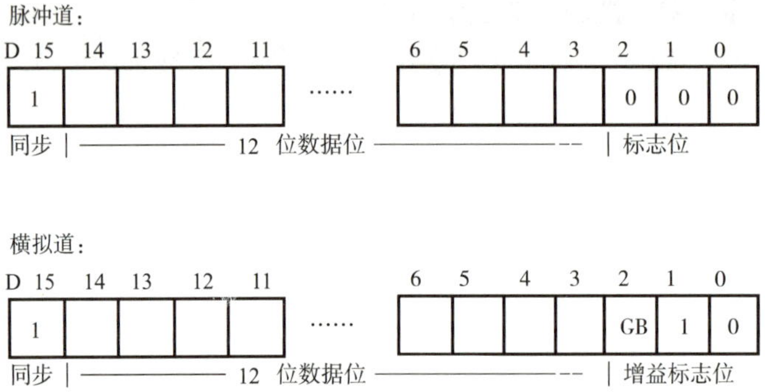

图 2–1–9　PCM3506 编码

（二）基于曼彻斯特编码的通信方式

1. 曼彻斯特编码规则

曼彻斯特编码（Manchester Encoding）是利用信号的跳变方向来决定数据的。在位中间，信号由高向低跳变表示数据 1，信号由低向高跳变表示数据 0。数据 0110 0101 波形如图 2–1–10 所示。

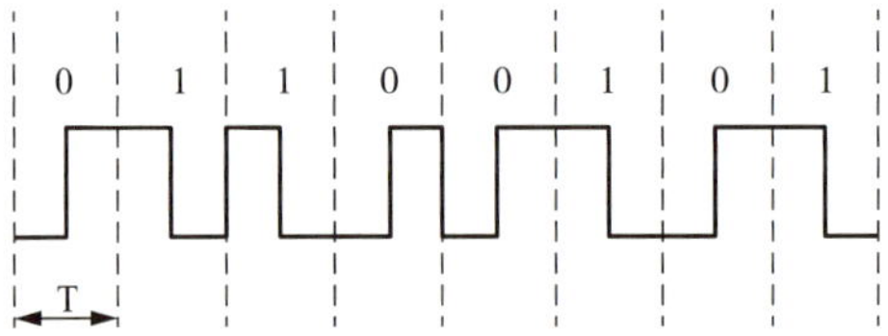

图 2–1–10　曼彻斯特编码

曼彻斯特编码，是一个同步时钟编码技术，被物理层使用来编码一个同步位流的时钟和数据。时钟和数据包含在数据流中，在传输代码信息的同时，也将时钟同步信号一起传输到对方，每位编码中有一跳变，不存在直流分量，因此具有自同步能力和良好的抗干扰性能。但每一个码元都被调成两个电平，所以数据传输速率只有调制速率的 1/2。

2. ECLIPS–5700 WTS 通信方式

ECLIPS–5700 测井系统简称 5700；WTS 是 “Wireline Telemetry Systems”（电缆遥测系统）的英文首字母缩写，5700 WTS 通信就是指地面与下井仪器之间的通信，下井仪器通信包括：接收测井操作系统命令、采集测井数据、数据的初步处理和向地面发送数据。测井操作系统负责地面通信、向下井仪发送命令、接收下井仪器的数据信号、由计算机处理并记录测井数据后形成测井曲线和成像图。

ECLIPS-5700 WTS 通信系统使用的曼彻斯特编码方式如下：

①每帧信息由同步、数据和校验位三部分组成。

②同步类型有两种：高电平在先，低电平在后为命令同步（图 2-1-11）。低电平在先，高电平在后为数据同步（图 2-1-12），高低电平的宽度均为 1.5 位，因此，同步宽度为 3 位。

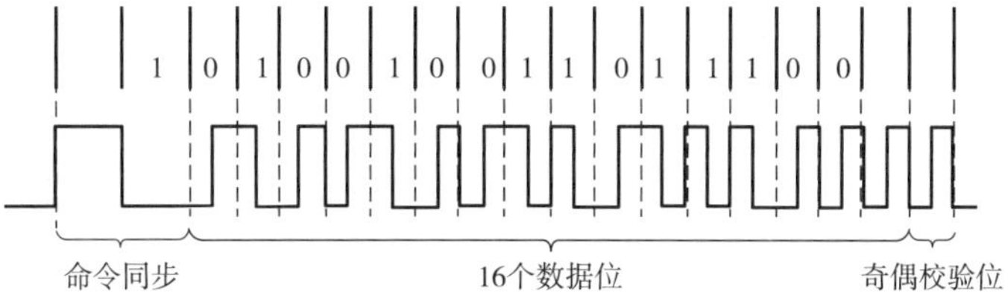

图 2-1-11 测井曼彻斯特数据编码

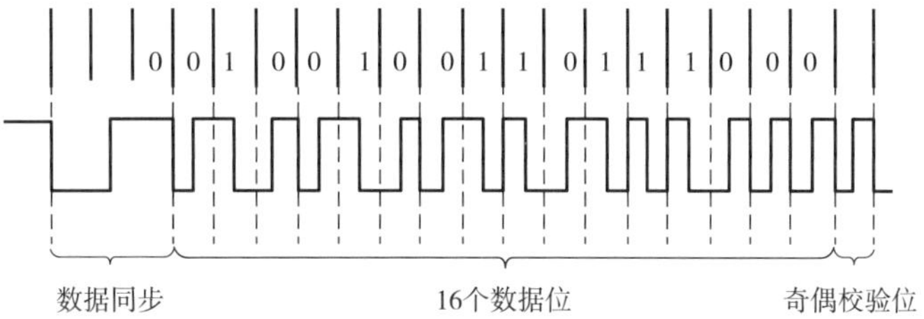

图 2-1-12 测井曼彻斯特命令编码

③数据位共有 16 位，高位在前，低位在后。数据 1 用由高到低的跳变表示，数据 0 用由低到高的跳变表示。

④每帧的最后一位为校验位，曼彻斯特编码采用奇校验。

WTS（电缆遥测系统）为了解决缆芯限制，适应大容量、高速率数据传输的要求，ECLIPS 采用 3514 遥测短节，对所有 WTS 兼容仪器进行数据传输。WTS 结合了 AMI 和曼彻斯特编码的特点，采用 MANCHESTER Ⅱ编码，即：信号高到低的变化为“1”，低到高的变化为“0”，但是信号电平的变化是交替的。将时钟和数据包含在数据流中，在传输代码信息的同时，也将时钟同步信号一起传输到对方，每位编码中有一跳变，不存在直流分量，因此具有自同步能力和良好的抗干扰性能。

七芯测井电缆有 7 种通信组合模式。WTS 支持其中的 4 种，但仅仅使用其中的三种 M2、M5、M7。根据七根缆芯在电缆横切面中的排列结构可知，相对于 1#、4# 缆芯供电来说，2#、5# 缆芯和 3#、6# 缆芯对称排列，使得 2#、5# 和 3#、6# 缆芯在传输 M2 命令和 M2 数据时对其他缆芯的影响较小。而 M5 数据使用 2#、5# 缆芯中心抽头和 3#、6# 缆芯中心抽头传输，M2 数据和 M5 数据同时工作时，相互之间的干扰理论分析为零。同理，M7 使用 M5 变压器中心抽头和 7# 缆芯传输，使得 M7 数据传输时不会与 M2、M5 之间产生相互干扰，如图 2-1-13 所示。

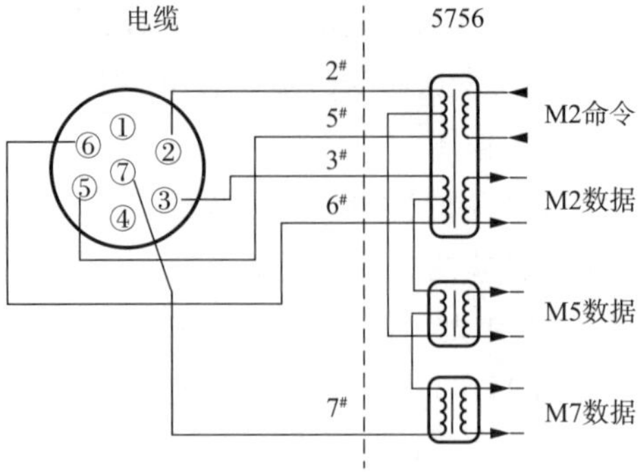

图 2-1-13　WTS 通信电缆横切面示意图

模式 2，是双向半双工的数据传输模式，缆芯为 2# 和 5# 作为命令通道由地面传送命令到井下仪，其波特率为 20.83kb/s，缆芯为 3# 和 6# 从下井仪传送数据到地面，其波特率为 41.66kb/s，均由通信变压器驱动。编码格式：一个曼彻斯特字 20 位，3 位同步位，16 位数据位，1 位校验位。命令字与数据字编码基本相同，只是将数据同步换成命令同步。

模式 5 和模式 7，是单一的数据传输通道。模式 5 是通过接到 2# 和 5# 缆芯变压器的中心抽头与 3# 和 6# 缆芯变压器的中心抽头传输；模式 7 是通过模式 5 变压器的中心抽头和 7# 缆芯传输。M5、M7 波特率均为 93.75kb/s。编码格式：11 位字头（8 位“0”加上 3 位同步），然后是连续的 16 位字串，没有校验位。

命令传输和数据传输使用的码制是曼彻斯特码。M2（模式 2）使用 16 位的固定字长，M5（模式 5）和 M7（模式 7）采用可变的位串。M2 有 3 位的字头，M5 和 M7 有相等的 11 位字头，不考虑所传送的数据块的长度。M5 和 M7 用来传送大规模的数据块，其波特率较高并且相对减少了数据头。M2 所用的编码 / 译码器具有奇偶校验位，M5 和 M7 则没有任何错误校验。M2、M5 和 M7 同时传输，那么最大的传输速率可达 229.16kbps。

在电缆上传输的信号是 AMI 曼彻斯特码（双极性曼彻斯特码），AMI 曼彻斯特码就是对曼彻斯特码再进行一次“微分”，即在曼彻斯特码的上升沿处为正脉冲，在曼彻斯特码的下降沿处为负脉冲，这些正、负脉冲被处理成圆润的“正弦波”形状，如图 2-1-14 所示。

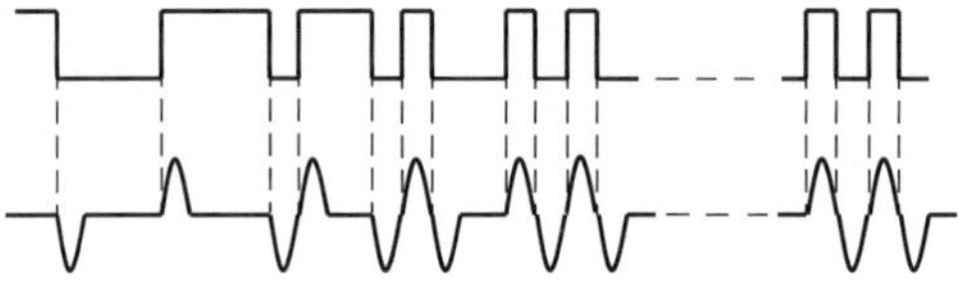

图 2-1-14　AMI 曼彻斯特码波形

在电缆上用 AMI 曼彻斯特码传输信号有两个优点：首先，AMI 曼彻斯特码的电压不全在高值状态，所以比曼彻斯特码的功率小。其次，由于测井电缆有几千米长，缆芯存在明显的分布电容和分布电感，使得当电缆在传输交流信号时，信号的频率越高，衰减越大。如果直接将曼彻斯特码在电缆上传输，由于曼彻斯特码的方波信号的高频谐波成分较大，信号畸变很大，这样信号在接收电路中被恢复整形时容易出错，从而造成解码错误。而 AMI 曼彻斯特码的波形接近正弦波，这样使得信号中的高频谐波成分较曼彻斯特码大大减少，信号畸变也随之减小，误码率低。

（三）基于 CAN 总线的通信方式

CAN（Controller Area Network）是控制器局域网络的简称，是由以研发和生产汽车电子产品著称的德国 BOSCH 公司开发的，并最终成为国际标准（ISO 11898）。用于实时应用的串行通信协议总线，它可以使用双绞线来传输信号，CAN 协议的特性包括完整性的串行数据通信、提供实时支持、传输速率高达 1Mb/s、同时具有 11 位的寻址以及检错能力。

1. 基本原理

CAN 总线使用串行数据传输方式，可以 1Mb/s 的速率在 40m 的双绞线上运行，也可以使用光缆连接，而且在这种总线上总线协议支持多主控制器。当 CAN 总线上的一个节点发送数据时，它以报文形式广播给网络中的所有节点。对每个节点来说，无论数据是否是发给自己的，都对其进行接收。每组报文开头的 11 位字符为标识符，定义了报文的优先级，这种报文格式称为面向内容的编址方案。在同一系统中标识符是唯一的，不可能有两个站发送具有相同标识符的报文。当几个站同时竞争总线读取时，这种配置十分重要。

当一个站要向其他站发送数据时，该站的 CPU 将要发送的数据和自己的标识符传送给本站的 CAN 芯片，并处于准备状态；当它收到总线分配时，转为发送报文状态。CAN 芯片将数据根据协议组织成一定的报文格式发出，这时网上的其他站处于接收状态。每个处于接收状态的站对接收到的报文进行检测，判断这些报文是不是发给自己的，以确定是否接收它。由于 CAN 总线是一种面向内容的编址方案，因此很容易建立高水准的控制系统并灵活地进行配置。可以很容易地在 CAN 总线中加进一些新站而无须在硬件或软件上进行修改。当所提供的新站是纯数据接收设备时，数据传输协议不要求独立的部分有物理目的地址。它允许分布过程同步化，即总线上控制器需要测量数据时，可由网上获得，而无须每个控制器都有自己独立的传感器。

2. 技术应用

①具有实时性强、传输距离较远、抗电磁干扰能力强、成本低等优点；

②采用双线串行通信方式，检错能力强，可在高噪声干扰环境中工作；

③具有优先权和仲裁功能，多个控制模块通过 CAN 控制器挂到 CAN-bus 上，形成多主机局部网络；

④可根据报文的 ID 决定接收或屏蔽该报文；

⑤可靠的错误处理和检错机制；

⑥发送的信息遭到破坏后，可自动重发；

⑦节点在错误严重的情况下具有自动退出总线的功能；

⑧报文不包含源地址或目标地址，仅用标识符来指示功能信息、优先级信息。

第二节　裸眼井测井仪器

一　电法测井仪

（一）普通电阻率测井

普通电阻率测井是把一个普通的电极系（由三个电极组成）放入井内，另一个电极留在地面，测量井内岩石电阻率变化的曲线。在测量地层电阻率时，要受井径、泥浆电阻率、上下围岩及电极距等因素的影响，测得的参数不等于地层的真电阻率，而是被称为地层的视电阻率。因此，普通电阻率测井又称为视电阻率测井。

1. 电极系测量原理

普通电阻率测井（图 2-2-1）就是沿井身测量井周围地层电阻率的变化。供电电极 A 和测量电极 M、N 组成的电极系放入井下，供电电极的回路电极 B（或 N）放在井口。电极 A 供出电流 I，测量 M、N 电极电位差 ΔU_{MN}，它的变化反映了周围地层电阻率的变化。随深度变化的视电阻率曲线，用公式表示为：

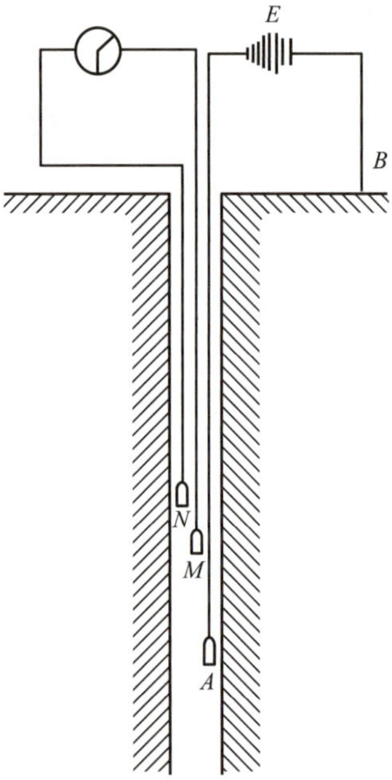

图 2-2-1　普通电阻率测井

$$R_a = \frac{4\pi \cdot \overline{AM} \cdot \overline{AN}}{\overline{MN}} \cdot \frac{\Delta U_{MN}}{I} = K\frac{\Delta U_{MN}}{I} \qquad (2\text{-}2\text{-}1)$$

式中　R_a——视电阻率，Ω · m；

ΔU_{MN}——MN 电极间的电位差，mV；

I——供电电流，mA。

K——电极系系数，大小与电极系中三个电极之间的距离有关。

$$K = \frac{4\pi \cdot \overline{AM} \cdot \overline{AN}}{\overline{MN}} \tag{2-2-2}$$

2. 电极系的结构与分类

在电极系的三个电极中，有两个在同一供电线路或测量线路中，叫成对电极或同名电极，另外一个和地面电极在同一线路（测量线路或供电线路）中，叫不成对电极或单电极。根据电极间的相对位置的不同可以分为电位电极系和梯度电极系（表 2-2-1）。

表 2-2-1　电极系分类

<table>
<tr><td rowspan="3">类型</td><td colspan="4">电位电极系</td><td colspan="4">梯度电极系</td></tr>
<tr><td colspan="2">单极供电</td><td colspan="2">双极供电</td><td colspan="2">单极供电</td><td colspan="2">双极供电</td></tr>
<tr><td>正装</td><td>倒装</td><td>正装</td><td>倒装</td><td>正装</td><td>倒装</td><td>正装</td><td>倒装</td></tr>
<tr><td>图示</td><td>A
M

N</td><td>N

M
A</td><td>M
A

B</td><td>B

A
M</td><td>A

M
N</td><td>N
M

A</td><td>M

A
B</td><td>B
A

M</td></tr>
<tr><td>电极距</td><td>AM</td><td>AM</td><td>AM</td><td>AM</td><td>AO</td><td>AO</td><td>AO</td><td>AO</td></tr>
<tr><td>电极系名称</td><td>单极供电正装电位电极系</td><td>单极供电倒装电位电极系</td><td>双极供电正装电位电极系</td><td>双极供电倒装电位电极系</td><td>单极供电正装（底部）梯度电极系</td><td>单极供电倒装（顶部）梯度电极系</td><td>双极供电正装（底部）梯度电极系</td><td>双极供电倒装（顶部）梯度电极系</td></tr>
</table>

梯度电极系：不成对电极到靠近它的那个成对电极之间的距离大于成对电极间距离的电极系。

电位电极系：不成对电极到靠近它的那个成对电极之间的距离小于成对电极间距离的电极系。

电位电极系探测深度为其电极距的 2 倍，梯度电极系探测深度为其电极距的 1.4 倍。

正装电位电极系：成对电极在不成对电极之下的电位电极系。

倒装电位电极系：成对电极在不成对电极之上的电位电极系。

电极系从结构上可以分为硬电极和软电极，从使用上分为常规电极和加长电极，根据测井要求有不同类型。主要类型有：4m 梯度、2.5m 梯度、双侧向电极、取心电极等。

硬电极的结构：上下接头用于和仪器、加长电极的连接，中间部分是仪器的主体，其外部用绝缘材料制作，表面按照电极系电极距的要求布有电极环，电极环表面喷涂特殊材料或灌铅处理。

软电极上部通过鱼雷与测井电缆相连，下部与密封接头相连，组成测井马笼头。它可以完成普通电阻率及自然电位测井。

3. 微电极测井

微电极测井是普通电阻率测井的一种，其特点是电极距只有几厘米。它包括微梯度电极系和微电位电极系。为避免泥浆影响，测井时绝缘板上的电极紧贴井壁。

采用两个电极距很短的电极系 A0.025 M1 0.025M2，一个是微电位电极系（A0.05M2），电极距为 0.05m；另一个是微梯度电极系（A0.025 M1 0.025M2），电极距为 0.0375m。微梯度的探测范围一般为 4~5cm，微电位的探测范围为 7~9cm，由于电极系很小，因此称为纽扣电极。纽扣电极装在一块极板上，用推靠器把电极压向井壁，使电极与井壁直接接触。图 2-2-2 是用弹簧片为推靠器的微电极测井仪器。

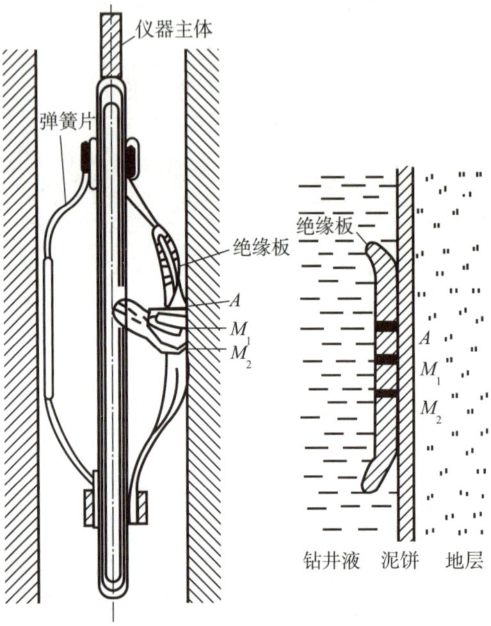

图 2-2-2　微电极测量原理

对于渗透性地层，由于在极板与地层之间隔着泥饼，通常泥饼电阻率小于地层电阻率。微梯度电极距短，受泥饼影响大，而微电位受泥饼影响小。因此，微电位的幅度大于微梯度的幅度，形成正幅度差。而对于非渗透性的泥岩层段，微电位和微梯度曲线基本重合或显示很小的正、负不定的幅度差。对于致密的渗透性地层，微电极曲线显示高值，幅度差可正可负。

4. 测井资料用途

视电阻率曲线用于砂泥岩剖面划分地层剖面，进行地层对比，计算地层真电阻率，确定油气水层。在油气层，视电阻率表现为高值，水层视电阻率值一般为低值。微电极可以划分岩性剖面，确定地层界面，划分储层有效厚度，确定冲洗带电阻率和泥饼厚度。

（二）自然电位测井

1. 测井原理

自然电位测井（图 2-2-3）测量的是自然电位随井深变化的曲线。当井下电极 M 在井内移动时，在没有人为供电情况下记录自然产生的电位变化，这就是自然电位。

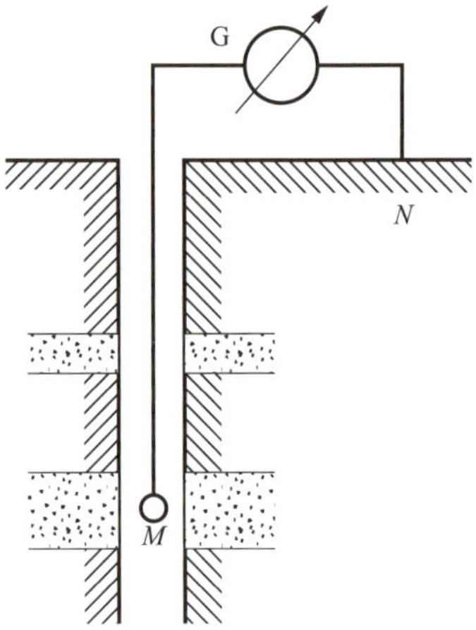

图 2-2-3　自然电位测量原理

在井内，当地层水含盐浓度和钻井液含盐浓度不同时，引起离子的扩散作用和岩石颗粒对离子的吸附作用；当地层压力与钻井液压力不同时，在地层空隙中产生过滤作用。这些在井壁附近产生的电化学过程会产生自然电动势，形成自然电场。井内的自然电位主要由扩散吸附作用产生，只有在钻井液柱和地层间的压力差很大的情况下，过滤作用才成为较重要的因素。

在砂泥岩剖面的砂岩层，由于泥浆和地层水的矿化度不同，井壁地层具有渗透性，地层水与泥浆中的正、负离子的迁移率不同，所以离子扩散在砂岩与泥浆的接触面上就产生了扩散电位 E_d：

$$E_d = K_d \lg \frac{R_{mf}}{R_w} \tag{2-2-3}$$

式中 K_d——扩散电位系数；

R_{mf}——泥浆滤液电阻率；

R_w——地层水电阻率。

在泥岩与泥浆接触面上，由于黏土、泥质颗粒具有吸附负离子的特性（阳离子交换作用），只有正离子可从高浓度溶液扩散到低浓度溶液中，因此，产生的电动势称为扩散吸附电动势，用 E_{da} 表示：

$$E_{da} = K_{da} \lg \frac{R_{mf}}{R_w} \tag{2-2-4}$$

式中 K_{da}——扩散吸附电位系数。

2. 测井资料用途

自然电位资料在砂泥岩地层剖面中主要用于判断岩性、划分渗透层、估算泥质含量、确定地层水电阻率，结合其他测井资料判断油气水层和水淹层，进行地层对比和沉积相研究等。

（三）双感应－八侧向测井

双感应－八侧井测井仪由双感应和八侧向组成，感应测井是为了在油基泥浆井中测量地层电阻率。它是利用电磁感应原理，研究交变电场的特性来反映地层电导率的一种测井方法。双感应测井仪由电子线路和感应线圈系两部分组成。八侧向属于侧向测井，由电子线路和侧向电极系组成，电子线路和感应电子线路共用，侧向电极系与感应线圈系相连。

1. 双感应测井原理

感应测井的下井仪器中装有线圈系，线圈系由发射线圈 T 和接收线圈 R 组成，如图 2-2-4 所示，T、R 之间的距离叫线圈距。在发射线圈 T 中通以交变电流 i_0（通常为 20kHz），该电流将在周围介质中形成一个交

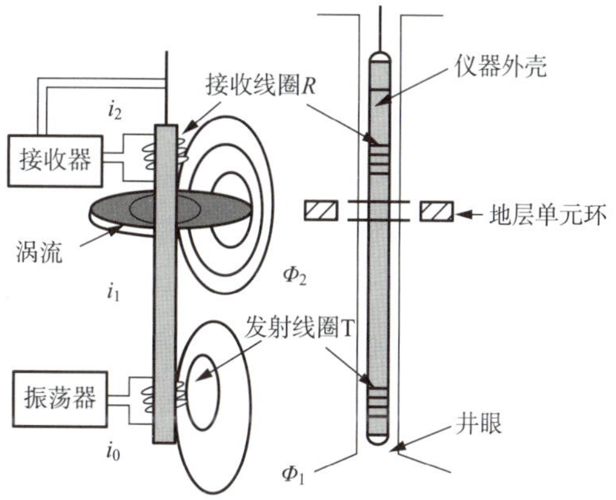

图 2-2-4 感应测井原理

变电磁场 Φ_1，处在交变电磁场中的导电介质便会感应出环形电流 i_1（涡流）。i_1 也将形成二次磁场 Φ_2，并在接收线圈 R 中产生感应电流 i_2。

一次交变电磁场 Φ_1 和二次交变电磁场 Φ_2 的一部分都将穿过接收线圈 R，并在接收线圈中感应出相应的电动势 E_X 和 E_R。一次交变电磁场 Φ_1 直接在接收线圈里产生的感应电动势 E_X，由测井时通入的交变电流在接收线圈中直耦产生，与介质的电导率无关，为无用信号；二次交变电磁场 Φ_2 产生的电动势 E_R 与介质电导率有关，通过它可以获得地层的导电特性，为有用信号。有用信号 E_R 与无用信号 E_X 相差 90° 相位。感应测井仪就是通过相敏检波技术把有用信号检测出来，转换得到电导率曲线或电阻率曲线。

在电导率为 σ 的无限均匀介质中，有用信号与介质电导率成正比，即：

$$E_R=K\sigma$$

式中　K——感应测井线圈系数。

感应测井输出的电导率是仪器探测范围内钻井液、侵入带、地层和围岩的电导率及几何分布的综合反映，不等于地层的真电导率，必须进行相应校正后，才能求得地层的真电导率 σ_t。

发射电路和发射线圈为深、中感应测井共用，发射电路向发射线圈提供稳定的 20kHz 的正弦发射电流 I_o，在井内及地层介质空间建立起一次电磁场，即发射电流场。在一次电磁场的作用下，由地层介质中出现的感应电流激发的二次场，即涡流场 i_1，分别在深感应接收线圈 R_1、R_2、R_3 和中感应接收线圈 r_1、r_2、r_3、r_4、r_5 上形成感应电动势。用两种线圈系探测特性的差异，深感应电动势主要反映了原状地层中的涡流大小及地层电导率，中感应电动势主要反映了侵入带地层中的涡流大小及电导率。

2. 八侧向测井原理

八侧向电极系如图 2-2-5 所示，以 1 号电极为中心，上、下对称排列着 2 号、3 号和 4 号电极，加上仪器外壳，共八个电极。其中 1 号电极为主电极，测井时供一恒定电压，4 号电极为屏蔽电极，供一个与主电极同相位的电压。测量时保持 1 号、4 号电极所形成的电场基本平衡，可以认为 1 号电极的主电流是沿垂直于井壁的方向流入地层的。因供给 1 号电极的电压是恒定的，所以，主电流的大小就与地层的电阻有关。测量主电流的大小，就可以计算出地层的视电阻率。2 号、3 号电极为监督电极，用来监视 1 号和 4 号电极的电压是否平衡。若出现不平衡，在 2 号和 3 号电极间有一个不平衡信号，利用该信号自动地调节 4 号电极的电压，直至 1 号和 4 号电极的电场重新平衡为止。

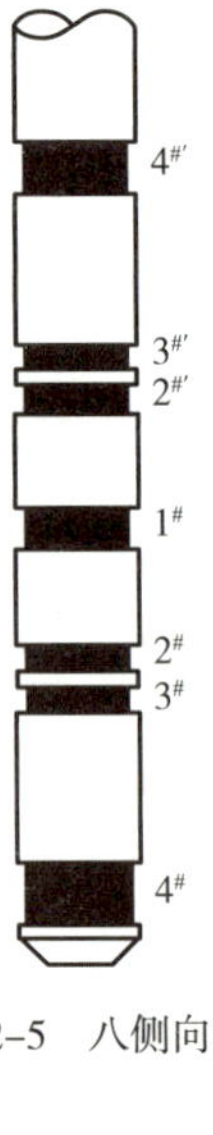

图 2-2-5　八侧向电极系

3. 测井资料用途

双感应－八侧向测井适用于淡水泥浆、油基泥浆和空气钻井条件下中低阻地层剖面，测量原状地层电阻率、侵入带电阻率和冲洗带电阻率。根据深、中、浅径向探测深度的三个地层电阻率，可判断油（气）、水层，划分地层剖面，求取地层真电阻率，定量计算储层含油气饱和度，冲洗带可动油、残余油气体积，进行地层对比。

（四）阵列感应测井

阵列感应测井基本思路与双感应测井一脉相承，它采用一系列不同线圈距的线圈系测量同一地层，从而得出原状地层及侵入带电阻率等参数。所不同的是阵列感应测井采用先进的电子、计算机技术及数字处理等方法，通过多路遥测短节，把采集的大量数据送到地面，再经过计算机进行处理，得出具有不同探测深度和不同纵向分辨率的曲线。与双感应、浅聚焦测井不同，阵列感应测井除得出原状地层和侵入带电阻率外，还可以研究侵入带的变化，确定过渡带的范围。根据获得的基本数据进行二维电阻率径向成像和侵入剖面的径向成像。

1. 测井原理

阵列感应测井仪采用阵列三线圈系结构，利用电磁感应原理，发射线圈发射多种频率电流产生交变电磁场，交变电磁场在地层单元环中产生涡流，涡流形成的二次磁场在接收线圈内产生二次感应电动势，这个电动势大小与地层电导率成正比。通过检测二次感应电动势，可得到不同线圈对应的地层电导率，通过软件合成聚焦得到不同径向探测深度和不同纵向分辨率的地层电阻率。其测量结果用来定性判断油气水层。该仪器由电子线路和感应线圈系两部分组成。

以阿特拉斯公司的 HDIL 测井仪器为例，HDIL 高分辨率感应测井仪采用三线圈系结构（一个发射，两个接收基本单元）。线圈系由七个接收阵列组成，共用一个发射线圈，采用八种频率（10kHz、30kHz、50kHz、70kHz、90kHz、110kHz、130kHz、150kHz）同时工作，共测量 112 个原始实分量和虚分量信号，传输到地面经计算机处理，实现软件数字聚焦，获得三种纵向分辨率、六种探测深度的测井曲线。经过处理可以得到具有 3 种不同纵向分辨率和 6 种不同径向探测深度的测井曲线 10in、20in、30in、60in、90in、120in。运用一维、二维反演技术，可以反演出地层真电阻率 R_t、冲洗带电阻率 R_{xo} 及侵入深度，可对储层进行径向侵入特征的定量描述。阵列感应测井基本原理图如图 2-2-6 所示。

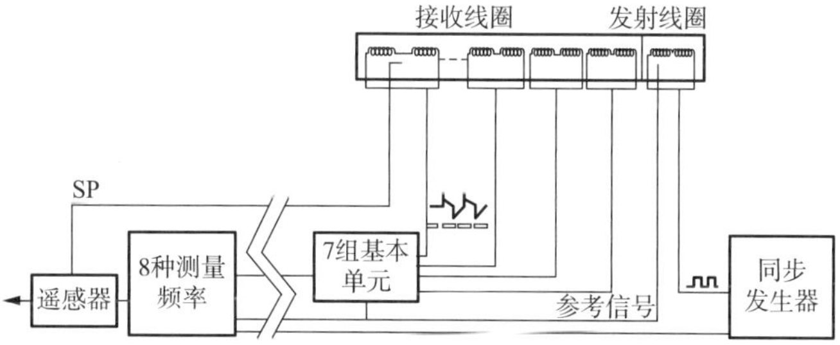

图 2-2-6　阵列感应测井基本原理图

2. 测井资料用途

阵列感应测井在优于双感应测井的基础上还有如下优点：

常规感应测井采用硬件聚焦，其探测深度随地层电导率的变化而变化，在高电导率地层，探测深度降低。而阵列感应测井在很宽的地层电导率范围内，其探测深度基本不变；当地层存在侵入时，通过多条电阻率测井曲线的反演可求出原状地层电阻率 R_t。

阵列感应提供一组纵向分辨率匹配的测井曲线，具有较高的纵向分辨率，对阵列感应测井曲线进行处理，可得到径向电阻率变化的详细描述，用颜色表示电阻率的变化，可以得到从井眼到地层的电阻率剖面，同时可以分析径向侵入及径向饱和度变化情况，对泥浆滤液侵入体积进行分析。

（五）双侧向测井

当钻井泥浆的矿化度很高（盐水泥浆）、地层电阻率很高并且很薄时，对邻层和围岩的影响会很大，泥浆的分流作用很强，对于普通电阻率测井，大部分供电电流进不到地层中去，因此也就无法求得准确的地层电阻率，为此发展了供电电流聚焦测井方法，也就是侧向测井。

侧向测井仪器工作方式（主电极的供电方式）主要有四种：即恒流式、恒压式、自由式和恒功率式。恒流式保持主电极供电电流恒定，测量随地层变化的电压；恒压式保持主电极供电电压恒定，测量随地层变化的电流。自由式保持主电极供电电流、电压都不恒定，测量随地层变化的电流和电压；恒功率式保持主电极供电功率恒定，测量随地层变化的电流和电压。恒压式和恒流式仪器电路简单，测量动态范围小，恒功率式测量动态范围大，电路结构复杂。

1. 测井原理

双侧向测井是采用聚焦电极系同时测量深、浅两种径向探测深度电阻率曲线的测井方法。在主供电电极两侧分别装有屏蔽电极，给它们供以相同极性的电流，使其电位相等。由于同极性电流的相互排斥作用，迫使主电极的电流聚焦后径向流入地层，因而减小了对井眼和围岩的影响。

测量的视电阻率为：

$$R_{\mathrm{DLL}} = K\frac{V_{\mathrm{M1}}}{I_0}$$

式中 R_{DLL}——视电阻率；

K——双侧向电极系系数，按深、浅侧向分别给定；

V_{M1}——主电极测量电压；

I_0——主电极测量电流。

如图 2-2-7 所示，双侧向测井的电极系有 9 个电极。主电极 A_0 位于中央，在 A_0 上下对称排列 4 对电极，每对同名电极分别用短路线连接。电极 M_1、M_1'和 N_1、N_1'为两对监督电极，电极 A_1、A_1'和 A_2、A_2'为两对聚焦电极（也称屏蔽电极）。深侧向的回流电极 B 和测量参考电极 N 在“无限远处”。

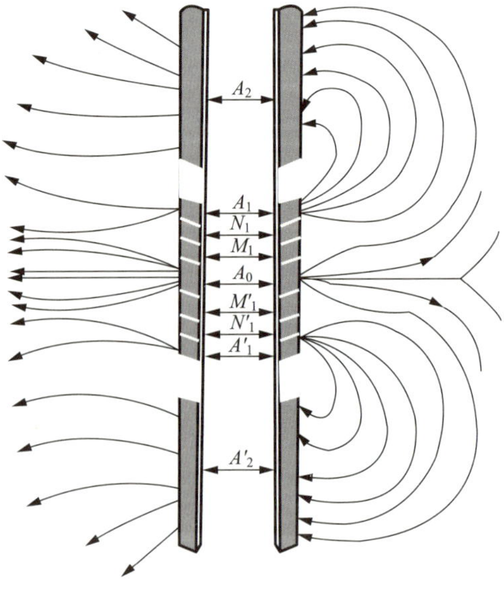

图 2-2-7　双侧向测井原理

深探测时，屏蔽电极 A_1 与 A_2（A_1'和 A_2'）保持等电位，屏蔽电流 I_1 与主电流 I_0 为同极性。由于屏蔽电极 A_2、A_2'较长，加强了屏蔽电流对主电流的聚焦作用，因此主电流层进入地层深处后才逐渐发散。由于探测深度深，它所测的视电阻率接近地层的真电阻率。

进行浅探测时，电极 A_2、A_2'起回流电极的作用，即电极 A_1 与 A_2（A_1'和 A_2'）为反极性，屏蔽电流对主电流的聚焦作用较弱，主电流层进入地层不远的地方就发散了，探测深度浅，所测得的视电阻率受侵入带的影响较大。

2. 测井资料用途

双侧向测井在高矿化度泥浆和高阻薄层剖面中，能获得准确的测井曲线，较真实地反映地层电阻率的变化，并能解决普通电极系测井所不能解决的问题。这种测井方法不仅是盐水泥浆和膏盐剖面的主要测井方法，也是淡水泥浆和薄互层剖面中的主要测井方法之一。

双侧向测井曲线在测井解释中主要是划分岩性剖面，确定地层真电阻率，计算油气饱和度，判断油（气）、水层，在高阻地层也可以用于裂缝识别。

（六）微球型聚焦测井

微球型聚焦测井符合侧向测井原理，测量极板贴井壁进行测量，电极发射出主电流和屏蔽电流，在屏蔽电流聚焦后，主电流径向流入冲洗带，记录电流和电压值获取地层电阻率。其测量结果反映井壁附近电阻率，结合双侧向测井用来分析渗透层泥浆侵入关系，定性判断油气水层。微球型聚集测井仪由电子线路和推靠器两部分组成。

1. 测井原理

微球型聚焦测井测量地层冲洗带的电阻率（R_{xo}），微球聚焦测井仪的极板电极系设计首先考虑到排除泥饼影响和不使电流 I_0 深入原状地层，因此采用的是曲率可变的软极板。该电极系共有五个电极，其形状和电流分布如图 2-2-8 所示。A_0 是主电极，为矩形，在极板的中央，由里向外依次是测量电极 M_0、屏流电极 A_1、监督电极 M_1、M_2，它们都为矩形环状。仪器外壳为主电流 I_0 的回路电极 B。

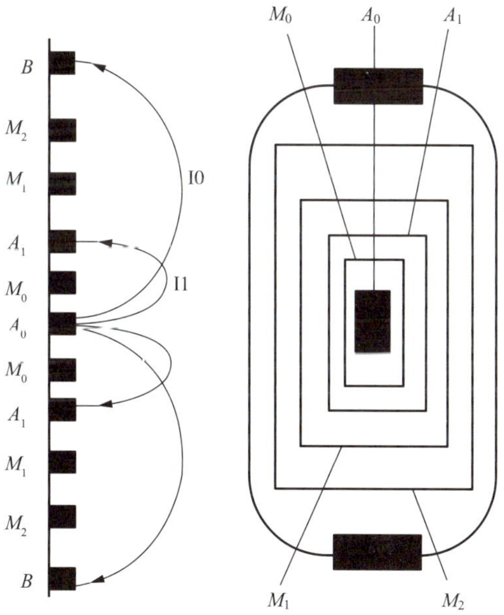

图 2-2-8　微球型聚焦电流线分布

主电流 I_0 和屏蔽电流 I_1 都从主电极 A_0 流出，A_1 为屏蔽电流 I_1 的回路电极，远距离的仪器外壳为主电流 I_0 的回路，因此绝大部分 I_1 沿着泥饼流向 A_1，由于泥饼被 I_1 所充塞，在电场力的作用下，主电流 I_0 被迫穿过泥饼进入地层冲洗带。由于屏蔽电流的聚焦作用使主电流不沿着泥饼流动。在监督电极 M_1 和 M_2 处，I_1 和 I_0 的流向相反，对于一定的电极系，通过调整屏蔽电流 I_1 和主电流 I_0 的比例，保持 M_1 和 M_2 之间电位差近似相等，这时系统处于平衡状态，由于屏蔽电流在地层冲洗带中分布很少，因此主电流 I_0 在冲洗带中失去了屏蔽电流的屏蔽作用，将呈辐射状发散。

由于电极系的几何尺寸较小，主电流不会流入地层很深，此种仪器探测深度较浅。虽然主电流 I_0 不沿泥饼分流，但 I_0 必须穿过泥饼，由于它的探测深度浅，当泥饼较厚时，泥饼就会影响冲洗带。为此，设置了测量电极 M_0，测量 M_0 与 M_1 之间的电位差。合理选择 M_0 的位置，使 M_0 点的电位变化即是泥饼厚度的变化，电极 M_0 的电位也能近似地代表泥饼与地层交界面的电位，消除泥饼对冲洗带电阻率的影响。这样微球所测得的即为地层冲洗带电阻率：

$$R_{xo} = K\frac{V_{M0M1}}{I_0} \tag{2-2-5}$$

式中 R_{xo}——冲洗带电阻率；

K——电极系吸收，K=0.04m；

V_{M0M1}——主电压；

I_0——主电流。

2. 测井资料用途

微球型聚焦测井可以提供冲洗带电阻率 R_{xo}、泥饼电阻率 R_{mc}、泥饼厚度 3 个基本测量参数，通过反演，可以得到 2 条微电极曲线。测井资料用于求取冲洗带电阻率，划分薄层，进行深电阻率侵入校正 。

（七）阵列侧向测井

阵列侧向测井是继双侧向测井后发展的测井方法，它采用了一种新型多探测深度的阵列化侧向仪器，该仪器是为识别和评价复杂油气藏而设计研发的。阵列侧向测井仪是一种多探测深度阵列型侧向测井仪器，主要用于导电泥浆井中高电阻率地层的测量，可以在同一深度位置同时测量多个不同径向探测深度视电阻率，清晰描述侵入剖面。

阵列侧向仪器具有以下特点：有多个探测深度，测量深度更深，可以提供丰富的径向电阻率剖面，具有高分辨率特点。仪器采用多个频率点测量，不同的频率点采用相对不同的电流模式，根据电场线性叠加原理，不同频率点之间互不干扰，它同时可以完成所有频率点独立聚焦测量，因此，阵列侧向仪器可以一次获得多条电阻率曲线。

1. 测井原理

阵列侧向测井仪由电子线路部分和电极系部分组成。电子线路部分的主要功能是与地面进行通信、接收地面控制命令、给电极系提供不同频率的发射电流、采集主电压和主电流信号及屏蔽聚焦等。

阵列侧向测井共有六种探测模式，第一种为泥浆测量模式 AL0，另外 5 种模式具有不同的径向探测深度，分别为 AL1~AL5，如图 2-2-9 所示。

模式 AL0：主电流 I_0 由主电极 A_0 流出，返回到电极 A_1（A_1'）、A_2（A_2'）、A_3（A_3'）、A_4（A_4'）、A_5（A_5'）、A_6（A_6'），测量 M_1（M_1'）与 M_2（M_2'）之间的电位差。由于主电极没有聚焦，因此 AL0 主要探测的是泥浆的电阻率，该工作方式视电阻率公式为：

$$R_{AL0}=K_{AL0}\frac{\Delta V_{M1M2(AL0)}}{I_{0(AL0)}} \quad (2-2-6)$$

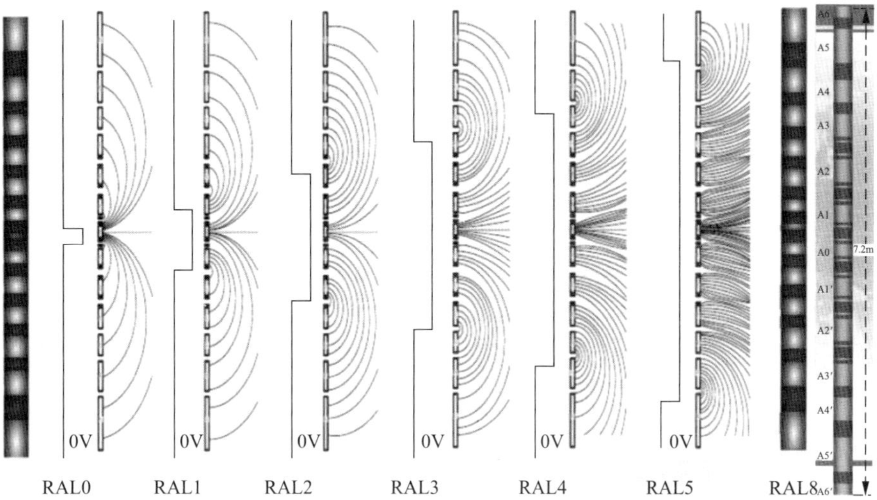

图 2-2-9　阵列侧向电阻率测井仪器原理图

模式 AL1~AL5：主电流 I_0 由 A_0 流出，保持监督电极电压相等，即 VM_1（M_1'）$=VM_2$（M_2'）。AL1 模式时屏蔽电流由 A_1（A_1'）流出，电流返回到 A_2（A_2'）、A_3（A_3'）、A_4（A_4'）、A_5（A_5'）、A_6（A_6'）电极；AL2 模式时屏蔽电流由 A_1（A_1'）、A_2（A_2'）流出，电流返回到 A_3（A_3'）、A_4（A_4'）、A_5（A_5'）、A_6（A_6'）电极；AL3 模式时屏蔽电流由 A_1（A_1'）、A_2（A_2'）、A_3（A_3'）流出，电流返回到 A_4（A_4'）、A_5（A_5'）、A_6（A_6'）电极；AL4 模式时屏蔽电流由 A_1（A_1'）、A_2（A_2'）、A_3（A_3'）、A_4（A_4'）流出，电流返回到 A_5（A_5'）、A_6（A_6'）电极；AL5 模式时屏蔽电流由 A_1（A_1'）、A_2（A_2'）、A_3（A_3'）、A_4（A_4'）、A_5（A_5'）流出，电流返回到 A_6（A_6'）电极。5 种模式都保持屏蔽电极电压相等，主电流 I_0 在屏蔽电流的作用下，以垂直井壁方式进入地层，由于屏蔽电极不断增加，仪器的探测深度逐步加深，地层的渗透层、非渗透层得到精细划分。

AL1~AL5 等 5 种工作方式都是测量主电极的电位 V_{A0} 与电流 I_0，求解视电阻率的公式为：

$$R_{ALi}=K_{ALi}\frac{\Delta V_{M1(ALi)}}{I_{0(ALi)}} \quad (2-2-7)$$

式中　K_{ALi}——方式 ALi 的仪器常数。

这样可以获取 5 条电阻率曲线，反映井眼附近不同径向深度地层电阻率的变化。

2. 测井资料用途

阵列侧向测井主要用于盐水泥浆或中高阻地层电阻率的测量，能够测量地层不同径向深度的 5 条视电阻率曲线，描述井眼到原状地层电阻率的变化情况。测井资料定量描述薄层和地层侵入特性，划分岩性剖面，反映地层侵入参数和真电阻率，求取地层含油气饱和度。

二 声波测井仪

（一）测井声学理论基础

1. 岩石的弹性

受外力作用发生形变，外力取消后，恢复到原来状态的物体叫弹性体。而当外力取消后不能恢复其原始状态的物体叫塑性体。一个物体是弹性体还是塑性体，不仅和物体本身的性质有关，还和物体所处的环境（温度、压力等）及外力的特点（外力作用形式、时间和大小）有关。一般来说外力小、作用时间短，物体表现为弹性体。

声波测井仪发射的声波能量较小，作用在岩石上的时间也短，所以对声波测井来讲，岩石可看作弹性体。因此研究声波在岩石中的传播规律，可以应用弹性波在物质中的传播规律。可用杨氏模量（纵向伸长系数）、切变模量、体积模量、泊松比和拉梅系数等物理量来描述物质的弹性。

2. 岩石的声速

声波在介质中传播，传播方向和质点振动方向相互一致的称为纵波，而传播方向与质点振动方向相互垂直的称为横波。纵波和横波的传播速度 V_p、V_s 与弹性参数有如下关系：

$$V_p=\sqrt{\frac{E}{\rho}\cdot\frac{(1-\sigma)}{(1+\sigma)(1-2\sigma)}}=\sqrt{\frac{\lambda+2\mu}{\rho}} \tag{2-2-8}$$

$$V_s=\sqrt{\frac{E}{\rho}\cdot\frac{1}{2(1+\sigma)}} \tag{2-2-9}$$

式中 E——杨氏模量；

σ——泊松比；

ρ——介质密度；

λ——拉梅系数；

μ——切变模量。

同一介质中：

$$\frac{V_p}{V_s}=\sqrt{\frac{2(1-\sigma)}{1-2\sigma}} \tag{2-2-10}$$

由于大多数岩石的泊松比为 0.25，所以在岩石中的纵横波速度之比约为 1.73。由公式（2-2-8）、公式（2-2-9）知道声波速度随岩石的弹性加大而增大，但不会随岩石密度的加大而减小，因为 E 和 ρ 的关系，大部分情况随着 ρ 的增大，E 有更高级次的增大，所以 ρ 增大，岩石的声速一般是增大的。对沉积岩来说，声速除与上述基本因素有关外，还与岩性、岩石的结构、胶结状况、孔隙度的大小、地层的埋藏深度和地层的地质时代有关。

3. 声波的反射与折射

声波通过传播速度不同的两种介质分界面时，会发生反射和折射，并遵循光的反射定律和折射定律。图 2-2-10 是声波的反射和折射示意图。

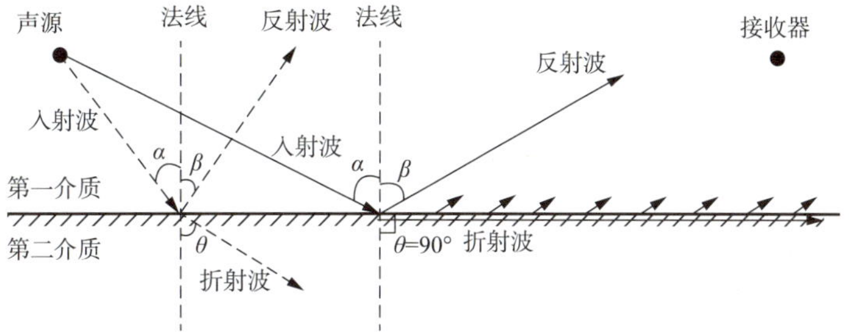

图 2-2-10　声波在介质面上的传播示意图

折射定律的数学表达式是：

$$\sin\alpha/\sin\beta = V_1/V_2 \qquad (2\text{-}2\text{-}11)$$

式中　α——入射角；

β——折射角；

V_1、V_2——介质Ⅰ和介质Ⅱ的声速。

（二）补偿声波测井

补偿声波测井是指利用声波在不同岩石中传播时，其速度、幅度以及频率的变化不同来研究地质剖面的声学特性，计算地层孔隙度、评价固井质量的一种测井方法。测井过程中，声波发射探头发射的声波信号引起周围质点的振动，在井壁上或地层中会产生反射波和折射波，因为地层速度 v_2 大于钻井液的声速 v_1，所以在地层中沿井壁附近产生滑行波，被接收探头接收并记录下来，得到井壁周围介质连续的声学性质曲线。

补偿声波测井仪主要由电子线路和声系两部分组成。声系由发射探头和接收探头组成，即压电陶瓷晶体换能器。声系外壳上有很多刻槽，称为隔声体，使发射探头到接收探头的直达波到达时间滞后。补偿声波测井是测量滑行波穿越地层单位长度时所用的时间，即时差，单位是 μs/m 或 μs/ft。

1. 双发双收补偿声波

双发双收补偿声波由两个发射探头 T_1、T_2 和两个接收探头 R_1、R_2 组成，R_1、R_2 位于中间，T_1、T_2 交替发射声波脉冲，由 R_1、R_2 各记录一次，然后将两次记录的时差求平均值，作为当前 R_1、R_2 对应的地层的声波时差。补偿声波测井原理如图 2-2-11 所示。

当仪器倾斜不居中或井眼不规则时，单发双收测量精度受影响，在井眼大的地方造成假异常现象，使 Δ*t* 偏大或偏小。采用双发双收通过上下两次发射和接收，形成的两次假异常的结果相等方向相反，取两次结果的平均值，就消除了假异常现象，提高了测量精度。

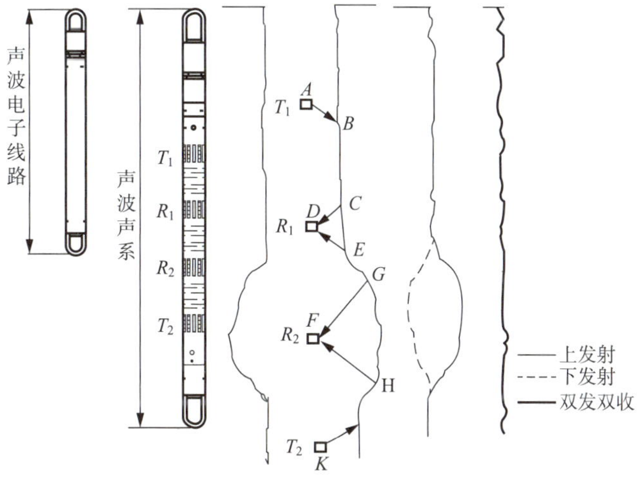

图 2-2-11　补偿声波测井原理图

$\Delta t = (\Delta t_上 + \Delta t_下)/2$

T_1 发射时，因 $GF > CD$ 所以 $\Delta t_上$偏大。

T_2 发射时，因 $HF > ED$ 所以 $\Delta t_下$偏小。

双发双收 $\Delta t = (\Delta t_上 + \Delta t_下)/2$ 消除了异常现象，这就是补偿声波的测井原理。

2. 数字声波

数字声波是一种对阵列声波信号进行数据采集，将采集后的数据按照要求编码并通过仪器接口上传到测井操作系统的声波测井仪器。它可以进行不同源距和间距的声波测井，用于测量井眼周围从发射器到接收器之间一段地层的声波旅行时间。

数字声波下井仪 CPU 识别到声波的采集指令后，进行一系列的初始化，由电子线路发出四个串行控制信号，经过一系列的驱动，可控制发射探头发射，与此同时接收到 4 个声波波列信号，经过 A/D 转换线路数字化后，存储到存储器。当采集指令到来后，立即对数据编码和码制转换，并重新驱动到地面仪器，完成一组数据的采集、发送。

声系主要由两个发射换能器和四个接收换能器构成。T_1、T_2 为发射晶体，R_1、R_2、R_3、R_4 为接收晶体。T_1 与 T_2 距离 2ft，T_2 与 R_1 距离 3ft；R_1、R_2、R_3、R_4 各距离 0.5ft。数字声波测井原理如图 2-2-12 所示。

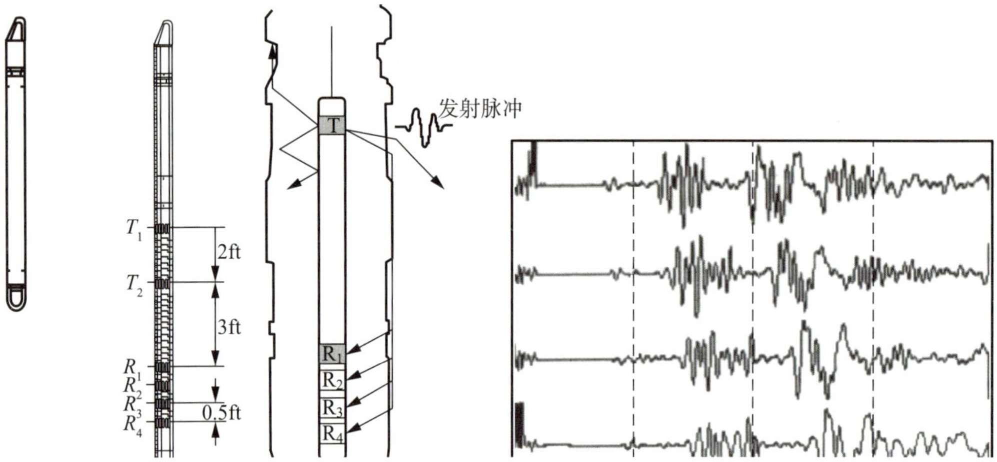

图 2-2-12　数字声波测井原理图

数字声波四种工作模式：

① Subset2：DELTA-T 测井，TX_1 发射，RX_1、RX_2、RX_3 和 RX_4 接收。

② Subset3：DELTA-T 测井，TX_2 发射，RX_1、RX_2、RX_3 和 RX_4 接收。

③ Subset5：VDL 和 CBL 测井，TX_1 和 TX_2 交替发射，RX_1 接收。

④ Subset6：DELTA-T 测井，TX_1 和 TX_2 交替发射，RX_1、RX_2、RX_3 和 RX_4 接收。

3. 测井资料用途

补偿声波和数字声波测井用于判断地层岩性，识别气层和裂缝，确定地层的孔隙度，检测压力异常和断层，合成地震记录。

（三）多极子阵列声波测井

阵列声波测井仪是由长源距声波全波列测井仪改进而来的。采用多个传感器，构成阵列声波测井仪，井下实现数字化，信号动态范围更大，记录的波形更完整，有利于获得准确的纵波、横波、斯通利波的时差、幅度等参数，特别是在分析地层速度各向异性方面具有独特的优势。主要设计应用于压实地层以及慢速（未压实）地层中。

1. 单极子源

传统的声波测井仪使用的声源称为单极子源，一般是圆管形的换能器，以轴对称的方式沿径向振动（膨胀或者缩小），它在井内发射声波脉冲时是没有方向性的，上述的声波速度、全波列测井仪器采用的均为单极声源。在快地层中（地层横波速度大于井内流体声速），满足临界折射条件，可以激发纵波、横波及斯通利波，但在慢地层中（地层横波速度小于井内流体声速）不满足临界折射条件，只能激发纵波与斯通利波，却难以激发横波。

2. 偶极子源

为了获得慢速地层的横波信息，发明了偶极声源，它是一种定向的压力源，像一个活塞，使井壁一侧的压力增加，而另一侧压力减小，引起井壁出现扰动，这种挠曲运动产生的剪切挠曲波具有频散特性，在低频时其传播速度趋近于横波。偶极声源还有一个突出优势，因为是指向性的发射，因此可以用来测量波速随角度的变化，从而评价地层的各向异性，在构造应力不均衡或裂缝性地层中，横波在传播过程中通常分离成快横波和慢横波，且快、慢横波速度通常显示出方位各向异性。由此出现的正交偶极技术，沿两个互相垂直方向向地层定向发射压力脉冲，通过两列接收波形的时间差和相位差，可以判断地层的各向异性，并评价垂直微裂缝和地应力状态。单极子源与偶极子源示意图如图 2–2–13 所示。

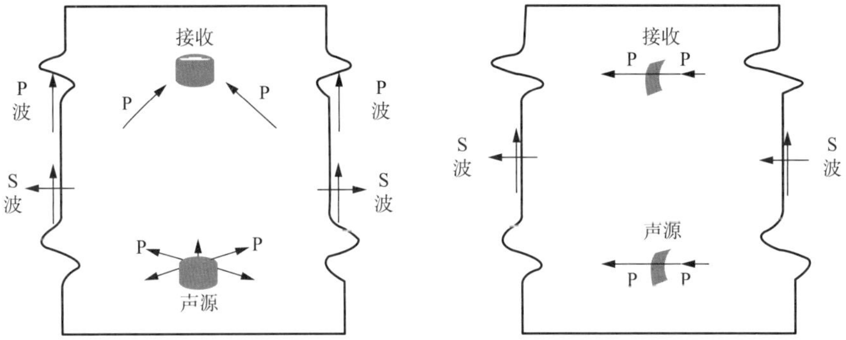

图 2–2–13 单极子源与偶极子源示意图

3. 正交多极子阵列声波

阵列声波测井仪又叫正交多极子阵列声波测井仪，是将一个单极阵列和一个偶极阵列正交组合在一起，单极阵列包括两个单极声源，声源发射器发射的声波中心频率为 8kHz。偶极阵列是由两个正交摆放（相差 90° ）的偶极声源组成的，单极和偶极阵列共用 8 组接收器。接收器间距为 0.5ft，每个深度点记录 12 个单极源波形，其中 8 个为阵列全波波形，4 个为记录普通声波时差的全波波形。每个深度点记录 32 个偶极源波形，即每个接收器记录 *XX*、*XY*、*YX*、*YY*4 个偶极源波形，*X*、*Y* 表示不同方位的发射器或接收器的方向。正交多极子阵列声波测井及原理图如图 2–2–14 所示。

以阿特拉斯 XMAC– Ⅱ仪器结构为例。它包括：2 个单极发射探头和 4 个接收探头组合，用来进行时差的测量。而另一个单极发射探头和 8 个接收探头组合，用来进行单极全波的测量。2 个正交偶极发射探头，1 个向 X 方向发射，8 个接收探头的 X 轴方向的接收部分接收直线偶极全波。而 8 个接收探头 Y 轴方向的接收部分接收交叉偶极全波。另一个向 Y 方向发射的探头，用同样的过程可以得 Y 方向发射直线偶极全波和交叉偶极全波。图 2-2-15 为阵列声波仪器接收声系的原理图。

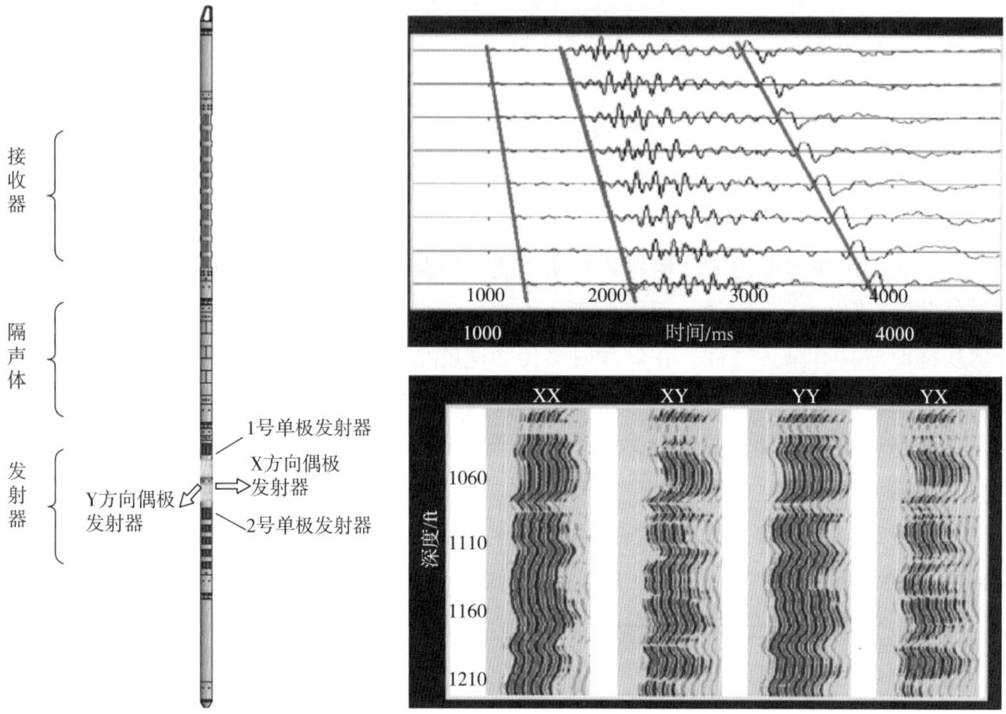

图 2-2-14　正交多极子阵列声波测井及原理图

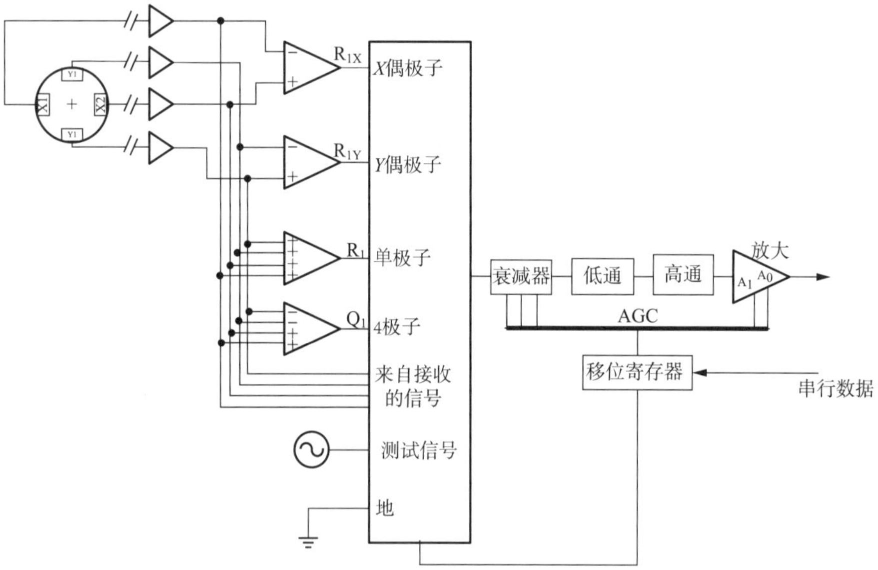

图 2-2-15　阵列声波接收声系原理图

4. 远探测声波

远探测声波测井以井中声源辐射到井外地层中的声场能量作为入射波，探测从井旁构造反射回来的声场。通过分析处理接收到的全波信号，可以对井周围的地层构造进行声波成像，并获得井旁地质构造信息，其在井旁裂缝及构造识别等方面具有重要作用。

声波远探测仪器是在远探测声波测井原理的基础上发展的一种新型仪器，其外形结构与正交多极子阵列声波相同，有 2 个发射探头，8 个接收探头，都是由数据采集短节、接收器短节、声波隔声体、发射短节、发射控制短节五部分组成，但是远探测声波比正交多极子阵列声波发射功率强，接收放大增益大，可以将全波列系列后续微弱的反射波探测到，另外声波远探测仪的接收器晶体 4 个面都可以单独放大接收，探测到的声波信号范围更广。

声波远探测测井仪采用低频大功率偶极子换能器，声波远场辐射能量强，指向性好，Burst 窄带、宽带偶极声源激发方式效率高，地层适应性强。一体化有源近探头接收方式，反射波近探头补偿放大，精度及信噪比高，32 分量信号同步采集，64 路单极、32 路偶极声波信号采集实现方位声波远探测，24 位高精度高密度声波信号数字采集，实现高精度信号采集，48GB 海量数据存储与处理，建立声波远探测 4 类 18 种解释模型，实现方位声波远探测精细解释模式。

5. 测井资料用途

阵列声波测井资料可以进行岩性特征分析，划分气层，研究岩石力学和地应力参数计算，定性判断裂缝发育段，地层各向异性分析，井眼稳定性分析，压裂高度预测及效果检测。

声波远探测测井可以对描述缝洞型储层裂缝、溶孔和溶洞的发育情况进行评价，完成井筒及远端地质异常体的精细描述，为后续的地质评价提供支撑和设计优化。

三 放射性测井仪

（一）放射性测井物理基础

原子是由原子核和围绕着它的电子组成的，原子核是由质子和中子构成的。质子带有正电，其电荷和一个电子所带的电量相等。原子核中的质子数等于外围的电子数，所以原子呈中性，这个数值叫作元素的原子序数，通常用符号 Z 表示。原子核中质子与中子的总数叫作该元素的质量数，用符号 A 表示。因此，原子核里中子的数目为 $A-Z$。质子与中子的质量几乎相等，接近于一个原子质量单位（质量数为 12 的碳原子质量的 1/12 为一个原子质量单位。这种原子质量单位叫作碳单位）。因为原子的质量绝大部分集中在原子核上，所以质量数 A 基本上代表了这个元素的质量。

具有相同质子数 Z 和中子数 N 的一类原子或原子核，称为一种核素，或把具有相同原子序数 Z 和质量数 A 的一类原子或原子核，称为一种核素。核素用它所属的化学元素的符号按下列方式表示：${}_{Z}^{A}X$，X 是元素符号，例如，${}_{8}^{16}O$ 是氧元素的一种核素。

质子数相同，中子数不同的核素称为同位素，例如，${}_{1}^{1}H$、${}_{1}^{2}H$、${}_{1}^{3}H$ 是氢的三种同位素。

在自然界中存在着一些原子核不稳定的元素。当它们发生变化时，辐射出放射性射线，这就是核衰变。在核衰变过程中，辐射的放射性射线主要有 γ 射线、β 射线和 α 射线。

α 射线是 α 粒子流，α 粒子由两个质子和两个中子组成，其穿透能力很低，无法在测井中应用。β 射线是电子流，它的穿透能力也很低，同样不能在测井中应用。

γ 射线是波长极短的电磁波（因其有波粒二相性，所以也称其为 γ 光子）。它的穿透能力很强，依据其能量的不同，和地层物质会发生多种相互作用，因此，被广泛应用于核测井中。在核测井中通常使用的伽马源就是由浓缩的放射性核素物质制造成的能发射伽马射线的装置。

中子是不能独立存在于自然界中的，但是在原子核中的中子可以以某种形式释放出来，从而使我们获得中子流，这个装置就是中子源，中子测井使用的中子源有两类，即连续中子源和脉冲中子源。由于中子具有较强的穿透能力并且能与地层物质发生相互作用，所以，中子测井也成为核测井的重要组成部分。

1. 中子测井物理基础

中子源能够发射一定能量的中子流，而中子可以根据其具有能量的大小分为以下几种：能量大于 100keV 的快中子；能量介于 100eV~100keV 的中能中子；能量小于 100eV 的慢中子，其中能量在 0.1~100eV 的为超热中子，能量在 0.025eV 左右的为热中子。在地层条件下，射入地层的中子与组成地层的物质发生相互作用，这些相互作用构成了中子测井的物理基础。

（1）快中子的非弹性散射

快中子与物质的原子核作用被吸收，而后放出一个低能中子和 γ 射线的过程就是快中子的非弹性散射。

这种核反应要求中子具有很高的能量才行。一般使用的连续（化学）中子源发射的中子很少具有这么高的能量，所以此种作用在普通中子测井中所占比重甚微，但在使用脉冲中子源的情况下，此种核反应是构成次生伽马能谱测井的物理基础。

（2）中子的弹性散射

当快中子和原子核发生碰撞后，损失能量并改变运动方向，但系统总动能不变。中子所损失的动能全部转化为被碰核的动能，这就是中子的弹性散射。

在快中子的弹性散射过程中，中子损失能量的大小与所碰撞核的质量、散射角度以及中子本身具有的能量大小有关。一次碰撞后的快中子仍然继续与原子核发生弹性碰撞，一直到变成只能做热运动的热中子为止。快中子变成热中子的过程称为中子的减速特性。通常重原子的减速能力差，而氢原子的减速能力强。例如，当中子与氢核碰撞时，每次平均减少一半能量，而与碳原子碰撞时，每次只损失 14% 的能量，所以，当岩石中的化学成分不同时，对中子的减速特性有着重要的影响。在所有的化学元素中，氢是最强的中子减速剂，地层中的含氢量决定中子在地层中的减速过程，而含氢量与含水或油的孔隙体积相关。这就是普通中子测井的物理基础。

由于氢是所有元素中最强的中子减速剂，而石蜡中又含有大量的氢原子，所以对中子源的防护和封闭都大量使用石蜡。

（3）热中子的俘获

热中子的俘获就是热中子被物质的原子核俘获吸收，然后放出伽马射线的过程，放出的伽马射线叫作中子伽马射线或俘获伽马射线。

2. 密度测井物理基础

放射性原子核衰变所放出的伽马射线，其能量范围在几万电子伏特到几百万电子伏特之间。当伽马射线穿透物质时，会与地层物质的原子发生相互作用，根据其能量不同，主要产生以下几种效应：

（1）光电吸收效应

当低能量的伽马射线（$E_\gamma<100keV$）与原子核外的电子相碰撞时，伽马射线可以释放出它的全部能量给原子的一个电子，使其脱离原子的束缚而从原子中射出，成为光电子，这种效应称为光电效应。

发生光电效应的概率，取决于入射伽马光子的能量和地层元素的原子序数。已知元素的光电吸收系数随光子能量的增加而减小，对于已知能量的伽马射线，当元素的原子序数增大时，光电吸收系数也增大。

（2）康普顿散射效应

所谓康普顿散射效应就是指较高能量的伽马射线（$E_\gamma \approx 75keV\sim2MeV$）与物质中的原子核外电子相碰撞时，将其能量的一部分转移给电子，使电子脱离原子的束缚而从电子壳层中飞出，而光子本身能量降低并改变原来的运行方向，成为散射光子。

康普顿效应可以认为是两个粒子间的弹性碰撞，伽马射线能量的损失主要是被电子所散射，经碰撞而飞出的电子称为康普顿电子（散射电子）。经过多次这样的相互作用后，伽马射线的能量将降低到只发生光电吸收为止。

产生康普顿效应的概率与介质的原子序数有关，也就是说，康普顿散射是电子密度的函数。但与光电吸收相比，它随能量的增加而减小的程度更加缓慢。因此，在确定的距离内，介质的电子密度越大，发生散射效应的机会越多，而探测器所测量到的伽马射线强度就越低。

（3）电子对效应

当伽马光子的能量大于 1.022MeV 时，它可以穿过自由电子云和电子层，直到它和原子核周围的静电场发生相互作用。在这种剧烈的冲击下，光子的全部能量足以形成和抛出一个正电子和一个负电子。在形成电子对的同时，与之相互作用的伽马射线将全部被吸收。

在以上三种效应中，光电效应和康普顿效应构成 γ 测井的物理基础，在常用的密度测井中岩石的体积密度与电子密度有着重要的关系。单位体积岩石中的电子数叫电子密度。若地层的电子密度大，伽马光子从放射源到达探测器路径上碰上的电子就多，大部分就在源的附近被电子吸收，只有少数光子能够到达探测器附近，仪器探测到的计数率就低。反之，若地层的电子密度小，在同样长的路径上，伽马光子碰到的电子少，在途中被吸收的少，探测器探测到的光子就多。密度测井的伽马探测器所测得的就是那些发生康普顿散射后能量减小了的伽马光子数，因此可以说密度测井得到的是岩石的电子密度。对于大多数沉积岩来说，地层的电子密度和它们的真密度近似地成正比关系，如图 2-2-16 所示。

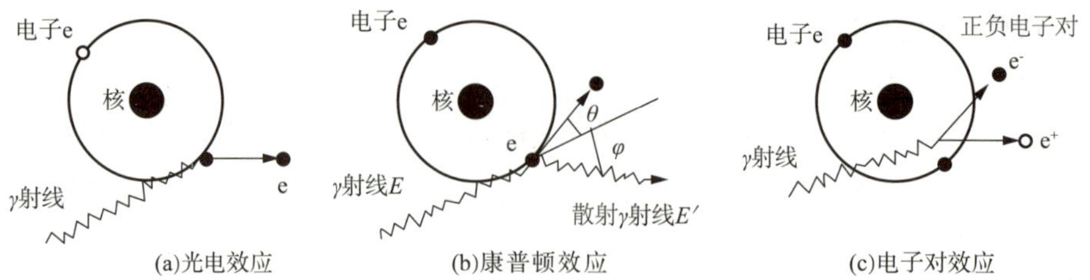

图 2-2-16　伽马射线与物质原子相互作用示意图

（二）自然伽马测井

自然伽马测井或称自然放射性测井，是以研究岩层或矿体天然放射性为基础，进而研究岩层性质和有关地质问题的一种方法。它是发展较早，但直到目前仍然比较重要的一种方法。

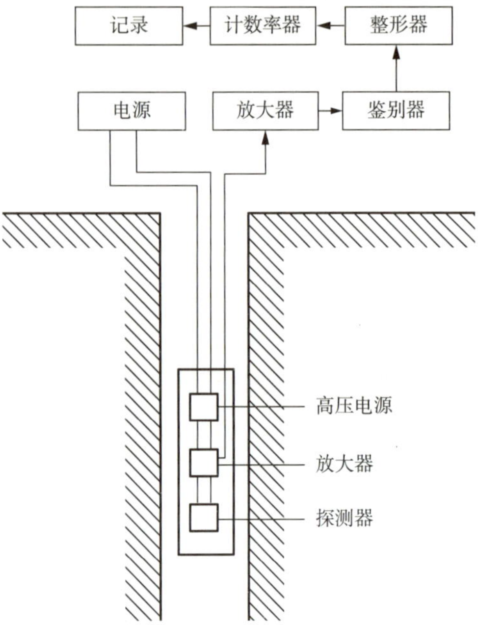

图 2-2-17　自然伽马测井原理图

1. 测井原理

自然伽马测井就是沿井身测量地层的自然放射性，并进一步研究地层性质的方法。测量自然伽马射线强度的方法有两种，一种是记录每一点上接收的自然伽马射线总强度，另一种是记录每一点上不同能量段的射线强度，从而获得该点的能谱。图 2-2-17 是记录自然伽马射线总强度的原理图。射线在探测器中被转换成电脉冲，脉冲数目的多少反映射线强度的大小。因此，放射性测井仪实质上是一个计数电路。因为测井是连续进行的，为了能记录出反映不同深度的放射性强度，脉冲信号必须进入一个叫作计数器的电路，使输出信号与单位时间的脉冲数成比例，然后用记录仪记录下自然伽马测井曲线。

自然伽马探头由光电倍增管和 NaI 晶体组成，为保证输出与输入脉冲数成比例，仪器中还包括有鉴别、分频、整形、放大等电路。由于伽马射线可以穿透套管，自然伽马测井可以在下套管的井中进行测量。它与测定套管接箍的磁定位曲线相配合，能够准确地确定射孔位置。

2. 测井资料用途

自然伽马测井曲线用来划分岩性、进行地层对比、计算泥质含量、测井曲线深度校正和射孔校深等。

（三）自然伽马能谱测井

岩石中，某些放射性核素存在的多少和地层的沉积环境、物质来源、成岩作用、地下水活动、黏土类型以及黏土含量等一系列地质因素有关，因此分别记录不同放射性核素所释放的放射性强度对于解决许多地质问题是很有意义的。

1. 测井原理

岩石中自然放射性的强度，主要是由钾、铀、钍放射性核素的含量决定的。自然伽马能谱测井仪，在测量地层自然伽马射线总水平的同时，对自然伽马射线进行谱分析，即对自然伽马射线的能量进行分析，如图 2-2-18 所示。

元素	窗口		峰值	
	通道	能量/MeV	通道	能量/MeV
K	94	1.31	105	1.46
	113	1.57		
U	115 139	1.60 1.93	127	1.76
Th	177	2.46	188	2.62
	211	2.93		
自然伽马射线	28 255	0.39 3.46		

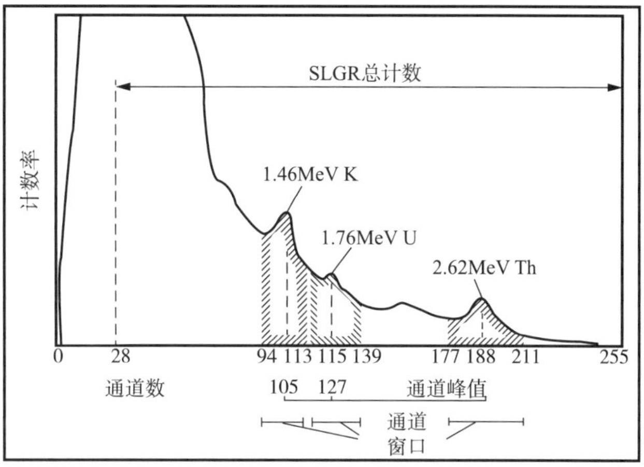

图 2-2-18　自然伽马能谱谱图

铀系和钍系元素在放射性平衡状态下，不同能量的伽马射线的相对强度也是确定的，因此可以选定铀系和钍系的某一特征能量来识别铀和钍。通常在铀系中选发射能量 1.76MeV 的伽马射线来识别铀，选发射能量 2.62MeV 的伽马射线来识别钍。伽马射线被闪烁计数器探头接收后，光电倍增器输出脉冲的幅度与伽马射线能量成正比，而脉冲计数率与射入晶体的伽马射线强度成正比。选定与主要放射性同位素 ^{40}K、^{238}U、^{252}Th 相关，能量为 1.46MeV、1.76MeV、2.62MeV 的伽马射线谱段分别做记录，运用数字方法对混合谱进行剥谱，求出地层中钾、铀、钍的含量，从而确定地层放射性类型和数量。

自然伽马测井技术和伽马能谱测井技术的基本测量技术是相同的，都采用闪烁型探测器，这种探测器主要有三个基本部分：CsI 晶体，光电倍增管和电子（含数字控制）线路。

CsI 晶体是将伽马射线在穿过介质的路径上所消耗的部分能量转换成光，然后通过光耦合，光电倍增管可接收晶体发射的光脉冲。能量为 200keV 或者更小的自然伽马射线，所占的百分比很大，在这样低的能量范围，光电效应是控制光产额的主要方式。

因为晶体是透明的，经过一种光学耦合，晶体所产生的光投射到灵敏的光电倍增管上，这种光引起光阴极发射出一些电子，在光电倍增管中，第一打拿极相对于阴极有一个正电位，所以这些电子被第一打拿极吸引，这便产生了二次发射现象，更多的电子由这个打拿极表面发射出来，第二打拿极具有更高的正电位。因此，这些电子被吸收并再次引起更多的电子发射。光电倍增管的全部打拿极都重复上述过程，形成了大约2000000倍或更高的电流倍增，在最后一个电极即阳极上，将出现一个负脉冲，脉冲的幅度与入射伽马射线的能量成正比，这样通过用已知能量伽马射线刻度过的线路对脉冲幅度进行测量，就可以求出地层伽马射线的能量分布，进而对地层进行正确的评价。

2. 测井资料用途

地层中的自然伽马射线几乎全部由铀系、钍系和 ^{40}K 产生，^{40}K 只辐射能量为1.46MeV的伽马射线，铀系和钍系各种元素发射不同能量的伽马射线，有些元素还能发射多种能量的伽马射线，因而铀系和钍系的伽马射线能谱是复杂的。

自然伽马能谱测井曲线用来识别高放射性储集层，寻找泥岩裂缝储集层，确定黏土含量、黏土类型及其分布形式。用Th/U、Th/K比研究沉积环境、沉积能量，有机碳分析及生油岩评价，变质岩、火成岩等复杂岩性解释，解决地质和油田开发中的问题。

（四）补偿中子测井

补偿中子测井是利用能量为4.5~5.0MeV同位素中子源向地层中发射快中子，快中子能量在地层中逐渐减弱，最后成为热中子。利用与源相距一定距离的探测器来探测经地层物质衰减的热中子和超热中子。因为中子和氢原子质量为1，它们在地层中发生弹性碰撞，所以影响快中子的减速，与地层中的氢原子多少有一定的关系。而含氢量又可指示地层的孔隙度。补偿中子测井正是利用这一关系来测量地层孔隙度的。补偿中子测井仪由探头部分和电子线路部分组成。

1. 测井原理

图2-2-19是补偿中子测井仪探头部分结构和电路框图。下井仪器是由两个源距不同的探测器（SS短源距、LS长源距）组合而成，探测器为高压 ^{3}He 正比计数管，镅铍中子源 ^{241}Am-Be连续发射快中子，当快中子与地层中的各种原子核发生碰撞时，失去能量减速成超热中子，然后至热中子。用作探头的比例计数器主要响应热中子，探头计数率记录了中子源与地层之间的氢物质，氢是最有效的中子减速剂，所以探测器计数减少则表明中子源和探测器之间物质的含氢量增加，也就说明这是一个高孔隙度地层。2个探测器分别记录2个不同源距的热中子密度，并取其比值，该比值代表了地层中中子密度随源距衰减的速率。

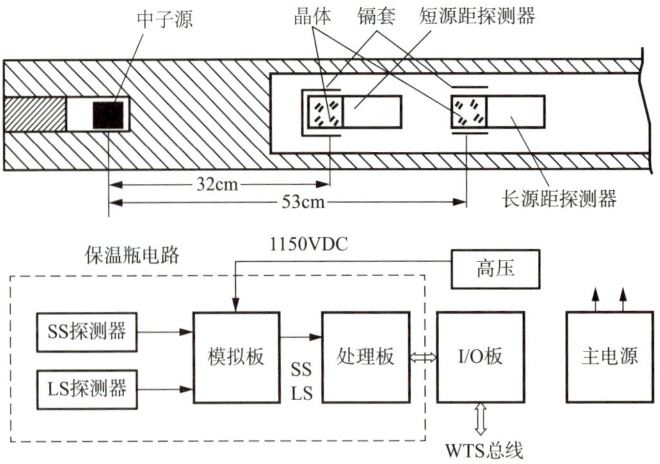

图2-2-19　补偿中子探头及电路框图

计数率比值与孔隙度有关，并减少了井眼的影响，从而反映了地层孔隙度值。依据长短源距计数率比值与地层孔隙度的关系，通过刻度，就把测量的长短源距计数率比值转换为地层孔隙度。

2. 测井资料用途

补偿中子测井提供的测井曲线是视石灰岩孔隙度。通常补偿中子测井的刻度器都是通过已知孔隙度的纯石灰岩进行传递的，此种刻度器刻度的仪器如果在纯石灰岩中进行测量便是真孔隙度，但在非石灰岩中进行测量，测到的孔隙度与地层的真孔隙度不同，称为视石灰岩孔隙度。

补偿中子测井既可在裸眼井内使用，也可以在套管井内使用。它的测井资料主要用途是确定岩层的孔隙度，中子、密度交会计算孔隙度和矿物含量，中子、密度、声波曲线重叠直观判断岩性，中子、密度曲线重叠定性判断气层。

（五）岩性密度测井

岩性密度测井利用伽马射线源作为人工源，通过测量伽马粒子场与地层物质发生作用产生的次级伽马散射射线来反映地层的属性与储层特性，习惯上称它为 γ－γ 测井，又因为岩性密度测井方法与地层的原子序数有密切的关系，又有人称它为 *Z*– 密度测井。岩性密度测井是利用康普顿散射伽马射线与地层作用的光电吸收效应和康普顿散射效应，测量地层的体积密度和光电吸收截面指数的测井方法。

1. 测井原理

岩性密度测井的物理基础是利用铯源（^{137}Cs）向地层中以特定的角度发射能量为 0.66MeV 的伽马射线，再利用与源相距一定距离的探测器测量经过地层散射和吸收后的伽马射线强度。而此能级的伽马射线与地层中的物质作用主要产生康普顿效应，其散射截面与地层体积密度密切相关，故可用来测量岩石的密度值。当伽马射线在地层中的能量衰减到 0.1MeV 以下时，则产生光电吸收效应，使低能伽马射线大幅度减少。而光电吸收截面与地层物质的原子序数密切相关，故可用来研究地层的岩石性质。

岩性密度测井除利用康普顿效应外，还利用光电效应来划分岩性，测量一条光电吸收截面指数 P_e。由于伽马射线的光电吸收完全依靠所测量地层的原子数目，P_e 测量值直接和地层岩性成分有关系，P_e 值和孔隙度及其内部流体的关系不大，所以对于判断地层的岩性非常有用。长源距 LSD 测得的脉冲信号，分为 256 道进行谱分析，用低能部分（光电效应）计算 P_e 值。短源距 SSD 的脉冲信号进行计数器计数，利用长源距 LSD 的康普顿效应及 SSD 的信息计算出体积密度。岩性密度探头及谱分析图见图 2-2-20 所示。

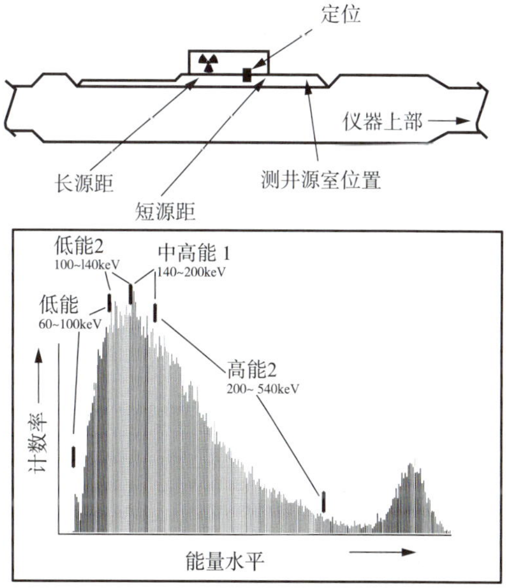

图 2-2-20　密度探头及谱分析图

岩性密度测井利用同位素伽马源向地层辐射伽马射线，再利用与源有一定距离的探测器来测量经过地层散射和吸收后的伽马射线强度。由于使用的铯（^{137}Cs）源只放射 661keV 的伽马射线，该能级的伽马射线与物质作用后主要产生康普顿效应，其散射截面与地层体积密度密切相关，可以用来测量岩石的密度值。当伽马射线在地层中能量衰减到 100keV 以下时产生光电吸收效应，使低能伽马射线大幅度减少，而光电吸收截面与地层物质的原子序数密切相关，可用来研究地层的岩石性质。岩性密度仪器探头长源距探测器探测多次康普顿散射伽马射线，用铍窗过滤低于 60keV 的射线。短源距探测器通过镉外壳过滤掉低于 140keV 的射线，只接受能量较高的伽马射线。仪器线路部分将取决于地层电子密度和等效原子序数的长源距计数率，通过建立合适能窗，从长源距计记数率地面仪器可以计算地层的体积密度和有效光电吸收系数，利用长、短源距计数率可以计算视体积密度。

2. 测井资料用途

岩性密度测井资料用于求取岩石孔隙度，与中子测井曲线配合识别气层，直观判断地层岩性，寻找重矿物，在重晶石泥浆条件下，识别裂缝带。

（六）元素俘获测井

元素俘获测井仪器通过测量中子在地层中产生的俘获伽马能谱和非弹性散射伽马能谱获取地层岩石骨架的主要元素（包括：H、C、O、Mg、Al、Si、S、Cl、K、Ca、Ti、Mn、Fe、Gd）的种类和含量，确定岩性和骨架参数。通过元素测井进行地层对比可进行区域评价和沉积环境研究，提供较为准确的地层岩性剖面及各种岩石矿物含量，为油气储层改造施工和开采作业方案提供决策依据。该仪器主要由电子线路、探头两部分组成。

1. 测井原理

在测井过程中，通过 Am-Be 中子源向地层发射 4MeV 的快中子诱发地层发生非弹性散射反应，同时释放出伽马射线，经过多次散射中子减速形成热中子，热中子被俘获产生元素的特征俘获伽马射线，元素通过释放伽马射线回到初始状态，用 BGO 晶体探测器探测并记录这些非弹性散射伽马能谱和俘获伽马能谱，如图 2-2-21 所示。

图 2-2-21　元素俘获测井仪器

地层元素测井通过记录非弹性伽马和俘获伽马能谱信息，以元素标准谱为基础，采用谱数据处理技术获取地层元素含量，经过解谱处理可以得到 C、O、Si、Ca 等元素的含量，而对其中主要的俘获伽马谱经过解谱处理可以得到 Si、Ca、S、Fe、Ti、Gd 等元素含量，应用特定的氧化物闭合模型可以得到地层中矿物的含量。对于未测量的 Al、Mg、Na 等元素通过闭合标准化将它们和已测量的元素联系起来，进而由各种元素的浓度或丰度得到黏土矿物、石英、长石、云母以及菱铁矿、黄铁矿的含量。

不同原子核具有不同的能级，因而各种原子核放出的伽马射线能量也不相同。在地层中，氢、氯、硅、钙、铁、硫、钛、铬及钾等元素俘获吸收热中子后释放出具有各自能量特点的伽马射线，形成热中子俘获伽马射线能谱。

地层元素测井仪器是利用 Am-Be 中子源与地层原子核发生的中子伽马核反应放出的 γ 射线，测量地层 γ 射线谱的。由于不同核素的特征 γ 射线能量不同，通过对 γ 射线谱进行解谱分析得到元素的相对产额，应用氧化物闭合模型可将元素谱的相对产额转换成元素的绝对百分含量。对于一个地区的沉积地层，相同沉积环境下沉积的矿物类型大致相同，因而具有变化不大的主要元素含量。反之，不同沉积环境下沉积的岩石矿物类型不同，岩石矿物中的元素含量有较大的变化。

地层元素测井仪器由 Am–Be 中子源、EGO 晶体探测器、光电倍增管、高压放大电子线路等构成。测井时，Am–Be 中子源发出能量为 0~8 MeV（平均 4 MeV）的快中子，快中子首先与地层中 C、O、Si、Ca、Fe、Mg 等元素发生非弹性散射反应，迫使地层放射出 γ 射线。快中子经过多次散射逐渐减速形成热中子，热中子被原子核所俘获产生特征俘获 γ 射线，BGO 晶体探测器记录这些非弹性散射 γ 能谱和俘获 γ 能谱。

地层元素测井得到 γ 射线谱，通过对 γ 射线谱进行解谱分析可得到元素的相对产额。应用氧化物闭合模型将元素谱的相对产额转换成元素谱的绝对百分含量，再根据大量岩心分析数据所建立的经验关系式，即可求得不同矿物的体积含量。

2. 测井资料用途

测井资料用来确定地层元素质量百分比，从而确定地层岩性，确定地层黏土含量、计算骨架参数及研究沉积环境等。

四 成像测井仪

（一）微电阻率扫描成像测井

微电阻率扫描成像测井仪器利用高精度组合的电传感器，测量井壁附近地层的电导率，并通过高密度采样和高分辨率成像处理，向用户提供一个类似岩心表面成像的井壁图像，它可以用于裂缝识别、沉积相分析、储层评价等方面的研究。

1. 测井原理

为了增加对井眼的覆盖面积，目前微电阻率扫描成像测井仪（STAR）探头采用 6 极板推靠结构。每个极板上有 24 个纽扣电极，分成两行排列，在电极面的圆周面上以 0.1in（1in=2.54cm）的距离排列，而两排电极之间的距离为 0.3 in。可在最小 5.875 in 的井眼中运行。在 7~7/8 in 直径的井眼里极板的覆盖面大约为 59%。仪器在地层采样率为每英尺 120 次，产生 144 个微电阻率曲线轨迹，代表每个纽扣电极经过的地层特性。其工作原理类似于微聚焦侧向测量，其动态范围相似于平常的倾角测井。其数据以高分辨率的图像显示如图 2–2–22 所示。

测井过程中由测井操作系统控制下井仪器推靠臂的收、开腿，当打开推靠臂后，极板紧贴井壁。电子线路上的金属外壳作为回路电极，极板的电位恒定。极板上的小电极向地层发射同极性的电流，并使极板外壳与电极的电位相等，极板上发射的电流对小电极的电流起着聚焦作用，由电极流出的电流受到极板外壳的屏蔽作用，沿径向流入地层。当地层层理、裂缝或渗透率发生变化时，纽扣电极的电流也随之发生变化。纽扣电极接触井壁地层的电阻率不同时，电流强度发生变化。地层的电阻率高，电极的接地电阻大，电流强度变小；地层电阻率低，电极的接地电阻小，电流强度增大。因此，测量记录极板上每个纽扣电极的电流变化，然后进行适当的处理，就可把井壁附近各类电阻率之间的差别转变成

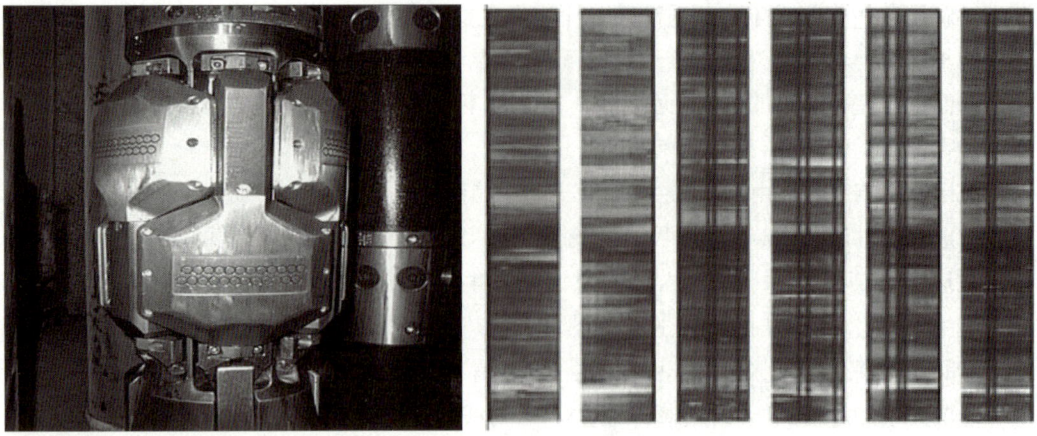

图 2-2-22　电成像极板探头及显示图

彩色或灰度等级图像，直观地反映井壁附近地层电阻率的变化，从而反映井壁地层岩石结构的变化。

微电阻率扫描成像可获取断层、褶皱、地层的岩石组成、地层倾角及沉积环境等的地层特性。同时探头推靠部分的机械臂还可以获得六条独立的井径曲线。

2. 测井资料用途

微电阻率扫描成像测井用于裂缝识别和评价、地层沉积特征分析、地层层内结构分析、地层构造解释和地应力方向分析等，图像可以代替岩心或辅助岩心描述。

（二）超声成像测井

超声成像测井就是在井下采用传感器阵列扫描或旋转扫描测量，沿井纵向、径向大量采集地层信息，传输到测井操作系统以后，通过图像处理技术得到井壁的二维图像或井眼周围某一探测深度以内的三维图像。比以往的曲线方式更精确，更直观，更方便。主要应用于确定地层的构造特征、沉积环境，描述确定井眼的几何形态和井壁垮塌情况。套管模式可以通过分析套管壁厚与反射回波与套管共振频率的关系、水泥阻抗与套管反射波能量的关系，来分析套管损伤情况和进行水泥胶结评价。

1. 测井原理

如图 2-2-23 所示，超声成像测井采用旋转式超声换能器，即用了一个旋转的压电探头，通过其发射的超声波脉冲实现对井壁的扫描。仪器工作在脉冲回波方式，发出一个声波信号，岩石声阻抗的变化会引起回波幅度的变化，探测从井眼表面反射回来的信号，测量和记录的是反射回波的幅度和传播的时间。井径的变化会引起回波传播时间的变化，将测量的反射波幅度和传播时间按井眼内 360° 方位显示成图像，井周覆盖率为 100%，从而形成整个井壁表面的超声波成像。

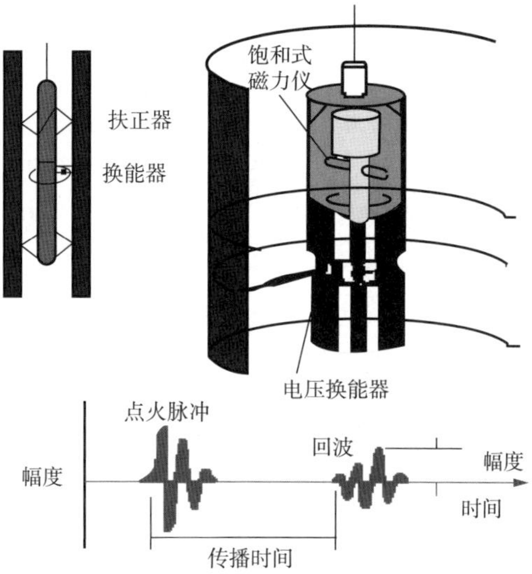

图 2-2-23　超声成像工作原理图

超声成像测井仪 UBI 由声系、信号采集、信号传输和地面处理、显示等部分组成。声系部分由一个能旋转的超声探头（或换能器）构成，该探头兼作发射探头和接收探头。将测量的反射波幅度和传播时间按井眼内 360° 方位以图像显示，可以分析井壁岩性及表面特征（包括裂缝、孔洞和冲蚀带），也可以用来观察套管内壁的变化，如图 2-2-24 所示。

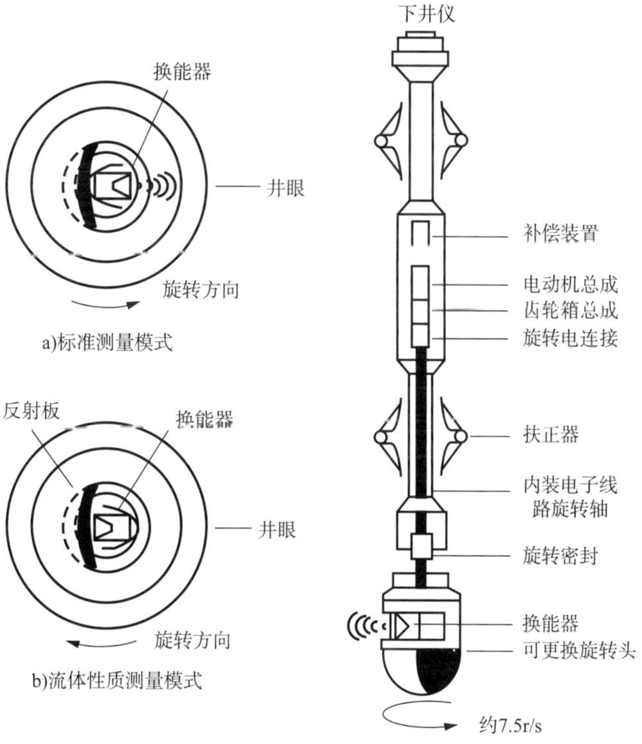

图 2-2-24　UBI 仪器结构和换能器示意图

声波探头有两种工作模式，探头逆时针旋转为标准测量模式，用于测量井壁的声学特性；探头顺时针旋转（换能器面向反射板）为流体性质测量模式，测量井内泥浆的声学特性。UBI 测量精度、图像质量更高，其垂向分辨率为 0.2~0.4in。

（1）井壁成像测井原理

超声成像测量传感器既是发射器又是接收器。换能器（作为发射器）发出一种超声波能量脉冲，穿过井筒流体并撞击井壁。在井壁上，大部分脉冲能量被反射回传感器。换能器（作为接收器）接收来自井壁的反射信号。

每次换能器发射时，在成像模式中测量并记录两次。这两种测量方法是：传输时间（TT）和峰值振幅（AMP）。传播时间是从声波换能器发射到回波能量最高峰值所经历的时间。回波幅度（图 2–2–25）反映回波能量的大小。对于每个传感器的发射，振幅和传输时间同时被记录。这些参数的图像可以用灰度或颜色来绘制。浅灰色代表旅行时间较短，深灰色代表旅行时间较长。振幅图像由高能量回波（高振幅）的浅灰色阴影和低能量回波的深灰色阴影表示。

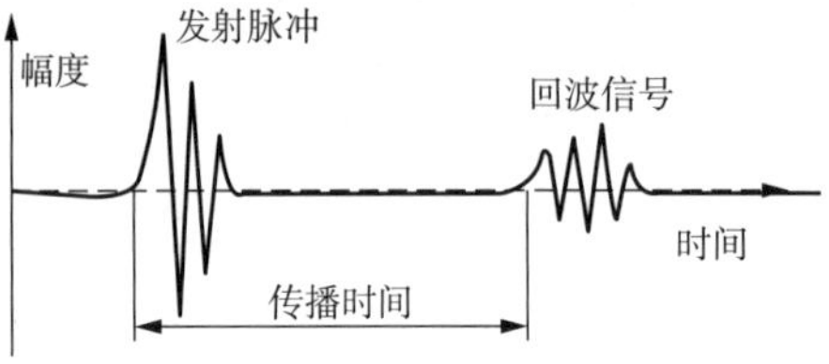

图 2–2–25　回波时间与幅度

（2）套管模式测井原理

假定定向声波脉冲垂直地入射于套管内表面。根据声波在介质中的传播规律和特性，来自套管内、外界面的回波强度、频率成分和随时间的衰减特性跟第一界面的水泥胶结状况、回波所经过的套管声学特性和厚度密切相关。不同水泥胶结状况的回波能量与频谱特性差异明显。这便是反射回波法固井质量测井的物理基础。

超声换能器激发的声脉冲中心频率设定在套管共振频率附近，将短压力脉冲垂直入射到套管内壁（图 2–2–26），套管于是以厚度模式振动，在套管内外壁发生声波反射和声波透过。在每次发射间隙，声波换能器又充当接收换能器，测量反射波的双程传播时间和第一波峰的幅度，并探测共振波形。来自套管 – 水泥环之间界面的反射波幅度随时间的衰减取决于水泥声阻抗。在水泥胶结良好处返回到套管内的回波衰减加剧，而水泥胶结不好处回波衰减较小。

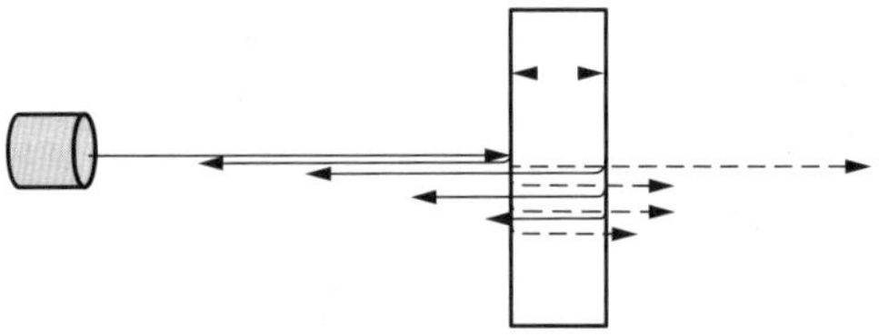

图 2–2–26　垂直入射的声波传播

2. 测井资料用途

超声成像测井资料用 360° 空间范围内的高分辨率声波井径数据详细评价井眼的几何形状。推算地层压力的方向，确定地层特征：裂缝、次生孔隙、薄层与压力有关的井眼崩落岩性变化、孔隙变化。在复杂井眼环境下，精确地计算地层厚度和倾角。识别次生成岩特征：缝合线、孔洞和岩穴。进行地层形态和构造分析，确定薄层沉积层序的矿 / 泥岩分布。通过测量套管内径和厚度变化来检查套管腐蚀和变形情况，在套管井内测井还可用于检查射孔位置的正确性。

（三）核磁共振测井

现代核磁共振测井是 20 世纪末世界石油工业重大技术进步之一。它建立在一套全新的理论——核磁共振（NMR）理论之上，仪器响应仅与岩石孔隙流体中氢核的含量与状态有关，能够得到与岩石本身矿物成分无关的孔隙度、束缚水孔隙度、自由流体孔隙度等信息，并能够比较准确地估算渗透率，判别孔隙流体的性质和类型，这些特点使之成为解决复杂油气藏评价问题的重要方法之一。

1. 测井原理

NMR 技术的基础是利用原子核自身的磁性及其与外加磁场的相互作用。在没有任何外场的情况下，核磁矩（M）是无规律地自由排列的。在有固定的均匀强磁场 B_0 影响下，这个自旋系统被极化，即 M 重新排列取向，沿着磁场方向排列。同时，原子核还存在轨道动量矩，像陀螺一样环绕，这个场的方向以频率 ω_0 进动。ω_0 与磁场强度 B_0 成正比，并称 ω_0 为拉莫尔频率，如图 2–2–27 所示。

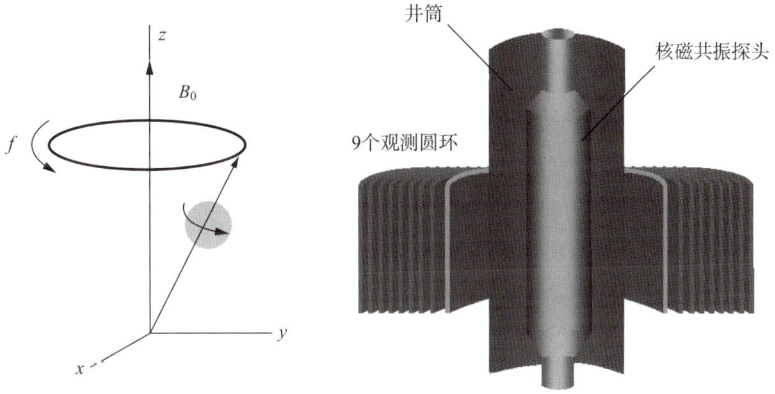

图 2–2–27　核磁共振测量原理

在极化后的磁场中，如果在垂直方向再加一个交变磁场，其频率也为质子（氢核）的进动频率时，将会发生共振吸收现象，即处于低能态的核磁矩，通过吸收交变磁场提供的能量，跃迁至高能态，此现象称为核磁共振。

造岩元素中各种原子核的核磁共振效应的数值是不同的，它首先决定于原子核的旋磁比，岩石中元素的天然含量以及包含该元素的物质赋存状态。核磁共振测井以氢核与外加磁场的相互作用为基础，可直接测量孔隙流体的特征，不受岩石骨架矿物的影响，能提供丰富的地层信息，如地层的有效孔隙度、自由流体孔隙度、束缚水孔隙度、孔径分布及渗透率等参数。

氢核在地磁场中具有最大的旋磁比和最高的共振频率，根据含氢物质的旋磁比、天然含量和赋存状态，氢是在钻井条件下最容易研究的元素。因此，包含于某种流（水、油或天然气）中的氢原子核是核磁共振测井的研究对象。对于静磁场，热平衡时，处于地磁场的氢核自旋系统的磁化矢量与静磁场方向相同，加极化磁场后，磁化矢量偏离静磁场方向，经核磁共振达到高能级的非平衡状态，断掉交变极化磁场后，磁化矢量又将通过自由进动朝着静磁场方向恢复，使自旋系统从高能级的非平衡状态恢复到低能级的平衡状态，这个恢复过程称为弛豫时间。

实际测井时，将地磁场当成静磁场，通过下井仪首先把一个很强的极化磁场加到地层中，等氢核完全极化后，再撤去极化场，则氢核磁化矢量便绕地磁场自由进动，在接收线圈中就可测到一个感应电动势。由于束缚水和可动流体的弛豫时间不同，所以束缚水、可动流体在接收线圈中产生的感应电动势的强弱和持续时间也不一样。测井前事先刻度出束缚水和可动流体的弛豫时间，这样束缚水、可动流体的信息就可直接在测井曲线上反映出来，即可直接计算出自由水、束缚水饱和度。

2. 仪器组成

MRIL–P 型核磁共振测井仪主要由电子线路、电容短节、探头等组成，如图 2–2–28 所示。核心部件是磁体和天线外壳，使用了一个圆柱形永久磁铁，天线外壳内绕有射频线圈。

电容短节是 MRIL–P 的能量储存单元，它包括 12 个电容模块，能够在每个周期内快速充电，为天线发射高频脉冲提供能量。

图 2–2–28 MRIL–P 型核磁共振测井仪

电子线路短节，由供电模块、控制模块、振荡模块、发射模块、发射接口模块、天线接口模块、前置放大模块等部分组成，它们共同工作，为发射天线提供高压射频脉冲，同时对接收的回波信号进行放大处理，完成与测井操作系统的通信。另外，电子线路短节为仪器提供电源并对仪器工作进行控制、刻度。

核磁探头有两种不同的外径，一种是 6in 的 MRSN，另一种是 4~7 / 8in 的 MRSS。它们均由继电器总成、主磁铁、天线和预极化磁铁组成。其作用是形成梯度磁场 B_0，发射射频脉冲，并接收核磁共振信号，是 MRIL–P 测井仪的核心部分。

另外，该类型测井仪还需要一个遥传短节（D4TG）与 EXCELL–2000 成像测井系统配接，下面还可以通过转换短节配接标准 DITS 仪器。

3. 观测模式选择

核磁共振观测模式有三种，分别为：

（1）标准 T_2 测井

主要提供核磁共振标准参数，如总孔隙度（MRIL–P 型）、有效孔隙度、自由流体体积、束缚流体体积、黏土束缚水体积（MRIL–P 型）等。

（2）双 T_W 测井

根据油、气、水具有不同的弛豫响应特征，采用不同的等待时间 T_W 进行测量，可反映出流体性质在核磁共振测井响应上的差异：

短等待时间 T_{WS}：水可完全极化，油水不能完全极化。

长等待时间 T_{WL}：水可完全极化，油水也能完全极化。

将两种等待时间（T_{WS} 和 T_{WL}）测量的 T_2 分布相减，可基本消除水的信号，突出烃的信号，从而达到识别油气水层的目的（图 2-2-29）。一般选 T_{WS}=1.5s、T_{WL}=8~12s 可满足要求。

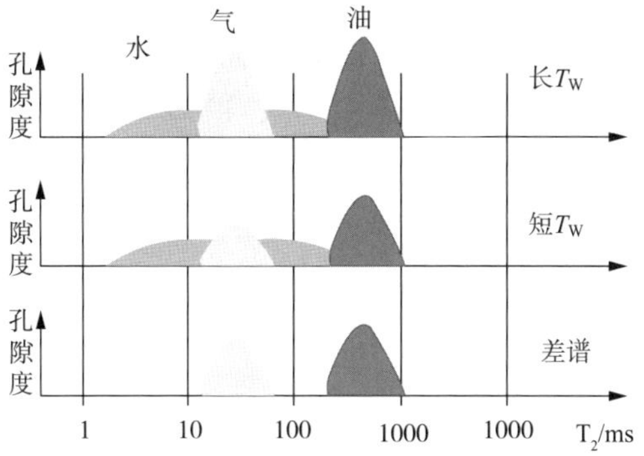

图 2-2-29 差谱分析确定油气类型示意图

（3）双 T_E 测井

油气水具有不同的扩散系数，在梯度磁场中对 T_2 时间及其分布的影响程度不一样：增加回波间隔 T_E，将导致 T_2 减小，T_2 分布将向减小的方向移动（移谱）。气有最大的扩散系数 D，T_2 减小最明显；轻质油有较大的 D，T_2 减小也较为明显；水的 D 比气和轻质油都小，T_2 减小较不明显；重质油有最小的扩散系数 D，T_2 减小最不明显。若采用长短两种 T_E 测井，对比其 T_2 分布变化的程度即进行所谓的移谱分析，将能够区分油气水的存在（图 2-2-30）。一般采用 T_{ES}=0.6ms、1.2ms，T_{EL}=2.4ms、3.6ms、4.8ms 可满足要求。

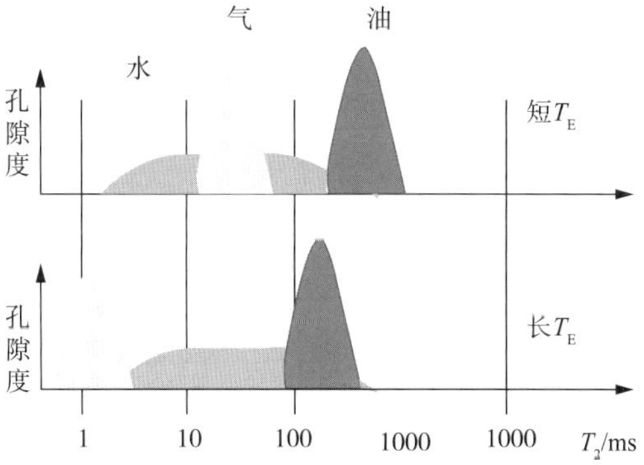

图 2-2-30 移谱分析识别油气示意图

4. 核磁共振测井的特点

①对所观察的原子核具有选择性——氢。

②对原子核所处的外部环境具有选择性——信号直接来自地层孔隙流体，不受骨架成分的影响。

③对探测区域距井眼的径向距离具有选择性——通过调节发射频率来调节，可避开井眼、泥饼等影响。

④观察到的回波串，是岩石孔隙结构和流体流动特性的综合反映，包含孔隙类型、孔径大小、孔间连通性、流体类型等信息。

⑤能提供地层的总孔隙度、有效孔隙度，是唯一直接测量地层自由流体体积和束缚流

体体积的测井方法。

⑥能实时提供连续的地层渗透率剖面，比较准确地反映了地层的渗流特性。

5. 测井资料用途

核磁共振测井曲线可有效划分储层，提供准确的孔隙度和有效渗透率，计算饱和度，研究孔隙结构，判断复杂岩性的储集空间的类型，识别流体性质，计算流体体积，估算原油黏度和扩散系数，估计含油地层的自由水含量，确定储集层的产能，评价低电阻率油层。

五 辅助测井仪

（一）连续测斜测井

连续测斜仪根据方位角测量传感器的不同，可分为常规连续测斜仪和陀螺连续测斜仪，沿井身剖面连续测量倾角及方位角，对井筒的工程质量进行检测和各种地质参数进行校正。

1. 测井原理

常规连续测斜仪传感器短节由三个轴向上的重力加速度计和三个轴向上测量地磁场分量的磁力计组成，正交轴上的磁敏元件（磁通门）测量地磁场，重力场引力敏感元件（重力加速度计）测量地心引力，随着倾角和方位角的变化，探头输出 6 个连续变化的模拟量 A_X、A_Y、A_Z、M_X、M_Y、M_Z。经过测量电路处理和计算得到连续井斜和方位资料。由于常规测斜仪器受铁磁性物质影响严重，目前在套管井内通常采用陀螺测井仪。

（1）井斜、方位计算公式

$$g_x=\frac{A_x}{\left|A_{x最大}\right|};\qquad g_y=\frac{A_y}{\left|A_{y最大}\right|}\qquad（2-2-12）$$

$$g_z=\frac{A_z}{\left|A_{z最大}\right|};\qquad f_x=\frac{M_x}{\left|M_{x最大}\right|}\qquad（2-2-13）$$

$$f_y=\frac{M_y}{\left|M_{y最大}\right|};\qquad f_z=\frac{M_z}{\left|M_{z最大}\right|}\qquad（2-2-14）$$

式中 A_x、A_y、A_z——三轴向上的加速度计的测量值；

M_x、M_y、M_z——三轴向上的磁力计的测量值；

$A_{x最大}$、$A_{y最大}$、$A_{z最大}$——三个加速度计的正或负最大值；

$M_{x最大}$、$M_{y最大}$、$M_{z最大}$——三个磁力计的正或负最大值。

（2）井斜角的计算

$$DEV=\mathrm{tg}^{-1}\frac{\sqrt{g_x^{\ 2}+g_y^{\ 2}}}{g_z}\qquad（2-2-15）$$

（3）井斜方位角的计算

首先要对三个加速度的 g_x、g_y、g_z 进行归一化。

$$g=\sqrt{g_x^{\ 2}+g_y^{\ 2}+g_z^{\ 2}}\qquad（2-2-16）$$

$$g_x' = g_x/g;\ g_y' = g_y/g;\ g_z' = g_z/g$$

$$\text{方位角}\ A_Z = \text{tg}^{-1}\frac{g_x f_y - g_y f_x}{f_z - g_z'\sin I} \quad (2\text{–}2\text{–}17)$$

式中 $\sin I = g_x' f_x + g_y' f_y + g_z' f_z$ （2–2–18）

2. 测井资料用途

可以对钻井的工程质量进行检测和控制，对各种地质参数进行校正，在打定向井和水平井时，可根据测得的井斜数据，按设计要求采取相应的钻井工艺，控制钻头钻进的方向。

（二）井径测井

钻井过程中，由于工程及地层因素等原因，往往会造成井眼直径变大或缩小，实际井眼与所用钻头直径并不相同。为了解决某些工程技术问题，必须了解井径大小及变化情况。

1. 测井原理

井径测井就是测量井眼的直径。井径仪的种类有电阻式、感应式及声波式等。井径仪的结构主要有张臂式和推靠臂式等。

最普遍的是电阻式井径仪（图 2–2–31），井径臂（井径腿）在弹簧力的作用下随着井眼直径的变化伸张和收缩，带动井径电位器滑动，井径臂的张缩变化就转换成了电阻值的变化，井径测量电路供出恒定的电流给电位器，记录的电阻间的电位差与井径值的大小呈线性关系。

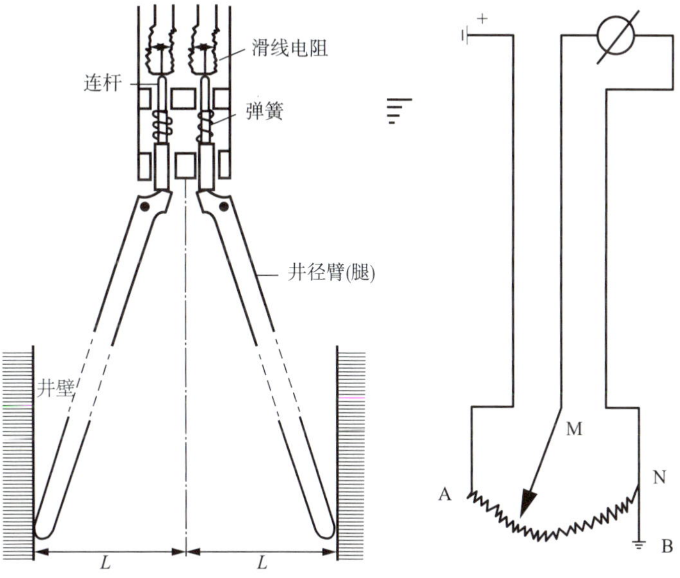

图 2–2–31　滑线电阻式井径仪器测量原理

为了建立所测电位差和井径值之间的关系，可作如下推导。假设井径为某一起始井径 d_0，滑动电阻的滑动端 M 与某一固定端 N 之间的电阻 $R_{MN}=0$，即 $\Delta U_{MN}=0$，则井径变为 d 时，有公式：

$$R_{MN}=\beta(d-d_0) \quad (2\text{–}2\text{–}19)$$

$$\Delta U_{MN}=I\times R_{MN}=I\times\beta(d-d_0) \quad (2\text{–}2\text{–}20)$$

$$d = d_0 + \frac{1}{\beta}(\frac{\Delta U_{MN}}{I}) = d_0 + C\frac{\Delta U_{MN}}{I} \qquad (2-2-21)$$

式中 d——所测井径；

d_0——某一起始井径；

β——比例系数，与不同的仪器有关；

ΔU_{MN}——MN之间的电位差；

I——恒定电流；

R_{MN}——滑动电阻的滑动端M与某一固定端N之间的电阻；

C——$1/\beta$，称为仪器常数。

通过对仪器的刻度校验，可以求得仪器常数C和ΔU_{MN}=0时的起始井径值d_0。已知这两个参数之后，在给仪器供以恒定电流I的情况下，便可在井径仪的移动过程中，连续测量ΔU_{MN}的变化，通过测井操作系统的计算实现井径曲线的测量。

裸眼井井径仪有两臂、三臂和四臂等井径仪。两臂井径仪可以附带在其他带极板贴井壁的仪器上，如微电极测井仪。三臂和四臂井径仪可以单独下井测量，也可以与其他仪器组合测量。普通井径测井仪器几个测量臂的电位器串联在一起，测量时一个井径测量臂变化会连动其他测量臂变化，测量的井径曲线是全部测量臂的平均值，不能区分哪个方向的测量臂对井径曲线的贡献，无法反映井眼的实际几何形状。分动式如双井径测井仪，一个方向的测量臂变化不会影响其他测量臂运动，避免了测量臂联动现象，可同时测量井眼X方向和Y方向两条井径曲线和一条平均井径曲线，能够较真实地反映井眼的形状和直径，描述椭圆形井眼的变化规律，提高了井径测量精度。

2. 测井资料用途

利用井径测井资料可以辅助判断岩性，用校正图版进行井眼校正，估算固井水泥量，为分析和处理井下复杂故障提供重要依据。

（三）泥浆电阻率仪

由于地层水矿化度不一样，各个区段的泥浆电阻率也可能不同。泥浆电阻率仪可连续测量井内不同深度的泥浆电阻率值，为测井解释求取含油饱和度和束缚水提供参数。

（1）测井原理

泥浆电阻率仪利用了侧向测量原理。三组电极系呈对称分布，每组引出外接单芯密封接线柱，极环壳体采用绝缘材料制作，为了使测量值仅反映泥浆电阻率而与井壁无关，故电极之间的距离比较小，测量时，发射电流产生电路在微处理器的控制下，经过驱动产生发射电流，由1号电极送入泥浆中，2号、3号电极采集电压信号，并将压差信号放大处理后送入处理单元并输出，如图2-2-32所示。

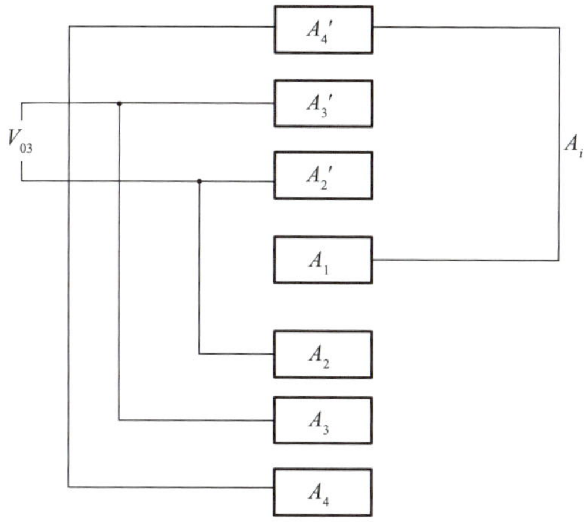

图 2-2-32　泥浆电阻率极环工作原理图

（2）测井资料用途

真实地反映了井内不同深度的泥浆电阻率值，避免了地面泥浆测量的误差，可以识别盐水等污染的泥浆。由于地层水矿化度不一样，各个区段的泥浆电阻率不同，可以对求含油饱和度以及束缚水等参数提供帮助。

（四）井下张力

电缆测井过程中，需要实时观察井口和井下电缆头的受力情况，实时测量仪器串所承受的纵向拉伸力，当测井遇卡后，准确判断阻卡情况。

（1）测量原理

井下张力传感器是一个具有耐高温和抗高压特性的应变式测力传感器，传感器将 4 个定值电阻应变计粘贴在弹性元件上接成桥路（图 2-2-33）。当没有张力作用时，R_1、R_2、R_3、R_4 四个电阻的阻值相同，V_0 输出为零。当有张力作用时，四个电阻上的电压值发生变化，V_0 亦发生变化，根据其变化的大小可以测量出张力的大小。测井过程中，井下张力仪器必须位于组合仪器串的最上端。

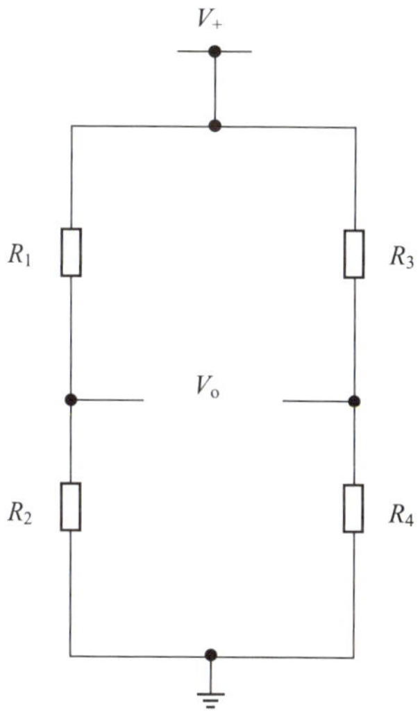

图 2-2-33　张力传感器电路

（2）测井资料用途

测量井下电缆头受力大小，与地面所测张力配合，判断在上提遇卡时，究竟是电缆遇卡还是仪器遇卡，为工程技术人员提供参考。在测水平井时，因为它既可以反映上提的拉力，也可以反映下放时受到的压缩力，这样仪器随同钻杆下放时，可以实时了解仪器串的受力情况，以便地面控制。

（五）井温仪

井温的测量原理为采用由铂膜电阻和特高精度的电阻组成测试桥，来构成温度传感组成部件。通过测量热敏电阻的阻值来获得泥浆温度的信息。该电阻绕在一根细金属探棒之中，并由遥传短节提供 1mA 的恒定电流。随着井下温度的变化，铂膜电阻的阻值 R_f 也相应变化，因而在恒流电源的作用下产生电压 V 的变化，通过放大电路放大后送到采集电路。

温度传感器的外形结构图如图 2-2-34 所示。

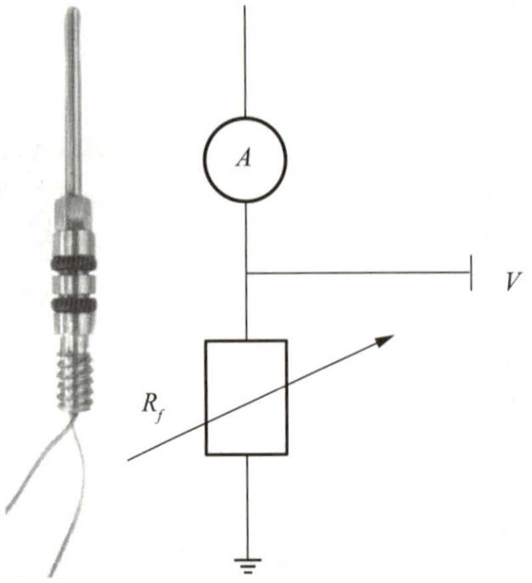

图 2-2-34　井温测量原理图

温度传感器的探头裸露于井下流体之中，因承受泥浆压力较大，所以安装结构紧凑。连续测量井眼不同深度的温度，对判断下井仪器井下温度提供参考数据。

六　井壁取心器

井壁取心就是用电缆将取心器输送到井下预定深度，由地面仪器控制井下取心器工作，从井壁上获得岩心，然后把岩心送到地面的过程。其目的是对油层取出的岩心进行分析，测定油气层岩石的孔隙度、渗透率及含油饱和度，从而对地层作出正确评价，以弥补钻井取心的不足，还可以用于验证地质录井解释成果，是油气勘探开发中不可缺少的作业项目。

井壁取心方式有两种：撞击式井壁取心和钻进式井壁取心。

（一）撞击式井壁取心

1. 组成

撞击式井壁取心系统主要由取心器、选发器、取心控制面板、岩心筒总成、火药盒及地面跟踪测量系统组成。撞击式井壁取心器如图 2-2-35 所示。

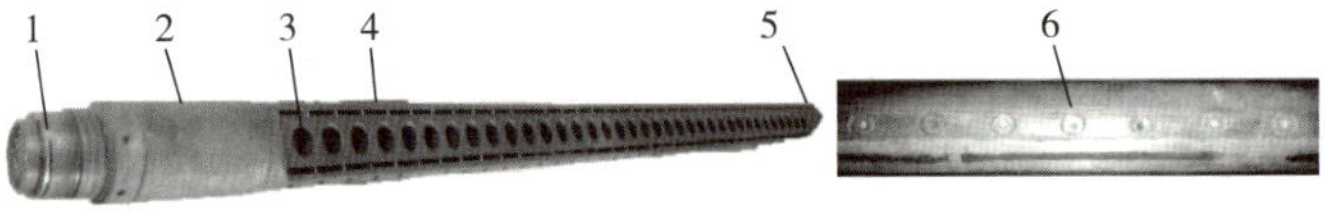

图 2-2-35　撞击式井壁取心器

1—枪头；2—选发器仓；3—弹道；4—绳槽；5—枪尾；6—密封堵头

（1）取心器

取心器主体上部连接选发器。弹道下部安装取心药盒，上部安装岩心筒。岩心筒座上的 O 形密封圈与弹道内壁密封，岩心筒两侧用钢丝绳和锁紧销与枪体连接。

取心器的种类很多，常用的有：36 弹道，最大外径为 110mm，适用于 150mm 以上井眼取心；25 弹道，最大外径为 102mm，适用于小一些的井眼取心。选择取心器时应考虑井眼的大小，防止施工中遇卡。

（2）选发器

选发器外面安装有金属保护壳。选发器的作用是通过地面控制，把地面提供的点火电压分别接到取心器中不同的取心药盒，以保证一次下井，取得不同层位的多颗岩心。选发器是取心器在井下作业时执行地面取心控制指令的关键部件。

目前使用的选发器有机械式和电子式。机械式选发器工作原理是：继电器的直流电磁线圈在通电时吸动舌片，舌片与活动臂为一体，则活动臂推动棘爪，棘爪推动棘轮移动一齿（10° ），棘轮和动片为一体，动片也转动一挡（10° ）与下一个定片接通。当断开电源时，由于有止退簧片的作用，活动臂和棘爪退回原位，而棘轮定片退不回来。当继续通电时，又重复以上动作，棘轮和动片又向前动作一挡，因棘轮有 36 齿，定片也是 36 个，故棘轮动作一周就完成了 36 挡的换挡操作。

（3）岩心筒

岩心筒分为两部分，上部为弹头，下部为筒座。两部分以反扣螺纹连接。岩心筒上部两侧各有一个螺丝孔，用以旋入钢丝绳上的偏孔空心螺丝来固定钢丝绳。岩心筒的内径有 14mm、17mm、20mm、25mm 等，筒深大于 25mm。

（4）钢丝绳索

钢丝绳索的作用是连接岩心筒和枪体。岩心筒钢丝绳长度一般依据井筒直径的 1.5~3 倍确定。有 400mm、450mm、500mm、550mm 等多种型号可选择。绳索两端封头的轴向拉伸强度应不小于 8500N，绳索一端封头一端短丝的轴向拉伸强度应不小于 5000N。

（5）取心药盒

取心药盒的作用是通过燃烧产生的高温、高压气体将岩心筒打入地层，获取岩心。取心药盒由火药、引火丝、外壳等组成。引火丝一般是镍铬丝，其直径为 0.15~0.22mm，外壳的接地端由金属冲压而成，绝缘端由耐高温的塑料或树脂材料制成。取心药盒分普通取心药盒和高温取心药盒。普通取心药盒最高耐温为 155℃/3h~175℃/2h，高温取心药盒耐温一般在 180~200℃之间，在温度指标内起爆性能稳定不自爆。

根据井壁取心通知单的内容按井深、泥浆相对密度、地层岩性、取心井段温度选择合适药量的药盒，一般情况下井越深，泥浆相对密度越大或岩性较硬，应选择较大药量的火药盒。药盒在使用前应检查有无漏药、受潮和接地片脱落现象。

2. 工作原理

用电缆将取心器和用于校深的自然伽马仪（或电极系）一起下井，通过测量自然伽马（或视电阻率）曲线进行定位，使井壁取心器的岩心筒对准所要取心的层位，由地面仪器的取心面板控制，经过取心器上部的选发器选择，给井下的取心器供电点火，将岩心筒射向地层进行取心，上下活动电缆，就可取出该地层位置的岩心。当第一颗岩心取出后，由地面选发面板控制井下井壁取心器的选发机构，将点火线与第二药室接通，按上述原理依次取心，最后把全部已发射完的取心器（岩心筒）提出井口，按序号卸出岩心并保存好。

（二）钻进式井壁取心

钻进式井壁取心器也叫旋转取心器。钻进式井壁取心器是根据自然伽马定位校深后，对准井壁钻取岩心的一种仪器。这种方式取心适用各种地层，特别是硬地层，取心收获率高，取出的岩心体积大，呈圆柱状，不破坏地层岩石原状，有利于对地层岩石的孔隙度、渗透率和含油饱和度进行分析、测试。

1. 组成

钻进式井壁取心器系统主要由地面控制系统和下井仪器组成，测井操作系统包括显示、控制、电源、信号传输等，下井仪器部分包括电子线路、动力系统、液压系统、取心运动机构、液压取心马达，如图 2-2-36 所示。

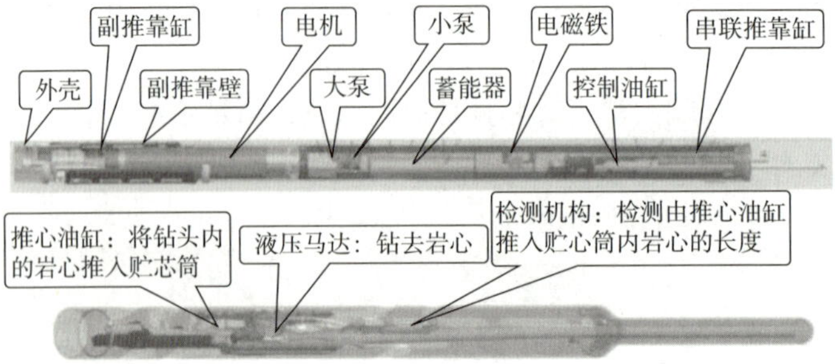

图 2-2-36　钻进式井壁取心器探头结构示意图

2. 工作原理

钻进式井壁取心器由地面控制设备和下井仪器两大部分组成。它是采用液压传动的机械系统，在微机控制下，使用金刚石空心钻头垂直井壁钻取地层岩心。在取心作业时，首先在取心井段测量自然伽马跟踪曲线，并进行校深定位，通过通信控制和机械电控系统电动机启动，带动大泵和小泵两个系统工作，在各电磁阀的有序控制下，一次完成推靠臂的推靠、马达旋转、钻头钻进、拆心、退钻、收推靠臂、退岩心、储岩心等取心动作，完成一颗岩心的取心作业，重复以上步骤，即可完成整个取心作业。

七　其他

（一）地层压力测试器

地层压力测试器是一种能够精确测量地层压力，并能够获取地层流体样品的仪器。

1. 测井原理

根据裸眼井的自然伽马测井曲线把地层测试器下到进行测压和取样的深度位置，首先测取泥浆柱压力，打开封隔器，待与地层密封后，以恒定的速度打开测试室，记录流体的流动压力，当测试室充满流体后，压力逐渐恢复到地层压力，再测泥浆柱恢复压力。每个测试深度可取得所测层位的流体样品、地层压力、取样时的流体压力和钻井液静压等资料。

地层压力测试器是一种集机械、电子、液压一体化的产品，结构复杂。它主要由地面面板、电子线路、液压系统及测试部分组成。测试部分（图 2-2-37）主要包括探头、压力计、平衡阀、预测室等，如果需要地层流体取样，还可配置一至若干个取样筒。测试时根据用户对地层压力测量精度的不同要求，可以使用 SG 线性应变压力计或更高测量精度的 HP 石英晶体压力计。探头的作用是构成地层内流体与预测室的通路，压力计完成地层压力的测量，常态下平衡阀与泥浆相通，测量时关闭，使地层与泥浆隔绝，由预测室暂存地层流体。

2. 测井资料用途

根据地层测试资料了解地层内流体的性质，油、气、水的含量，油气比、原油的密度与黏度等。可以预计地层生产油气的能力，以及水层的产水率。计算地层的渗透率，建立单井压力剖面，确定油、气、水界面，并评价储层的纵向连通性。通过各井地层压力资料的对比，还可以研究油田范围内储层的延伸性和连通性等。

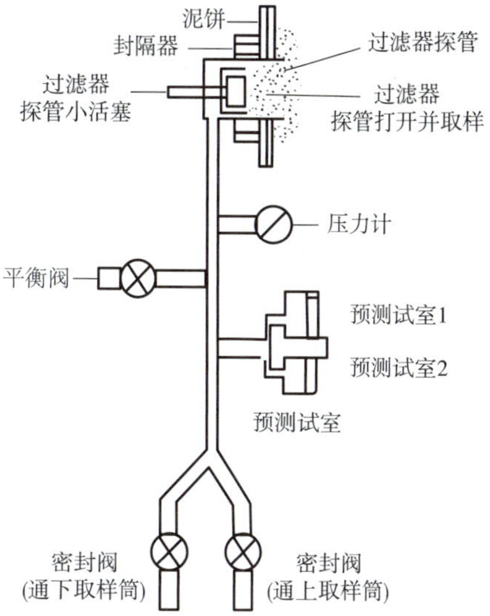

图 2-2-37　测试部分结构示意图

（二）地层倾角测井

地层倾角测井仪是一种用来测量地层的倾角和倾斜方位角的仪器。仪器主要由电极系、井径仪、测斜仪及电子线路等部分组成。

1. 测井原理

四臂倾角测井仪（图 2-2-38）在同一水平面上四个极板顺时针编号为 1、2、3、4，相邻两极板相间 90° 微聚焦电极系，靠液压系统控制，测量时使四个极板在井内紧贴井壁移动，四个极板电极系的记录点始终在垂直于仪器轴的同一平面内，仪器坐标系 *ADF* 的 *A* 轴与井轴同向，*D* 轴过 1 号电极系记录点，*F* 轴过 2 号电极系记录点。

四臂倾角测井仪可以测量 4 条微电阻率曲线，确定地层层面上四个点 M_1、M_2、M_3、M_4 沿井轴方向的高度 Z_1、Z_2、Z_3、Z_4。分别由 1 号、3 号极板和 2 号、4 号极板组成两组井径测量臂，测取井径曲线 *CAL*1（*d*13）和 *CAL*2（*d*24）。

六臂倾角测井仪有六个贴井壁的极板，考虑到地质上的复杂性和机械上的可行性，为了在斜井中保持仪器与井壁之间良好接触，六臂倾角测井仪允许每一个臂能各自独立地伸缩，可以测量 6 条电阻率曲线和 3 条井径曲线。

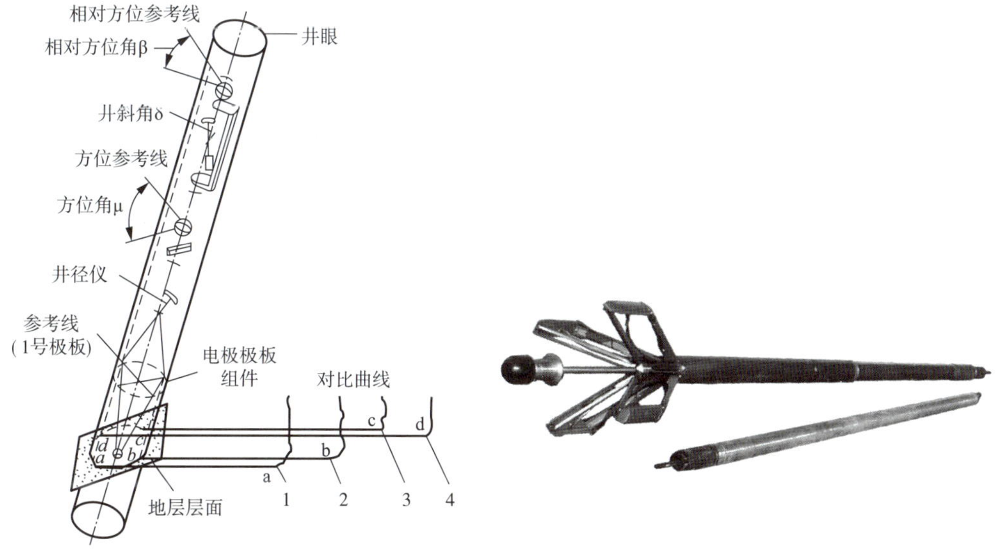

图 2-2-38　四臂倾角测井仪测量原理图

2. 测井资料用途

地层倾角测井资料可以判断地质构造、褶皱构造、不整合、盐丘构造以及断层构造，识别斜交或高角度裂缝，估算裂缝的走向，确定地应力方向，研究岩层的层理构造从而了解沉积搬运方向和估计沉积环境，对指导油气田勘探、开发具有重要作用。

第三节　套管井测井仪器

套管井测井以生产测井为代表，是在油井投产后至报废整个生产过程中，利用各种测井仪器进行井下测试以获取相应地下信息。任务是测量生产井和注入井的流体流动剖面，了解各射孔层段产出或吸入流体的性质和流量，以便对油井产状和油层开采特征做出评价。根据测量对象和应用范围，生产测井分为注入产出剖面、剩余油饱和度、工程测井三类，另外还有牵引器等设备。

一　注入产出剖面测井仪

动态监测评价测井仪测量注水井各层的吸水情况，分析出油井分层产液状况、出水层段和出气口等，为采取增产措施提供依据。

（一）涡轮流量仪

涡轮流量仪（图 2-3-1）是一种速度式流量仪，它是利用悬置于流体中带叶片的转子或叶轮感受流体的平均流速而推导出被测流体的瞬时流量和累积流量的。它应用流体动量矩原理实现流量测量，涡轮启动后管内流体的流量不随时间变化，做定量流动，即涡轮以稳定的角速度旋转，其驱动力矩与各种阻力矩相平衡，在目的层段以不同的测速上下测量，可以得到响应曲线即涡轮流量曲线，一般进行至少 6 个不同测速的上测和下测。

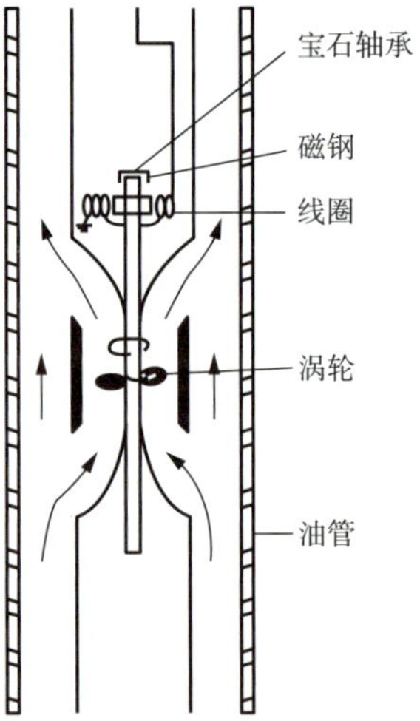

图 2-3-1　涡轮流量仪

当流体的流量超过某一数值后，涡轮的转速同流速呈线性关系，因此，通过记录涡轮的转速，可以推算出流体的流量。不同类型的涡轮流量仪的结构可能不同，但其测量原理都是一样的，都是把经过流动截面的流体的线性运动变成涡轮的旋转运动。当流体流过涡轮叶片时，流体流量作用在涡轮的叶片上，驱使涡轮转动。根据动量矩守恒和转动定律，可推导出涡轮流量仪的频率响应为：

$$N = K(v - v_a) \tag{2-3-1}$$

式中 N——涡轮转速，r/s；

K——仪器常数，与涡轮的材料和结构有关，并受流体性质的影响；

v——流体与仪器的相对速度；

v_a——涡轮的转动阀值（即涡轮的启动速度），与流体性质和涡轮的摩阻有关。

以上为涡轮流量仪的理论方程。当仪器在井内以恒速 v_t 测量时，流体与仪器的相对速度 v 是 v_t 和井内流体速度 v_f 的合速度，即 $v=v_t+v_f$。

涡轮的转动受流速、流体黏度和流体密度的影响大。当流速一定时，流体黏度增大，涡轮转速减小；当流速一定时，流体密度增大，涡轮转速增大。

（二）全井眼流量仪

全井眼流量仪（图 2-3-2）是一种采用可伸缩金属叶片式的涡轮流量仪，具有叶轮面积大、坚固耐用的特点，主要用于中、高产量的油、气井的测量，仪器本身带扶正机构，居中性好。仪器在通过油管时，簧片自动收缩，带动连杆、滑套使叶轮收拢；进入套管后，簧片自动张开，连杆、滑套也自动回位，弹簧驱动叶片自动张开，不影响仪器的上行、下行。

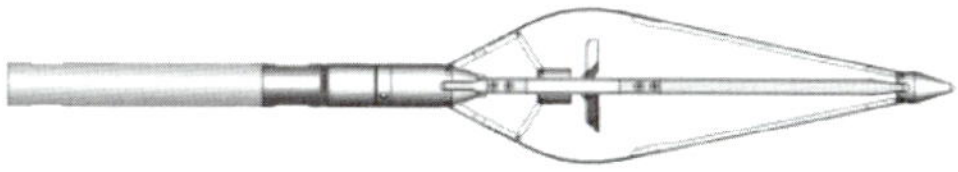

图 2-3-2　38Y-G3 型全井眼流量计

测量时，流体带动叶轮及芯轴仪器转动，在芯轴的另一端的磁芯也随之一起转动；通过布置在磁芯周围的 5 个磁敏传感器接收磁感应信号，叶轮每转动一圈，5 个磁敏传感器共输出 10 个脉冲信号；测量传感器输出的脉冲数可计算出叶轮的转速，进而根据标定数据可计算出流体的流速。

全井眼流量测井受井况的影响，若井内出沙，会造成叶片轴承的沙卡，若井内有脏物，叶片被脏物缠绕，都会造成叶片无法旋转或旋转不灵活。如果井内流态不稳则会造成叶片时而旋转时而停止，井眼缩径过大可能造成叶片收缩无法旋转。如果产量过大，则有可能造成叶片向上吹翻，使叶片变形或脱落，此时叶轮总成必须更换（强烈建议整套叶轮总成整体更换，方便且性能容易保证）。

（三）电磁流量仪

当导体横切磁场运动时，根据法拉第电磁感应定律，导体上能够感应出与速度成正比的电压，当导电液体（比如注入水）通过电磁流量仪时，不管流体的性质如何，只要其具有微弱的导电性即可通过电磁流量仪测量。

仪器传感器由两对发射电极和两对测量电极组成（图 2-3-3），两对发射电极产生水平方向的交变磁场，当井内流体流经传感器时，流体切割磁力线并在测量电极中产生感生电动势。可以定点测量也可以连续测量，不受黏度和密度的影响，可以在出砂井、残余油井或注聚合物井中使用，但是涡轮流量仪在这类井中测量精度会受到影响。

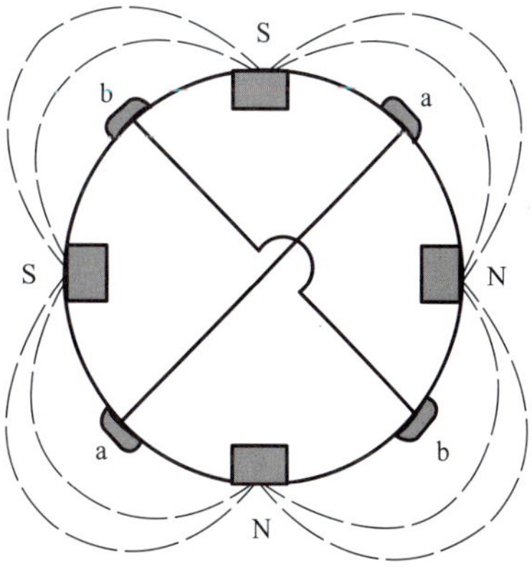

图 2-3-3　电磁流量仪测量原理图

电磁流量仪主要用于测量电导率大于 10^{-4}mS/m 的单相流体。电磁流量仪分为两种：外流式电磁流量仪和内流式电磁流量仪。内流式电磁流量仪采用集流的方式，流体从仪器内部流过，测量原理与外流式相同。

电磁流量仪一般要经过标定才能现场使用，并通过公式计算标差：

$$\Delta f = f_1 - f_0 \qquad (2\text{-}3\text{-}2)$$

式中 Δf——标差；

f_1——测量频率值；

f_0——零频率。

通过查标定数据表得到每方字数即可求得地面流量值：

$$Q = \frac{\Delta f}{k} \qquad (2\text{-}3\text{-}3)$$

式中 Q——地面流量值；

Δf——标差；

k——每方字数。

（四）脉冲中子氧活化流量仪

脉冲中子氧活化水流测井的物理基础是脉冲中子与氧元素的相互作用。井内流动的流体中，只有水含氧元素。氧活化水流测井过程中，首先采用能量超过 10MeV 的快中子使井内流体中的氧元素活化，活化时间很短（1~10s）；然后用较长的采集时间（60s）探测流动的活化水发射出的伽马射线，根据源（中子发生器）到探测器的间距和活化水通过探测器所用的时间可以计算出水的流速。

快中子与地层原子核裂变反应是脉冲氧活化测井技术的核心内容，通过对氧原子在衰变期由高能快中子激活辐射出来的射线，对液体在油层中的流动情况进行监测。脉冲中子氧活化流量仪主要由探测仪和中子发射器组成。首先向井下通过中子发射器发射高能中子，流体中的氧原子在到达地下后就会被高能中子激活；然后使用伽马射线探测器对流动的流体中激活的氧原子进行监测，这样就能得到流体的流动速度。

脉冲中子氧活化流量仪包括 1 个脉冲中子发生器和 3 个或 4 个伽马探测器，根据井筒内水流方向的不同，脉冲中子氧活化流量仪可以装配成不同的结构，如图 2-3-4 所示。

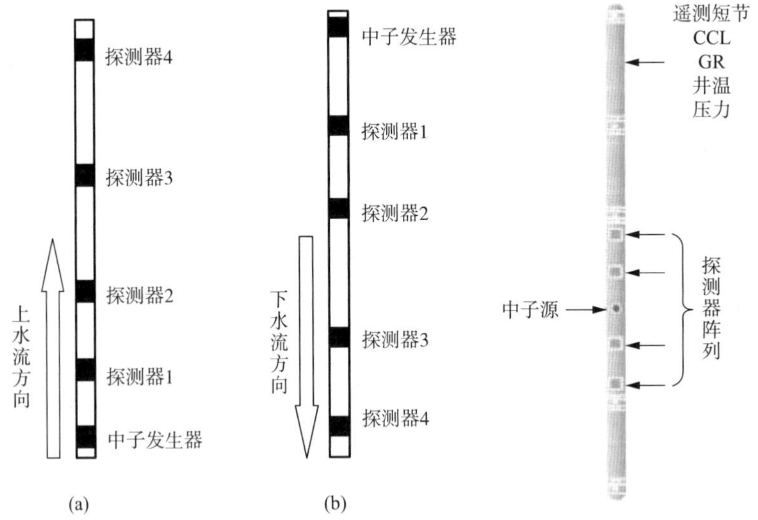

图 2-3-4 仪器结构及工作原理

1. 水流模式

中子发生器发射 14MeV 的快中子，辐射井眼周围和地层中的物质，发生辐射反应，可以活化 O、Si、Al 等元素，生成半衰期秒至分级的放射性元素，反应后，O–16 转化成 N–16（半衰期 7.13s），Si–28 转化成 Al–28（半衰期 2.24min），Al–127 转化成 Mg–27（半衰期 9.46min），生成的三种放射性元素都发射高能 β 和 γ 射线，β 射线很容易被地层岩石、井周介质和测井仪器钢外壳吸收，而 γ 射线能被 γ 探测器探测到，通过测量氧活化后发射的伽马射线可以探测到氧元素的存在，能量超过 10MeV 的快中子被用来活化氧原子核以产生氮同位素。放射性氮同位素发生 β 衰变，半衰期是 7.13s。β 衰变之后发射高能 γ 射线，其中主要是能量为 6.13MeV 的射线，O–16 反应的阈能是 10.2MeV，所以用 14MeV 的中子发生器很合适。由于能量高，6.13MeV 的伽马射线能穿透几十厘米厚的井筒物质，如井内流体、油管、套管、水泥等。

2. 寿命模式

用于探测垂直水流和提供水流速度、流量的定量测量，称为 WFL 测井方法。WFL 测井方法是用测量信号时间谱的方法。测井时，发生器打中子若干秒，使周围的水被活化，然后停歇，几个探测器同时记录 γ 信号的时间谱，若水在流动，则一段时间后，水依次到达各探测器，在各探测器的时间谱上出现一个峰，根据时间谱上峰的位置可知水流到达各探测器的时间 T，而水在这段时间走的路程就是各探测器的源距 L，则水的速度 $V=L/T$。由于井内套管和油管直径 D 已知，就可算出水的截面积 S，则流量 $Q=VS$。实际测量到的时间谱包含本底、静态氧活化计数和流动氧活化计数三部分。

脉冲中子氧活化测井可测量油管、油套环空及套管内外水流速度，适用于特殊井况的注入剖面测量（如大孔道地层、低注入量、极高注入量等）；确定遇阻位置以下层数总的吸水量；确定封隔器密封效果和寻找漏失位置以及判断管外窜槽等。

（五）持水率仪

持水率测井仪包括电容法持水率仪、微波持水率仪、低能源持水率仪、流动成像仪等。其中，电容法持水率仪测井资料可确定油水、油气、气水界面位置，其与密度曲线配合可以定量计算轻重两相的体积含量，是测量生产井内流体持水率的一种重要方法。

电容法持水率仪按其传感器结构可分为环空式和取样式两种，环空式用于连续测量或点测，取样式用于点测。测井资料主要用于识别流体类型和求解各相比例。

电容法持水率测井是利用油气与水的介电特性差异测定水的含量，由于碳氢化合物与水具有显著不同的介电常数，水的相对介电常数约为 60~80，油气的相对介电常数为 1.0~4.0，因而当测井方法得当时，可以具有较高的分辨能力。

电容法持水率仪的结构如图 2–3–5 所示。其轴心电极和仪器外壳组成一个同轴圆柱形电容器，流过其间的流体相当于电介质。当油、气、水以不同的比例混合时，电介质的介电常数也不同，从而电容器有不同的电容量。测量同电容量有关的信息，便可推知混合流体中水的含量。

柱状电容器的结构如图 2–3–6 所示。设电容器中心电极半径为 r，包裹电极的绝缘层半径为 R_1，绝缘材料的相对介电常数为 ε_{r1}；电容器外电极内表面半径为 R_2，高为 H；绝缘层与外电极之间介质的相对介电常数为 ε_{r2}。可以计算出电容器的电容量为：

$$C=\frac{Q}{U}=\frac{2\pi\varepsilon_0\varepsilon_{r1}\varepsilon_{r2}H}{\varepsilon_{r2}\ln\frac{R_1}{r}+\varepsilon_{r1}\ln\frac{R_2}{R_1}} \tag{2-3-4}$$

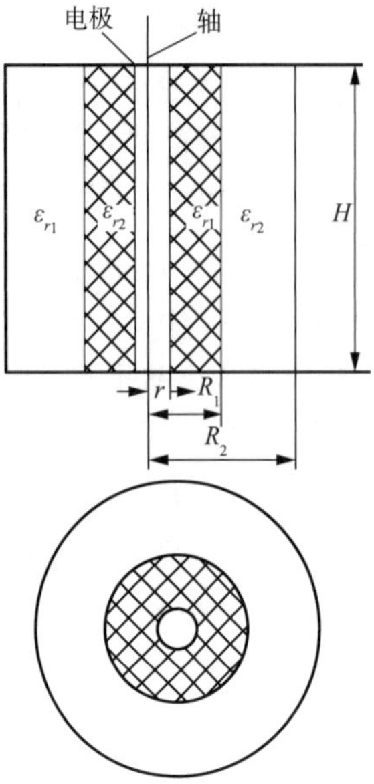

图 2-3-5　电容法持水率示意图

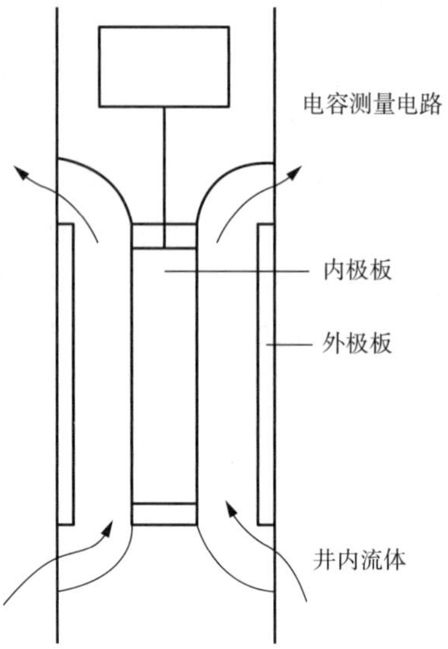

图 2-3-6　柱状电容器结构图

此式即为两层电介质同轴柱状电容的理论方程，其中，ε_0为真空中的介电常数。显然，电容量取决于电容器的结构参数和电介质的相对介电常数。若结构参数和ε_{r1}一定，第二层介质为油和水的混合液，则电容量与混合液的关系决定着电容法传感器响应的分辨能力。

1. 环空式持水率仪

环空式持水率仪传感器内绝缘层与外电极（仪器外壳）之间的环形空间设计适当的截面积，使液流通过时不改变原有的流动状态。仪器将内圆柱体作为振荡电路的一部分，振荡频率是环形空间流体介电常数的函数，测量并记录仪器的频响，然后间接求出井底持水率。

环空式电容持水率仪可用于连续测量或定点测量。测量前，仪器要在地面温度和压力下校准，把探头分别放在空气、油和水中观察它的频响。井底条件下频响的确定，还需进行压力和温度校正。

仪器记录显示的信号一般是井下的频响，测井解释就是由频响求出井底含水率。尽管测井响应并非线性的，但现场测井解释常用下述线性公式计算一个Y_{wa}，称之为视持水率，作为对于真实持水率的估计：

$$Y_{wa}=\frac{CPS_{log}-CPS_h}{CPS_w-CPS_h} \tag{2-3-5}$$

式中　CPS_{log}——测井读数；

CPS_w、CPS_h——仪器分别在水中和油（气）中的刻度数值。

严格地讲，测井资料解释应该包括三个步骤：首先对地面校准的油、水读数进行压力和温度校正，求出井底条件下纯油和纯水的频响；然后对仪器的测井读数按井下油、水频响进行刻度，求出含水指数，这个含水指数可以认为接近于持水率数值；最后按实验图版由含水指数求出含水率，或者按照适用的经验相关规律进行解释。新型数控测井仪的测井资料，可由车载计算机按已经输入的各种关系图版，将仪器记录频响经温度和压力校正后输出，还可直接转换为持水率值输出并显示。

根据测量原理，测井读数是探头对井下某一位置 H 高度管子内实际存在的各相混合流体的响应，因此反映的应是水的就地体积分数（即持水率）。由于各相流体间可能存在滑脱现象，持水率大小并不等于含水率，所以还需要进行滑脱影响校正后才能求出井底含水率。

2. 取样式持水率仪

理论和实验均表明，如果油、水在传感器内呈层状分布，则电容法持水率仪的测量响应基本上是线性的，可以测量较高的持水率。

一种是其结构为一个柱状电容器，在进液口和出液口分别加了一个球阀和单流阀。测量时仪器停在预定深度上，取样断电器断电，弹簧带动球阀密封进液口，上部单流阀自动关闭，实现对集流后经环形空间的流体取样；然后静置一定时间，让油、水按重度分离后测量记录与电容量有关的电位差值，完成一次测量。此后，断电器通电，衔铁拉开球阀，新的液流进入取样室把原有样品冲洗干净，移动其他位置继续测量。当取样室中油和水完全分离时，取样室的电容 C 等于水介质电容 C_w 和油介质电容 C_0 之和，可得：

$$C = Y_w B_w + (1 - Y_w) B_o \tag{2-3-6}$$

对于一定的仪器，B_w 和 B_o 均为可实验校定的常数。因此采用分离法测量时，取样室的总电容与持水率近似呈线性关系。测井资料解释时，先求出电容量 C，再由地面校验的 B_w、B_o，按式（2-3-6）求出持水率 Y_w。亦可由实验建立的关系图版，直接将测量读数换算为 Y_w。

另一种是根据压差平衡原理设计出取样室，利用井筒中一定高度不同油、水比例的混合流体产生的压力差，控制取样室内的油和水以不同比例自动分离，然后采用电容法进行测量。其独特之处在于，取样室内的油和水可以在连续测量过程中实现动态分离，因此不仅可以点测，而且可以连续测量。

取样式电容持水率仪的优点是测量响应近似线性，可以用于持水率较高的情况，克服环空式仪器的不足。然而，其应用效果的优劣取决于取样室内油、水的分离情况。由于油、水完全分离一般需要较长时间，特别是井内流体如果原来是乳浊状态，可能几个小时也不会完全分离，加之取样室和电极的沾污影响，使得取样式电容持水率仪的测量精度太低。因此，目前主要采用环空式持水率仪测量油井内的持水率参数。

（六）持气率仪

1. 测井原理

图 2-3-7 是持气率仪（GHT）设计示意图，该仪器用 3mCi 的 Co-57 作为放射源，发射 122keV 或 136keV 的光子到周围的介质中。为了防止光子直接入射到碘化钠晶体，该仪器在源和探头间采用钨钢屏蔽。放射源发射的光子主要有

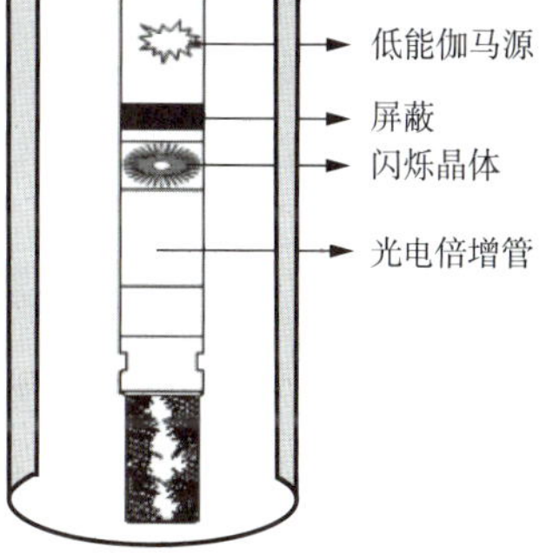

图 2-3-7　GHT 结构图

3 个行程：一部分经流体康普顿散射后射线被探头测到，一部分经流体康普顿散射后能量下降发生光电吸收效应，还有一部分被套管吸收。如果选择合适的源强和源距，碘化钠晶体探测器接收到的射线主要来自流体的贡献。

放射源周围的分子数目由其周围的流体介质密度所决定。油和水的单体积分子数大约相同，而单位体积气体的分子数与单位体积油或水分子数相差较大。当源和探测器周围的流体中有气体时，返回的伽马射线将显著增加。而在 122keV 或 136keV 能量处，油和水的质量吸收系数近乎相同，因此探测器对气体非常敏感，可以通过伽马射线的强度变化来反映井筒中流体的持气率的大小。与传统的流体识别器相比，GHT 具有如下特点：

①测量信号不是来自放射源和探头间的流体，而是来自放射源和探头周围的流体，实现了全井眼测量，不受井斜和复杂流型的影响。

②当源强和源距合适时，在矿化水中，由于密度较高和含氯元素导致康普顿散射效应和光电吸收效应同步增加，其作用相互抵消，最后测量结果是盐水的计数率和淡水的计数率几乎一样，不受矿化度的影响。

③仪器对气相反应敏感，对油水液相不敏感。

GHT 的测量范围为 0~100%，测量精度为 ±3%，分辨率为 1%。其刻度与常规的密度仪和持水率仪刻度过程类似。对于持气率仪，只不过要求给出不同的含气率，从而计算出仪器的持气率。实际测量过程中其结果受套管尺寸、流体压力和源的半衰期的影响。在油水中，仪器响应随套管尺寸增大而增大，在气中，仪器响应随套管尺寸增大而减小。压力的增大会导致气体密度的增大，从而计数率会增大。在现场施工时，要调用相应标定图版，在空气和水介质中对仪器进行刻度。

2. 测井资料用途

持气率资料在气井动态监测中的主要应用：一是确定流体性质并辅助判断载水井段，分析井下流体性质、流动状况并辅助判断载水现象；二是为准确确定各射孔层的产气量提供支持。

（七）井温仪

井温测井（或称温度测井、热测井），是一种热学方法测井。它使用带有温度传感器的下井仪器，测量沿井轴或井周空间分布的温度（通常是井液温度）。如果井内温度与地温梯度或径向温度分布有明显的异常变化，则可判断为井下发生异常情况。

1. 测井原理

井下温度计是温度测井仪的探头，是温度测井仪（简称井温仪）的重要组成部分。目前采用的井下温度计主要有电阻温度计、PN 结温度计和热电偶温度计，原理如图 2-3-8 所示。

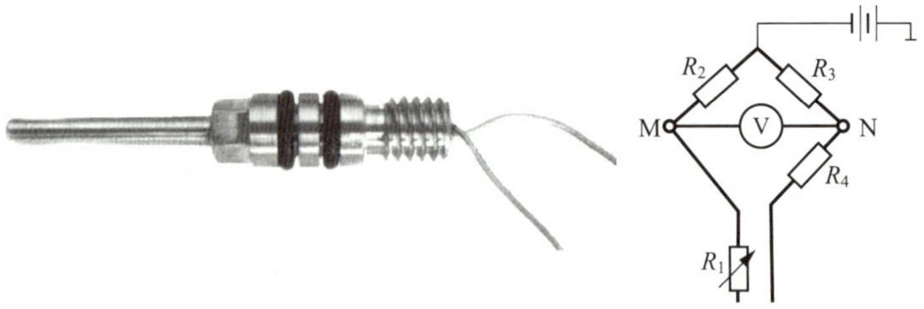

图 2-3-8　温度测井原理图

传感器多采用热敏电阻组成的惠斯通电桥，把井内温度变化转换成电桥输出的电压变化进行记录。温度传感器的触头裸露于井下流体之中。电阻温度计多采用铂金属丝绕制成的感温元件，这是因为铂的温度系数大，对温度变化敏感，而康铜温度系数小，对温度不敏感。金属导体的电阻率与温度的一般关系为：

$$\rho = a + bT + cT^2 \tag{2-3-7}$$

式中 ρ——电阻率，Ω·m

T——温度，℃；

a、b、c——与金属材料性质有关的常数，由试验确定。

①普通井温仪测量井下各深度点流体的温度值，测量曲线反映了井内温度的变化情况。

②微差井温曲线反应井轴上一定距离之间的两点的温度差别情况，并以较大的比例进行记录，测量结果更能体现井内局部温度梯度变化情况。

③径向微差井温仪测量套管内壁同一深度上相隔 180° 之间的温度差，若套管内壁有温度差，旋转测量的径向微差仪则有这种变化。

2. 测井资料的用途

井温测井资料主要用于确定地温梯度、确定产气层位、划分注水剖面、检查水泥环窜槽、评价酸化压裂效果等。目前对井温测井曲线的应用以定性应用为主。

二 剩余油饱和度测井仪

（一）脉冲中子－中子测井仪

1. 测量原理

脉冲中子－中子（PNN）测井采用独特的测量方式，发射的高能脉冲中子经慢化后，测量地层中热中子数量随时间的变化关系，通过特有的处理手段和解释方法，在不洗井、不关井的条件下，实现过套管或油管的储层监测，为油田的后期开发及剩余油开采，提供了一种非常重要的监测手段。

PNN 使用了中子发生器向地层发射 14.1MeV 的快中子，经过一系列的非弹性碰撞（10^{-8}~10^{-7}s）和（10^{-6}~10^{-3}s）弹性碰撞，当中子的能量与组成地层的原子处于热平衡状态时，中子处于热中子能量级，此时它的能量为 0.025eV 左右，速度为 2.2×10^5cm/s，直到被地层俘获。PNN 仪利用 2 个探测器（即长、短源距探测器）记录从快中子束发射 30μs 后的 1800μs 时间内的热中子计数率，每个探测器均将其时谱记录分成 60 道，每道 30μs，根据各道记录的热中子计数生成热中子时间衰减谱，可以有效地求取地层的宏观俘获截面，同时利用 2 个中子源探测器上得到中子计数的比值，还可以计算储层含氢指数。据此在低矿化度地层水条件下，可分辨近井地带的油水分布，计算含油饱和度，划分水淹级别，求取储层孔隙度，计算储层内泥质含量及主要矿物含量等。在该技术中，监测的是未被俘获的热中子，其数目远远多于地层俘获的热中子数目。

传统的仪器也是向地层中发射快中子，快中子在地层中慢化后变为热中子，很少一部分被地层俘获而发射出伽马射线，传统仪器监测的就是该伽马射线，由于伽马射线数目少，因而计数率较低，统计特性较差。在传统仪器设计中，热中子探测器的效率较低（约为

5%），而伽马探测器效率较高（约为 30%~40%）。目前这种情形发生了变化，PNN 仪中使用了中子探测器，效率大于 95%，而伽马射线探测器技术没有得到较大改进，从而使 PNN 在技术上得以实现。

中子俘获截面是代表地层对热中子俘获能力的重要地球物理参数。在低中子俘获截面地层中（低于 20~25 个俘获单位），低俘获意味着更多的热中子被测量，同时在俘获过程中产生较少的伽马射线，这样 PNN 仪在此类环境中可获得较高的计数率和较好的统计特性，而低矿化度地层、致密地层及低孔隙度地层就是这类环境的典型代表。对于其他高中子俘获截面地层（高矿化度地层水及泥岩），与前面情形相反，由于高矿化度水与油之间中子俘获截面存在较大的差别，用于区分油水差异。

2. 测井资料用途

运用 PNN 测井资料可以确定井筒附近储层的孔隙度、含油饱和度、流体的分布，进而确定油、气、水界面及油层水淹情况，指导下一步的生产。另外，结合其他测井资料，还可以对储层进行时间推移监测，确定储层的生产状态，便于地质人员了解油气层情况。井筒附近储层的串槽情况在油井生产中经常发生，运用 PNN 测井资料还可以确定串槽部位，指导油田生产采取相应的补救措施。

（二）中子寿命测井仪

1. 测量原理

中子寿命测井是利用脉冲中子源发射高能中子脉冲照射地层，用探测器测量地层中的热中子被俘获时放出的伽马射线，从而计算地层中的热中子寿命和热中子宏观俘获截面来研究地层及孔隙流体性质的测井方法。在常温下，淡水和油的热中子宏观俘获截面约为 $22\times10^{-3}cm^{-1}$，而地层水中氯元素的热中子微观俘获截面为 31Barn，地层水矿化度越高，Σ 越大。如地层水为 80000mg/L 时，$\Sigma_w=50\times10^{-3}cm^{-1}$，因此，在高矿化度地区，用中子寿命测井能把水淹层和未水淹层区分开来。但是中子寿命测井只能解决高矿化度地区水淹层的问题，那么对于矿化度小于 50000mg/L 的油田就需要用加硼的方法——硼中子寿命测井来找水淹层。

硼中子寿命测井基本原理：硼元素是一种高俘获截面元素（δ=771.0Barn），其俘获截面是氯元素的 23 倍。只要向地层中渗入硼，增大地层俘获截面，便可以使中子寿命测井应用于低矿化度地区。

硼酸（H_3BO_3）是易溶于水不易溶于油的硼化合物，在硼中子寿命测井施工时注入地层，在注硼前后各测一条俘获截面 Σ 曲线，把两条曲线重叠，其幅度差的大小直观地显示地层中含水多少。地层中含水越多，进入的硼酸越多，幅度差越大。

在低孔、低渗且非均质严重的砂岩油藏中进行硼中子寿命“测－注－测”施工，需要结合地层情况选择合适的硼液用量、溶剂温度和硼液浓度，把握好注硼液后的测井时间间隔，只有这样才能确保硼液与地层水的充分交融和渗吸，以取得合格的测井资料。

2. 测井资料用途

①低矿化度多层砂岩油藏采用硼中子寿命测井技术进行油层动态监测不仅可行，而且具有独特的优势，能够比较准确地了解油层的水淹程度、产出状况、油水分布和层间层内矛盾，对采取措施增油和开发调整具有一定的指导意义。

②中子寿命测井技术最主要的用途是可以了解储层的水淹状况和剩余油饱和度的分布，从而由点到面为油田开发者提供一个可靠的油田注水开发的动态资料，寻找剩余油饱和度分布规律，以便指导开发调整井的部署，提高调整井的成功率。

（三）碳氧比能谱测井仪

1. 测量原理

碳氧比能谱测井是利用脉冲中子源向地层发射能量为 14MeV 的高能快中子脉冲，分别测量地层中原子核与快中子发生非弹性散射时放出的伽马射线，以及原子核俘获热中子时放出的伽马射线，不同的原子核产生的非弹性散射伽马射线和俘获伽马射线的能量不同，记录这些不同能量的非弹性散射伽马射线和俘获伽马射线，就可以分析地层中的各种元素及其含量。

脉冲中子源在地层中能激发出快中子非弹性散射伽马射线、俘获伽马射线及活化伽马射线。

井下脉冲中子发生器向地层发射 14MeV 的中子束，中子与地层中某些元素的原子核发生非弹性散射，使这些原子核激发，中子的部分动能转变为与其相互作用的原子核的激发能。

激发态原子核是不稳定的，其半衰期小于 $10^{6}\mu s$，在极短的时间里发射出一个或几个伽马光子，释放多余的能量而恢复到基态。这些光子是在中子脉冲持续期内发生的，在时间分布上可以与此后由其他反应过程中产生的光子区分开。不同能量的伽马光子及其强度，标志着地层中特定的核素种类和浓度。

地层快中子非弹性散射伽马射线计数率主要包括碳、氧、硅和钙的贡献。14MeV 的中子与碳、氧、硅和钙发生非弹性散射产生的光电峰能量为 4.43 MeV、6.14 MeV、1.78 MeV 和 3.75MeV。

原子核与快中子发生非弹性散射的截面不仅与核的种类有关，而且与中子的能量有关，碳和氧都存在各自的阈值，中子能量必须超过这 阈值才能产生非弹性散射，同位素中子源产生的中子能量多在 6MeV 以下，所以不能用来激发快中子非弹性散射伽马射线。在测井中，一般都是利用加速器中子源，它产生的中子能量可达到 14MeV。

在岩石中常遇到的核素中，C-12 和 O-16 具有较高的快中子非弹性散射截面，并且经非弹性散射产生的伽马射线能量高，易于识别，因而可利用这一现象来测定地层的含油饱和度。由于这一测井方法经常是测定地层碳和氧的比值，而后再求出含油饱和度，所以常称碳氧比能谱测井，简称碳氧比测井。

从快中子非弹性散射产生的伽马射线能谱求出的碳氧比值是脉冲中子伽马能谱测井取得的主要资料，是计算含油饱和度的主要依据。而由非弹性散射伽马谱和俘获伽马谱求出的其他核素的数据可以为计算岩性、孔隙度等参数提供资料。综合分析测井得到的数据，就可以得到合理的地质解释。

2. 测井资料用途

碳氧比测井资料用于套管井评价地层岩性、含油性和孔隙度，划分油层和水层，评价水淹层。可以过套管确定油层的剩余油饱和度，可以复查老井寻找被遗漏的油层，在注水开发过程中监视油水运行状态。

（四）过套管电阻率测井仪

过套管电阻率测井和裸眼电阻率测井在物理上的显著区别是井眼套管本身就是一个巨大的导体，大部分电流会沿着套管流动，高频交流电几乎全部留在套管内部，但是低频交流电流（或者是直流电流）将会有一小部分泄漏到地层中去。在钢套管内绝大部分电流沿套管流到地面回路电极，而在钢套管内壁以极低频率流动的电流将钢套管视为传输线，由于钢套管周围地层介质可视为导电介质，所以将有极小部分电流渗漏到地层，再流回到地面回路电极。通过监测渗漏到地层中的这部分电流，就可以计算出地层电阻率。

1. 测量原理

通过金属套管测量套管外地层电阻率，必须通过下井仪向地层发射低频电信号。尽管金属套管屏蔽了大部分电信号，但仍有一小部分通过金属套管流进地层中。因此仪器的测量电极与在地面的回路电极之间存在一微小电位差，若能监测通过 Δz 长度范围内金属套管流入地层的泄漏电流 ΔI，就可以按式（2-3-8）计算出地层的视电阻率：

$$\rho_a = K\frac{V}{\Delta I} \tag{2-3-8}$$

式中 K——仪器系数，$K=k\Delta z$，k 是无量纲常数；

Δz——U 和 D 电极距离的二分之一；

V——套管测量电极处的参考电位；

ΔI——地层泄漏电流。

测量套管外地层的关键是如何测量通过金属套管流进地层的微小电流。为了求出地层电阻率，要求有两种测量模式，分别如图 2-3-9、图 2-3-10 所示。

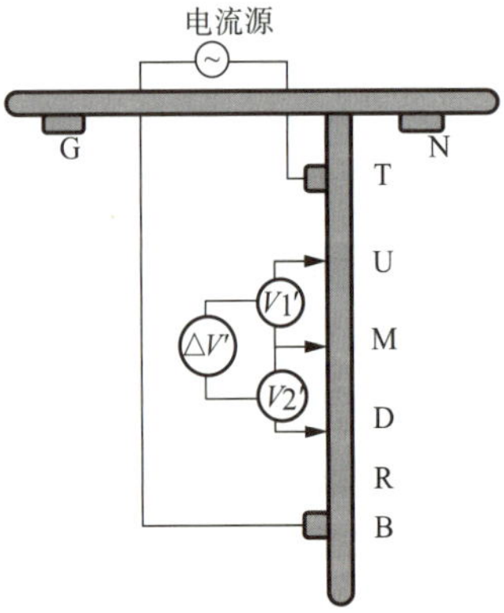

图 2-3-9　套管电阻模式图

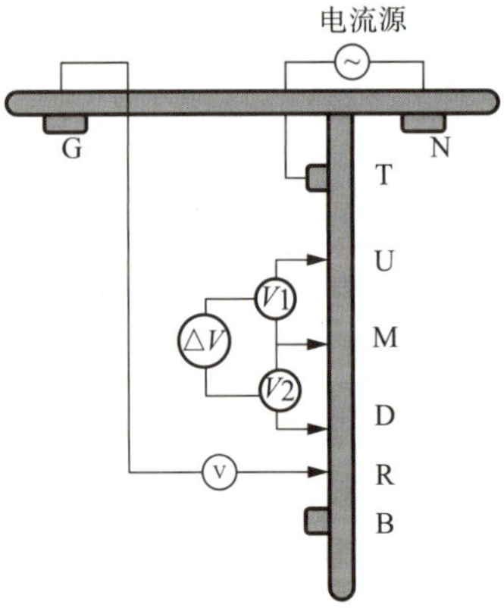

图 2-3-10　泄漏电流模式

第一阶段，如图 2-3-9 所示套管电阻模式（刻度模式），仪器测量套管在电极 U、M 和 M、D 间的电阻。在这种状态下，从电极 T 注入激励电流 I_n，然后电流 I_n 回到另一个回流电极 B。这种情况下，电极之间的套管漏电流可以忽略不计。因此，测量出电极 U、M 间的电压差 V'_1 和电极 M、D 间的电压差 V'_2，就可以计算出这些电极间的套管电阻。U、M 间的套管电阻为 R_1，M、D 间的套管电阻率为 R_2，则：

$$R_1 = \frac{V'_1}{I_n} \tag{2-3-9}$$

$$R_2 = \frac{V'_2}{I_n} \tag{2-3-10}$$

第二阶段，如图 2-3-10 所示泄漏电流模式（测井模式），从电极 T 注入激励电流 I_n，然后回到地表电极 N。此时通过地表电极 G 测出套管测量电极 R 处的参考电位 V；测量电极 U、M 间的电压差 V_1 和电极 M、D 间的电压差 V_2 来估算沿套管流动的电流。套管中电极 U、M 间的电流为 V_1/R_1、电极 M、D 间的电流为 V_2/R_2，这些电流值因电流泄漏流入地层而会不同，从而即得到泄漏电流为 ΔI：

$$\Delta I = \frac{V_1}{R_1} - \frac{V_2}{R_2} \tag{2-3-11}$$

将式（2-3-9）~ 式（2-3-11）代入式（2-3-8），可得地层的视电阻率为：

$$\rho_a = K\frac{V}{I_n}\left(\frac{V_1}{V'_1} - \frac{V_2}{V'_2}\right)^{-1} \tag{2-3-12}$$

2. 测井资料用途

过套管电阻率测井可以确定死油气，对剩余油评价有极大帮助，利用衰竭指数定性评价油层水淹程度，计算剩余油饱和度，评价地层渗透率，补充裸眼井测井资料，在套管井中测量油层电阻率是油藏动态监测的有效手段之一。

三 工程测井仪

井筒完整性评价测井可以提供固井质量、射孔位置、找漏找窜、检查套管破损变形情况，为井下作业提供依据，并可检查井下施工质量。

（一）磁性定位仪

1. 测井原理

磁性定位仪是测量井筒内套管或油管接箍位置的仪器。磁性定位仪由永久磁钢、线圈、放大电路组成。磁钢和线圈用无磁的骨架固定，在绕组两端以同极性相对的方式排列两个永久磁铁，并产生一个恒定磁场。当该仪器在套管或油管中移动遇到接箍时由于周围铁磁物体磁通量的变化，使磁感应线圈内的磁场强度也会相应地变化。因此，线圈中产生了感应电动势，该信号由放大器放大后经电缆传送到地面仪。电路对数据处理后，即可获得测量仪器所在的深度数据。磁性定位仪测量原理如图 2-3-11 所示。

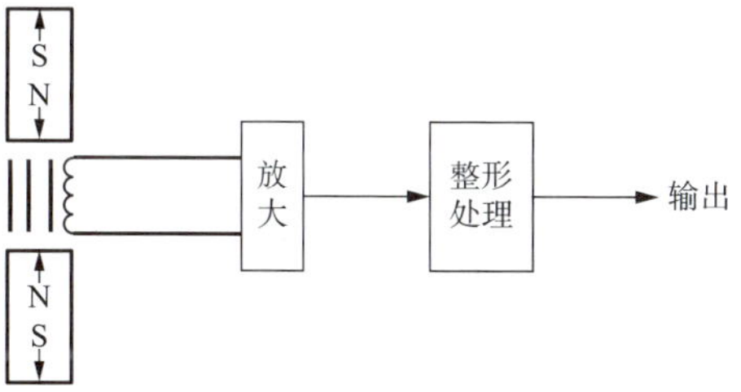

图 2-3-11　磁性定位仪测量原理

2. 测井资料用途

判断射孔的具体位置，判断井下工具位置，确定油（套）管接箍及标准短节深度。

（二）声幅、变密度测井

1. 测井原理

声幅、变密度测井属于声波测井的一种，其原理是利用水泥和泥浆（或水）其声阻抗的较大差异对沿套管轴向传播的声波的衰减影响来反映水泥与套管间、套管与地层的胶结质量。

下井仪器主要包括声系和电子线路两部分，如图 2–3–12 所示。声系包括发射探头和接收探头，发射探头由压电陶瓷材料制成，仪器的源距 3ft（1ft=0.3048m）和 5ft，3ft 的用于声幅测量，5ft 的用于变密度的测量。

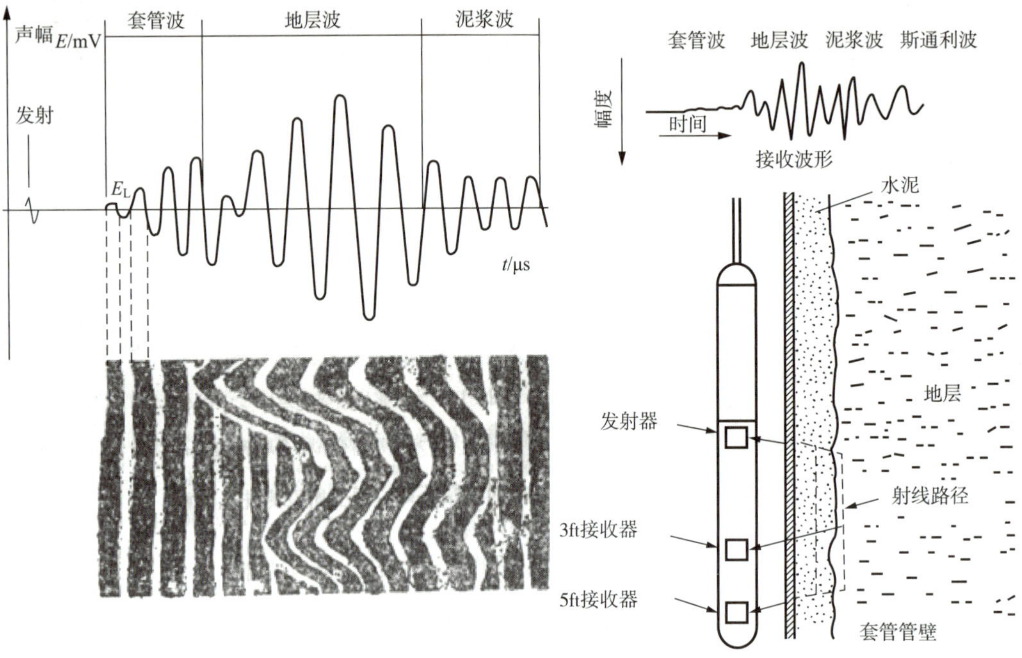

图 2–3–12　声幅、变密度测井原理

对于 3ft 源距接收器，声波发射器发射声脉冲，经过泥浆（或井液）折射入套管，产生套管波。套管波沿最短路径传播，接收器将接收的声波波列中首波的幅度进行计算并记录为声幅曲线。

对于 5ft 源距接收器，接收到的是声波的全波列，分为三个部分，即套管波、地层波、直达波（泥浆波和井液波），接收器接收声波全波列并记录为声波变密度。

声幅测井只记录套管波首波幅度，因此只能检查套管和水泥环的胶结情况，声幅越小，固井质量越好，声幅越大，固井质量越差。声波变密度测井不仅记录首波幅度，而且可记录整个波列中前 12~14 个波的幅度及到达时间，因此可根据记录的续至波幅度，判断水泥环和地层胶结情况。

声波变密度测井采用调辉记录和调宽记录得到变密度图。声波全波列信号正半周记录为黑条，信号幅度越大黑条灰度越强，宽度越宽黑条越宽，负半周记录为白条。

2. 测井资料用途

用于评价第一界面即套管与水泥和第二界面即水泥与地层的胶结状况。

（三）扇区水泥胶结测井

扇区水泥胶结（SBT）测井仪是在声波变密度测井仪的基础上发展起来的固井质量评价测井仪器，它能沿着套管整个圆周纵向和横向（沿套管圆周）两个方向测量水泥胶结质量。

1. 测井原理

仪器利用装在推靠器极板上的 12 个高频定向超声波换能器的声系来定量测量套管周围六个 60° 区块。共有六个推靠臂，每个推靠臂上装有发射和接收换能器，依靠电机把换能器极板紧贴在套管内壁上。仪器包括通信短节、机械推靠、VDL 变密度短节。仪器应用短源距补偿测量，使得测量结果消除了重泥浆、含气井内流体及快速地层的影响。仪器结构如图 2-3-13（左图）所示。

扇区水泥胶结测井仪以环绕方式在包括井眼的六个角度区块定量测量套管外水泥胶结的完整性。发射、接收探头排列展开后如图 2-3-13（右图）所示。

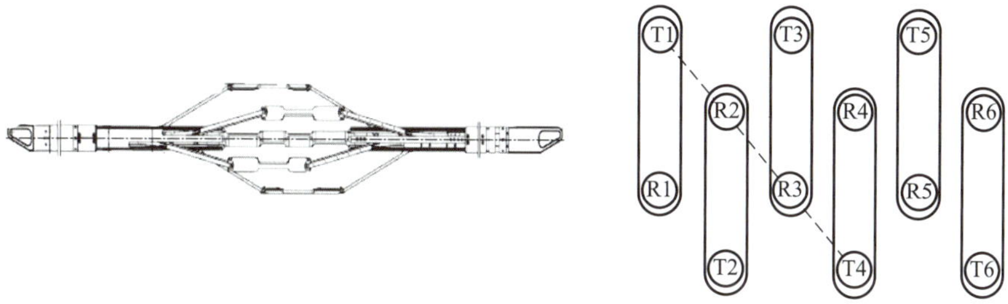

图 2-3-13　SBT 测井仪结构图

对于固井声波成像测井仪来讲，由于测量的是井内液体中偏心声源激发的声波，所以，频率必须比较高，这样才能够保证测量结果沿圆周方向的分辨率。一般情况下，频率越高，井筒的整体作用越小，沿圆周方向传播的声波的特征越明显。频率越低，井筒的整体作用越明显，声波沿圆周方向传播的特征表现得越差。扇区水泥胶结成像测井仪测井的主要目的是分辨圆周方向的固井胶结质量。所以，换能器的设计必须针对沿圆周方向传播的声波的特征、突出或能够区分出沿圆周方向传播的声波对测量结果的影响，这样才能够保证测量结果的分辨率。

换能器的指向性是另外一个重要影响因素。换能器的大小决定其发射声波的指向性，通常，换能器越大，其指向性越好，沿径向的声波能量比较大，沿圆周和井轴方向的声波能量比较小，得不到需要的声波信号。分布在机械推靠短节上的各换能器，T1~T6 为发射探头，R1~R6 为接收探头，发射探头发射的声波信号经套管耦合到接收探头，水泥胶结的质量越好，接收探头收到的信号越弱，计算声波信号的衰减量，就可以得到水泥胶结的良好程度，为了抵消发射和接收探头灵敏度的个体差异，采用同一扇区两次收发的方式，以 T1、R2、R3、T4 为例，各极板的发射接收过程如图 2-3-14 所示。

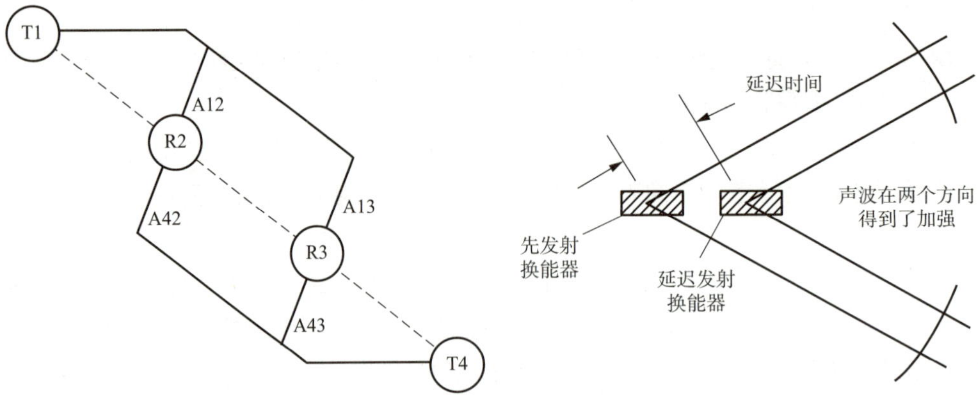

图 2-3-14　聚能发射接收原理图

A12 表示 T1 发射、R2 接收的信号幅度，A43 表示 T4 发射、R3 接收的信号幅度，以此类推，声波衰减的计算公式为：

$$\text{衰减量} = \sqrt{\frac{A12.A43}{A13.A42}}$$

为了提高发射探头的指向性，发射采用两个探头聚能发射的方式。其换能器的排列结构有两个特点：为了获得声波测量的精确结果，采用补偿声系并使源距至少相当于工作频率以下 3 个波长为最佳，必须使换能器的工作频率保持对管外条件的高灵敏度。为此选用换能器的工作频率为 100kHz 时就能满足上述两个要求。每个极板之间发射换能器到接收换能器以及两个接收器之间的距离大约都为 152mm。

仪器测井时必须组合使用。在通信短节控制下，仪器使用声波换能器控制技术来增强极板换能器和全波列发射器的输出，工作时，从所要求的方向最远的发射单元首先发射，当声波从第一单元穿过第二单元时，第二单元发射，这样有效声波能量可随声波幅度的增加而增大 4 倍。

2. 测井资料用途

扇区水泥胶结测井资料水泥图形象直观，可分辨水泥沟槽、空隙及胶结不均匀；声波衰减率比声幅能更好地反映水泥胶结情况；测井仪器贴套管壁补偿测量，减小了井眼与地层的影响；能准确评价双层套管（内层）的胶结情况；环周的探测范围内分辨率更高；与 CBL/VDL 相比，受薄水泥环影响小。

（四）陀螺仪

1. 基本概念

井斜角：是钻井专业术语，通常定义为井眼轴线上某点的切线与铅垂线的夹角。

方位：通俗地讲是某一深度的井斜方向，是以真北方向为基准点，井斜方向与真北的顺时针夹角（即仪器倾斜方向与真北的夹角），真北为 0°，东为 90°、南为 180°，西为 270°。

闭合方位：可以理解为真北方位线与水平位移方向之间的夹角。

磁偏角：受地球磁场和大陆轮廓线的影响，导致地磁北极与真北有偏差，北极星指向定义为真北，这个修正量叫磁偏角，需要对其测量值进行修正才可以与真北重合，当前测井均以真北为准。

高边和高边角：为了便于理解，我们假设一个水平的圆形的平面，在过圆心到圆的任意一点作一条连线 A，当这个平面倾斜时，在圆的边缘上会出现一个高点，保持这个姿态不动，通过高点与圆心连线记为 B，连线 B 作参照线定义为 $0°$ ，连线 A 与连线 B 的顺时针夹角就是高边角，高点的面垂线就是高边。高边和高边角在大斜度井用于确定工具的自转角度，工程中通过高边角定义仪器工具面角。

2. 陀螺仪测量原理

测井仪器所测的井斜和方位的概念是针对某一点来说的独立概念，将这些独立的点（又称采样点）按深度顺序排起来，将形成曲线，称为井斜方位曲线，并可衍生出井的三维轨迹（见图 2-3-15）。陀螺测斜仪的核心部件包括一个陀螺仪和三个石英加速度计，两者通过定位面直接安装在惯性体上，组成惯性测量组件，陀螺测量地球自转角速率分量，加速度计测量重力加速度分量，采用捷联惯导算法解算出载体姿态，达到井迹曲线测试的目的。经计算机解算可得出井筒的倾斜角、方位角和工具面角等参数。其测试不受磁性干扰，能用于有磁干扰的环境下测量，能实现自动对准和连续测量，具有很高的自主性。

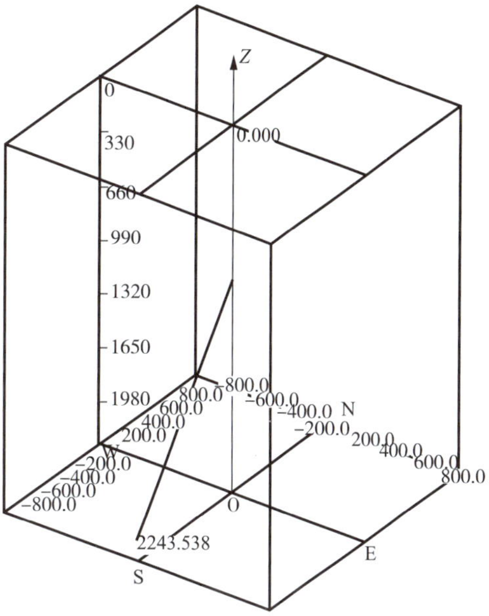

图 2-3-15　光纤陀螺三维立体图

3. 光纤陀螺测量原理

光纤陀螺是利用光纤传感技术测量空间惯性转动率的一种新型传感器，它是纤维光学和激光技术发展的必然产物。光纤陀螺的基本原理是基于萨格奈克（Sagnac）效应，在一个闭合环形光路中，沿顺时针方向和沿逆时针方向相向传播的两束光经过传输后会叠合加并产生干涉效应。当环形光路相对于惯性空间静止时，对于顺、逆时针传播的光，传播的速度和路径完全一致，两束光经过的光程也一致，经过传输的两束光将会合在出发点 M 处叠加干涉，因此两束光的光程差为零，相位一致。当光纤陀螺相对于惯性空间以一定角速度转动时，光沿着光纤环形光路进行传播，光纤环同时也转过了一个角度。顺、逆时针传播的两束光产生光程差和相位差。通过测量两束相干光的相位差，来监测环形光路的旋转角速度，这就是干涉型光纤陀螺的光学理论基础。

光纤陀螺依据二束光的衍射产生相位差感应地球的自转获取方位信号，经过伺服系统精确控制陀螺进行多位置采样消除零偏，结合 Allan 方差在时域上对频率稳定性进行补偿，运用卡尔曼滤波技术处理随机噪声，可精确实现惯性导航及确定钻孔的真北方位。完整的捷联惯性系统，具备自动寻北、抗磁场干扰、全方位测量、长时间的连续测量准确度高等特点；由基本光学器件光源、耦合器、光纤环、探测器和 Y 波导等组成，无活动部件，不存在机械磨损，精度不受重力因素影响，不存在机械磨损漂移，稳定性好，短期内（至少三年）光敏器件特性不存在变化，因此不需要频繁标定。

整套光纤陀螺连续测斜仪包括三个部分：地面解读软件及井眼轨迹解释软件（自动生

成用户报表，支持用户用 WORD 及 EXCEL 二次编辑开发报表）；地面传输、接收显示系统（地面测控仪及附件）；陀螺探管及密封、保护总成（旋转短节、上扶正器、遥测短节、遥测转接头、磁定位伽马仪、井迹采集器、陀螺加表测试器、陀螺转接头和下扶正器组成）。仪器连接方式如图 2-3-16 所示。

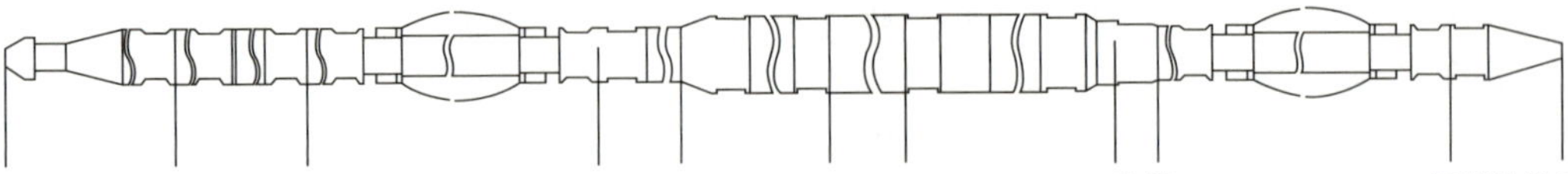

图 2-3-16　常规套管测井连接

4. 测井资料用途

陀螺仪主要用于油水井的井斜、方位测量，它利用惯性传感器感应地球重力和自转的三维分量，采用捷联惯导算法解算出载体姿态，达到描绘井位曲线的目的。不仅可以进行老井复测，同时，它与油井套管探伤仪器共同使用，可确定油井损伤的方位，为井身修复提供依据。

（五）多臂井径测井仪

1. 基本原理

多臂井径测井仪是一种接触式测量仪器，即通过仪器的多个测量臂与套管内壁接触，仪器在一周平面上均匀安装了多个位移传感器，使用的传感器是一种非接触式的机电转换器件，其输出电信号的幅度与其内部铁芯的位置成正比，将套管内壁的变化转为井径测量臂的径向位移，通过井径仪内部的机械设计及传递，变为推杆的垂直位移。差动位移传感器将推杆的垂直位移变化转换成电信号。电子线路测量传感器电感量的变化，处理后输送到测井操作系统记录，即能够直观反映出套管内壁的几何尺寸的变化，并以此评价套管的破损和局部变形，如图 2-3-17 所示。

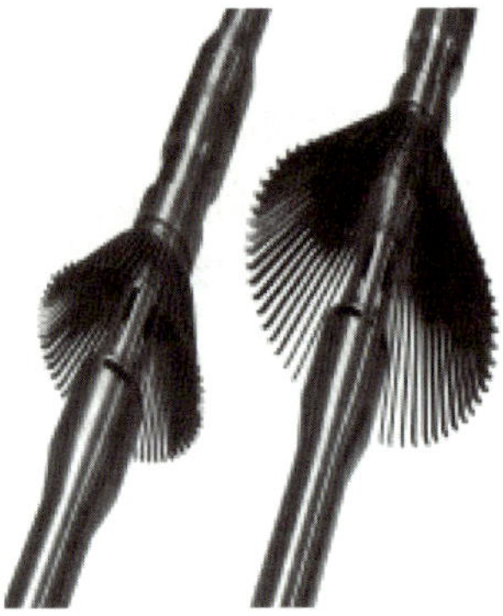

图 2-3-17　多臂井径测井仪示意图

2. 位移传感器的特点

①无接触、无摩擦测量位移传感器的一个最大特点是磁芯运动部件与测量线圈总成之间无任何机械接触和摩擦而进行测量。因此在正常使用情况下，传感器的使用寿命较长，给维修带来极大的方便。

②分辨率可达到无限大。因为位移传感器是通过电磁测量原理进行无摩擦、无接触测量的，测量磁芯的任何微小变化都会引起电信号的变化。仪器的整体分辨率仅受到信号处理电路及 A/D 转换电路精度的限制，这一特性也使仪器具有很高的重复性。

③动态响应快。多臂井径测井仪由电子线路部分、驱动电机、多个独立的测量臂及其位移传感器组成，测量臂的收放通过电机控制。电子线路为仪器各分支部分提供工作电压、产生各路控制信号，执行信号采集、传输功能。测量臂的前端采用了利用激光焊接的高耐磨硬质合金材料，能够有效提高测量臂的使用寿命，如图 2-3-18 所示。

3. 测井资料用途

多臂井径测井仪测井资料主要用于检测金属套管的质量状况，确定套管和识别套管的变形、错断、弯曲、孔眼及裂缝、腐蚀与沾污等状况，可直观地将多组测量臂获得的采集信号处理后形成3D可视化解释、评价成果，达成成像测井功能，同时也可将多臂井径测井仪组合电磁测厚仪测井的结果进行综合评价。

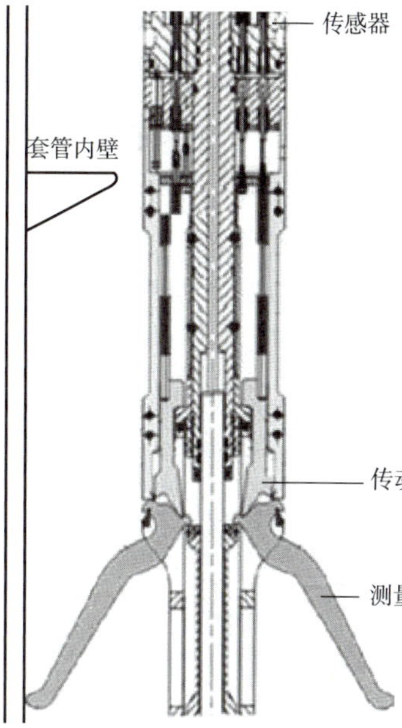

图 2-3-18 多臂井径测井仪测量机构示意图

（六）电磁探伤仪

电磁探伤仪测井技术成功地解决了在油管内探测套管的厚度、腐蚀、变形破裂等问题，可准确指示井下管柱结构、工具位置，并能探测套管以外的铁磁性物质（如套管扶正器、表层套管等）。电磁探伤仪能检查多层套管的腐蚀和厚度变化情况，不受井内介质和油泥沙影响，利用电磁探伤测井技术进行普查，评价套管的损伤程度，认识和预防套损区域的扩大，及时采取措施。

1. 测量原理

电磁探伤仪的物理基础是法拉第电磁感应定律。给发射线圈供一电流，接收线圈产生随时间变化的感应电动势 ε。

$$\varepsilon = \mathrm{d}\Phi / \mathrm{d}t \tag{2-3-13}$$

$$\mathrm{d}\Phi = \mathrm{d}s \times B \tag{2-3-14}$$

式中 Φ——磁通量，Wb；

S——线圈截面积，m^2；

B——磁场感应强度，T。

当钢管（油套管）厚度变化或存在缺陷时，感应电动势 ε 将发生变化，通过分析和计算，在单套、双套管柱结构下，可判断管柱的裂缝和孔洞，得到管柱的壁厚。为单层管柱结构时，感应电动势 ε 函数表达式为：

$$\varepsilon_1 = f(T, \mu, \sigma, D, t) \tag{2-3-15}$$

式中 T——套管厚度，m；

μ——套管磁导率，H/m；

σ——套管电导率，S/m；

D——套管外径，m；

t——时间，s。

为双层管柱（如有油管和套管）结构时，感应电动势 ε 函数表达式为：

$$\varepsilon_2 = f(T_1, T_2, \mu_1, \mu_2, \sigma_1, \sigma_2, D_1, D_2, t) \tag{2-3-16}$$

式中 T_1、T_1——内外管柱的厚度，m

正常情况下，钢管磁导率 μ、电导率 σ、外径 D 和时间 t 都已知，只有钢管壁厚 T 未知。因此，测得感应电动势 ε_1、ε_2 后，就可以得到内、外管壁厚度 T_1、T_2，此时计算出管壁厚度，但这一结果是损坏部位的均匀壁厚（视厚度）。

常规的电磁测井仪供给发射线圈的是正弦波电流，使得感应电动势也存在周期性变化，不能区别判断内外管柱对感应电动势变化的影响，因此，在多层钢管结构中测井时，仪器对外层管的壁厚变化和损坏有反应，但不能较好地给予解释。电磁探伤测井仪中供给发射线圈的是直流脉冲电流，断电时间测量，断开供电电流的时间（120ms）内，在接收线圈中产生相应的感应电动势，并且感应电动势幅度呈指数衰减，A、B、C 探头在不同时间进行信息采集，可获得内、外管柱的技术状况。理论分析表明，钢管的厚度越大，感应电动势的衰减就越缓慢，反之，感应电动势的衰减就较快。在感应电动势的衰减较快的时间段是来自内管的变化，衰减缓慢的时间段主要表示内外管的变化。在内管初步确定以后，影响感应电动势衰减的因素就是外管，因此在感应电动势的衰减过程中测量，用这种方法可把内、外管对测量的影响区别开。

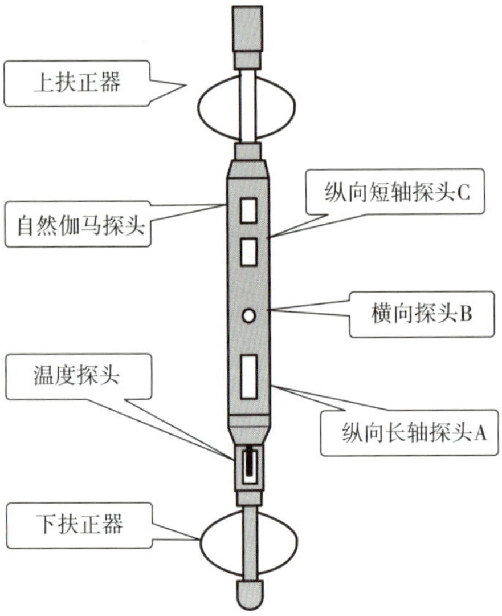

图 2–3–19　电磁探伤仪示意图

该仪器由多个探头和上、下扶正器及电路组成（图 2–3–19）。多个探头包括温度探头、自然伽马探头、纵向长轴探头 A、横向探头 B、纵向短轴探头 C。其中温度探头用来检测井内流体温度的变化，确定出液口的位置；自然伽马探头探测井身周围自然伽马强度，用于校深；探头 A 为长深度纵向测量探头，用于测量外层管柱损伤。B 探头为单独横向放置探头，用于测量内层管柱横向损伤。C 探头为补充纵向探头，用来检测中间套管的损伤。

2. 测井资料用途

用于井下探伤和确定管柱壁厚，发现裂缝型缺陷、破裂缺陷、管壁腐蚀和机械磨损井段、爆炸射孔段和筛管以及接箍处脱接，可以研究井身结构，在不停止开采的情况下进行油气生产井测井，在油管内检测油水井各层管柱的壁厚变化及破损情况，对纵向裂缝和横向裂缝作出判断，为决策者确定对该井进行维修作业的方案提供依据，为新钻井如何下套管提供依据。

四　牵引器

牵引器是一种能在石油井下特殊环境中完成特定的作业任务，具有一定自主操作能力的机电一体装置，适用于在水平井及大斜度套管井内输送测井仪器或射孔器材。当测井仪器在水平井或大斜度井中无法依靠自身重力继续下放至目的井段时，牵引器能利用自身的动力装置将测井仪器输送到目标井段。

牵引器为自成一体的独立系统，与测井绞车配合施工，利用转换接头可以和套管井测井仪器、射孔器材配接，具有成本低、输送距离远的特点，可以有效节约施工时间，降低施工风险。

牵引器根据驱动方式可分为：轮式、伸缩式、履带式等，由于履带式牵引器体积较大，牵引力较小，未得到应用，轮式、伸缩式两种牵引器在测井中广泛应用。

（一）工作原理

牵引器井下牵引是通过牵引短节将牵引轮压紧于套管内壁所产生的摩擦力来提供牵引力的，而牵引轮旋转的动力是牵引装置中的驱动电机经减速器后，通过转动轮完成换向，将轴向旋转变成纵向转动，最终传递给牵引轮转动。

轮式牵引器由地面控制系统和井下牵引装置、辅助工具等组成。轮式牵引器一般可分为全机械牵引器和全液压式牵引器两种。

（二）系统组成

牵引器系统由地面控制系统和牵引器装置两部分组成。

地面控制系统包括地面控制箱、笔记本电脑（系统软件）。其功能是向下井仪器供电、发送命令，实施对牵引器的控制，显示并记录下井仪器和牵引器工作状态，给井下提供大功率直流电源，为牵引器提供牵引能量。

牵引器装置由电子线路和机械传动两部分组成。

1. 电子线路

主要由模式切换、电源、通信系统、电机驱动系统、数据采集系统组成。从测井电缆传输的供电和通信信号首先经过唤醒电路进行模式切换，在满足唤醒条件下，唤醒电路把控制供电 / 通信信号切换到牵引器，否则，供电 / 通信信号经过压保护模块后供向测井仪器。接收执行地面控制系统下放的命令，使牵引器按照指令做出各种动作，接收处理并上传下井仪器各种状态的数据，了解井下牵引器各种工作状态。控制牵引器作业与测井作业状态之间的切换，确保牵引器与测井仪器之间互不干扰。

电子线路接收、执行地面控制箱下发的命令，上传下井仪器采集的数据，控制牵引器和测井仪器之间的模式切换。推靠短节为牵引器的支臂提供动力，张开支臂，使驱动轮紧贴套管内壁。驱动短节内的电机带动齿轮转动，使仪器在井下套管内前后爬行移动。

2. 机械部分

机械部分是牵引器在井下实现牵引将仪器输送至目的井段的执行单元。按功能可分为支撑系统和牵引装置两部分。支撑系统（图 2-3-20）是牵引器机械部分最关键的部件，调节和控制牵引臂的张开、闭合及张开的角度，实现保持和调节驱动轮与套管壁间的正压力作用，直接影响牵引器输出的牵引力。支撑系统有全机械结构和全液压两种结构。

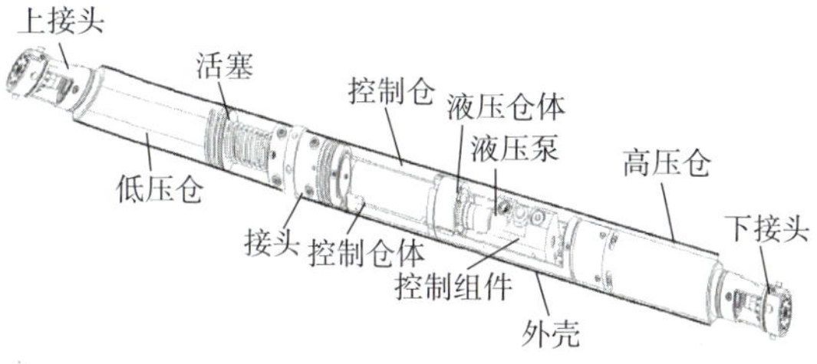

图 2-3-20　牵引器支撑系统示意图

（三）工作过程

全机械结构牵引器工作过程：电机→减速器→电磁离合器→滚珠丝杆→顶杆→转接头→调节弹簧→支撑臂→驱动臂。

全液压结构牵引器工作过程：电磁阀→电机→柱塞泵→高压控制器→推杆→支撑臂→驱动臂。

牵引器辅助工具主要包括马笼头、旋转短节、扶正器、选择短节、磁定位短节、张力短节、安全供电短节、柔性短节、刹车短节、减振器、丢手短节等。

磁定位短节可以实时观测井下牵引器的运行状态。扶正器短节使仪器在套管内居中，减少仪器外壁与套管内壁的摩擦，采用滚轮设计，其轴承可以减少仪器在井下爬行移动过程中与套管的摩擦力。

全液压结构牵引器补偿短节牵引支臂张开后，多余的液压油会进入补偿短节；当牵引器内液压油缺少时，补偿短节将向牵引器补充液压油，保证牵引器内部压力平衡。

辅助短节的作用是在特殊项目或特殊水平井施工中，为正常作业和控制风险需连接的特殊工具。如：多缆芯测井须选用选择短节，射孔作业须选用安全供电短节、减振器，大角度水平井须选用刹车短节等。

思考题

1.ECLIPS−5700 WTS 通信讯传输有哪几种模式？有什么特点？

2. 阵列感应比双感应有什么优势？

3. 数字声波测井仪有哪几种工作模式？

4. 多极子阵列声波测井仪与补偿声波测井仪有何不同？

5. 多极子阵列声波测井仪分别有哪几个发射和接收组合？

6. 双侧向测井是如何给地层供电的？

7. 岩性密度测井的物理基础是什么？

8. 伽马射线与地层物质的原子发生相互作用，会产生哪几种效应？

9. 超声波成像测井有哪几种工作模式？

10. 目前常用的井径测井仪器有哪几种？

11. 撞击式井壁取心器由哪几部分组成？

12. 目前常用的流量测井仪器有哪些？

13. 脉冲中子 − 中子测井资料有什么用途？

14. 碳氧比测井原理是什么？

15. 元素俘获测井能获取地层岩石骨架哪些元素？

16. 声幅、变密度测井与声波时差测井方法有何不同？

17. 连续测斜仪器传感器由哪几部分组成？

18. 液压式牵引器由哪几部分组成？

19. 电磁探伤测井资料用途有哪些？

20. 多臂井径测井仪位移传感器的特点是什么？

扫一扫
获取更多资源

第三章

测井装备及工具

测井设备和工具是配合测井仪器完成测井施工作业获取地层信息的重要部分。测井绞车系统提供动力，将测井电缆和测井仪器送入井下，深度系统测量测井仪记录的准确位置，井口设备是测井绞车控制测井电缆和下井仪器的关键环节。其他还有测井仪器辅助工具、张力计、井下打捞工具等用于不同测井工艺、不同环境下的设备和工具。

第一节　测井绞车

一　车载式

测井绞车是上提、下放电缆和下井仪器的动力设备。测井绞车系统按传动方式主要分为机械驱动、液压驱动和电驱动三种方式。测井绞车见图 3-1-1。

液压绞车通过取力器从底盘变速箱 / 分动箱取力后，经传动轴传递给绞车的液压泵。动力通过液压泵、液压马达及控制单元等组成的液压系统传递，再由液压马达带动绞车减速器进而驱动防磁滚筒转动，从而实现下井仪器的下放和上提。

（一）结构与功能

1. 汽车底盘

主要用于为液压系统提供动力，装载并移运绞车、电缆、发电机、测井仪器及其他有关配套设备。

2. 操作间

操作间采用双舱式结构，分为操作舱和绞车舱。操作舱内安装有测井仪器、操作台、电控箱、双向冷暖车载顶式空调及各种辅助设施等；绞车舱内主要安装有绞车系统、液压系统、排绳控制系统、喷油控制系统、仪器架、测量系统以及其他辅助装置等。

3. 传动系统

主要是将取力器输出的动力传递到液压系统，为绞车滚筒和液压发电机提供动力。主要部件包括取力器、传动轴、液压泵、液压马达、减速机、链条及齿轮（有链条传动配置）。液压系统包括变量液压油泵、定（变）量液压马达、各种控制阀件、液压仪表、液压油温度控制器、散热器、油箱、蓄能器、管线接头以及其他辅件等。

4. 绞车滚筒

主要作用是承载测井电缆。主要部件包括滚筒、滚筒支架、轴承座及各种紧固螺栓。分为单滚筒和双滚筒，滚筒电缆容量有 3500m、5500m、7000m、10000m 等。

5. 绞车控制系统

主要用于对测井绞车的各个工作机构进行控制，以使其满足作业工况的要求。包括电气控制系统、液压油温控制系统、发动机转速控制系统、滚筒运行控制系统、驻车控制系统、排绳控制系统、喷油控制系统以及压力控制系统等。

6. 气路系统

气源来自汽车底盘备用储气筒，主要用于对取力器、电缆喷油装置、仪器压紧装置、绞车刹车机构、减速器换挡机构等进行控制。主要包括减压阀、气路开关、刹车气缸、刹车手柄阀、刹车按钮阀、气路管线和接头等。

7. 电路系统

主要作用是为测井绞车提供工作电源及照明、空调、仪表显示等电气设备的控制。可使用车载液压发电机、独立的柴油发电机或外接电源。

8. 电缆测量系统

电缆测量系统包括马丁代克、绞车面板。主要用于对绞车电缆的起下速度、下井深度、电缆张力等参数进行测量，并且能够报警和控制等。

9. 辅助系统

包括液压排绳系统、双向冷暖车载顶式空调、灭火器、绕线轮、滑环等。

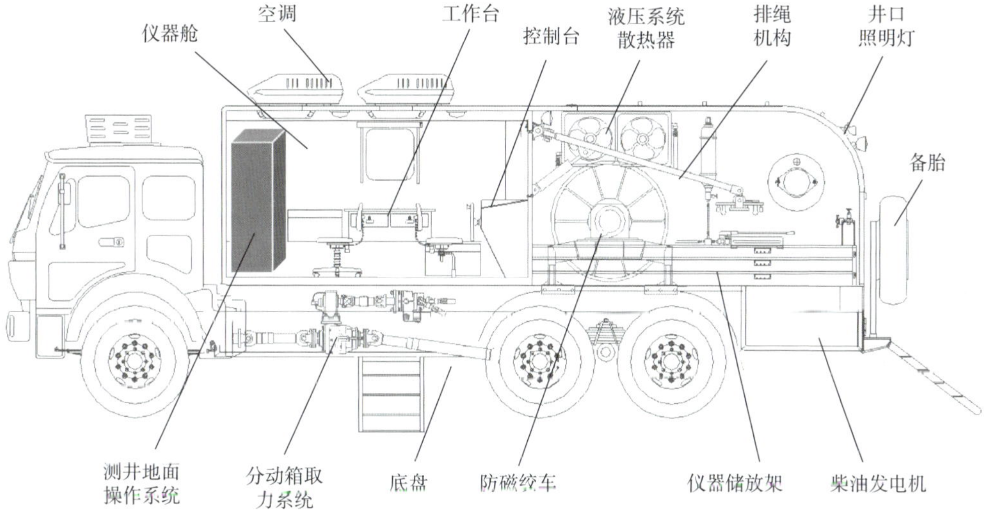

图 3-1-1 测井绞车

（二）操作方法

1. 滚筒控制操作

绞车传动系统通过取力器带动液压泵、液压马达及辅助单元组成的液压传动系统，再通过减速器来驱动绞车滚筒。滚筒的运转控制主要是通过绞车操纵手柄控制液压泵的排量，从而调整液压马达的转速和转向，上提和下放测井仪器。另外通过速度微调能够更精确地控制滚筒转速，以满足特殊工况下的作业要求。绞车减速器有 2 个旋钮开关控制挡位，设“慢挡”“中挡”“快挡”“空挡”，根据测井工况要求，选择合适的挡位。滚筒的制动通过液压马达和刹车系统控制，刹车系统通过制动手柄操作。

2. 压力控制系统操作

为防止在测井过程中遇卡造成系统过载和拉坏电缆，系统设有调压控制阀（俗称扭矩阀）。调节调压控制阀可调节绞车提升负荷能力。在提升电缆时，将调压控制阀调节到刚能提起负荷的位置。再将调压控制阀关闭 1/2~1 圈，以防止井下设备遇卡拉掉仪器或拉断电缆。绞车负荷增加不能继续提升电缆时，应查明情况。若需继续提升，可再将调压控制阀关闭 1/2~1 圈，但此时应密切观察电缆张力及测井曲线的变化情况，若遇卡严重，应及时采取解卡措施。在下放电缆时，调压控制阀应关闭。

紧急卸荷阀可使液压系统紧急卸荷。系统压力不得超过 25MPa。在紧急情况（如调压阀故障）及系统出现紧急故障时，可按下绞车控制台上的红色“紧急卸荷阀”按钮，同时操纵滚筒刹车手柄处于制动状态，绞车操纵手柄处于中位，此时液压系统无液压油输出，滚筒停止转动。异常情况解除后，须将“紧急卸荷阀”按钮复位，否则，液压系统无法工作。

压力显示仪表包括系统压力表、补油压力表、负压表、辅助压力表，主要用来显示液压系统各处的压力，通过观察压力显示仪表可以判断绞车压力控制系统是否工作正常。

辅助压力表显示辅助泵压力，一般为 600~1200psi。

补油压力表显示液压油泵的补油压力，一般为 320~420psi；液压发电机液压泵补油压力一般为 320~420psi。

3. 排绳控制系统操作

排绳控制系统主要包括辅助泵、液压油缸、四方向控制阀、蓄能器、泄荷溢流阀以及管线接头等。其动力来自辅助泵，通过操纵操作面板上排绳控制器手柄来控制排绳器上下和左右液压油缸，使电缆排列整齐。

（三）维护与保养

1. 传动系统

①每周应检查一次取力传动轴，每年保养两次。

②每周应检查一次链传动绞车的链轮和链条。

③绞车液压油及滤清器 12 个月更换一次，（新车时工作 50h 磨合期，必须更换）。

2. 绞车滚筒

①滚筒支座轴承每工作 200h，应注入锂基润滑脂润滑。

②滚筒减速机齿轮油 12 个月更换一次（首次工作 50h 换油）。

3. 绞车控制系统

每 3 个月应清洁控制台内部灰尘，检查各液压管线及阀件，外观应完好，连接点应牢固，无渗漏。

4. 辅助系统

①排绳装置每工作 200h，应注入锂基润滑脂润滑。

②每 12 个月应将储油罐内的杂质清除干净，待油罐内的油量不足时，重新加油前，打开油罐底部的油塞，将残油及杂质放掉，加油量不应超过储油罐总容积的 2/3。

二 拖橇

海洋测井绞车（拖橇）主要适用于海洋测井作业。下面以 ASEP 测井拖橇（图 3-1-2）为例进行说明。

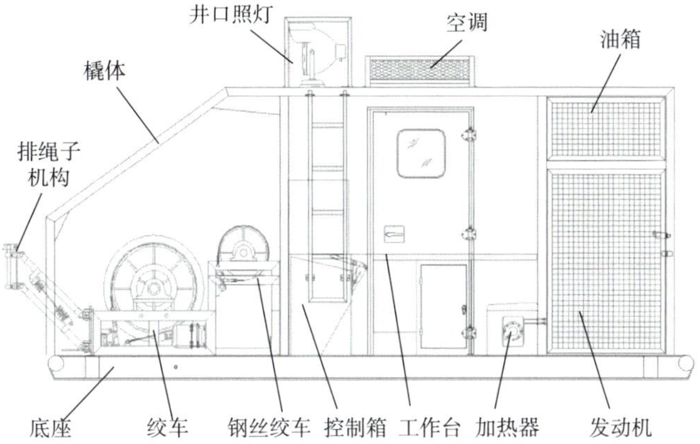

图 3-1-2　ASEP 测井拖橇

（一）结构与功能

ASEP 测井拖橇由动力舱、操作舱、绞车舱三部分组成。

1. 动力舱

动力舱主要由卡特柴油发动机装置、液压装置、液压发电机装置、启动控制单元、气路单元组成。其功能：一是提供源动力，驱动液压绞车系统，提供电缆和下井仪器上提、下放动力；二是驱动液压发电机装置发电，向操作舱提供工作电源；三是驱动辅助泵，为排绳控制系统提供动能；四是为喷油控制系统提供气源压力并控制马丁代克支撑臂起落。

2. 操作舱

操作舱内安装有测井仪器、操作台、电控箱、双向冷暖顶式空调及各种辅助设施等。

3. 绞车舱

绞车舱内主要安装有绞车系统、排绳控制系统、喷油控制系统、测量系统以及其他辅助装置等。

（二）维护与保养

1. 发动机

①发动机部分的日常保养要求：每 300h 或半年更换机油、机油过滤器、燃油过滤器，清洗燃油泵过滤器。调节散热器风扇及直流发电机皮带松紧。

②皮带每 1200h 更换。

③每 300h 清洗空气滤清器，用不超过 5MPa 的气压；每 1000h 更换空气滤清器。

④每 300h 检查电瓶一次。

⑤每连续工作 1000h 或 12 个月（按照先到的时间）更换齿轮油。

2. 液压系统

①液压油：在高于 30℃的环境里，用壳牌 G68 号液压油；在低于 30℃的环境里，用壳牌 G46 号液压油。每连续工作 1000h 或 12 个月（按照先到的时间）更换一次液压油。

②液压油过滤器：第一次使用 100h 后更换；更换后每 1000 h 更换一次，如过滤器指示表指针进入红色区域，必须更换液压油过滤器。

③拖撬每使用 4 口井或一个月要对液压油箱放水。

3. 日常维护保养

及时清洁保养设备，每月要按照“十字作业”要求对电缆、轴承等传动部件进行“一保”，并做好相应记录。

第二节　车载发电机

为适应野外作业环境，测井绞车还配备有液压发电机和柴油发电机。在车厢的中部和后侧分别设有发电机舱，专门用于安置发电机。

一　液压发电机

液压发电机主要由发电机液压系统、发电机总成、发电机控制装置、散热系统等组成，具有性能稳定、噪声低、节能环保、系统简洁等优点。

（一）工作原理

液压发电机使用的液压能源于测井车发动机产生的动能，通过油泵将其转换为液压能，再由经过液压马达及发电机转子最终转换成为工作所需的电能，如图 3–2–1 所示。

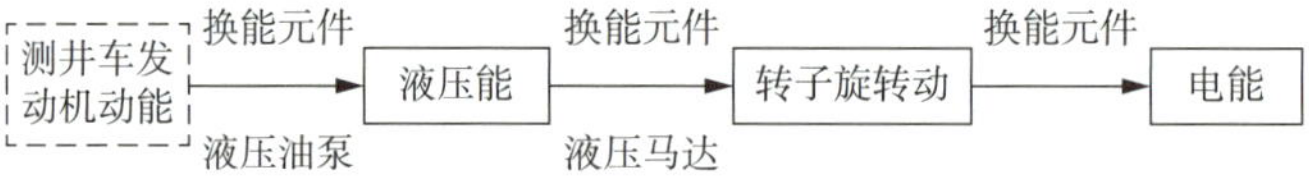

图 3–2–1　测井绞车液压发电机能量传递图

（二）结构与功能

以马拉松（Marathon）液压发电机为例进行说明（图 3–2–2）。

发电机为无刷自励电压外部调节型的同步交流发电机。发电机由 6 个主要部件组成：主定子（电枢）、主转子（磁场）、励磁机定子（磁场）、励磁机转子（电枢）、整流器总成和调压器。

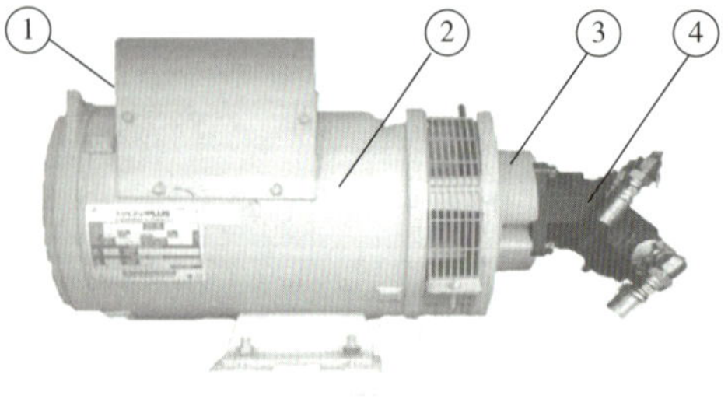

图 3–2–2　车载液压发电机实物图
1—接线盒：内有接线端子、自动稳压模块、电源保险等附件；2—发电机；3—黄油加注口；4—液压马达

发电机励磁机由恒定磁场和旋转电枢组成。恒定磁场（励磁机定子）设计为发电机剩余磁性的主要来源。即使在励磁机定子（磁场）无供电情况下，剩余磁性可使励磁机转子（电枢）产生交流电压。该交流电压通过旋转整流器总成整合为直流，直接供给主转子（磁场）。随着发电机轴继续旋转，主转子（磁场）使发电机主定子（电枢）产生电压。发电机建

立起最初的剩余电压后，调节器为励磁机定子提供可控直流励磁电压，产生一个可控的发电机终端电压。

发电机液压系统为闭式液压系统，即液压泵的进、回油管直接与液压马达的回、进油管相连，液压油在系统的管路中进行封闭循环。闭式系统结构紧凑，与空气接触机会少，空气不易渗入系统，故传动平稳。工作机构的变速和换向靠调节液压泵变量机构实现，避免了开式系统换向过程中所出现的液压冲击和能量损失。

（三）维护与保养

发电机需要的例行保养主要包括更换液压油和滤清器，以及外观检查。

1. 液压系统部分维护与保养

①液压油和滤清器应每连续工作 1000h 或 12 个月更换一次（按照先到的时间），如果液压油褪色、有燃烧味，或触摸时有研磨感，都应更换液压油。

②关闭系统，卸掉滤清器盖，取出滤芯，换上新滤芯并盖上滤清器盖。重新启动系统，让其怠速运转 5min，以便在恢复正常工作前排出系统中的空气。

③使用空气软管吹扫热交换器的散热片和交流同步发电机内部，以确保无污物堆积或其他污染存在。

④检查接头的连接有无松动或渗漏，检查软管有无膨胀、摩擦或损坏。

⑤检查液压泵是否牢固安装在取力器上或传动轴上，确保接头和前端的油封无漏油现象。

2. 发电机部分维护与保养

①检查主线路和发电机输出接线端子有无松动；

②检查确保发电机的输出导线无短路，或对地无短路；

③定期检查进气和排气滤网，确保其干净无碎屑；

④每 1000h，检查轴承运行是否光滑、无噪声；

⑤定期检查发电机的绕组是否堆积了污染物（灰尘、油等）。

3. 参数调整

马拉松液压发电机可调的主要性能参数有输出频率、输出电压等，只需将辅助控制盒内两个相应的选择开关拨至对应的位置即可。

二 柴油发电机

柴油发电机是一种以柴油为燃料的小型发电设备。车载柴油发电机一般由柴油机、发电机、控制箱、燃油箱、起动和控制用蓄电瓶、保护装置等组成，如图 3-2-3 所示。

图 3-2-3　久保田 J108 柴油发电机实物图

1—启动装置：电启动开关、输出控制开关、电压表、发动机状态指示灯；2—输出接头；3—发动机启动电频；4—发电机组

（一）工作原理

发电机转子由柴油机带动轴向切割磁力线，定子中交替排列的磁极在线圈铁芯中形成交替的磁场，转子旋转一圈，磁通的方向和大小变换多次，由于磁场的变换作用，在线圈中将产生大小和方向都变化的感应电流并由定子线圈输送出电流。

（二）常见柴油发电机控制开关和仪表的作用

常见柴油发电机控制开关和仪表的作用：

①“启动 / 停止”开关：用于启动和停止发电机组。

②蓄电池充电率直流电流表：用于指示充电电流。

③激励场电路断路器：电压调节器失控时，提供激励器和交流发电机的保护。

④预热开关：提供进气管预热器和冷气候下柴油机启动预热塞的控制。

⑤机油压力表：指示发动机内部润滑机油的压力。

⑥启动限制器：利用热启动装置限制启动时间在 45~90s 之间，这取决于环境温度。当红色按钮弹出时，须经 1min 才能复位。

（三）维护与保养

发电机一经启动，即在 1500r/min 的恒速下运行，应根据运行时间，按照维修内容进行保养，并做好保养记录，在连续工作、环境温度高等恶劣条件下，维修时间应相应缩短。

1. 一级技术保养

①执行每日技术保养工作。

②清洗燃油箱出油开关上的微型过滤器。

③清洗油水分离器沉积杯。

④清洗燃油输油泵过滤网。

⑤检查蓄电池电量。

⑥更换油底壳润滑油（停机后趁机组还保持余热时更换）。

⑦清洗调速器联动装置。

⑧清洗空气滤清器（对灰尘大的地区应提前到 50h）。

⑨清洁发电机舱。

2. 二级技术保养

①执行一级技术保养。

②检查启动系统。

③调整离心开关触点间隙。

④检查进、排气门间隙。

⑤检查超速开关触点是否接触可靠。

⑥更换机油及机油滤清器。

3. 三级技术保养

①执行二级技术保养。

②清洗各电器部件及元器件。

③检查更换启动机马达电刷。

④检查喷油嘴压力并进行校验。

⑤检查水泵。

⑥清洗发电机和测试发电机绕组绝缘是否可靠。

⑦更换燃油过滤器。

第三节　地面设备

一　测井电缆

测井电缆的作用是输送下井仪器和工具，并承受其拉力，为下井仪器供电并传送各种控制信号，将下井仪器输出的测量信号传输至测井操作系统。

（一）电缆的分类

测井电缆按缆芯数量可分为单芯、三芯、四芯、六芯、七芯等，按直径大小可分为 ϕ12.7mm、ϕ11.8mm、ϕ8mm 和 ϕ5.6mm 等，按耐温性能可分为 150℃、180℃和 260℃等。目前裸眼测井多采用七芯电缆，生产测井多采用单芯电缆。尽管国内外各厂家电缆型号不尽相同，但大同小异。国产电缆型号如图 3–3–1 所示。进口电缆以凯美萨（Camesa）电缆为例，型号如图 3–3–2 所示。

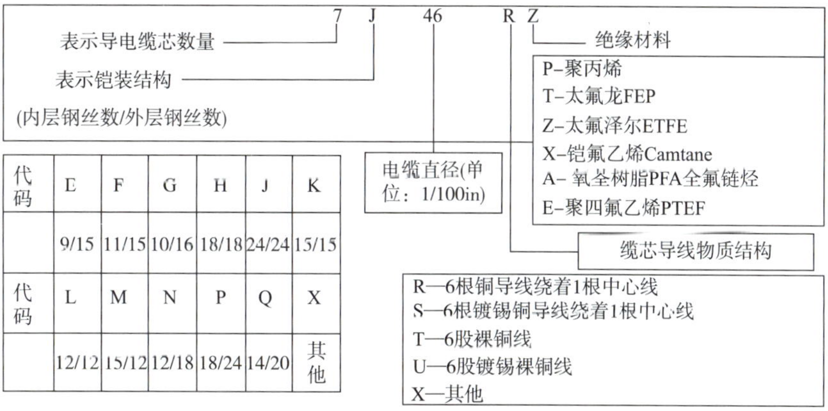

图 3–3–1　国产电缆型号代码

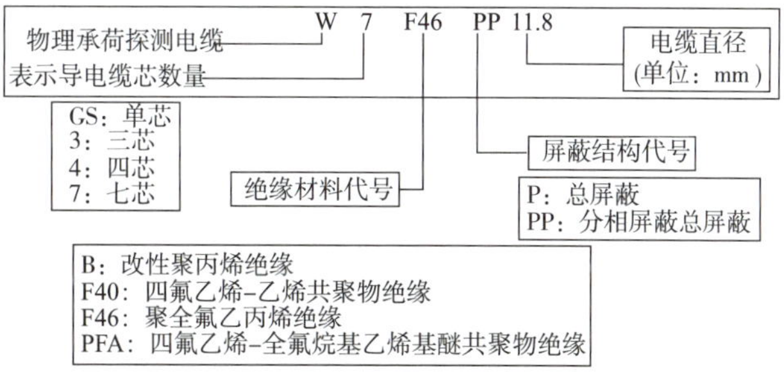

图 3–3–2　Camesa 电缆型号代码

（二）电缆的结构和指标

1. 结构

电缆由里到外，包括缆芯、绝缘层、静电屏蔽保护层、内层钢丝和外层钢丝，如图 3-3-3 所示。

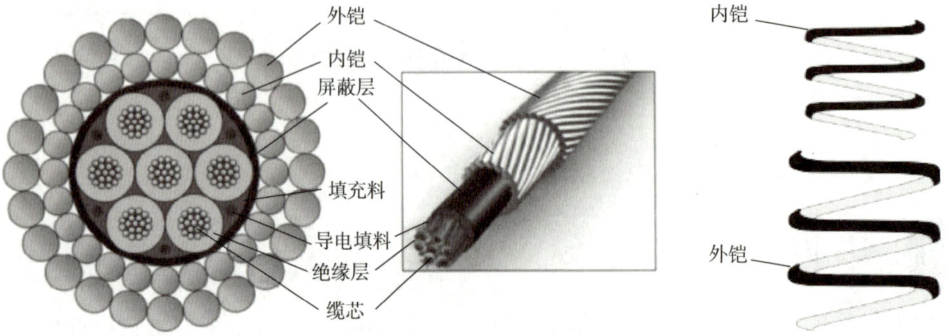

图 3-3-3　电缆横截面结构及内外铠装层反向结构示意图

2. 机械性能

是指电缆的抗拉强度、耐腐蚀性、韧性及弹性等，它们不但是电缆的重要性能，也决定了电缆自身的质量标准。电缆的抗拉强度包括电缆终端固定和电缆自由悬挂状态两种情况下的抗拉强度，5.6mm 电缆应达到 22.2kN，11.8~12.6mm 电缆应达到 77kN 以上。对于超深井和特殊项目（如地层压力测试）的施工，应该采购加强型大拉力电缆。

3. 电气性能

电缆的电气性能主要包括电缆的电阻、电容和电感。电缆缆芯的直流电阻主要与电缆导电缆芯的长度、直径、导电材料及温度有关。测井电缆的电容取决于绝缘层材料的介电常数、绝缘层厚度、导电线芯数、电缆工作环境的温度和流体的压力，是判断电缆断芯位置的重要参数。

（1）特性阻抗

特性阻抗又称“特征阻抗”，信号在传输的过程中，如果传输路径上的特性阻抗发生变化，信号就会在阻抗不连续的结点产生反射。特性阻抗用欧姆表示，对应于无限长电缆的输入阻抗。

（2）额定电压

额定电压由绝缘层的厚度决定，电缆直流额定电压 1200VDC，交流额定电压 700VAC。

（3）额定电流

电缆中的最大电流是由允许的电压降和卷在滚筒上的电缆电流所产生的热量决定的。除非最大电流连续工作数小时，最大电流通常会受到最大电压的限制。

（4）阻值

随着井深的增加，井温增加，电缆铜导体的电阻增加。在 370° F（188℃）的温度下，铜的电阻会加倍，这将增加信号的衰减和下井仪器的功率。

（5）分布电容

分布电容是指由非电容形态形成的一种分布参数，存在于由两个存在电压差而又相互绝缘的导体间。带电电缆对地和缆芯之间都有一定的分布电容，而分布电容大小取决于电缆的几何尺寸、电缆的长度和绝缘材料等，它由两个存在压差而又相互绝缘的导体所构成。一般 5.6mm 电缆分布电容为 213pF/m 左右，11.8~12.6mm 电缆分布电容为 180pF/m 左右。

（6）平衡性（对称性）

信号在电缆上的传输属长线传输，局限于铠装电缆，信号受分布电容、分布电阻等参数的影响，电缆可用带宽很窄，一直是影响测井信号传输速率、导致大量测井信息得不到充分利用的瓶颈。此外，电缆的传输特性具有非线性，非线性信道对不同形式的信号所产生的影响也不尽相同，很难给出几个固定参数来精确计算信号传输特性。

（三）电缆性能特点

①具有大于被测井深的长度，通常要求仪器到达井底后，绞车滚筒上应留有一层半的电缆，以保证测井施工的安全。

②必须具有较强的抗拉强度。

③必须具有较好的韧性，以便能盘绕在绞车滚筒上。

④必须具有较好的导电性、绝缘性、抗干扰性。

⑤缆芯的绝缘材料必须具有耐高温性能。

⑥必须具备耐高压和耐挤压性能。

（四）检查电缆断芯位置

检查电缆断芯位置最简单的方法是电容测量法。测井电缆因为有分布电容的存在，缆芯之间、缆芯与缆铠之间相当于一个平行板电容器。当缆芯出现断点时，相当于电容器极板面积发生变化，电容器的容量随之变化。因电缆分布电容与电缆的长度成正比，测量电缆长度与对应的缆芯电容量比值，就能确定断芯的位置。

方法一：用电容表分别测量测井电缆断芯的两端 A 端和 B 端，电容值分别是 C_1 和 C_2，利用式（3-3-1）计算出断芯位置。

$$L_1 = \frac{C_1}{C_1 + C_2} L \tag{3-3-1}$$

式中 L_1——A 端电缆长度；

C_1——A 端电容值；

C_2——B 端电容值；

L——电缆总长度。

该方法适用于一根缆芯一个断点的检查，并且电缆总长度已知。

方法二：用电容表测量测井电缆断芯 A 端电容值 C_1 或 B 端电容值 C_2，然后测量完好缆芯（七芯除外）电容值 C，按公式（3-3-2）计算出断芯 A 端的长度：

$$L_1 = \frac{C_1}{C} L \tag{3-3-2}$$

式中 L_1——A 端断芯位置；

C_1——A 端电容值；

C——完好缆芯电容值；

L——电缆总长度

该方法适用于一根缆芯有一个或两个断点位置的检查，并且电缆总长度已知。

（五）检查缆芯绝缘破坏位置

检查缆芯绝缘破坏位置最简单的办法是电流法。将 500 型万用表电流挡位置于 50μA 挡，红表笔接绝缘低缆芯 A 端，黑表笔接绝缘低缆芯 B 端，兆欧表 L 接绝缘低缆芯 A 端，E 端接缆铠，匀速摇动兆欧表，记录万用表电流读数 A_1。如图 3-3-4 所示

将兆欧表 L 接绝缘低缆芯 B 端，万用表笔互换，匀速摇动兆欧表，记录万用笔电流读数 A_2。则可用公式（3-3-3）计算出绝缘低缆芯位置。

$$L_1 = \frac{A_1}{A_1 + A_2}L \quad 或 \quad L_2 = \frac{A_2}{A_1 + A_2}L \tag{3-3-3}$$

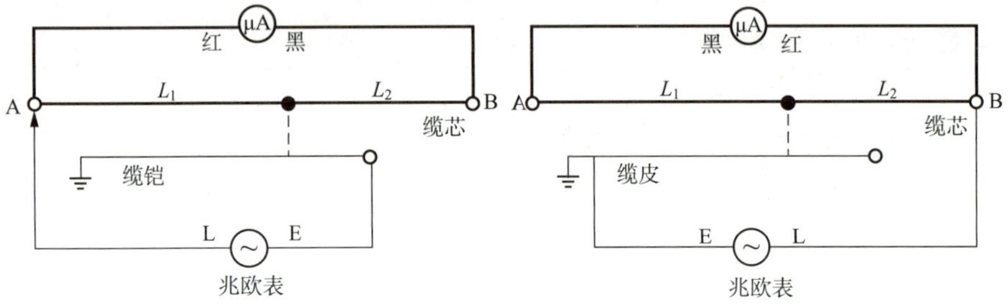

图 3-3-4　检查缆芯绝缘破坏位置

电流法检查缆芯破坏位置必须是缆芯绝缘电阻小于 0.1MΩ，且电缆总长度已知。

（六）使用注意事项

①测井电缆在套管中运行速度小于 6000m/h，裸眼中小于 4000m/h，在斜井、高相对密度钻井液、新电缆、套管口等特殊情况，要降低速度。

②测井电缆禁止调头使用，滑轮直径至少为电缆粗钢丝直径的 400 倍。

③滑轮凹槽应当与电缆紧配，接触面在 135°~150°，过宽会使电缆压扁、破坏绝缘，过窄会加快钢丝磨损，也会使绝缘变形。

④电缆每次出井时要同时进行清洁，每井次最后一趟须进行喷油防腐。

⑤定期做电缆拉力试验，并做好电缆使用记录。

二　深度系统

测井深度系统由马丁代克、深度编码器和绞车面板等组成，其原理框图如图 3-3-5 所示。在测井过程中，采集的数据有两类：一类是与岩层的地球物理参数相关的信息；另一类就是与之相对应的深度信息。所有地层和套管的测井数据都与深度相对应，离开了深度的测井信息将失去任何物理和地质意义。在计算机控制测井系统中，深度信号除了计算深度和测速外，还用来作为数据采样的控制信号。因此，它又称为深度中断信号。当深度中断信号送入计算机后，就可以确定每一个采样点的深度。

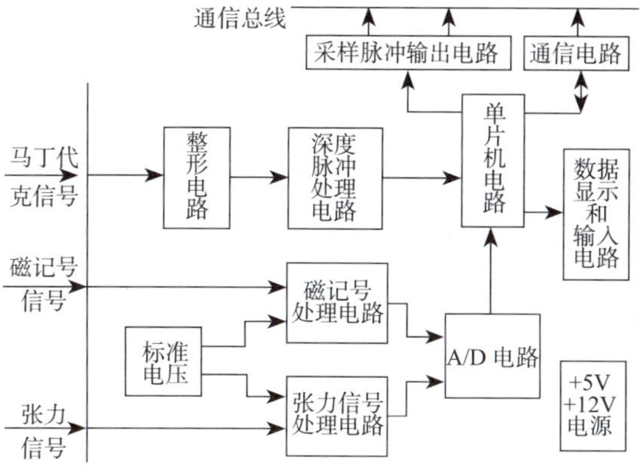

图 3-3-5　深度系统原理框图

（一）马丁代克

马丁代克主要由电缆扶正轮、电缆导向轮、锚定装置、光电编码器测量轮组成，如图 3-3-6 所示。部分型号的马丁代克还包含记号消磁 / 打标器。

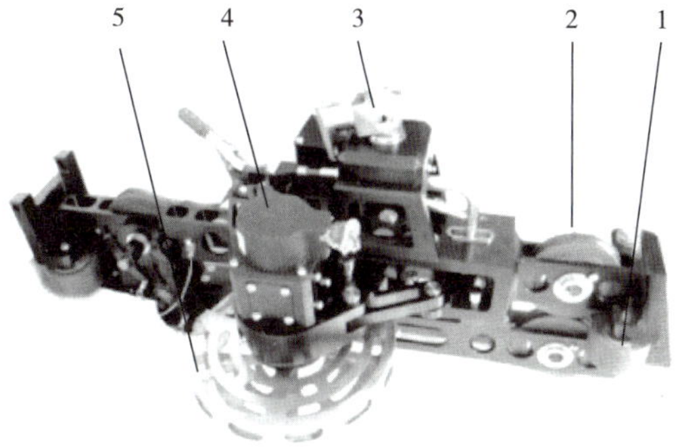

图 3-3-6　马丁代克实物图

1—电缆扶正轮；2—电缆导向轮；3—锚定装置；4—光电编码器；5—测量轮

电缆导向装置由前、后两组垂直轮和水平轮组成，可垂直和水平支撑电缆，与拉力弹簧配合，测井时使电缆能够在测量轮中间运行，并使两个深度测量轮夹紧电缆，以便于电缆在两个测量轮之间做相切运动，从而保证将电缆的直线运动准确地转变为深度轮等周长的转动。

锚定装置将马丁代克连接到盘缆臂上，使马丁代克自由地跨在电缆上，并防止导向轮独自支撑整个装置。

测量轮总成由测量轮、编码器、拉力弹簧、推动杆、刮泥器组成。测量轮表面镀铬或采用纳米无磁陶瓷耐磨材料包裹，以延长测量轮的使用寿命。测量轮的作用是带动光电编码器转动，从而将电缆的移动深度准确地转化为光电编码器的光电脉冲输出。不同生产厂家的马丁代克测量轮直径不尽相同。因此，不同生产厂家的测量轮不能随意互换。常见的测量轮周长有 500mm、750mm、768mm、800mm 等。依据行业质量标准，新轮直径的允许误差为 0.2‰。

（二）深度编码器

深度编码器又称光电编码器，由一个刻度均匀的光栅圆盘和分别安装在光栅盘两边的发光管、光电管及相应的放大电路等组成，结构及工作原理见图 3–3–7。由于光栅盘与深度轮是同轴的，所以当电缆移动时，刻度盘随着深度轮做相应的转动。当刻度盘转动到正好使发光管与光电管处于光孔位置时，由于光电管通过光孔受光而产生光电流，使其输出为高电平，当转到没有光孔的位置时，光电管不受光而输出低电平。这样，只要光栅盘转动，就可以在输出端得到一串光脉冲。它可以将角位移转换成对应的电脉冲数量，可直接用于测量角位移和角速度，间接用于测量直线位移和直线速度。它的作用是将电缆在井中移动的机械运动转换成电路中所需要的电脉冲信号。电脉冲信号总数的多少反映了深度值，而在单位时间内的脉冲数则反映了电缆的移动速度。

为了区分电缆的上提和下放，光电编码器中设置了两排光栅，且使其上下两排光栅位置错开半个孔。由此，就可得到 A、B 两路相位相差 90° 的光电脉冲。A、B 两路脉冲谁超前，就取决于深度轮的转动方向，即取决于电缆的上提还是下放。因此，根据 A、B 两路脉冲的状况就可以判断电缆的运行方向，从而确定电缆深度。

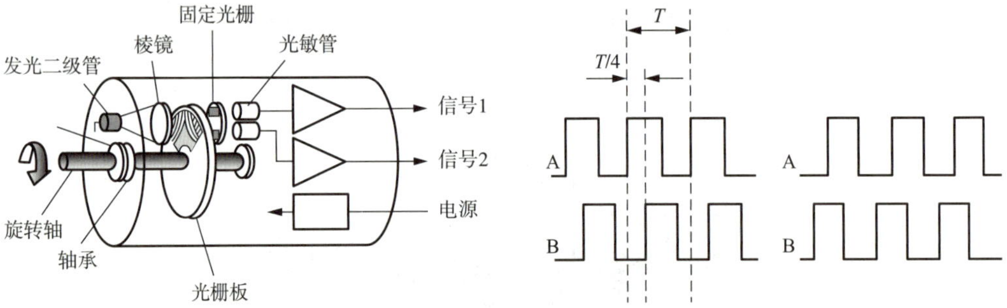

图 3–3–7　光电编码器结构及工作原理

（三）绞车面板

绞车面板主要用于测井深度及张力等信号的测量和显示，硬件采用高性能单片机作为中央控制器，利用大规模集成电路作为外围配置，显示直观，精度高，性能稳定可靠。具有张力、深度、速度等测量显示功能，且面板有显示差分张力的功能，能反映出单位时间内张力的变化量，并向其他面板提供相应信号。具备速度报警、公 / 英双制式模式转换等功能。

绞车面板电路组成：深度采集处理电路、电缆总张力 / 微分张力、通信对讲、单片机控制及模数转换电路、报警电路、液晶显示驱动电路。某型号绞车面板输出输入信号定义如表 3–3–1 所示。

表 3–3–1　绞车面板输出输入信号定义

中继接线排	绞车 32 芯插头	信号类型
编码器排 B	10	深度输入（光码盘 B）5V 方波　B 相
编码器排 C	13	深度输入（光码盘 C）5V 方波　A 相
深度排 11	16	深度输出　5V 方波　A 相
深度排 9	17	深度输出　5V 方波　B 相
深度排 10	22、23	信号地　GND
张力排 E	5	张力计输入（张力计插头 E）DC –

中继接线排	绞车 32 芯插头	信号类型
张力排 F	6	张力计输入（张力计插头 F） DC +
深度排 7	15	张力计输出 DC +
深度排 8	21	张力计输出 DC −

编码器信号：1280 脉冲 /m，256 脉冲 /ft，A、B 两相，相位相差 90°。

张力信号：张力计安装在天滑轮，绞车面板校正系数为 100 时，张力输入信号 750mV 代表 10000 磅（lb）拉力；张力输出信号 4000mV 代表 20000 磅（lb）拉力。

三 集流环

集流环又称滑环。其功能是在测井绞车电缆滚筒转动时，通过集流环转动与电刷的滑动接触保持电缆缆芯（包括地线）与测井数据采集系统间具有良好的连通性，以便向下井仪器提供电源和控制信号，并将下井仪器测量信号传输至测井数据采集系统。

集流环有多种规格和型号，但其结构基本一致，均为封闭式。以引进测井系统配套的八刷封闭式集流环（图 3-3-8）为例简述其结构。从结构上看集流环可分为以下三部分：

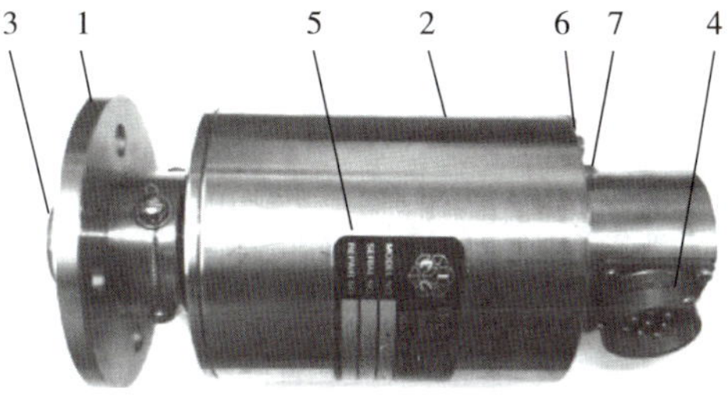

图 3-3-8 集流环

1—法兰盘；2—护罩；3—电缆端航空插头；4—地面端航空插头；5—铭牌；6—护罩固定螺丝及挡片；7—转动部分固定螺丝

1. 转动部分

由一个能和绞车滚筒轴头相固定的法兰带动一中空的轴组成。轴在集流环壳内的部分镶有被聚甲醛树脂绝缘材料隔开的 8 个银环，银环内侧各焊有一根导线，通向法兰盘中间与电缆端能快速连接的 8 芯航空插头，银环的外表面与电刷接触。

2. 电刷部分

由四块聚甲醛树脂绝缘材料的绝缘板组成，每块绝缘板内侧并排固定 4 个铍铜弹片，弹片两端有两个电刷与轴上的银环进行滑动接触。四块绝缘板分为两组，每组串联组合，每个银环将有 4 个电刷与其接触，从而保证其有良好的接触。弹片外侧连接导线，对应的 8 根导线焊到集流环外壳的另一个 8 芯航空插头上（地面端）。

3. 护罩

不锈钢圆筒外壳，连接处均有 O 形圈，起到防潮作用。外壳与壳体靠一内六角螺丝和挡片固定。

四 马笼头

马笼头一端与测井电缆或鱼雷总成连接，一端与测井下井仪器连接，实现测井电缆与下井仪器电气、机械快速连接。常用的有 3700 型钢丝马笼头、3000 型钢丝马笼头、3000 型电极马笼头和 5700 型钢丝马笼头等。

（一）功能

马笼头的功能与作用是连接电缆和下井仪器，由软的电缆过渡到硬的仪器，能很方便地输送仪器下井。能快速连接和拆卸，还能保证缆芯与导线的通断和绝缘良好。具有固定拉断力的弱点，下井仪器在井中遇卡或处理事故时能在拉力棒处拉断，以避免电缆断落井中。具有标准外径和压有金属花纹的打捞帽，便于打捞工具打捞，避免下井仪器在打捞时受损。

（二）组成

主体：是马笼头的主要部件，是实现测井电缆与下井仪器电气、机械连接的主要载体。

打捞帽：与马笼头主体上端相连，是发生复杂故障时的打捞部位。

锥体：由内锥体和外锥体组成，用于锁紧测井电缆铠装，实现电缆与马笼头主体连接的部件。

连接杆：一端与锥体相连，一端与拉力棒相连，是电缆与马笼头主体连接的部件。

拉力棒：一端与连接杆相连，一端与马笼头主体相连，具有额定的拉断力，当发生复杂故障时，通过拉断拉力棒，实现电缆与马笼头的脱离。

鱼雷总成：一端与电缆连接，一端与马笼头或电缆连接，是电缆与马笼头或电缆与电缆的电气、机械快速连接装置。

平衡管：是平衡马笼头内部与外部液体压力的部件，保障马笼头内部缆芯绝缘良好。

内六方防转套：是马笼头本体和连接杆外六方相固定的部件，防止连接杆与马笼头本体之间的转动，避免连接杆与拉力棒螺纹连接处出现松扣。

单芯塞：用于连接电缆缆芯与马笼头接插件的部件，确保马笼头压力密封、缆芯电气连接和绝缘良好。

五 电缆鱼雷

电缆头连接器亦称电缆鱼雷：一端与电缆连接，一端与马笼头或电缆连接，是电缆与马笼头或电缆与电缆的电气、机械快速连接装置。

下井仪器由电缆输送到井下以完成测井任务，通过电缆头连接器与电缆头连接，电缆头连接器拉断力必须不小于测井电缆拉断力，既能进行正常的上提测井，又能在测井仪器遇卡时，防止电缆拉断落井。同时要保证电缆头连接器内部贯通线通断、绝缘性能良好，以保证供电和测量及控制信号的正常传输。

根据电缆型号的不同，电缆鱼雷分为单芯、三芯和七芯鱼雷。单芯鱼雷主要用于生产测井和分簇式射孔。七芯鱼雷主要用于七芯电缆测井。

组成：外壳、弹簧、锥套、插接件总成、注硅脂螺钉等。

技术指标：耐温＞175℃，耐压＞140MPa，接触电阻＜0.2Ω，绝缘电阻＞500MΩ。

第四节 井口设备

一 井口滑轮

井口滑轮（图 3–4–1）是电缆测井、射孔、井壁取心作业中的重要井口设备，其由一个固定在钻台上的地滑轮和一个固定在游动滑车并提升到井架上部的天滑轮组成。滑轮的规格不尽相同，但其结构基本一致，轮体采用铸铝或尼龙制造，与电缆接触的槽底部分由耐磨防磁材料制造。其主要结构组成包括轮体、轮轴、夹板、挡线架及挡线块等。地滑轮两侧安装有护板和护手装置，部分地滑轮的两端还装有深度传送齿轮，用于安装井口马达。通常裸眼测井使用的滑轮轮体直径为 85cm，槽底周长为 2.5m。

井口滑轮的作用是承担测井电缆和下井仪器的重量，同时进行电缆导向。测井滑轮分天滑轮和地滑轮。地滑轮采用链条固定在井口附近，使其具有一定的活动性，使得绞车电缆容易盘齐。同时，又保证了井口有一定的活动空间。这样，不但便于在井口连接组合仪器，而且增加了仪器出入井口的方便性和安全性，并为实施穿心解卡工艺创造了条件。通常测井时，天滑轮安装在钻机的游动滑车上，但在穿心打捞、钻具输送测井、过钻头测井时，要安装在二层平台上方的横梁位置。天滑轮、地滑轮井口安装如图 3–4–2 所示。电缆通过两个滑轮下井，并带动它转动。井口专用设备（井口马达、张力计等）与它配合使用，可以计算电缆在井内的深度和运行速度以及电缆所承受的拉力。

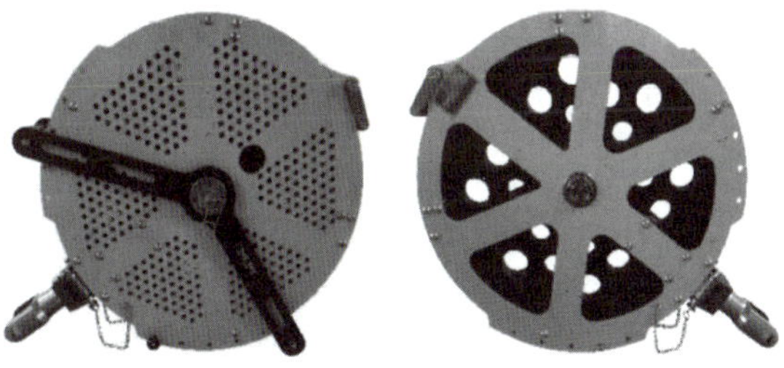

地滑轮　　天滑轮

图 3–4–1　某型号安全测井滑轮外形图

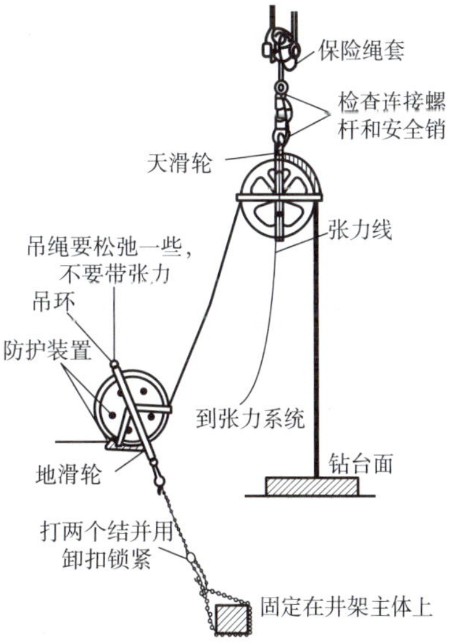

图 3–4–2　天滑轮、地滑轮安装示意图

滑轮抗拉安全系数应大于 1.5，滑轮或轮槽应使用防磁材料，槽宽应与电缆外径相匹配，一般为电缆半径的 1.04 倍，滑轮底直径应大于所使用电缆的最小弯曲直径，为电缆直径的 40~60 倍。

测井过程中，滑轮承受拉力是电缆合力，计算方法见公式（3–4–1）：

$$F = f / [2\cos(\alpha / 2)] \quad (3\text{–}4\text{–}1)$$

式中 F——滑轮受到的拉力，kN；

f——电缆受到的拉力，kN，电缆两端拉力 $f_1=f_2$；

α——通过滑轮的电缆之间夹角。

当通过地滑轮的电缆之间的夹角呈 90° 时，地滑轮所受拉力为电缆拉力的 1.414 倍。天滑轮受电缆向下的拉力，通过天滑轮的电缆之间的夹角呈 0°，为保证特殊情况拉断电缆时滑轮不被损坏，就需要其抗拉强度应大于 2 倍的电缆拉断力。因此，悬挂地点和固定天滑轮的链条（或钢丝绳）应均能承受电缆拉断力 2 倍以上的拉力。国内超深井使用的 11.8mm 高强度电缆拉断力一般为 110kN，因此，天滑轮及与其连接的张力计、T 形棒应能承受 220kN 以上的拉力。滑轮的固定直接影响测井作业和人身安全，事关重大，每个操作人员应时刻牢记。

二 洗缆器

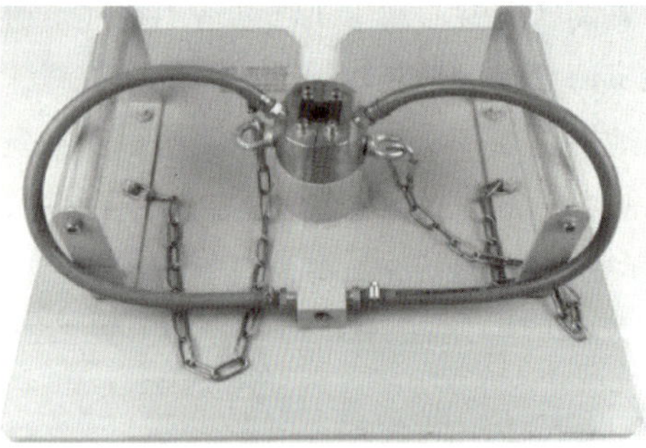

图 3–4–3 气吹式洗缆器实物图

目前测井通常使用的气吹式洗缆器如图 3–4–3 所示。洗缆器结构比较简单，主要是一块中间带有缺口的四方或圆形铁板，中间焊接一筒状金属管；一个圆柱形铜块，中间钻出允许电缆通过的圆孔，然后从中间锯成两半；铜块两侧各有一个斜向下的旁通，接上气管线，放入筒状金属管中，让电缆从中间通过。在上提电缆时，打开气管线阀门，利用向斜下方吹的气流把电缆上的泥浆吹净。

洗缆器将电缆在井里带出的泥浆洗掉，可以保持电缆清洁、计数轮深度准确，还能在测井施工中覆盖井口，防止杂物落入井内。洗缆器保持电缆清洁既保护了电缆本身，也保护了深度丈量系统。气吹式洗缆器铜块附近堆积泥浆干结或电缆跳丝时，如电缆不能将铜块带出金属管，电缆将把洗缆器带上天滑轮，导致事故发生。

三 磁性记号器

磁性记号器（图 3–4–4）的作用是接收测井电缆上的深度磁性记号，并传输至测井操作系统与测量数据同时记录到测井图上，用于校正测井资料深度。

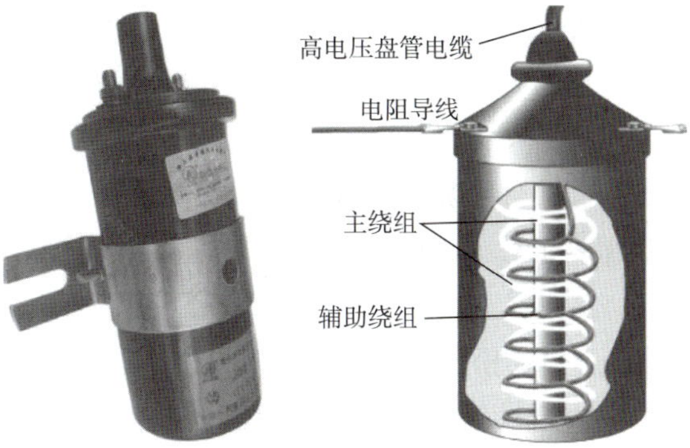

图 3-4-4　记号器及内部结构示意图

深度记号接收器亦称记号器，通常所用的记号器就是一个密封的线圈或直接由汽车点火线圈的一组线圈改造而成，通常其阻值为 6~10kΩ。

记号器的工作原理：随着电缆的移动，电缆上的磁性记号从记号器附近通过，它的磁场与记号器的线圈做相对运动，线圈切割磁力线产生感应电动势，该感应电动势信号通过传输线送到测井操作系统，与测井曲线同时被记录下来，即可用来确定测井曲线的绝对深度。

磁记号幅度受电缆移动速度的影响，电缆移动越快，记号幅度越大，反之越小；受电缆记号本身磁场强度的影响，磁场越强，记号幅度越大，反之越小；受记号器与电缆间距离的影响，记号器与电缆间距离越大，记号幅度越小。

四　提缆器

提缆器又称为 T 形电缆夹钳，是用来固定电缆并承担其下部电缆、下井仪器重量的专用工具，主要应用于测井现场穿心打捞、测井绞车动力故障、电缆严重打扭等故障处置。

提缆器（图 3-4-5）的结构目前常用的提缆器有两种，A 型主要由横杆、竖杆、铜衬电缆夹、固定螺丝等组成，其安放时间较长。发生井控时要求快速安装提缆器，因此测井行业又推出了一种结构相对简单，安装更迅速的 B 型提缆器，主要由支座、锥套、锥体、螺母四部分组成。

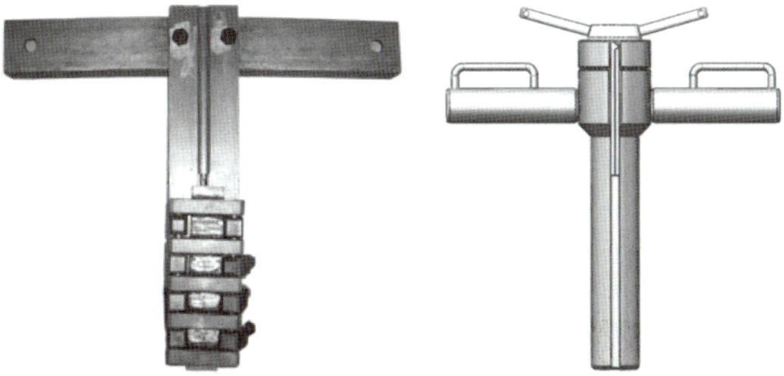

（a）A 型　　（b）B 型

图 3-4-5　提缆器实物图

A 型提缆器使用方法：将吊卡或仪器组装台放在井口，尽量使电缆位于组装台中心位置，将电缆置于电缆夹内，均匀上紧螺丝，锁紧电缆。卸下提缆器时，先将电缆拉紧，两人抬住提缆器的把手，另一人依次打开螺丝、电缆夹，将提缆器取下。

B 型提缆器使用方法：将锥套和螺母安装到位，提缆器开口对准电缆，支座放在组装台上，将两个椎体定位凸起对正后夹住电缆，沿电缆向下装入支座内，缓慢下放电缆，锥块会在此过程中夹紧电缆，旋转大螺母，锁紧锥体。卸下提缆器时，先拉紧电缆，反方向旋转大螺母，自锁的锥体将会自动松脱。

提缆器安装完成后，要进行锁紧验证。在提缆器上端 10cm 电缆处做标记，下放电缆使提缆器支在吊卡或仪器组装台上，并继续下放 50cm，停止下放并拉下所有刹车，等待 5min，验证提缆器锁紧电缆安全可靠。

五　井口组装台

井口组装台（图 3-4-6）适用于下井仪器比较长的仪器组合，井口组装台具有一定的抗压、防变形能力，并且便于搬运，通常采用铝合金材料加工，内径根据仪器的最大外径进行设计，并便于井口操作人员进行操作。为了便于组装拆卸仪器和降低对地面的压强，组装台的上下两个表面设计成上小下大，并且采用多个加强肋进行加固。组装台有侧缝，可容电缆和仪器通过，并且容易从井口撤出，其侧缝的宽度根据仪器的最大外径而设计。它的主要作用是与仪器卡盘配合使用，承担仪器串重量，在井口进行仪器的组合连接与拆卸。

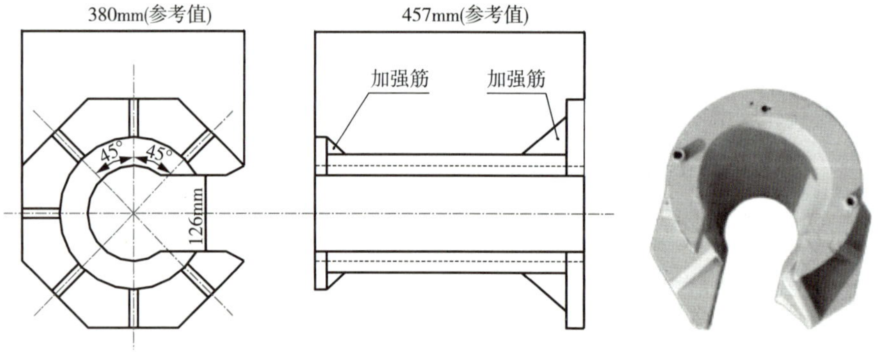

图 3-4-6　井口组装台结构和实物图

六　仪器卡盘

仪器卡盘（图 3-4-7）是用于测井仪器在井口垂直组装、拆卸时的工具。由于下井仪器的结构设计不同，常用的有六方卡盘和 U 形卡盘。在组装和拆卸仪器过程中，仪器串的重量都加载在卡盘上，卡盘具有抗压、防变形能力，卡盘的内方必须与仪器的卡槽相紧密啮合，卡盘的厚度要略小于仪器槽的厚度，卡盘的外径不能过大，装有把手便于安全操作。

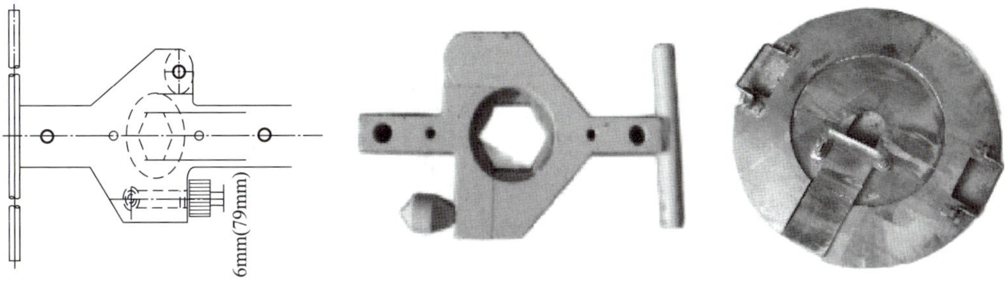

图 3-4-7　仪器卡盘结构及实物图

在井口组装和拆卸仪器时，井口操作手应与绞车操作手保持通信良好，且绞车操作手能看清井口，以保证绞车与井口操作相互配合。用测井电缆、马笼头和卸扣将仪器沿滑道提升到井口，缓慢下放仪器入井，当仪器上端距离井口有一定高度时，刹住绞车，停止下放仪器。将井口组装台放到井口使仪器卡到组装台内，将卡盘卡到仪器头上的卡槽内，并锁死，防止卡盘脱落。缓慢下放仪器，用手扶住卸扣上端马笼头或仪器（注意不要触摸卸扣及卸扣以下部位，避免仪器突然下落，发生机械挤压），使卡盘落在组装台上，释放电缆，一人抓住马笼头，另一人拧开卸扣使马笼头与仪器分离。为避免损伤 O 形密封圈及丝扣，应垂直组装仪器，组装时注意仪器定位标识，如图 3-4-8 所示。

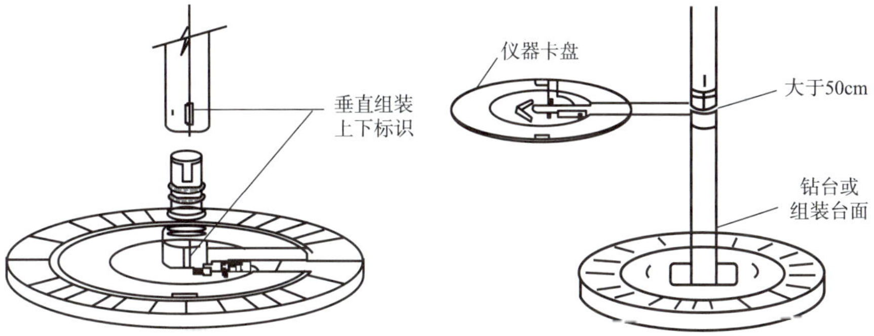

图 3-4-8　仪器卡盘组装、拆卸仪器示意图

拆卸仪器时，为避免仪器在井口发生挂卡，解卡后仪器突然上弹造成人员机械伤害，应上提电缆使仪器卡槽距离组装台 50cm 后，通知绞车操作手刹住绞车后再安装卡盘，测井作业后，及时清洁仪器卡盘。定期进行防腐，检查六方形卡盘锁紧螺栓丝扣、U 形卡盘挡板及卡槽磨损情况。六方形卡盘每年进行 1 次探伤，检验合格方可使用。

七　T 形棒

T 形棒（图 3-4-9）用于天滑轮与游车吊卡的硬连接固定，T 形棒通过连接销将张力计和天滑轮连接起来，将天滑轮和 T 形棒保险绳穿过游动滑车吊臂环，用 U 形环连接在 T 形棒上的圆孔上。T 形棒的额定载荷应大于电缆破断力的 2 倍，每年进行 1 次探伤检验。

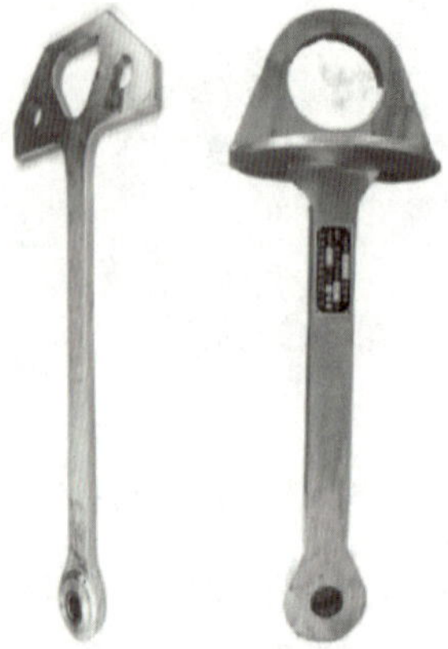

图 3-4-9　T 形棒实物图

八　井口链条

井口链条用于固定测井地滑轮、侧拉滑轮或天滑轮。根据用途不同，链条长度有 1.8m、4m、8m、14m 等。链条的链环和环距如图 3-4-10 所示。

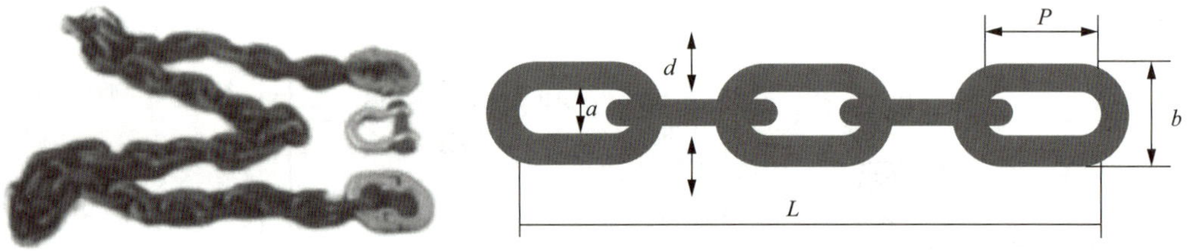

图 3-4-10　链条的链环和环距示意图

L—多环节距长度；*a*—内宽，*a*=1.3*d*；*b*—外宽，*b*=3.7*d*；

d—非焊缝处测得的材料直径；*P*—节距（内长）

井口链条的安全系数应大于 1.5，链条应有铭牌，标注生产日期、环直径、链条长度、额定载荷。应根据测井需要选择相应吨位的链条，用于悬挂地滑轮的链条，拉紧后下放 20~40cm，链条不能用于和其用途无关的作业，如拖车、吊装重物等，定期进行探伤，检验合格方可使用。

九　监控通信装置

井口监控通信装置由车载录像机、显示设备、音频功放电路、供电电源、摄像头、井口箱体和井口绞车连接电缆等组成。具有视频信号采集、存储、回放等功能。

井口监控通信系统主要作用是实现绞车操作人员与井口操作人员的交互式通信、视频监控、全程记录作业过程，并通过网络远程传输，便于技术专家团队作出快速支持和决策。

十 井口张力计

井口张力计是通过测量滑轮所受拉力而间接测量电缆张力的设备。主要由传感器弹性体（应变梁）、半导体应变片（或铂金丝）和测量线路组成，半导体应变片（或铂金丝）粘贴在弹性体上，并连成惠斯登电桥形式。当电桥供直流电，弹性体因受拉力发生变形时，随着半导体应变片发生变形而改变了阻值，电桥的平衡状态被打破，因而在信号输出端获得一个正比于拉力的电信号，通过插座和引线传输到测井操作系统进行显示和记录。根据现场施工需求，无线传输式张力计得以广泛应用，为减少井口连线故障隐患，需定期对传感器的电池进行充电。张力计接线图如图 3-4-11 所示。

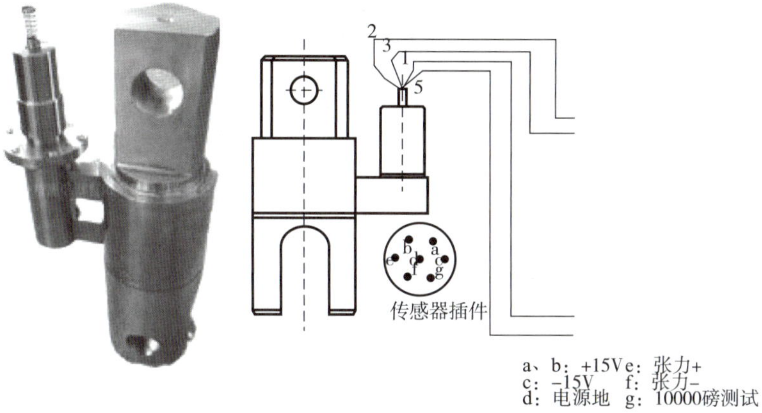

图 3-4-11　井口张力计接线图

井口张力计所受拉力与电缆张力成正比，同时与电缆穿过安装井口张力计的滑轮形成的角度有关。计算公式见式（3-4-1）。

由公式（3-4-1）可知，当井口张力计安装于天滑轮上时，其所受到向下的拉力是电缆所受张力的 2 倍。当张力计安装于地滑轮上时，其所受拉力与通过地滑轮的电缆之间的夹角有关，当电缆之间的夹角呈 120° 时，井口张力计所受的拉力等于电缆张力。

井口张力计能提供准确的电缆张力显示，以表明下井仪器及电缆在井眼中的受力情况。绞车操作手可以依据绞车面板上的张力显示，判断下井仪器遇阻、遇卡情况及电缆在井壁的吸附情况，并采取相应措施进行操作，可以避免不必要的工程事故发生。另外，在测井遇卡时，依据电缆所受张力及电缆伸长量，可以判断卡点位置。

十一 电缆防喷装置

电缆防喷装置（电磁防喷器）主要作用是在井眼全密封状态下实现换接仪器、仪器起下和测井工作。电缆防喷装置主要由法兰、电缆防喷器、仪器防落器、防喷管、变径接头、防喷控制头等设备组成，如图 3-4-12 所示。

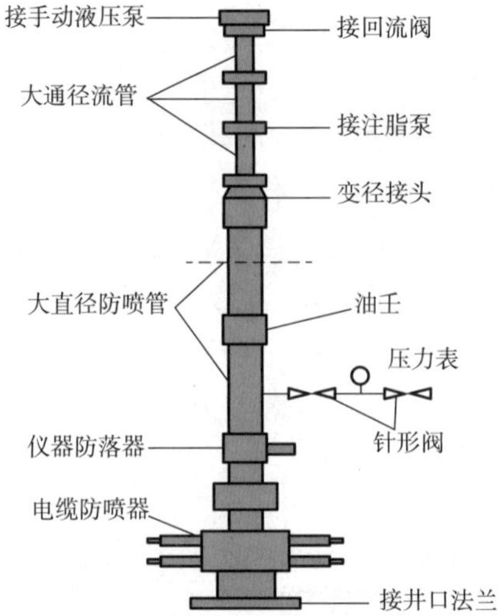

图 3-4-12 电缆防喷装置

井口法兰是测井专用的压力控制系统与井队井口防喷设备对接的接口装置。

电缆防喷器是一种整体闸板型的结构，用来关闭和密封静止的电缆，以便在有压力情况下必须进行作业时对电缆或防喷器上部设备进行修理。防喷器可有单、双、或三组，柱塞阀可以液压或手动操作，并配有压力平衡阀或高压平衡联管节，液压驱动柱塞阀还配有手动操作闸板驱动器，它的操作与正常压力驱动闸板无关，这些驱动器用来手动关闭闸板总成并且只在紧急情况下使用。级间可注入密封脂来保证密封效果。三级型电缆封井器最上面一级作为备用，或者中间级带有剪切闸板。防喷器工作压力一般分为：14MPa、21MPa、35MPa、70MPa、105MPa、140MPa 六个等级，主通径 65~180mm，密封电缆规格 5.6~13mm。

仪器防落器是一种安全装置，安装在防喷管串内紧靠电缆防喷器的上方，它的作用是防止仪器意外落井。当处于关闭状态时，下落的仪器会被防落器挡住，上行通过防落器的仪器会把防落板抬起，形成自由进入防喷管的通路，当仪器通过后防落板会立即回到关闭位置。此时仪器如要下行进入到井内，防落板必须由手动或通过液压打开，使用何种方式取决于防落器的型号。

防喷管主要用于容纳下井仪器串和密封井口。防喷管的长度可以根据下井仪器的长度进行调节，一般要求防喷管的长度比下井仪器串长 1~2m 以上，以确保仪器串全部安全进入防喷管内。防喷管用无缝钢管制成，连接型式为油壬（Union）型，采用钩头装、卸，操作方便，密封性能好。油壬与防喷管的连接用油管扣连接。防喷管上可带注入短节和泄压装置。防喷管工作压力范围为 21~105MPa，通径为 65~160mm，长度为 2~3m。另外配备 0.5m 和 1m 的调整短节来作为加长调节或泄压使用。

电缆控制头位于防喷管串的最顶部，用来在运动的电缆周围建立一个密封空间，以防止井内流体从井口防喷管串中溢出。电缆控制头可连接注脂泵、大通径流管、回流阀和手动液压泵。

第五节 工具与仪表

一 地面工具

（一）勾扳手

勾扳手，又称月牙形扳手，是进行测井仪器拆卸与连接时，利用杠杆原理拧转螺纹环的工具。常用的有标准勾扳手（图 3-5-1）和圆螺母活勾扳手，根据螺母卡槽分为长方形卡槽和圆形卡槽。

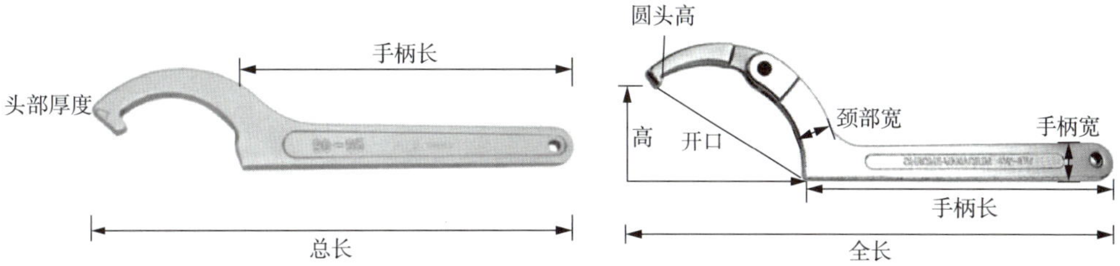

图 3-5-1 标准勾扳手

勾扳手的规格是根据圆螺母制作的，比如 89mm 的仪器使用 90~95mm 的勾扳手。圆螺母活勾扳手是两个圆弧组成的，如 90~95mm 的，是由半径 45mm 和 47.5mm 的圆弧组成的。

（二）仪器爬犁

海上或沙漠腹地测井，测井仪器运输车辆无法到达钻井平台或井场，因测井仪器内部有晶体、光电倍增管、精密的电子线路，需要减振性能好的工具运输，以避免损坏测井仪器。仪器爬犁（图 3-5-2）是一种具有良好减振性能，可同时运输多支测井仪器的装置。由底部支架、爬犁凹槽、减振装置、固定装置、挡板、吊点等组成。

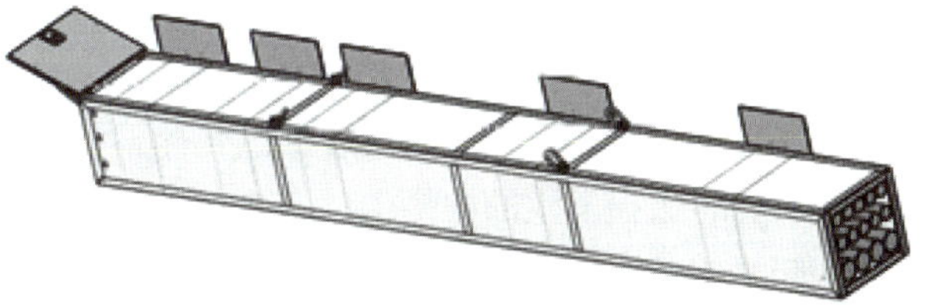

图 3-5-2 某型号仪器爬犁

（三）测井连接线

测井连接线主要是指用于连接井口设施和测井操作系统的多芯连接线、测井车电源线及接地线。连接线的主要用途如下：

张力线用于连接张力计和测井操作系统，传输张力计的电源及电缆所受的张力信号。通过观察张力显示可以了解电缆和下井仪器在井眼中的运行情况，可用来判断遇阻和遇卡。

井口视频通信线用于连接仪器车中舱视频监控控制箱和井口视频通信终端的连线，传输井口视频通信终端采集信号至视频监控控制箱进行存储，并使井口与绞车操作者保持通信畅通，相互传达和接收测井施工过程中的指令。

磁记号线用于连接井口磁记号接收器和测井操作系统的连接线，用于传输电缆磁记号。

电源线用于外引电源给测井操作系统供电，供电系统可与配备的车载发电机进行切换。

仪器车接地线用来防止测井绞车漏电伤人。由接地铜棒或铜鼻子与一段连线组成。铜鼻子接在井场地线桩上，接地铜棒插入地下，另一端与仪器车体相接，保证接触良好，接触电阻应小于 0.5Ω。

二 测井仪器辅助工具

有些测井仪器需要在井筒中居中测量，而有些仪器需要偏心测量或贴井壁测量；有时需要仪器串的刚性长度长一些，有时需要仪器串的刚性长度短一些；在有些测井条件下，测井仪器在测量过程中不能转动。为满足上述测量条件，可通过在测井仪器串中或仪器上加装辅助工具来保证测井仪器的运行姿态满足要求。合理地安装测井仪器辅助工具，有利于规避测井作业时的阻、卡风险。

常用的测井仪器辅助工具主要包括各种类型的仪器扶正器、间隙器、补偿中子仪器偏心器、密度仪器姿态保持器、柔性短节、旋转短节、导向胶锥等。

（一）扶正器

大部分测井仪器要求在井中进行测井时保持良好的居中位置，以保证测量结果的准确性。比如声波幅度测井时，如声系没有安装扶正器，测量过程仪器在井眼中摆动，造成声波幅度的异常。当井筒有一定的倾斜角度时，在不安装扶正装置或扶正效果不佳的情况下，仪器会因为自重而偏向井筒的一侧，导致出现测井资料质量问题。

扶正器的作用一方面就是要保证需要在井筒中居中测量的仪器能够在测井时处于居中状态；另一方面，扶正器起到防止仪器外壳磨损的作用。在某些井况条件下，使用扶正器还可以减少仪器遇阻和遇卡问题。常用的扶正器类型有套在仪器外壳上的灯笼体扶正器及连接在仪器串中的过线扶正短节。

（二）间隙器

间隙器可安装在仪器串任意位置，使仪器离开井壁，有橡胶和胶木两种间隙器。安装在电缆头附近，可以避免套管鞋破损发生的键槽卡；安装在仪器底部，在斜井段可以将仪器抬离井壁，消减台阶遇阻；安装在仪器外壳上可以避免感应等仪器的磨损和吸附卡；在大斜度井弹簧扶正器的扶正效果不理想，可以采用间隙器和弹簧扶正器组合方式，改善仪器的扶正效果。

（三）导向胶锥

导向胶锥是用于帮助仪器串找到井眼轨迹，避免仪器串在大斜度井眼中的磨损，使测井仪在井眼中居中，同时具有减少仪器遇阻并减缓仪器串撞击作用的一种测井辅助工具，它安装在仪器串的底部，适用于复杂井及钻具输送测井。

（四）偏心器

偏心器接在仪器串中，能使偏心器以下的仪器探头贴近井壁，起到减少井眼对测量结果影响的作用。偏心器常用于裸眼井中补偿中子测井仪器的偏心测量，也可用于改善大井眼中自然伽马能谱的测井曲线品质。

（五）柔性短节

柔性短节是一种连接在仪器串中可在空间做任意方向弯曲的测井辅助工具，它可以连接在仪器串的任意位置。在测井过程中，为了同时准确获得多个测量参数，需要多种仪器连接进行组合测井，但是在大斜度井、水平井中狗腿度偏高及井壁有台阶的复杂井进行测井时，若各仪器之间直接刚性连接，则可能导致仪器串在井中运行困难甚至发生阻卡。

在仪器串之间连接柔性短节，可以减小仪器串的刚性长度，增加仪器串弯曲的灵活性，可协助仪器串弯曲 10° 或 20° 但仪器本身不弯曲，保证仪器性能的稳定，有助于仪器在大斜度井和水平井中运行。另外通过将柔性短节连接在仪器串的合适位置，有助于仪器串通过使用其他辅助测井工具，使仪器能较好地处于居中或偏心位置。在钻具输送测井中，将柔性短节连接在仪器串的顶部，可以减小钻具对仪器串的侧向负荷。

（六）姿态保持器

姿态保持器是在定向井或水平井施工中，可以使测井仪器处于测量所需姿态的一种辅助工具。姿态保持器通过其结构使仪器的重心与其回转中心偏离（产生偏心距），仪器在运动过程中，就有了降低重心的趋势。最终该趋势会带动仪器发生翻转，向着设计的方向（重心最低的方向）运动，使仪器达到所需的姿态并保持。虽然不同种类的姿态保持器结构不尽相同，但其都有一个稳定面、两个亚稳定面和一个尖形的不稳定面。在安装姿态保持器时，应使其稳定面与需要贴井壁的仪器探头方向一致。

姿态保持器通常与密度仪器、旋转短节和柔性短节配合使用，在测井时有助于使密度仪器的探测器转到井筒的底侧，从而使密度探测器紧贴井壁，保证密度测井质量。

（七）旋转短节

采用滑环结构使仪器串在两个方向上自由旋转，在钻具输送测井时，安装在仪器串的顶部，消除来自钻具的旋转力矩。与偏心短节、姿态保持器一起使用，有助于仪器串中探头转到井眼底侧。旋转短节能有效释放电缆所产生的扭矩及仪器倾斜所产生的附加扭矩，保证仪器在测井时处于非旋转状态，使仪器免受损坏，从而满足测井资料采集要求。

（八）井下张力短节

连接在测井仪器串的最顶部，测井过程中能够监视测井仪器在井下的受力情况，测量井下仪器串所承受的拉力和压力，判断钻具或仪器遇阻遇卡情况，为采取合理的预防和处理措施提供可靠的依据。

三 打捞工具

测井打捞工具根据打捞目的的不同，分为仪器打捞工具和电缆打捞工具。常用的仪器打捞工具有卡瓦式、滑块式、三球（五球）式、容纳式打捞工具，电缆打捞工具有内捞矛式和外捞矛式打捞工具。

（一）卡瓦打捞器

卡瓦打捞器适用于有标准尺寸打捞头的马笼头和下井仪器，可完成测井电缆穿心解卡和仪器打捞施工，并可根据下井情况，通过容纳管和卡瓦的任意组合，选择下井打捞位置，是一种较理想的解卡打捞工具。卡瓦打捞器根据卡瓦形状的不同，又分为螺旋卡瓦打捞器（图 3-5-3）和篮式卡瓦打捞器（图 3-5-4）。

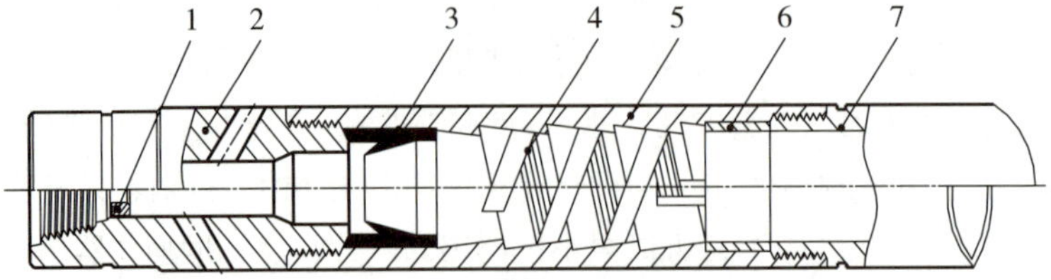

图 3-5-3　螺旋卡瓦结构示意图

1—衬套；2—上接头；3—A 型盘根；4—螺旋卡瓦；5—筒体；6—控制卡；7—引鞋

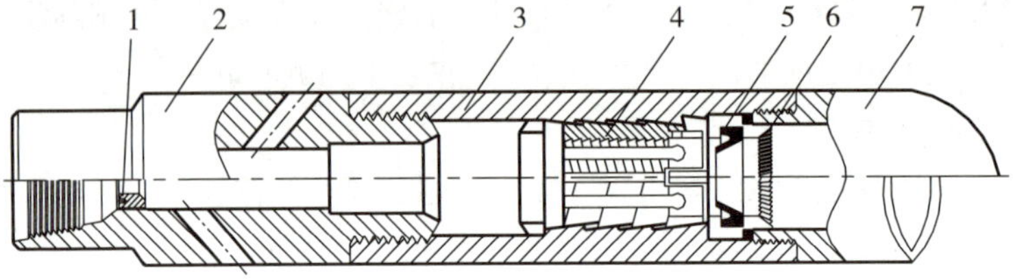

图 3-5-4　篮式卡瓦结构示意图

1—衬套；2—上接头；3—筒体；4—篮状卡瓦；5—R 密封圈；6—铣鞋；7—引鞋（平底引鞋）

螺旋卡瓦打捞器的卡瓦的外锯齿左旋螺纹与筒体的内锯齿左旋螺纹相配合，但配合的间隙较大，能使卡瓦在筒体内有一定的行程，能胀大和缩小，当落鱼被引入捞筒后，施加一轴向压力，卡瓦在筒体内上行。由于轴向压力使落鱼进入卡瓦，此时卡瓦上行并胀大，运用它坚硬锋利的卡牙借弹性力的作用将落鱼咬住卡紧。当上提钻柱，卡瓦在筒体内相对地向下运动。卡瓦螺纹的纵断面是锥形斜面，卡瓦带着沉重的落鱼向锥体的小锥端运动，此时落鱼重量越大卡的也越紧。整个重量由卡瓦传递给筒体。

卡瓦与筒体配合后，控制卡或控制环约束了它的旋转运动，所以释放落鱼时只要释放一定压力，顺时针方向旋转钻柱，即将捞筒由落鱼上退出。

篮式卡瓦打捞器的筒体与螺旋式卡瓦通用，但卡瓦在筒体中不能上下活动。钻具给卡瓦以向下的推力，使卡瓦与落鱼外径相贴合。鱼顶靠引鞋引入后，只要施加一轴向压力，鱼头便迫使有弹性的卡瓦打开，鱼顶进入卡瓦内腔，直至轨迹套位置不再上行，上提钻具时，卡瓦和筒体与卡紧的仪器做相对运动，通过卡瓦锥面处产生的夹紧力，实现抓牢井下落鱼的目的。

（二）滑块打捞器

滑块打捞器适用于标准尺寸打捞头（蘑菇头式）的马笼头和下井仪器，如图 3-5-5 所示。

下压钻具或上提电缆，当落鱼进入捞筒后，鱼顶蘑菇头推动滑块压缩弹簧，随着落鱼持续进入，蘑菇头通过滑块，滑块向盖板方向滑动，弹簧压缩。当打捞脖小径进入到滑块位置时，受压缩的弹簧推动滑块卡住仪器，实现打捞目的。

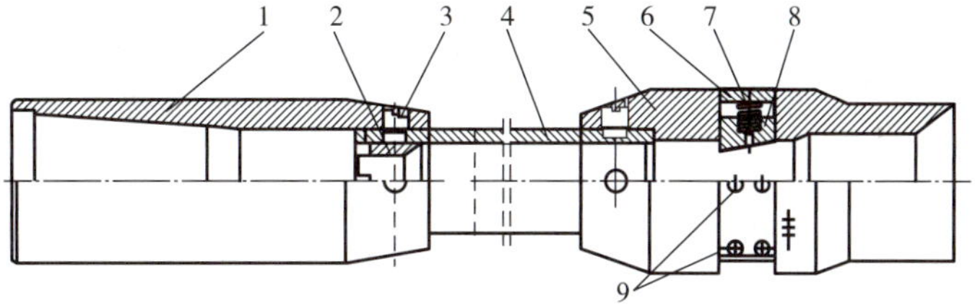

图 3-5-5　滑块打捞器结构示意图

1—钻杆接头；2—防掉环；3—防转顶丝；4—钻杆；5—打捞器主体；
6—盖板；7—弹簧；8—滑块；9—螺钉

（三）三球、五球式打捞器

三球、五球式打捞器适用于外径小于打捞头最大内径，且大于三个球（五个球）公共内切圆直径的下井仪器，如图 3-5-6 所示。

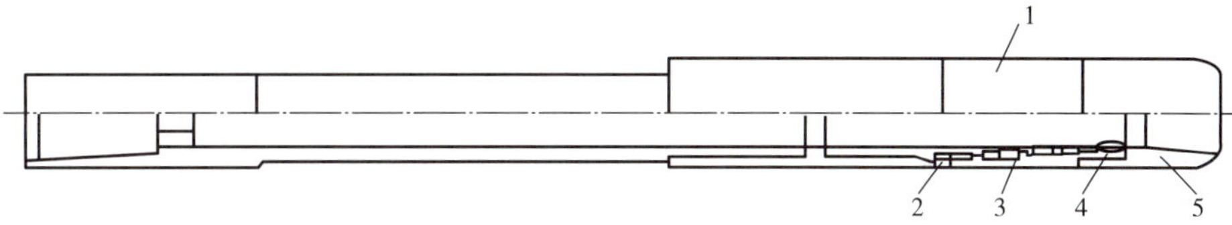

图 3-5-6　三球、五球式打捞器结构示意图

1—筒体；2—堵头；3—弹簧；4—钢球；5—引鞋

三（五）球打捞筒靠三（五）个钢珠在斜孔中位置的变化来改变三个球公共内切圆直径的大小，从而允许测井仪器马笼头打捞帽或者带台肩的仪器通过。马笼头或者带台肩的仪器进入引鞋后，台肩推动钢球沿斜孔上升。同时压缩弹簧，待台肩通过三（五）球后，三（五）个球依其自重和在弹簧的压力作用下沿斜孔回落，停靠在马笼头打捞帽或者仪器台肩处，下推到位后，上提钻具，三（五）个钢球在斜孔的作用下，给落物以径向夹紧力，从而抓住落鱼或者仪器。

（四）容纳式打捞筒

容纳式打捞筒（图 3-5-7）适用于外径小于打捞头内径的下井仪器，也适用于带有短电缆的下井打捞。

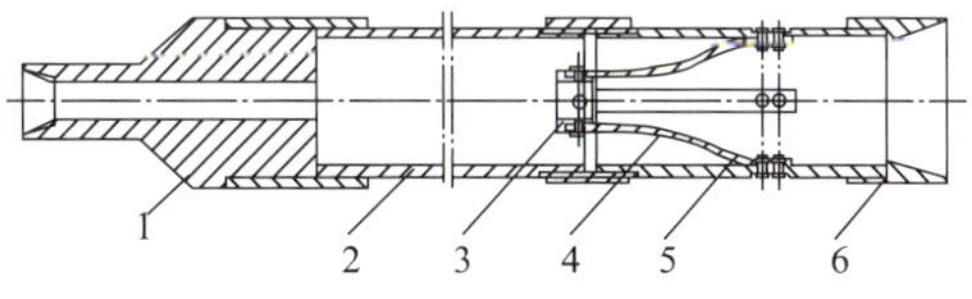

图 3-5-7　容纳式打捞筒结构示意图

1—打捞筒短节；2—容纳筒；3—电缆扶正器；4—弹簧
钢板；5—引鞋；6—打捞头

根据下井仪器结构情况，设计弹簧钢板位置，打捞时，下井仪器通过引鞋压缩弹簧钢板进入捞筒，上提钻具时，弹簧钢板卡住仪器的台阶处，从而抓住落鱼或仪器。

（五）旁开式打捞器

在直井，遇卡深度较浅的情况井下，仪器上端有电缆和仪器绞车相连，可在不剪断电缆的情况下，选择旁开式卡瓦（三球）打捞器进行打捞，结构示意图如图 3-5-8 所示。

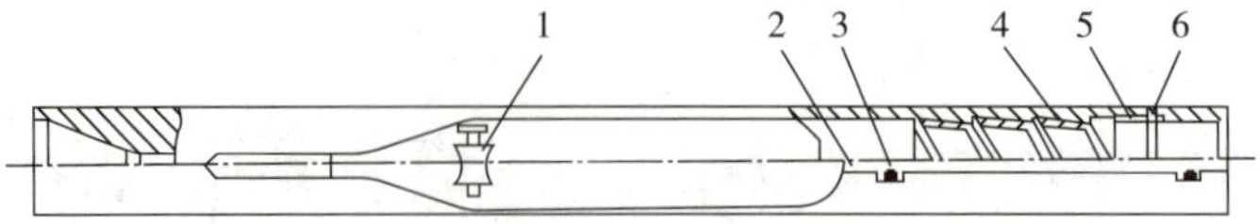

图 3-5-8 旁开式卡瓦（三球）打捞器结构示意图

1—滚轮；2—侧板；3—固定螺钉；4—螺旋卡瓦；5—卡瓦锁环；6—控制螺钉

旁开式打捞器靠 3 个钢球在斜孔中位置的变化来改变 3 个球公共内切圆直径的大小，从而允许测井仪器马笼头打捞帽通过。马笼头进入引鞋后，打捞帽推动钢球沿斜孔上升，同时压缩 3 个顶紧弹簧，待打捞帽通过 3 个球后，3 个球在其自重和弹簧压力的作用下沿斜孔回落，斜孔中的 3 个钢球在斜孔的作用下，给打捞帽以径向夹紧力，从而抓住下井仪器。

（六）矛式打捞器

矛式打捞工具又称打捞矛，用于打捞井下带有可缠绕物（如电缆、电极等）的专用工具。配有不同的转换接头，可与不同直径的钻具或测井电缆连接使用，打捞锚中间带有循环泥浆的水眼。

矛式打捞器分为内矛式打捞工具和外矛式打捞工具。是在厚壁钢管的内壁上焊接挂钩制成的，挂钩按顺时针方向倾斜，钩体向内收缩。矛式打捞工具适用于电缆已经拉断，井下电缆长度不少于 10m 的情况。打捞时，为预防因电缆缠绕过多导致卡钻情况发生，捞矛下放位置下至鱼顶以下适当位置即可，通过旋转钻具，将电缆缠绕在捞矛上，上提钻具带出落鱼。选择内捞矛或外捞矛视工程情况合理选择使用，如图 3-5-9 所示。

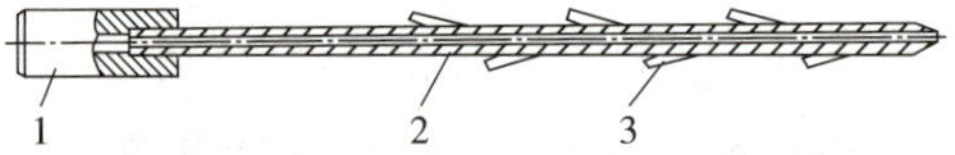

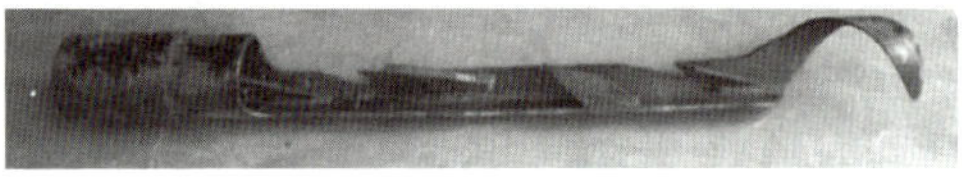

图 3-5-9 矛式打捞工具示意图

1—上接头；2—捞矛主体；3—捞钩

四 穿心打捞辅助工具

（一）井口指重表

穿心打捞作业时，在地滑轮处安装井口张力计的同时，再安装一个指重表（图 3-5-10），便于穿心打捞指挥人员及时了解电缆受力情况。

图 3-5-10 井口指重表实物

（二）电缆快速接头

电缆快速接头是在穿心打捞作业时，用于实现快速连接和断开电缆，确保将打捞筒通过钻具输送到井下遇卡仪器位置的工具。

快速接头（图 3-5-11）由快速接头主体、蘑菇头和两个锥孔短节组成，快速接头主体的一端有丝扣，用于与锥孔短节连接成一体（称母头）。蘑菇头的一端为一个圆柱铁杆，头部像蘑菇形状，另一端为圆洞状，内有丝扣，用于与锥形短节连接（称公头）。锥形短节中间为一锥形孔可与电缆锥套配合固定在电缆上。这样电缆两头的锥孔短节与电缆头砸接在一起，一个锥孔短节与蘑菇头连接，另一头锥孔短节与快速接头主体连接，再将蘑菇头与快速接头连接，便形成了快速接头总成。

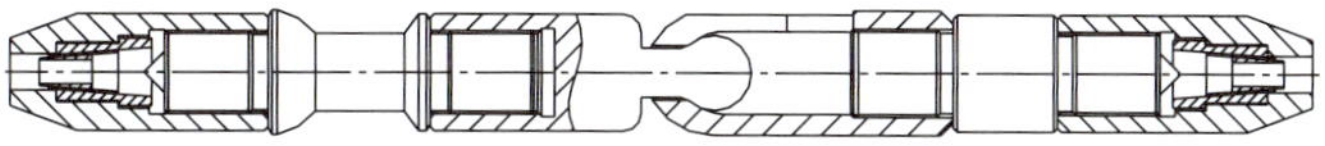

图 3-5-11 快速接头结构示意图

（三）C 形垫叉

穿心打捞时，用于将快速接头座放置于钻杆母接头上，承受电缆和下井仪器的重量，如图 3-5-12 所示。

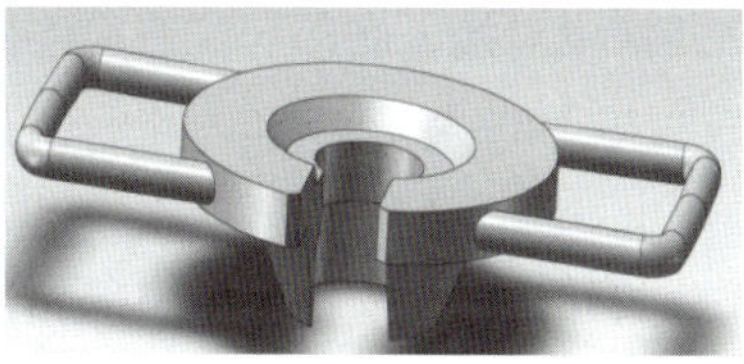

图 3-5-12 C 形垫叉实物图

（四）电缆加重杆

穿心打捞时，用于电缆配重，使快速接头从二层平台到井口安全、快速上下运行。

（五）循环水眼

又称循环垫叉，在穿心过程中如需要循环泥浆时，将快速接头下端置于钻具水眼内防止电缆落入井中并且不影响接方钻杆和泥浆循环。

五 钻具输送电缆测井工具

钻具输送电缆测井工具由公接头、公头外壳、母接头、旁通短节等组成。钻具输送电缆测井时，仪器串由公头外壳连接到钻杆底部，用钻杆把仪器输送到测量井段顶部后，电缆通过母接头与井下公接头在泥浆中完成对接，这种连接通常称为湿连接。电缆由旁通短节侧孔进入钻杆内腔，旁通短节以上的电缆在钻杆外面，旁通短节以下的电缆在钻杆里面。湿连接完成后，对仪器供电检查并固定电缆，在下钻过程中完成下放测量，仪器到达测量井段底部后，上提测量完成测井（图 3-5-13）。

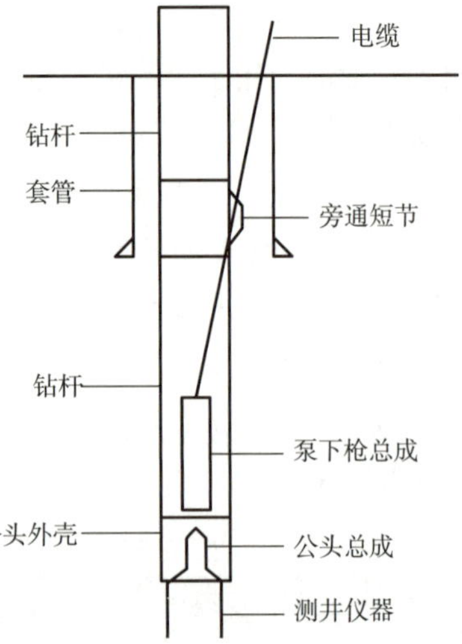

图 3-5-13　湿接头水平井施工

目前常用的湿接头工具主要有棒式和针式两种类型。

（一）公接头

公接头和母接头组成钻具输送测井的关键组件湿接头，是测井仪器信号传输的重要器件。公接头顶部与母接头在钻井液中对接，底部与仪器串连接，完成测井仪器与电缆的电气连接。

1. 棒式公接头

棒式公接头整体置于棒式公头外壳内，与仪器串顶部相连。由导向头、公绝缘环、公导电环、接触环、公头座、锁定钩、连接杆、连接筒、平衡管、公头连接体、泥浆循环套、下接头等组成，是一种现场常用的棒式湿接头公接头，如图 3-5-14 所示。

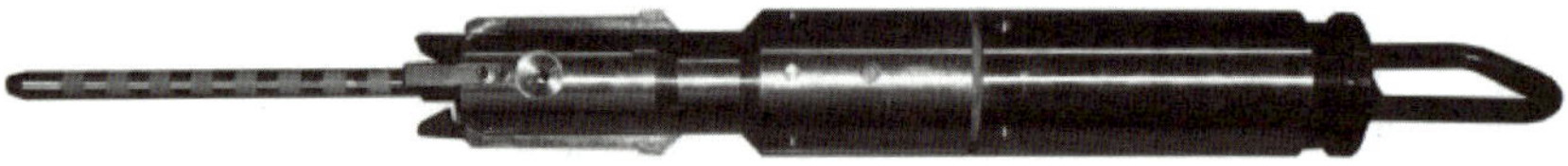
图 3-5-14　棒式公接头实物图

2. 针式公接头

针式公接头（图 3-5-15）安装在公头外壳内腔下端，与仪器串顶部相连。由导向键、锁紧弹簧、公插头和公头主体组成。导向键能使泵下枪旋转到既定位置；锁紧弹簧将泵下枪锁住；公插头按圆周分布 7 个公针，用于与泵下枪对接。

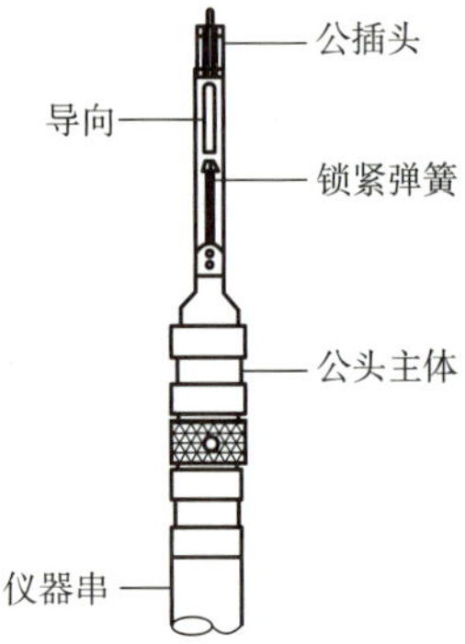

图 3-5-15　针式公接头

（二）母接头

母接头是湿接头的另一组成部分。它的一端与电缆相连接，另一端可与公接头对接，是形成测井仪器供电及信号传输通道的重要组成部分。

1. 棒式母接头

棒式母接头（图 3-5-16）由导入口、连接头、母绝缘环、母导电环、封隔环、外套筒、平衡筒、平衡管、连接杆、平衡管保护筒、上端接头等组成。上端接头通过鱼雷与电缆连接，通过下放母接头与公头外壳内的公接头实现电气连接，公接头锁紧钩锁定母接头导入口处的凹槽完成湿接头的对接。

图 3-5-16　某型号棒式母接头实物图

2. 针式母接头

针式母接头又称泵下枪，由钢外套与母插头组成。钢外套顶部内壁上设有固定装置，固定电缆头，它的底部呈斜面状，斜面顶部设计有可以与井下公接头中的导向键、锁紧弹簧相匹配完成锁紧功能的键槽。电缆缆芯上的绝缘插针与橡胶套内的母插头连结，母插头在充满绝缘硅油的双层橡胶套内，内外隔离，固定在泵下枪钢外套下端内腔中，其位置对应于公接头的公插头。针式泵下枪和扶正筒如图 3-5-17 所示。

泵下枪靠自重或泥浆柱压力快速下放，经公头外壳内扶正筒扶正，到达井下公接头顶部，泵下枪底部斜面首先与导向键接触，产生一旋转力矩，在扭力及重力共同作用下，泵下枪旋转并下放至锁紧位置，完成湿接头公接头与母接头的机械和电气连接。

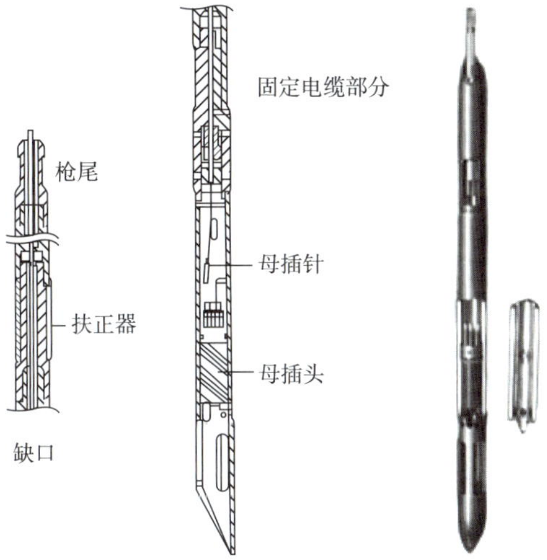

图 3-5-17　针式泵下枪和扶正筒

（三）公头外壳

公头外壳是连接钻具和测井仪器的关键部件，它是将下井仪器串和钻具连接在一起的转换短节。将仪器连接到钻杆底部，设计有循环孔，便于泥浆随时循环，内部配有扶正筒，为泵下接头扶正导向。

1. 棒式公头外壳

棒式公头外壳由壳体、密封圈、剪切螺钉、泄压本体和扶正筒等组成，并有循环孔槽保证钻井液的循环。

2. 针式公头外壳

针式公头外壳（图 3-5-18）由主体、泥浆循环套、垫环和扶正筒组成。扶正筒安装在公头外壳内部，扶正筒可使泵下枪在锁紧前对准公接头。泥浆循环孔用于泥浆随时循环。

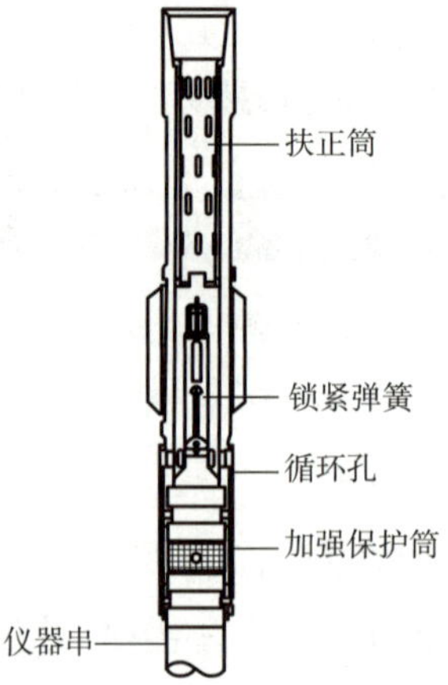

图 3-5-18　针式公头外壳

（四）旁通短节

旁通短节（图 3-5-19）为电缆进出钻杆提供通道，并在电缆与仪器连接成功后，将电缆固定好，实现钻具与绞车的同步运行。旁通短节是一特殊的钻具短节，安装在规定的两钻具之间，实现电缆在钻杆内外转换。由旁通主体、电缆紧固装置、压紧螺丝及防喷密封组件等组成。中间部位有一个侧孔，为电缆转换通道，防喷密封总成在循环钻井液时起到密封作用。侧孔外边通过剪切螺栓和电缆夹板可将电缆和钻具固定在一起，保证测井时钻具带动仪器和电缆同步，达到测井目的。

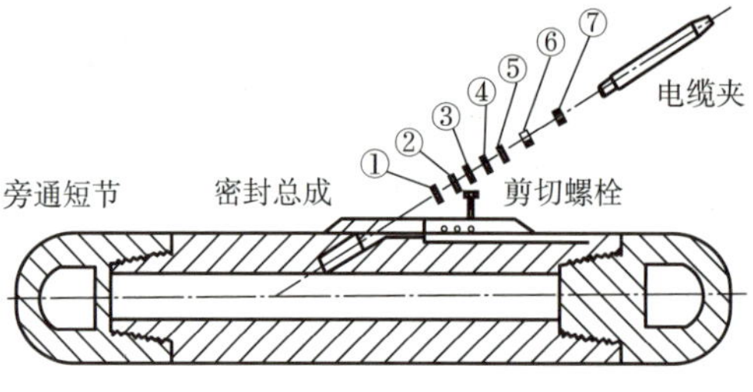

图 3-5-19　旁通短节结构示意图

六　钻具输送泵出存储式测井工具

钻具输送泵出存储式测井工艺是在井口预先将测井仪器串安装到保护套中，用钻杆将保护套下放到预定深度后，通过井口投球憋压切断剪切销钉、钻井液压力脉冲信号控制收回悬挂销钉、定时收回悬挂销钉等方式释放仪器串，再将仪器串从保护套泵出，起钻同时进行数据采集的测井作业方式。

专用工具由释放器、悬挂器、保护套及辅助工具等组成。

（一）释放器

1. 机械释放器

机械释放器由剪切套、限位套、剪切销、悬挂座、悬挂接头和缓冲短节组成。机械释放器连接在仪器串上端，通过悬挂座悬挂在上悬挂器内，向钻具水眼内投球（棒），球通过泥浆压力送至悬挂器顶端，堵塞泥浆通道，剪切套向下运动将剪切销切断，悬挂接头和悬挂座脱离、整串测井仪器在泵压的推动下，从钻杆水眼中释放到裸眼井中，悬挂器悬挂在下悬挂器内。机械释放器如图 3-5-20 所示。

图 3-5-20　机械释放器

2. 数控释放器

数控释放器主要由双压力传感器、机械释放结构和电子线路部分组成。连接在仪器串上端，利用电池短节供电，连续测量钻杆内的泥浆柱压力，并自动进行连续分析处理，一旦满足释放条件，将利用电驱动装置启动机械释放装置，把四只圆柱形挂爪收入到结构体内，使下接的整串测井仪器能够在泵压的推动下，从钻杆水眼中释放到裸眼井中，释放器再打开整串仪器的供电电源，并按设定的采样间隔给整串仪器发出数据采集指令，启动各个仪器的数据采集和存储操作。数控释放器如图 3-5-21 所示。

图 3-5-21　数控释放器

（二）悬挂器

仪器悬挂器分为上悬挂器和下悬挂器，测井仪器在下放过程中，通过释放器悬挂在上悬挂器上的悬挂点上。钻具到达井底后，将仪器释放并泵出，悬挂在下悬挂器上，上提测井。泵出存储式井下工具组装示意图如图 3-5-22 所示。

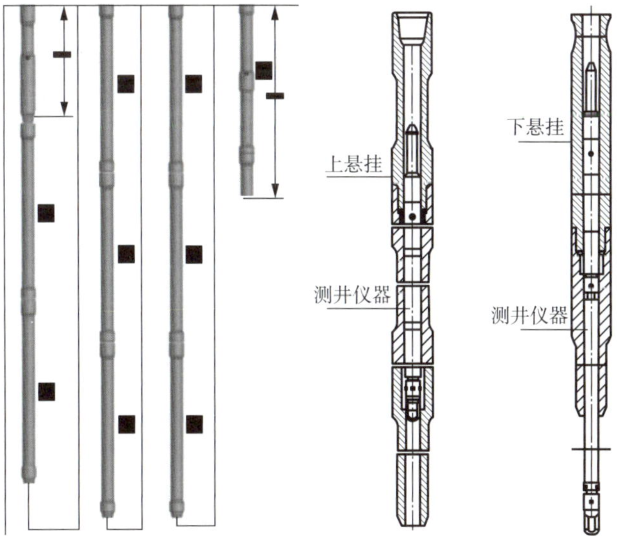

图 3-5-22　泵出存储式井下工具组装示意图

（三）保护套

下钻时，在下钻过程中容纳、保护下井仪器串的工具，根据井眼尺寸，采用钻杆或油管制作而成。

七 万用表

（一）MF500型万用表

1. 基本结构

MF500型万用表由表体及相应的指针、刻度盘、插孔、量程开关、调节旋钮等组成，其正面外形及结构部件名称如图3-5-23所示。

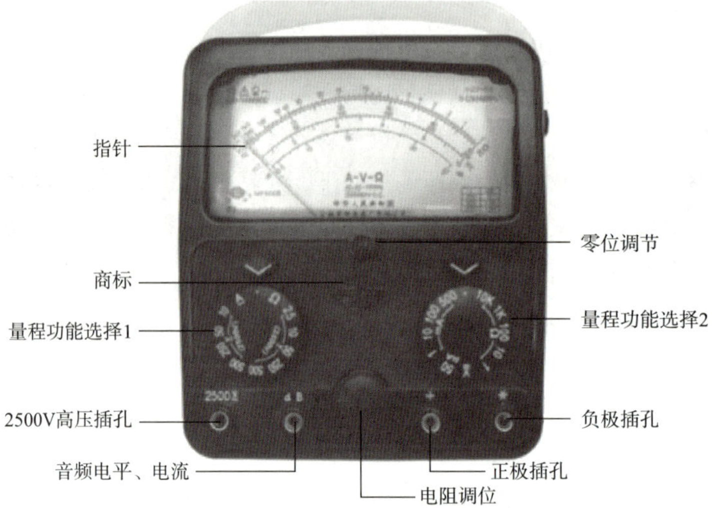

图3-5-23　MF500型万用表

2. 工作原理及用途

MF500型万用表的测量机构是由固定部分和可动部分组成的。固定部分是它的磁路系统，由产生磁场的永久磁铁构成；可动部分由线圈、指针和转动轴承组成。MF500型万用表与其他磁电系统测量机构的测量原理一样，其测量机构的偏转角 α 与通过它的电流成正比。当测量系统的电阻一定时，偏转角 α 又与其两端的电压成正比。

MF500型万用表可以用来测量电压、电流、电阻和检查电路通断，判断半导体器件的极性等。

3. MF500型万用表的使用方法

（1）调零

用小起子调节机械调零旋钮，使表针对准表盘左边零线。

（2）测量电阻及通断。

① 量程功能选择1开关置于“Ω”挡，量程功能选择2开关应选择合适的挡位，其选择原则是尽量选择较低的挡位，以使读数有较高的精度。

②测量前，电阻挡位调零，方法是两表笔短接，用电阻调零旋钮，使指针对准零位。应注意的是，每改变一次量程开关就要重新调准零位，随后即可进行电阻测量。

③红色表笔插入“正极插孔”，黑色表笔插入“负极插孔”，使用表笔的测量端接于电阻的两端进行测量。

（3）测量交流电压

①量程功能选择 2 开关置于“$\tilde{\overline{V}}$”位置，量程功能选择 1 开关依据外电压大小选定，且应选在“~”挡位。若外电压大小不清楚，量程开关应先从高挡位试测，以找到合适的挡位，然后再进行测量。

②红色表笔插入“正极插孔”，黑色表笔插入“负极插孔”，使用表笔的测量端接于待测量点的两端进行测量。

③若测量大于 500V 的高压，则将红色表笔插入“2500V 高压插孔”测量。

（4）测量直流电压

①量程功能选择 2 开关置于“$\tilde{\overline{V}}$”位置，量程功能选择 1 开关依据外电压大小选定，且应选在“—”挡位。

②红色表笔插入“正极插孔”，黑色表笔插入“负极插孔”，使用红表笔的测量端接于待测量点的正电压端，黑表笔的测量端接于待测量点的负电压端进行测量。

③若测量大于 500V 的高压，则将红色表笔插入“2500V 高压插孔”测量。

（5）测量直流电流

①量程功能选择 1 开关置于“$\underline{A}$”位置，量程功能选择 2 开关依据待测电流大小选定在合适的“mA”或“50μA”挡。

②红色表笔插入“正极插孔”，黑色表笔插入“负极插孔”，将表笔按照电流流动方向串联在电路中进行测量。

（二）数字万用表

1. 工作原理及基本结构

数字万用表将测量的电信号数字化后显示于液晶屏，方便直接读出测量结果，可用于测量电压、电流、电容、电阻和检查电路通断，判断半导体器件的极性等。某型号万用表基本结构由表体及相应的开关、按钮、插孔、表笔等组成，其基本结构如图 3-5-24 所示。

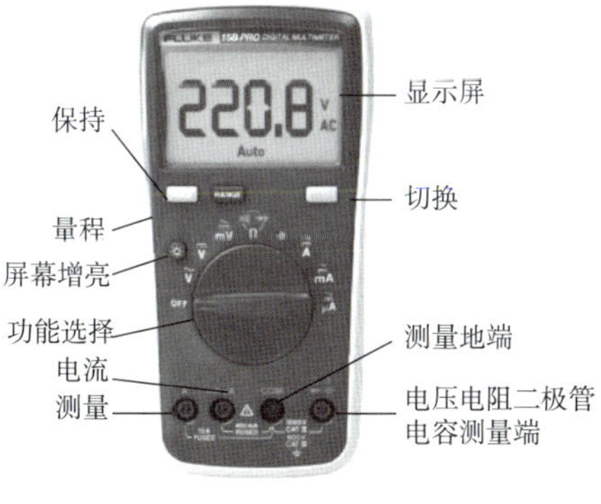

图 3-5-24　某型号数字万用表

2. 接线端说明

①用于交流电和直流电电流测量（最高可测量 10A）的输入端子。

②用于交流电和直流电的微安以及毫安测量（最高可测量 400mA）的输入端子。

③适用于所有测量的公共（返回）接线端。

④用于电压、电阻、通断性、二极管、电容测量的输入端子。

3. 显示屏功能说明

如图 3–5–25 所示：①相对测量；②高压；③通断性；④“显示保持”；⑤最小值或最大值模式；⑥ LED 测试；⑦华氏温标或摄氏温标；⑧二极管测试；⑨占空比；⑩电阻或频率；⑪电容单位法拉；⑫毫伏或伏特；⑬直流或交流电压或电流；⑭微安、毫安或安培；⑮自动量程或手动量程；⑯电池电量不足。

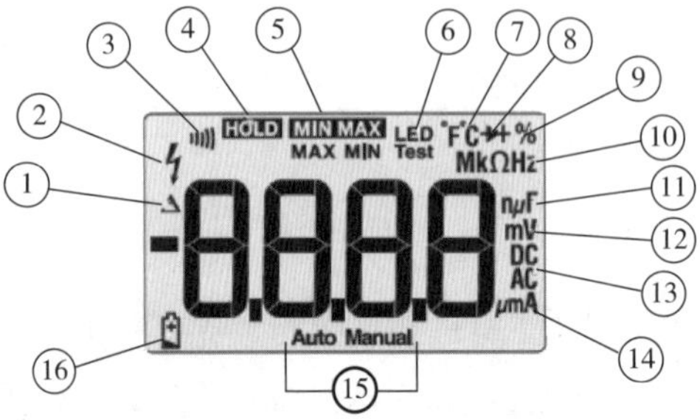

图 3–5–25　数字万用表显示屏

4. 测量交流电压和直流电压

①将功能开关旋转至“$\tilde{\mathrm{V}}$”“$\overline{\overline{\mathrm{V}}}$”或“$\widetilde{\overline{\mathrm{mV}}}$”选择交流电或直流电。

②按“切换”按钮可以在“mVac”和“mVdc”电压测量之间进行切换。

③将红色测试导线连接至“电压”测量端子，黑色测试导线连接至“测量地”端。

④用探头接触电路上的正确测试点以测量其电压，如图 3–5–26 所示。

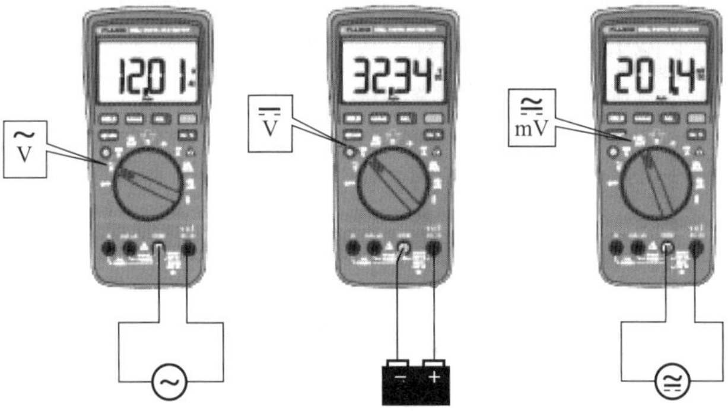

图 3–5–26　电压测量

⑤读取显示屏上测出的电压。

5. 测量交流或直流电流

①将功能开关旋转至“$\overline{\overline{\mathrm{A}}}$”“$\widetilde{\overline{\mathrm{mA}}}$”或“$\widetilde{\overline{\mu\mathrm{A}}}$”位置。

②按“切换”可以在交流和直流电流测量之间进行切换。

③根据要测量的电流将红色测试导线连接至“A”“mA”或“μA”端子，并将黑色测试导线连接至“测量地”端子（图 3–5–27）。

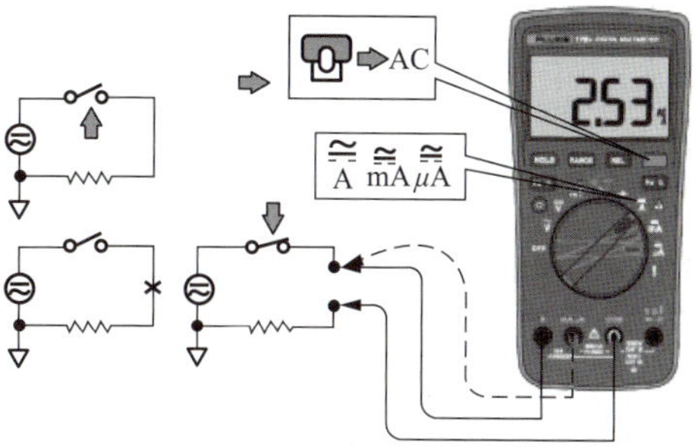

图 3-5-27　电流测量

④断开待测的电路路径，然后将测试导线连接在断口并给电路加电。

⑤阅读显示屏上测出的电流。

6. 测量电阻

①将功能开关旋转至“Ω”位置。确保已切断待测电路的电源。

②将红色测试导线连接至“电阻”测量端子，并将黑色测试导线连接至“测量地”端子，如图 3-5-28 所示。

③将探针接触想要的电路测试点，测量电阻。

④阅读显示屏上测出的电阻。

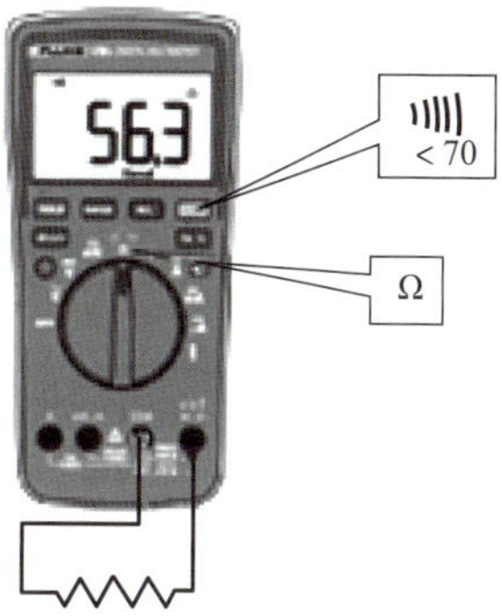

图 3-5-28　测量电阻

7. 通断性测试

将功能开关旋转至“Ω”位置后，按一次“切换”按钮以激活通断性蜂鸣器。如果电阻低于 70Ω，蜂鸣器将持续响起，表明出现短路（图 3-3-28）。

8. 测试二极管

①将功能开关旋转至“Ω”位置。

②按两次“切换”按钮以激活二极管测试。

③将红色测试导线连接至“二极管”测量端子，黑色测试导线连接至“测量地”端子。

④将红色探针接到待测的二极管的阳极而黑色探针接到阴极。

⑤读取显示屏上的正向偏压。

⑥如果测试导线极性与二极管极性相反，显示读数为“OL”，这可以用来区分二极管的阳极和阴极。

9. 测量电容

①将旋转开关转至“⊣⊢”位置。

②将红色测试导线连接至电容测量端子，黑色测试导线连接至“测量地”端子。

③将探针接触电容器引脚。

④读数稳定后（最多 18 s 后），读取显示屏所显示的电容值。

八 兆欧表

（一）工作原理及用途

兆欧表（图 3-5-29）是由电压较高的手摇发电机、磁电比率表及适当的测量电路组成的。当使用兆欧表测量线路绝缘电阻时，测量线路的电流与测量线路的电阻成反比，该电流产生转动力矩，可动部分带动指针向右偏转 α 角度，由于空隙中的磁通量 β 随 α 角的增大而增大，动圈的反作用力矩也随之增大，直到转动力矩和反作用力矩相平衡而停留在一定的位置上，指示出相应的电阻值。

由于兆欧表的电压较高，常用来测量电器的绝缘电阻。

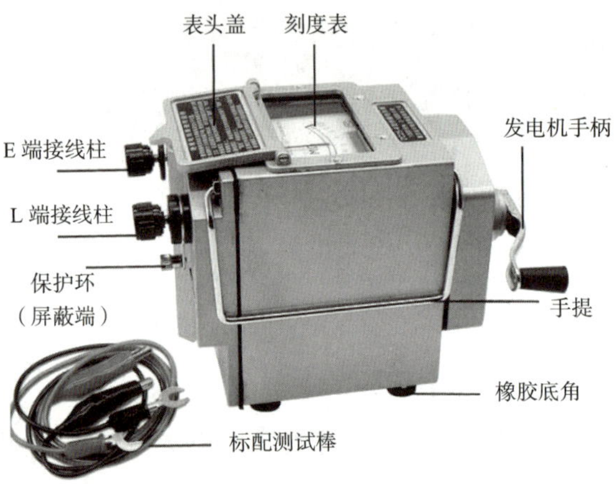

图 3-5-29　兆欧表实物图

（二）使用方法

①兆欧表应在使用前做开路和短路检验，即两表笔悬空，摇动手柄，转速大于 120r/min，指针应指向“∞”。然后将两表笔短接，轻轻摇动手柄，指针应回零。否则，说明兆欧表存在问题，应检修正常后才能使用。

②测量照明或低压线路对地绝缘电阻时，将接线柱“E”接地，“L”接被测量线路。

③测量电缆绝缘电阻时，“L”接缆芯，“E”接钢丝缆铠，“G”接绝缘层。

④按顺时针方向以不低于 120 r/min 的转速匀速摇动发电机手柄。

⑤表盘指针停稳后读数。

⑥测量电缆绝缘后，应给电缆缆芯放电。

九 示波器

（一）工作原理及用途

示波器的主要功能是显示电信号的波形。在荧光屏上可以直接观察电信号波形变化的全过程，与此同时可进行定性、定量的分析和测量。通常用通用示波器显示电压（或电流）的波形，测量其周期、幅度、频率、相位等参数。

（二）面板结构

以 TeKtronix TDS210 数字示波器为例（图 3-5-30）。

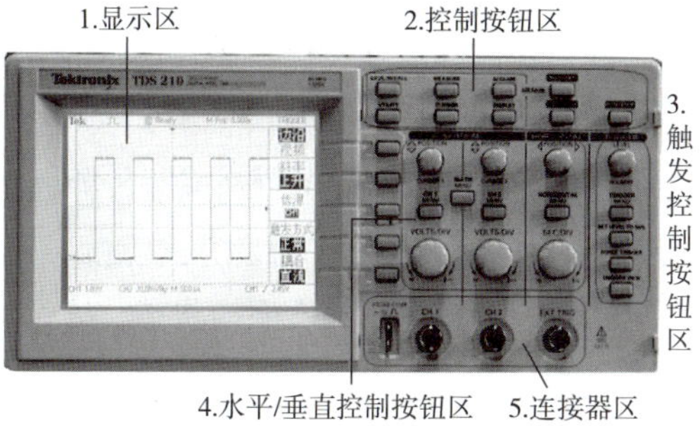

图 3-5-30　TeKtronix　TDS210 数字示波器

TeKtronix TDS210 数字示波器是一种小巧便携的数字实时示波器，具有 60MHz 的带宽，每个通道具有 1GB/s 取样率和 2500 点记录长度，双时基，视频触发功能，拥有 RS232、GPIB、Centronics 通信端口。

1. 显示区

显示区除了波形以外，还包括许多有关波形和仪器控制设定值的指示等。

①有三种不同的图形表示分别对应不同的获取方式：取样方式、峰值检测方式、平均值方式。

②触发状态表示下列信息：

Armed：示波器正采集预触发数据，此时所有触发将被忽略；

Ready：所有预触发数据均已被获取，示波器已准备就绪接收触发；

Trig’d：示波器已检测到一个触发，正在采集触发后信息；

Auto：示波器处于自动方式并正采集无触发下的波形；

Scan：示波器以扫描方式连续地采集并显示波形数据；

Stop：示波器已停止采集波形。

2. 控制按钮区

示波器面板的上方是控制按钮区，共有 9 个按钮（图 3-5-31）。

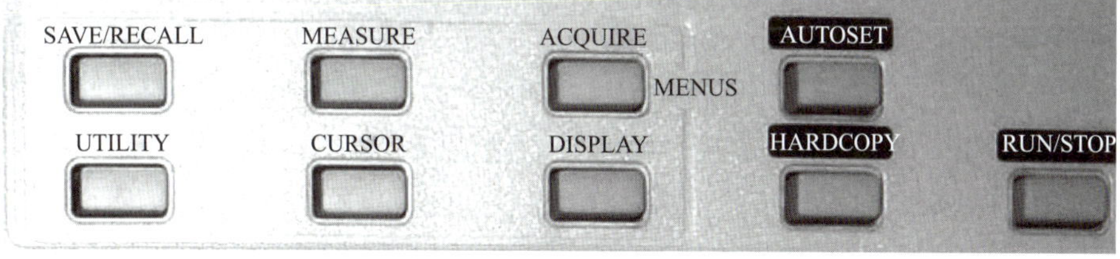

图 3-5-31　按钮控制区

① SAVE/RECALL（储存 / 调出）：显示储存 / 调出功能菜单，用于设置仪器或波形的储存及调出。示波器的设置状态储存在永久性存储器中，在打开示波器时，设定值恢复为上次关闭时所处的状态。使用者也可调出厂家预设状态来对示波器进行设置。

② MEASURE（测量）：显示自动测量功能菜单。可实现 5 种自动测量并可同时显示其

中 4 种测量结果。测量时先按下顶部菜单框按钮以选择“信源”或“类型”菜单。从“信源”菜单中可选择待测量的信道，从“类型”菜单中可选择测量类型（频率、周期、平均值、峰 – 峰值等）。

③ ACQUIRE（获取）：显示获取功能菜单以设定获取方式。获取方式有三种：取样、峰值检测、平均值。预设置方式为取样方式。

④ AUTOSET（自动设定）：自动设定功能可自动调节各种控制值，以产生适宜观察的信号显示。如获取方式、水平位置、触发类型、触发方式等。

⑤ UTILITY（辅助功能）：通过该按钮可查看系统状态、故障状态，还可进行自校正及选择显示语言。

⑥ CURSOR（光标）：使用该按钮可显示光标功能菜单。通过其中的“类型”菜单项可选择测量内容。

注意：当按下 CURSOR 按钮后，显示屏上出现两条虚线光标，可使用垂直位移控制按钮调整光标位置。当使用其他按钮调出相应的功能菜单后，光标仍将保持显示，但不能进行调整。

⑦ DISPLAY（显示）：通过该按钮可调出显示功能菜单，其中可选择波形的显示方式及调整显示的对比度等。

⑧ RS–232 等端口的扩展模块，并与打印机相连接。

⑨ RUN/STOP（启动 / 停止）：通过该按钮可启动和停止波形获取。

3. 触发控制按钮区

该按钮区位于面板的右侧方，共有 4 个按钮和 1 个旋钮（图 3–5–32）。

① TRIGGER MENU：使用“TRIGGER MENU”按钮可调出触发方式选择菜单，触发方式有边沿触发和视频触发两种，每类触发方式对应不同的功能菜单项，使用者可根据实际情况选择相应按钮进行调整。

② SET LEVEL TO 50%：使用该按钮可将触发电平设置在触发信号幅值的垂直中点。

③ FORCE TRIGGER（强制触发）：通过该按钮可保证不管是否有足够的触发信号，都会自动启动获取。当采样停止时，该按钮无效。

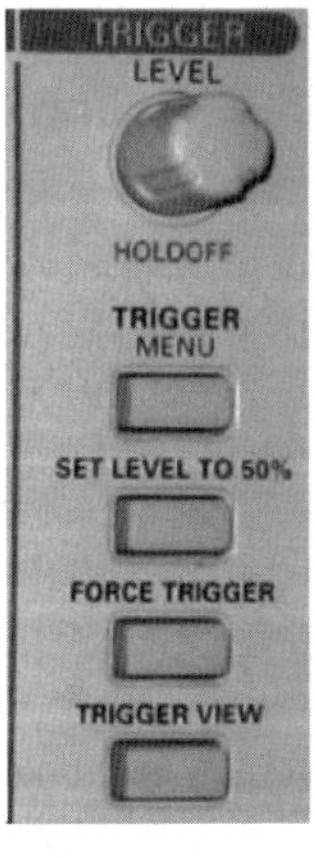

图 3–5–32　触发控制按钮区

④ TRIGGER VIEW（触发源观察）：按下该按钮后，屏幕上原来显示的波形被触发源波形取代，这样可查看触发设置及其对触发信号的影响等。

⑤ LEVEL/HOLD OFF（电平 / 释抑）旋钮：该旋钮有两种作用，作为边沿触发电平控制按钮，其可设定触发信号必须通过的振幅，以便于获取；作为释抑控制按钮，其可设定接收下一个触发事件之前的时间值，可参考后面所述关于“释抑”的内容。

4. 水平 / 垂直控制按钮区

（1）垂直控制按钮区（VERTICAL）（图 3–5–33）

①使用其中的垂直控制按钮（位置）来调整波形的位置及垂直标尺，以及设定输入

参数。

② VOLTS/DIV（伏 / 格）旋钮：当使用“启动 / 停止”按钮停止波形获取时，使用该旋钮可调整波形的垂直幅度。

③使用“CH1/CH2 菜单”按钮可显示输入信号的波形及调出相应的功能菜单，在其菜单中可调节“VOLTS/DIV”旋钮的灵敏度（即粗调 / 细调），还可设置带宽限制的探头衰减系数调整。

④ MATH 菜单钮：使用该旋钮可调出数值功能菜单，可进行反相显示及调节不同通道信号的叠加、相减等。

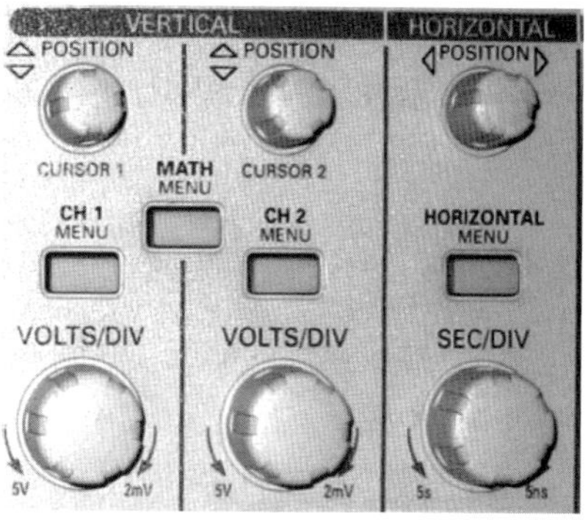

图 3-5-33　水平 / 垂直控制按钮区

（2）水平控制按钮区（HORIZONTAL）

①使用其中的水平控制按钮（位置）可调整所有通道的波形水平位置及改变水平刻度，注意在屏幕水平方向上的中心是波形时间参考点，在改变水平刻度时会导致波形相对屏幕中心扩张或收缩。水平位置改变波形相对于触发点出现的位置。

② SEC/DIV（秒 / 格）旋钮：当使用“启动 / 停止”按钮停止波形获取时，使用该旋钮可调整波形的水平幅度。

③ HORIZONTAL MENU：使用该按钮可进行视窗区域设定（使用时依照显示屏底部的提示进行），还可调节触发电平及释抑时间等。

5. 连接器区

（1）PROBE COMP（探极补偿）

在首次将探极与任一输入通道连接时，可进行探极补偿调节，使其与输入通道相匹配。方法如下（图 3-5-34）：

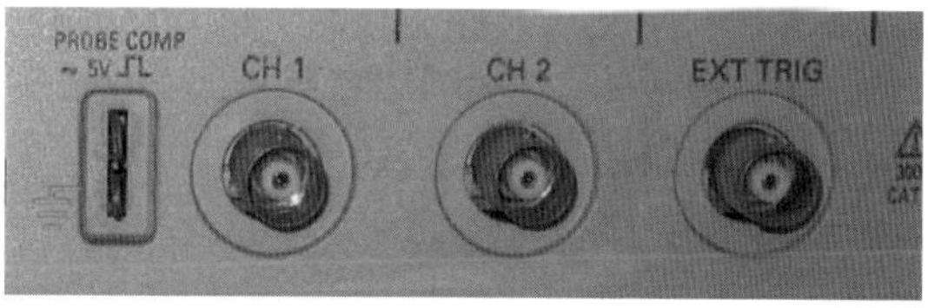

图 3-5-34　连接器区

①将示波器探头与 CH1 相连接，然后将探头端部与“PROBE COMP（探极补偿）”的 5V 端相连，探头的基准导线与其地线相连。

②按下“CH1 MENU”按钮启动 CH1 通道，然后按“AUTOSET”按钮。

③检查所显示波形的形状，并根据情况对探头进行适当调节。

（2）CH1，CH2（通道 1，通道 2）

显示相应通道信号的波形所需的输入连接器。

（3）EXTTRIG（外部触发）

外部触发源所需的输入连接器，可使用触发功能菜单来选择触发源。

（三）使用方法

①将示波器的测试探针地端连接于待测信号的地端，探针测量端连接于待测信号的信号端。

②调整示波器面板的各个操作按钮及开关到合适的位置，测试信号波形。

③测量方法：

示波器所显示的电压－时间坐标图，可用来测量所显示的波形。进行测量有多种方法，可利用方格图、光标或自动测量。

方格图。这种方法可用来进行快速直观的估计，可通过方格图的分度及标尺系数进行简单的测量。

光标。该方法允许用户通过移动光标进行测量。光标总是成对出现，显示的读数即为测量的数值，共有两种类型的光标：电压和时间。

电压光标：电压光标显示为水平线，用来测量垂直方向上的参数。

时间光标：时间光标显示为垂直线，用来测量水平方向上的参数。

自动测量。在自动测量方式下，示波器自动进行所有的计算工作。由于这种测量利用波形记录点，所以相对方格图和光标测量自动测量具有更高的准确度。

自动测量用读数显示测量结果，并且读数随示波器采集的新数据而周期性地修改。

思考题

1. 如何维护保养液压发电机？
2. 柴油发电机一级保养内容是什么？
3. 测井电缆电气性能指标有哪些？
4. 测井电缆使用注意事项有哪些？
5. 马丁代克的主要组成有什么？
6. 影响磁记号幅度的因素有哪些？
7. 马丁代克如何区分测井电缆的上提还是下放？
8. 测井集流环的功能是什么？
9. 测井马笼头的功能是什么？
10. 井口张力计内部由哪几部分组成？
11. 测井施工中，井口设备有哪些？
12. 井下打捞工具有哪几种？
13. 钻具输送电缆测井主要工具有哪几种？
14. 电缆防喷器的作用和组成是什么？
15. 测井仪器辅助工具有哪些？
16. 穿心打捞辅助工具有哪些？

扫一扫
获取更多资源

第四章

施工工艺

在测井施工中，电缆输送测井是应用最早、范围最广的。随着大斜度井、水平井的出现，电缆测井已经不能满足井筒条件的要求，为此，发展了钻具输送电缆测井、牵引器输送测井、存储式测井和随钻测井等施工工艺。

第一节　电缆输送测井

一　准备工作

1. 设备

主要包括测井操作系统、下井仪器、井口设备、辅助设备与工具、放射性源（同位素）、测井绞车（测井拖撬）、测井工程车、专用放射源运输车（专用放射源运输箱）、安全监测仪和劳动保护用品。

测井操作系统：ECLIPS–5700 测井系统、EXCELL–2000 测井系统、SL–6000 测井系统等。

下井仪器：遥传短节、自然伽马、自然伽马能谱、连续测斜、补偿声波、多极子阵列声波、双感应 – 八侧向、阵列感应、补偿中子、岩性密度、双侧向、微球型聚焦、井径等。

井口设备：井口滑轮、张力计、井口盖板、组装台、仪器卡盘、洗缆器、T 形棒、提缆器、生产井防喷器、监控通信、磁性记号器、井口链条等。

辅助设备：测井电缆、马笼头、电缆头连接器、集流环、马丁代克等。

2. 人员

作业人员应具备相应资质，并持证上岗。

3. 工具

仪器辅助工具：扶正器、间隙器、偏心器等，导向胶锥、柔性短节、姿态保持器、旋转短节、井下张力短节等。

二　技术特点

①电缆输送测井是传统的测井工艺，技术成熟。

②在一般垂直井和井斜度数较小的斜井中测井时，仪器靠自身的重力就可以下放至井底，占用井口时间短，测井时效高。

③电缆输送测井施工过程中，测井仪器在井内可以自由上提或下放测量。

④电缆测井下井仪器系列丰富，项目齐全，包括全系列常规测井项目和核磁、电成像、

元素俘获等特殊测井项目。

⑤电缆进行过深度标定，测井深度准确性高。

⑥测井曲线重复性、一致性好，如有异常，能够快速进行验证。

三 复杂情况处置

（一）遇阻处置措施

①发生遇阻时，应以低于600m/h的速度上提电缆，待张力恢复正常后，再以正常速度起下电缆尝试通过。

②如果在同一井段连续遇阻三次，应记录遇阻曲线，起出下井仪器后，通知井队处理。

（二）遇卡处置措施

①发生遇卡时，应立即停车，收回下井仪器的推靠器。

②根据井身结构、遇卡时仪器所在地层深度、地质特征等，综合研判遇卡类型（吸附卡、键槽卡、缩径、扩径等），采取相应的针对措施，尝试解卡。如以不同的速度、逐渐增加张力等方式活动电缆。

③若井下张力、总张力持续减少，说明仪器已卡住，不能通过下放仪器解卡，应及时上提电缆拉至最大安全拉力，观察张力及深度变化，尝试解卡。

④活动多次后仍不能解卡时，应及时实施穿心打捞作业。

（三）电缆打扭处置措施

1. 电缆轻微扭曲处置措施：

①慢速上提电缆，监视电缆运行，防止电缆在滑轮处跳槽；

②当扭曲电缆通过滑轮后，仍然慢速上提电缆，继续观察后续电缆是否还有扭曲，直到下井仪器提出井口；

③打扭的多芯电缆应采取有效防护措施（增附外层钢丝或接电缆），否则不应再次下井。打扭的单芯电缆不能继续下井使用。

2. 电缆严重打扭处置措施：

①慢速上提电缆，监视电缆运行，严禁纽结通过天滑轮；

②在纽结到达天滑轮下方2 m处停车，确认无意外危险后，在井口安装T形卡钳；

③井队司钻慢速放下天滑轮，确认T形卡钳可靠后，将电缆纽结剁除，并铠接电缆；

④铠接电缆期间，下井仪器若处在裸眼井段，应要求司钻每3 min提放T形卡钳一次，预防粘卡；

⑤电缆铠接完成后，井队司钻慢速提升天滑轮，当T形卡钳升到井口1 m后停车观察电缆接头；

⑥确认电缆铠接可靠后，拆除T形卡钳，井队司钻慢速提升天滑轮到原来高度；

⑦慢速上提电缆，继续观察后续电缆是否还有打扭现象；

⑧若下面再次出现严重纽结，重复①~⑦的操作，直到下井仪器提出井口。

第二节　牵引器输送测井

一　准备工作

（一）施工前准备

根据施工任务编写施工设计，内容包括但不限于基本情况、施工设备器材、施工流程、注意事项、井控方案、应急程序、QHSE 要求等，并进行评审审批。

牵引器驱动选择。水平井类型较多，井筒环境不同，比如大位移水平井、复杂轨迹水平井，对牵引器动力要求是不一样的，合理选择驱动数量，组合成不同动力的牵引器，同时选择相对应的减速器，保证作业所需的动力。

根据井型和施工项目配套减振装置、扶正器、柔性短节、旋转短节等井下辅助工具。

下井仪器串设计。根据不同的输送要求和作业项目，合理设计仪器串组合，提高牵引器测井成功率。连接示意图如图 4–2–1 所示。

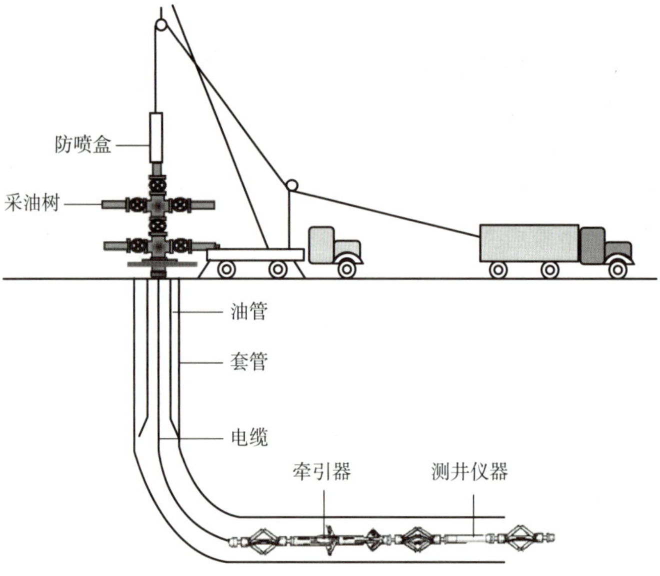

图 4–2–1　牵引器连接示意图

（二）组合方式

常规水平井（井斜角度小于 98°）。从上到下组合顺序：马笼头 + 旋转短节 + 扶正器 + 张力短节 + 牵引器电路 + 扶正器 + 牵引短节 + 扶正器 + 柔性短节 + 测井仪器。

高角度水平井（井斜大于 98°）。从上到下组合顺序：马笼头 + 旋转短节 + 刹车短节 + 扶正器 + 张力短节 + 牵引器电路 + 扶正器 + 牵引短节 + 扶正器 + 柔性短节 + 测井仪器。

（三）施工流程

在直井段，依靠仪器串的自重自然下放，当仪器串与套管内壁产生的摩擦力大于仪器串自重时，仪器串不能下放即自然遇阻，再下放电缆 5~10m。

牵引器开始工作，启动牵引器推送仪器串前行，根据实测磁定位曲线与套管长度出现的变量，及时调整电缆下放速度，同时绞车下放电缆与牵引速度同步，观察仪器各参数，及时判断仪器工作状态。

根据电缆张力和送进长度的大小变化，将仪器串送达到测量位置，收拢牵引臂，牵引器停止工作，切换至测井模式，准备测井。

给测井仪器供电，上提电缆，开始采集测井资料。上提过程中密切观察电缆的运行状态以及深度、张力等参数变化情况，发现异常及时处理，直至完成测井。

二 技术特点

①采用液压或机械原理设计，裸露在井液中的部件少，易维护，可靠性高。

②可满足单芯或多芯电缆施工作业。

③具有在紧急情况下断电自动收臂功能，避免了卡仪器的风险。

④连续工作能力强，驱动轮采用特殊材质制成，耐磨性好，能保障长距离作业，且维护成本低。

⑤负载能力强，最大拉力超过 1200kgf，满足长水平段水平井测井需求。

⑥仪器外壳刚性强，可承受射孔冲击，附加射孔辅助工具后可用于射孔作业。

⑦采用模块化的设计，可视应用需要选择不同组合形式。

三 复杂情况处置

①遇阻时，可以提高牵引力，加快爬行速度，尝试通过，如遇阻三次仍不能通过，记录遇阻曲线，结束爬行。

②遇卡时，可启动牵引器反向爬行辅助解卡。

第三节 钻具输送电缆测井

用钻杆或油管将测井仪器及电缆输送到井底，并通过上提钻具来带动电缆及仪器上提测量来获取测井资料的工艺，就是钻具输送电缆测井。

仪器串由专用工具过渡短节连接到钻杆底部，用钻杆把仪器输送到测量井段顶部。然后，电缆由专用工具旁通短节侧孔进入钻杆水眼，下放到仪器串顶部，通过专用工具“泵下接头（母接头）”与“井下快速接头（公接头）”在钻井液中完成对接，连接到仪器串上。因对接是在钻井液中实现的，因此这种连接也称为湿连接，母接头与公接头这两个专用工具也称湿接头。电缆与仪器对接完成后，对仪器供电进行检查，将旁通附近电缆通过电缆卡子固定，仪器串由钻杆一次一柱输送到测量井段底部，然后上提测井。

一 准备工作

（一）施工前准备

1. 设备与工具

测井设备：测井绞车（恒张力随动功能正常）、下井仪器、电缆测井辅助工具和设备等。

专用工具：旁通短节、过渡短节、井下快速接头、泵下接头、井下张力、旋转短节、偏心短节、姿态保持器、柔性短节、导向胶锥、间隙器、井下张力、井口导向装置等。

2. 检查校验

检查深度系统、绞车系统和通信系统，工作应正常。

连接井口张力计，检查张力显示情况。

检查柔性短节、张力短节和偏心短节和旋转短节的通断与绝缘。

将测井操作系统、电缆、电缆连接器（马笼头）和下井仪器串依次连接，检查各下井仪器工作情况；对需在地面进行刻度校验的仪器，做刻度校验。

在测井操作系统电缆接线面板上，用万用表测量供电缆芯之间的电阻值，其电阻值应为单根缆芯通断电阻值的两倍以上，作为确定湿接头对接成功的参考。

（二）施工设计

依据测量项目、测量井段、井身结构以及旁通短节不出套管的原则确定对接点位置，根据井眼轨迹和井眼直径等计算仪器串最大刚性长度，见公式（4–3–1）和公式（4–3–2）：

$$L = 2\left[(R+Bit)^2-(R+OD)^2\right]^{1/2} \quad (4\text{–}3\text{–}1)$$

$$R = (180^\circ/\pi)\times l_{fc}/B \quad (4\text{–}3\text{–}2)$$

式中 L——仪器串最大刚性长度，m；

R——井眼曲率半径，m；

Bit——钻头尺寸，m；

OD——最大仪器外径，m；

l_{fc}——选取井斜变化最大井段的弧长，m；

B——选取井斜变化最大井段弧长所对应的井斜变化量，（°）。

一次测量井段应小于套管下入深度。柔性短节之间的仪器长度应小于计算出的仪器串最大刚性长度。

二 技术特点

①采用钻杆（油管）输送下井仪器，完成测井采集的施工作业，适用于水平井、大斜度井及复杂井眼条件等电缆传输难以完成的井。

②能够实时监测下井仪器工作状态，可以用于常规测井和特殊项目测井。

③该工艺可以在任何时候循环泥浆、处理险情。

④获取资料齐全，深度测量准确，不需要时深转换。

三 复杂情况的处置

①测井过程中脱枪，应开泵循环钻井液打压尝试重新对接，如开泵三次后仍未对接成功，起钻至对接位置，解除电缆固定装置，起出泵下枪总成，进行故障排查。

②下放过程遇阻加压不应大于 19.6kN，同一井段连续遇阻三次不能通过，应起钻通井。

③作业过程遇卡，应按照相关工艺技术要求协调分别处置。

④测井过程中出现溢流，应首先关闭下井仪器推靠臂后回收电缆；如来不及回收电缆，安装电缆固定器，剪断电缆后，按井控要求处置。

第四节 存储式测井

一 直推存储式测井

直推存储式测井，是将测井仪器通过过渡短节直接连接在钻具底部，使用钻具输送至测量井段，随钻具下放、上提完成测井资料采集，并将测井数据存储在下井仪器内的测井工艺。存储式测井工艺具有工艺流程精简化、测井效率高、测井项目较多、组合能力强等特点，适用于复杂井、大斜度水平井测井施工，仪器外径大，测井资料质量好。

（一）准备工作

1. 测井操作系统

数据处理面板（时深跟踪软件）、笔记本电脑、UPS 不间断电源、传感器接线盒、钩载连接线、深度传感器、压力传感器。用于记录起、下钻过程中时间、深度数据，监控深度、测速、大钩高度、大钩负荷等参数。

2. 下井仪器

自然伽马、自然伽马能谱、井斜方位、井径、交叉偶极子阵列声波、高分辨率阵列感应、数字声波、岩性密度、补偿中子、双侧向、电池短节等。

3. 井下工具

过渡短节、扶正器、旋转短节、减震器等。过渡短节用于连接测井仪器串和钻具之间的转换接头，过渡短节上设计有钻井液循环孔。

4. 仪器刻度与检查

①测井仪器车间刻度，在刻度合格有效期内。

②按照入井仪器顺序连接仪器，检查确认仪器工作正常、电池电量满足测井要求。

③测井前按照设备管理的要求对测井仪器进行加温等试验。

④在仪器合适位置安装扶正器，对仪器和各种短节的通断绝缘及密封检查。

5. 专用工具

①测井自备钻具过渡短节、卡板、井口仪器组装台。

②入井工具应按工区的钻具探伤检测周期规定进行探伤。

③准备绞车传感器、钩载压力传感器及连接线等专用工具及配件，并根据钻机的绞车传感器、钩载压力传感器和钻井液压力传感器的连接方式及参数，准备转换接头。

6. 施工设计

①根据测井任务和井况确定测井仪器组合，设计测井扶正器的大小和安装位置。

②根据井眼情况，在仪器串组合中添加旋转短节、柔性短节、姿态保持器等辅助短节；一般情况下，需在仪器串最上部添加一个旋转短节，防止钻井队转动钻杆损伤仪器。

③提前介入了解井况信息，针对施工井次的难点制定针对性的处置措施。

（二）技术特点

①可以完成电缆输送测井、钻具输送电缆测井施工项目。

②所有信号井下数字化，具有本地存储和主控单元集中存储双备份功能。

③采用钻具输送，无须电缆对接，设备、人员投入少，提高测井时效、降低生产成本。

④实时匹配钻具长度和跟踪钻具深度。

⑤快速井下存储数据读取，深度匹配和数据处理。

⑥一次下井可完成上测和下测两次测井数据采集，取全、取准所有常规测井资料。

⑦使用仪器和电缆测井仪器性能指标相同，测井资料一致性好。

（三）复杂情况的处置

①起下钻速度应均匀，套管中控制在900m/h，裸眼中应控制在540m/h以内。司钻听从测井人员指挥，不能溜、顿钻，遇阻力不应大于19.6kN。同一深度段连续三次无法通过，应起出仪器交钻井队通井。测井操作人员记录遇阻时间和深度。

②起钻过程中发生遇卡时，钻井队可以缓慢上提下放活动钻具尝试解卡，上提悬重不应超过正常起钻悬重+仪器串组合中最小抗拉强度的75%，若钻具无法解卡，钻井队与测井队、测井监督协商后可采取开泵循环、逐步增加上提悬重活动钻具的方式尝试解卡。测井操作人员记录遇卡时间和深度。

③测井过程中发生溢流时，按起下钻杆过程中发生溢流时的关井程序处理。需要节流循环压井时，循环泵压不应超过过渡短节循环水眼额定承压强度的75%。

二 泵出存储式测井

随着石油勘探开发不断深入和钻井技术发展，超长水平井和超深井越来越多，井况复杂。常规测井施工难度较大，施工风险高，效率低，甚至面临无法完成测井数据采集的难题。

钻具输送泵出存储式测井技术可有效解决复杂井况测井问题，它是将测井仪器安放在钻具或专用测井仪器保护套内，利用钻具将测井仪器安全输送至测井目的井段，然后用机械/脉冲释放方式将仪器泵出钻具水眼进入裸眼地层，仪器上部吊挂在悬挂器内，随钻具上提测井，测井数据存储在仪器内，同时测井操作系统记录时间深度数据，测井完毕后存储数据与时深数据匹配形成测井曲线文件。

（一）准备工作

1. 设备组成

泵出存储式测井操作系统主要由存储式测井采集系统、存储式测井处理系统、深度传感器、钩载传感器、钻井液压力传感器、传感器接口箱、绘图仪等部分组成。

测井采集系统主要设置存储式仪器工作模式、记录模式、休眠模式等状态；读取并记录仪器存储数据；刻度仪器。

测井处理系统主要回放仪器存储数据；进行时深转换；编译生成曲线；监视深度传感器、张力传感器、泥浆压力传感器工作状态等。

2. 传感器

在钻井队指定人员的协助下安装深度、钩载、钻井液压力传感器，连接测井操作系统，供电检查各传感器工作状态。按照测井操作要求，将滚筒长度、滚筒直径、大绳股数、大绳直径、剩余层数、剩余圈数等参数输入测井时深系统内，在钻井队配合下对深度系统进行刻度。

深度传感器：在钻机滚筒的中心轴上，确定无电缆存储式测井的深度。主要部件是光电编码器，当起下钻时，游动滑车通过大绳带动滚筒转动，光电编码器输出光电脉冲。光电脉冲的个数代表了滚筒的角位移，通过刻度，可以得到游动滑车的行程。配合钩载传感器的测量数据，就可以确定下入或起出钻具的长度。

钩载传感器：安装在死绳端的液压输出端上，通过三通与其他传感器并联。通过测量钩载的大小，就可以确认游动滑车上下移动时是带有钻具还是无钻具空起。深度测量系统将游动滑车无钻具空起时深度传感器输出的脉冲数扣除，就得到起下钻具的深度。

钻井液压力传感器：主要作用是测量钻井液循环压力。存储式测井通过测量钻井液压力的大小，可以确认给下井仪器发出的压力脉冲控制信号是否符合要求，仪器串是否正常释放。

传感器安全接口箱：采样钩载压力传感器、钻井液压力传感器、深度计数传感器的信号传送给计算机，并具有下井仪器通信接口。

3. 下井仪器

按照测井项目在地面检查确认仪器工作正常，仪器外观良好，无磨损、松动等异常情况。

进行测前刻度校验、清除内存、读取数据检查等工作。

电池电量和输出电压满足测井要求。

检查下井仪器：自然伽马、连斜、伽马能谱、双侧向微球、补偿声波、阵列感应、补偿中子、密度、井径、电池控制短节等。

4. 井下工具

主要包括上悬挂器、保护套、调整短节、下悬挂器、数控 / 机械释放器。

上悬挂器：安装在整个井下工具的上部，主要作用是使下井仪器能悬挂在其上，从而使仪器串处于保护套中。在仪器释放时，能使测井仪器从其上脱离进入井筒。同时，能为钻井液循环提供通道。

保护套：一般使用加重钻杆或油管。其作用就是在下钻时保护测井仪器。

调整短节：是一种具有不同长度的钻杆或油管连接短节。它的主要作用是调整整个井下工具的长度，使整个井下工具的长度与仪器串的长度相匹配。

下悬挂器：安装在整个井下工具的底部，主要作用就是在测井仪器释放后，缓冲仪器串的下冲震动，同时将仪器串上部固定，以使其上提钻具时，拖动仪器上提测量。同时，能为钻井液循环提供通道。

数控释放器：主要由释放机构和控制部分组成。有两种工作模式：一种是在接收到地面钻井液压力脉冲释放命令后，将测井仪器从钻杆水眼中释放到裸眼井中，并启动仪器供电，发送采集命令；另一种是设定一个压力门槛值和定时时间参数，当达到该压力值并且延时到设定的时间后，释放仪器，并给仪器供电，发送采集命令。

机械释放器：有投球或棒式两种释放控制器。测井仪器串通过悬挂器安装在保护套内，接在钻杆底部，通过打压投球（投棒）方式切断剪切销钉，释放仪器出保护套。

5. 施工设计

①提前做好钻具扣型与过渡短节的匹配。

②检查确认悬挂短节、过渡短节、调整短节、保护套等工具完好，入井工具应按规定进行定期探伤。

③对于钻头尺寸为 215.9mm 及以上的井筒，钻井队应准备 127mm 钻杆作为保护套，对于钻头尺寸小于 215.9mm 的井筒，测井队应自备保护套。

④设计仪器连接顺序时，应将机械强度较小的仪器置于仪器串下部，将带有放射源的仪器放置在仪器串上部。

⑤选择仪器释放泵送技术措施。

⑥对钻井方操作的技术要求及处理钻具解卡的处理方案。

⑦测井作业前应制定测井方案，待业主审批后方可进行测井作业。

⑧“三高”气井及重点探井测井作业前应按照 SY/T 6691—2017《裸眼井测井设计规范》的规定编制测井施工设计，并按程序审批。

⑨“三高”气井设计应包含井控专篇和现场应急处置方案。

（二）技术特点

①解决复杂井测井问题，做到钻杆能下到哪里测井仪器就能到哪里。

②仪器安装在钻杆内，具有抗振动和泥浆冲刷的能力，有钻杆及保护套保护，仪器比较安全。

③不需电缆，测井数据存储在仪器中；测井仪器能够获取齐全资料，不受套管长度限制，能够进行长段测量。下钻过程中可实现井控旋转钻具、加压、循环泥浆等作业。

④在钻具遇卡时可用连续油杆进行打捞，避免仪器损失和放射源落井事故。

⑤在工程上起完钻后即可下套管。可替代电缆测井，缩短建井周期。

⑥下井仪器采用高温大容量锂电池供电，低能耗器件设计、测井开启和关闭时间预置技术保证可靠地完成测井任务。电池连续工作时间大于 150h。

（三）复杂情况处置

①下钻遇阻时，应循环钻井液，活动钻具。钻井液排量小于 1.0 m^3/min，遇阻加压应不大于保护套机械指标。必要时可转动钻具，转速不大于 20 r/min，扭矩应不大于保护套额定

指标。

②测井仪器未释放时上提钻具遇卡，可上下活动及旋转钻具，转速小于 20 r/min，循环钻井液，排量小于 1.0m³/min。

③起钻测井遇卡时，应循环钻井液，钻井液排量小于 1.4m³/min，不应下放活动钻具。如不能有效解卡，可转动钻具，转速应不大于 10 r/min，扭矩应不大于保护套额定指标。

④测井过程中出现溢流，按起下钻杆发生溢流时的关井程序进行处置。

三 过钻头存储式测井

过钻头存储式测井工艺结合了电缆测井和随钻测井的优点，减少了测井期间钻机的占用时间。过钻头测井技术的推广应用进一步完善了国内长水平段水平井和复杂结构井的测井技术。

过钻头测井工艺是用钻杆将专用钻头、悬挂接头下放到预定深度，然后利用测井电缆将仪器串从钻杆水眼中输送到钻具底部，并从专用钻头水眼泵出到裸眼井段，再由测井操作系统发送控制信号，使电缆与仪器串脱离，起钻同时进行数据采集的存储式测井作业方式。

（一）准备工作

1. 设备组成

包括地面测试及数据读取盒、深度系统、仪器刻度配件、过钻头测井仪器、井下工具等。

其中过钻头测井仪器有：三参数、四臂井径、伽马测斜、补偿中子、岩性密度、双侧向、补偿声波、偶极子声波、阵列感应、阵列侧向、自然伽马能谱等测井仪。

2. 井下工具

井下主要工具：吊挂装置、悬挂接头、专用钻头、回收工具，如图 4-4-1 所示。

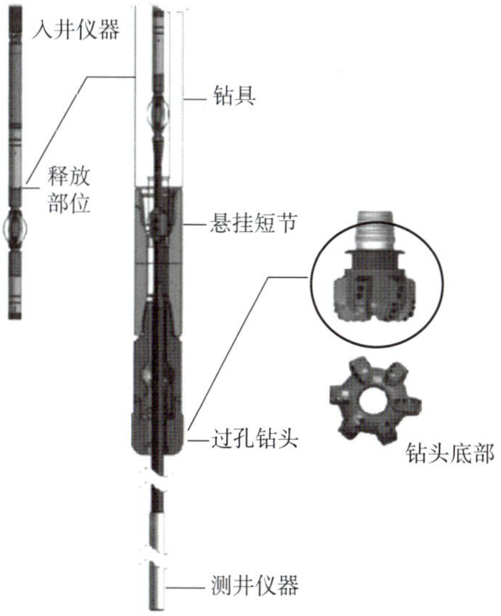

图 4-4-1　Thrubit 井下工具组件示意图

井下其他工具：电池短节、无环硬电极、B 环硬电极、SP 环硬电极、偏心器、扶正器、绝缘短节、旋转短节、柔性短节、底鼻、无磁短节、承压短接、旁通、马笼头等。

（1）吊挂装置

吊挂装置是实现过钻头水平井测井的关键部分，包括可释放短节、悬挂短节。主要功能是连接电缆和下井仪器，实时监控下井仪器状态。泵出后，上端可以继续工作，下端能使仪器脱离开电缆后悬挂在钻具底端随钻具一起上提。下悬挂上端采用蘑菇头设计，能利用电缆随时回收下井仪器。

吊挂装置分两部分，上端连接着电缆头及测井电缆，下端为悬挂装置，连接下井仪器，整个吊挂装置的分合可以实现马笼头与测井仪器的分离与结合。在仪器输送时，上下端可靠连接，电缆通过吊挂装置连接仪器串下入钻具水眼中。在测井时，采用上吊挂内的电机控制上下吊挂脱离，上吊挂被电缆带着提出井口，下吊挂保证仪器串可靠地悬挂在钻具下方，上提钻具存储测井。

（2）专用钻头

专用钻头是一个中空钻头，在过钻头测井前，将钻头连接在输送钻具的底部，随着钻具下入井底进行通井循环作业，然后将仪器串沿着钻具水眼泵送，测井仪器泵出钻头进入裸眼井段，上提进行测井。

（3）悬挂接头

悬挂接头连接在专用钻头和输送钻具之间，其内径小于仪器悬挂球的外径，含有钻井液循环道。当仪器泵送出钻头时，仪器串上部的悬挂球坐落在悬挂接头内，使得仪器不能继续下行，上提钻具带动整串仪器上行测量。悬挂接头结构示意图如图 4–4–2 所示。

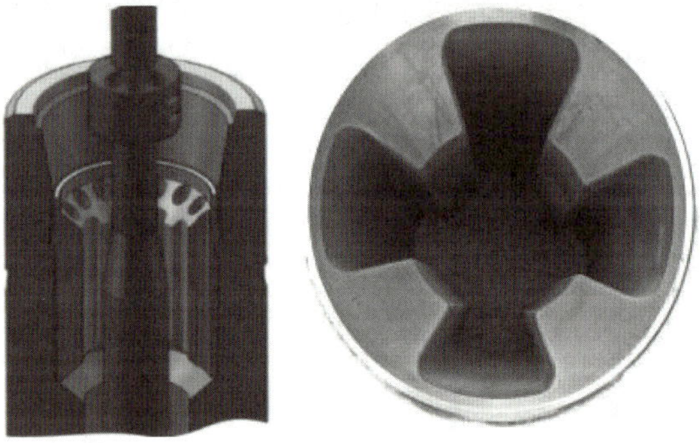

图 4–4–2　悬挂接头结构示意图

（二）施工流程

过钻杆测井系统所完成测井任务与电缆输送测井是一样的，但它的工作方式有别于电缆式裸眼井测井，工作原理如图 4–4–3 所示，其施工过程如下：

①专用钻头安装。在井口将专用钻头、悬挂接头与最下一节钻杆连接，然后下井，并下到预定测量井段深度位置（预留仪器下放深度）。

②仪器串安装。在井口组装仪器串（马笼头 + 遥测 + 吊挂系统 + 测井仪器），并置于钻杆内部，电缆鱼雷从钻杆旁通进入钻杆，与仪器串连接，地面测试盒判断仪器工作状态，正常后，进入仪器串输送阶段。

③仪器串输送。仪器串向井底输送时，在钻杆内部，初期靠重力下放，当重力不足以使仪器串下放时，采用泥浆泵送的方式，推动仪器串下放。

④仪器串着陆。仪器串下到相应深度后，吊挂系统在悬挂接头上安全着陆。

⑤仪器状态检测。通过地面测试盒向仪器串下发指令，判断仪器工作正常后，进入上下吊挂分离阶段。

⑥上下吊挂器分离。电机推动上下吊挂器分离，仪器由电池短节供电，测井仪绞车通过电缆将马笼头、遥测、上吊挂收回至地面。

⑦上提钻具开始测井。仪器在预设开始测井时刻进入测井模式，上提钻具，进行存储测井，各支仪器的测井信息统一存储在下吊挂和伽马测斜测井仪的总存储单元中，同时每支仪器备用存储单元也对单支仪器数据进行备份。

⑧仪器返回地面、测井结束。由钻井深度标识，目的层测井完成后，下放马笼头、遥测、上吊挂与下吊挂连接，检测仪器工作状态及测井数据是否正常，如正常则取出仪器串，并收回地面。

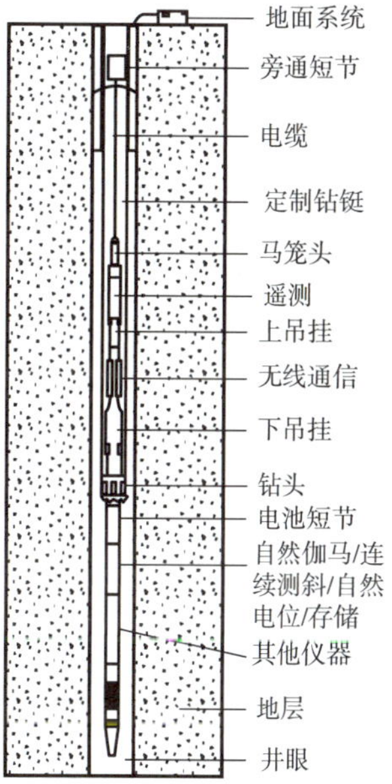

图4 4 3　过钻头测井原理图

⑨数据回放。仪器返回地面后，通过地面读取装置读取存在存储单元的测井信息，并进行时深转换等数据预处理，完成施工。

（三）技术特点

①仪器直径：ϕ55mm。

②工艺独特：测井工艺较常规不同，测井仪器从钻具当中穿出到达目的层。

③应用范围广：适用于常规井、疑难井、复杂井测井、有垮塌情况的井况、大斜度井和水平井等。

④安全性高：仪器串从钻具中被泵出时有电缆连接，泵出速度可控，仪器串可安全挂接在专用钻头上，在钻具遇卡等特殊工况时，可随时回收测井仪器串，确保仪器和放射源的安全。

⑤测井时效高：钻具下至预定深度后，仪器直接从钻具中穿出，挂接在钻头处，提钻的过程中完成测井，与传统电缆测井和钻具输送（湿接头）测井工艺相比，少下 1~2 趟钻，时效明显提高。

⑥测井成功率高

a. 测井仪器泵出钻头后仍有电缆连接，经过地面检测和信号发送可确认测井之前仪器状态和姿态，如果仪器状态和姿态有问题，可反复调整，确保测井前仪器状态良好；密度带有推靠器，能保证探头贴靠井壁良好。

b. 上下吊挂之间采用无线通信，可反复挂接和脱开，成功率高。

⑦综合效率高：

a. 不受表套下深、井斜及造斜点深度、水平段长度的限制。

b. 测井过程中可以关井、压井和循环钻井液。

c. 测井结束后，仪器不用起至井口，通过再次抓取仪器，及时判断测井是否正常，快速确定下一步工序。

d. 对于多串测量或多分支井，测井时效提高更加明显。

（四）复杂情况的处置

①泵送仪器出舱着陆信号异常时，应查明原因，确认正常后再释放仪器。

②发生起钻测井时钻具或仪器遇卡情况：

a. 起钻时悬重增加（去除钻具磨阻）超过 4t，应缓慢恢复张力至正常悬重，然后再尝试起钻，严禁顿钻、溜钻。

b. 以转速不超过 5r/min 的转速缓慢旋转钻具解卡。

c. 接方钻杆或顶驱，以不超过 $1m^3/min$ 的排量循环解卡。

d. 不断尝试以上三点，若未能解卡，下放电缆、上吊挂抓取仪器，根据马笼头张力情况判断遇卡类型，若为仪器遇卡，仪器收腿，采取循环下钻解卡，若为钻具遇卡，直接回收仪器。

③发生溢流、井喷等复杂情况：

a. 测井施工过程中若发生溢流、井喷，测井队立即停止作业。

b. 电缆上提、下放过程中，无法起出全部电缆，钻井队抢接方钻杆或顶驱，循环压井，保持电缆活动，防止电缆从旁通处损坏或断裂，压井成功后起出仪器和电缆。

c. 若无电缆在钻具内，钻井队压井成功后，循环泥浆清洗钻具水眼，进行抓取并回收仪器，若不能成功抓取，在井控安全条件下，起出钻具，回收仪器。

第五节　随钻测井

随钻测井技术是在钻井的同时用安装在钻铤上的测井仪器，提供井下方位信息、钻井动态和钻头机械的监测信息，测量地层电、声、核等物理性质，并将测量结果实时地传送到地面或部分存储在井下存储器中的一种测井技术。在钻井的同时即完成了测井工作。

一　准备工作

（一）脉冲发生器测试检查

有电路故障的脉冲发生器可能损坏与之连接的驱动电路，因而下井施工的脉冲发生器要进行绝缘性测试及蘑菇头伸缩测试。

测试脉冲发生器的绝缘性，对照脉冲发生器测试表，记录并检查各电阻值读数，读数必须在要求的范围内。

测试脉冲发生器泵的密封性，在不通电的情况下，蘑菇头能自由伸缩；在通电情况下，蘑菇头伸出后不能缩回；否则说明脉冲发生器泵密封不好。

（二）地面仪及下井仪器测试

对地面仪器防爆箱的工作情况进行测试。

将电阻率仪器、声波仪器装入电池和环空转换器，然后将仪器由上往下用跨接线连，顶端接探管测试盒。

设置仪器工作参数，电阻率、声波、自然伽马等仪器处于待机状态，防止仪器之间带电操作。伽马井斜、声波仪器控制界面执行操作时，最好在 90s 内完成，如果出现通信失败，退出该界面重新进入再次执行该命令。

查看工作过程中仪器是否正常，工作正常断电后准备上井，取出电阻率仪器的电池，声波仪器接收端装配完毕后如果不需要读取数据可以设置为双工模式。

（三）脉冲发生器组装

①组装脉冲发生器总成、流筒总成、鱼颈总成。

②将脉冲发生器和自然伽马测井仪连接。

③组装完毕后的脉冲发生器放入无磁悬挂中。

二 技术特点

①采用实时数据传输、井下数据存储两种方式同时进行地层参数的测量。

②能够监测钻具内和环空压力变化，监测钻具的振动情况。现场人员可以根据实际情况，分析发生风险的可能性，提前采取措施，控制或避免风险的发生，减少损失。

③具有地质导向功能，现场工程师能够随时监控地层的变化情况，对将要出现的地层变化作出准确的预判断。

④在钻井过程中随时测量地层参数，此时的地层还基本没有受到泥浆的污染，测得的参数准确，有利于对油层的评价。

⑤在测量常规定向井参数的同时，能及时了解地层情况，使井眼轨迹准确地进入预计的目的层位，同时根据地质专家的要求适时调整井眼轨迹。

思考题

1. 电缆输送测井遇阻处置措施是什么？
2. 牵引器输送测井常规水平井组合顺序是什么？
3. 钻具输送电缆测井井下工具有哪些？
4. 测井电缆轻微扭曲处置措施是什么？
5. 直推存储式测井起钻过程中发生遇卡如何处置？
6. 钻具输送泵出存储式测井数控释放器有哪两种工作模式？
7. 过钻头存储式测井吊挂装置的功能是什么？
8. 简述过钻头存储式测井施工流程。
9. 过钻头存储式测井过程中发生溢流、井喷如何处置？
10. 随钻测井脉冲发生器的组装步骤是什么？

第五章

风险处置

PART

随着钻探区域扩大及钻井深度的不断增加，钻遇井下复杂情况越来越多，同时由于测井工程技术的局限性，在测井施工过程中，就面临着各种施工风险，为此，必须及时制订有效的风险预案，在遇到复杂情况时，及时进行合理处置。

第一节　测井风险因素

在测井施工过程中，经常发生各种工程复杂情况，分析其主要原因，主要归结为设备因素、人员因素和井况因素。

一　设备因素

（一）电缆损坏

由于遇阻过多或其他原因造成电缆打结、电缆钢丝断裂扭结或散开造成的，多发生在泥浆相对密度大、黏度大、大斜度井、新电缆、大直径的桥塞（或封隔器）等情况。

（二）下井仪损坏

主要是推靠臂或扶正器等断裂，造成仪器遇卡。

（三）通信不良

测井施工中，尤其是目前水平井施工时，良好的通信是司钻、测井操作工程师、井口工、地面工协调配合的关键，施工之前要对通信器材各部分进行详细的检查和试验，保证通信设施在各种情况下（海上、陆地、雷雨天等环境条件下）都能够保持良好状态。通信不好，很容易发生事故。

（四）设备不配套

在测井施工前，必须进行充分的准备，按照施工现场的实际情况，配套施工中需要的仪器，合理地组合测井仪器。仪器配套不合理往往导致事故的发生，因此，施工前要对现场有充分的了解，做好准备工作。

（五）动力出现故障

由于施工过程中动力设备出现故障，造成电缆在井中停留时间过长，造成仪器粘卡而发生工程事故。因此施工前要认真检修动力设备，保证设备工作正常。水平井施工中，要落实好钻井队的动力，确保钻机动力运行正常。

二　人员因素

（一）不熟悉操作规程

由于对施工方案、操作规程不了解或是不能严格按照施工方案、操作规程进行施工，往往会发生各类意想不到的事故。

（二）未能严格执行施工设计

在施工前，编写了详细的施工方案，但现场施工中，受施工人员技能和素质的制约，未能严格按照预定施工方案操作执行，以致造成事故。

（三）疲劳施工

由于测井特殊的工作环境和作业周期的不确定性，易导致施工人员疲劳，出现精力不集中、麻痹大意，对各种应遵循的操作规程及出现的应急问题反应迟缓，易造成隐患风险。

（四）对井况了解不足

施工人员对井下泥浆性能、井斜数据、地层地质及钻井工程情况等了解不足，没有预先制定针对性的预防措施，导致发生复杂情况的概率增加。

三　井况因素

井况因素主要包括：压差黏附、井眼轨迹、井眼缩径或沙桥、套管损坏或套管鞋开裂、井底沉砂、键槽遇卡、井壁垮塌、碎块等。卡住仪器或井壁垮塌埋住仪器造成遇卡。

（一）压差黏附

1. 原因分析

所谓压差黏附是由于泥浆和地层压力差较大而吸附电缆或仪器造成的遇卡，多数是吸附电缆造成仪器遇卡。进行地层测试或井壁取心作业过程中，如果操作人员对操作规程、注意事项了解不够，未能按照规定下放电缆，极易造成电缆吸附。这种情况多发生在钻井过程中发生泥浆漏失或钻井使用了相对密度超高的泥浆，在压差（泥浆压力大于地层压力）的作用下迫使仪器或电缆压靠井壁，如果泥饼黏度和压差产生的力大于电缆的安全拉伸张力就会产生黏附卡。

2. 遇卡特征

利用电缆伸长法判断遇卡深度浅于仪器深度，且电缆张力小于正常值，则可基本判定电缆产生压差造成黏附。电缆黏附一般产生在渗透层，可参照地质录井记录核实遇卡层位（有张力短接的组合更容易判断压差黏附）。利用拉伸法判断压差黏附卡时一定要注意，特别是在斜井中，卡点深度误差较大。

3. 应对措施

通常情况下，因为电缆与井壁的静摩擦远远大于电缆的动摩擦，只要电缆移动就不会产生压差黏附。因此在钻井液不理想的情况下尽量减少仪器在井下的静止时间。

（二）井眼缩径或沙桥

1. 原因分析

这种情况主要是由于页岩膨胀超压、泥饼过厚造成缩径，或是泥浆中岩屑沉积，在井中形成沙桥造成仪器阻卡。多发生在钻井岩屑中有大块泥岩碎屑、起下钻异常的井。

2. 遇卡特征

当沙桥位于仪器上部时，电缆可以下放但不能上提，此时电缆悬重接近正常值。当仪器本体被卡在沙桥部位时，仪器不能下放，此时电缆悬重小于正常值，卡点深度与仪器深度一致。可参照地质录井记录核实遇卡井段岩性，作出进一步判断。

3. 应对措施

①测井施工前一定要详细了解钻井井史和地质记录，掌握井身结构。在易发生井壁垮塌和掉块的地方密切关注测井曲线和张力变化。

②合理使用扶正器和间隙器，使仪器居中。

③遇阻时不要使仪器快速下冲。

④发现遇阻应立即停车，上提电缆，再次下放应减慢并保持匀速，避免快速下冲，防止仪器冲进聚集的岩屑或沙桥中。

⑤相同深度遇阻三次后，应通知井队下钻通井、循环、调整钻井液改善井眼条件。

（三）套管损坏或套管鞋开裂

1. 原因分析

这种情况主要是由于在套管有损伤变形或是套管口形成裂口，电缆或仪器卡在裂口处。多发生在套管故障或是固井时发生故障，老井开窗侧钻，在套管口钻穿过程中形成齿状裂口，不是标准的椭圆形，电缆或仪器易卡在裂口处。开窗周围水泥环振动坍塌，加上钻井液冲蚀井眼扩大，在窗口处形成台阶。

2. 遇卡特征

遇卡深度与套管鞋深度一致，且仪器又在套管鞋以下，则电缆或仪器头可能卡在套管鞋处。

3. 应对措施

①在电缆头附近安装间隙器，使电缆头隔离开井壁。

②一旦遇卡，可下放电缆使下井仪器远离遇卡位置，然后缓慢上提，反复起、下改变仪器运行轨迹，直至电缆脱离套管损坏位置。

③如无法解卡应进行穿心打捞。

（四）井底沉砂

1. 原因分析

测井前钻井循环清砂不充分，钻井液携砂能力不足，造成井底沉砂。仪器快速下到井底会陷入沉砂中，严重的会造成遇卡事故。固井时，如水泥浆返进井筒，未完全凝固，也会在井底发生阻卡。

2. 遇卡特征

仪器下放接近井底前，张力有明显下降，上提仪器时张力明显大于正常张力。

3. 应对措施

①距离井底 100m，降低下放速度不大于 600m/h。至距离井底 50m 时，上提电缆测试正常张力。

②张力下降，立即上提仪器，减少仪器在井底停留时间。

③提前介入，了解钻井井史和固井情况，以技术交底方式，要求钻井方提供畅通井眼。

（五）键槽遇卡

1. 原因分析

由于斜井（定向井）或井眼弯曲，测井时电缆在运行过程中一直沿一个轨迹运动，就很容易在井壁上勒出键槽，由于鱼雷或仪器比电缆直径大不能进入键槽造成遇卡。这种情况多发生在斜井的造斜点及狗腿井段。

2. 遇卡特征

电缆只能下放不能上提，且下放张力接近或等于正常悬重。当仪器卡死时，仪器不能下放（如：狗腿子井段）张力呈遇阻显示特征。

3. 应对措施

①条件允许的情况下，尽量采取组合测井，减少下井次数，降低因电缆摩擦形成键槽的机会。

②合理使用扶正器使仪器和井壁保持一定的空隙，防止仪器头在键槽处遇卡。

③如发现遇卡现象，应立即停车，收回推靠装置，然后缓慢下放电缆，注意张力和曲线变化，逐次增加上提拉力，反复活动，直至达到最大安全张力。

④若不能解卡，应考虑实施穿心打捞。

第二节　测井施工复杂情况处置

一　复杂情况分析

（一）仪器落井

测井仪在井中运行时，马笼头拉力棒、电缆或仪器串断裂，致使测井仪落入井内，无法正常起出，称为仪器落井。

1. 拉断拉力棒

（1）原因分析

①最大安全拉力计算错误。

②绞车面板或张力系统出现问题，上提拉力超过最大安全拉力，造成仪器落井。

③张力计挂在地滑轮，而绞车面板上的 K 系数设置错误，张力面板显示的拉力小于实际拉力，在仪器遇卡时，上提的拉力超过最大安全拉力，造成仪器落井。

④处理遇卡故障时，上提电缆速度过快。

（2）应对措施

①张力系统定期标定。

②正确设置绞车面板张力 K 系数。

③根据电缆型号、井身结构和钻井液参数，选择拉力棒。

④使用井下张力计，辅助判断遇卡类型。

⑤记录仪器串在钻井液中的悬重。

⑥仪器下放过程，套管口、造斜点、井底等关键点上提仪器，记录正常张力，快速获取安全拉力。

⑦按规程起下电缆，处理阻卡。

2. 鱼雷异常断裂

（1）原因分析

①鱼雷壳、花键、锥体等连接件配件加工工艺存有缺陷。

②在连接部位制作过程中出现压钢丝、断钢丝等情况没能及时发现。

③连接部位在使用过程中损伤、腐蚀等。

（2）应对措施

①使用检查合格的鱼雷等配件。

②操作人员强化技能训练。

③制作电缆锥套时，严格按照规程操作。

④鱼雷应定期检查保养，发现隐患及时处置。

3. 电缆异常断裂

（1）原因分析

①局部外层钢丝磨损超过直径的 1/3。

②电缆打结或打扭后未经处理。

③受到的拉力超过电缆拉断力的 50%。

④电缆检测的拉断力低于额定拉断力的 75%。

⑤钢丝腐蚀、锈蚀、发生氢脆现象，虽然具有足够的拉断力但无韧性。

⑥绞车操作不当。

（2）应对措施

①电缆定期做挠曲实验、拉断力实验。

②拼接电缆时，选用相同型号、质量合格的电缆。

③电缆禁止掉头使用。

④严禁遇阻后下放电缆过多。

⑤在含有硫化氢的井中施工使用防硫电缆。

⑥及时维护保养电缆。

⑦使用新电缆应进行扭力释放。

⑧严格按照操作规程操作绞车。

4. 仪器断落

（1）原因分析

①仪器保养不当，存在安全隐患。

②钻具输送过程中遇阻压力或增加拉力超过了仪器机械指标。

③钻具遇卡时，钻井处置不当，仪器异常受力导致仪器断裂。

④下井仪器组合顺序不合理。

⑤下井仪器连接部位异常脱开。

⑥井口操作失误，导致仪器落井。

（2）应对措施

①按仪器保养规程定期保养下井仪器。

②施工中，做好钻井队起下钻监控，禁止顿钻、溜钻，防止阻卡时下压或上提张力过大。

③合理设计仪器下井连接顺序。

④加强施工人员技能培训，严格按照规程操作。

（二）电缆打扭

1. 原因分析

①使用未进行破劲或者破劲不够的新电缆进行测井。新电缆有一定的破劲期，一般为20~25 井次。

②仪器下井过程中遇阻未及时停车，放入了过多的电缆，上提时速度过快。

③电缆下放速度过快，限制了电缆的自由旋转。

2. 应对措施

①新电缆要充分地调理。

②电缆使用时始终保持电缆有一定的张力，新电缆调理期保持 120∶80 拉力原则，使用期保持 133∶67 拉力原则。

③调理期、复杂井况使用旋转短节。

④电缆下放速度不要过快，禁止上提后突然下放，不能用仪器下冲的方法通过。

⑤关注测井曲线和张力显示，发现遇阻及时停车。

（三）电缆跳槽

1. 原因分析

①仪器下速过快，仪器在井口附近，仪器下入较慢，而电缆下放较快，造成电缆不能完全进入滑轮槽内。

②电缆快速运行中突然停车，造成电缆脱离滑轮槽。

③滑轮槽损坏，造成电缆沿损坏部位脱离滑轮槽。

④电缆外径与滑轮槽尺寸不匹配。

2. 应对措施

①严格执行作业规程。

②定期检查、维护保养天地滑轮。

③发生跳槽，电缆打 T 形卡钳，若采用带压测井，可用电缆防喷器抱死电缆，重新将电缆安装在滑轮槽内。

④下井仪器损坏。下井仪器有时在井下受到损坏，井径腿或扶正器发生断裂，可能造成遇阻。

⑤按照下井仪器维护保养手册进行例行维护保养，检查推靠臂、扶正器片磨损情况，连接轴销完好。

⑥连接轴销每年强制更换，仪器遇卡打捞后应进行更换。

⑦正确安装扶正器、间隙器。

二 电缆最大安全拉力的计算

（一）*K* 系数设置

张力计挂在地滑轮，而绞车面板上的 *K* 系数设置过小，造成实际拉力大于显示的拉力，在仪器遇卡时，上提的拉力超过最大安全拉力，造成仪器落井。*K* 系数与电缆夹角关系见表 5-2-1。

表 5-2-1　*K* 系数与电缆夹角（θ）关系

θ/（°）	*K* 系数	θ/（°）	*K* 系数
70	1.22	108	1.70
72	1.23	110	1.74
74	1.25	112	1.79
76	1.27	114	1.84
78	1.29	116	1.89
80	1.31	118	1.94
82	1.33	120	2.00
84	1.35	122	2.06
86	1.37	124	2.13
88	1.39	126	2.20
90	1.41	128	2.28
92	1.44	130	2.37
94	1.47	132	2.46
96	1.49	134	2.56
98	1.52	136	2.67
100	1.56	138	2.79
102	1.59	140	2.92
104	1.62	142	3.07
106	1.66		

由表 5-2-1 可以看出，绞车面板张力 *K* 系数与电缆之间的夹角有关系，并且相差很大，而电缆的夹角很难测量准确，如果设置的 *K* 系数过小，在仪器遇卡时，很容易出现拉断仪器弱点，造成仪器落井的事故。因此建议张力计挂在天滑轮上，*K* 系数为 1。

（二）最大安全张力

在垂直井眼中，正常测井时通过张力设备读出的张力 T_N：

$$T_N = Z \times W_{CM} + W_{TM} + F_T + F_C \qquad (5\text{-}2\text{-}1)$$

式中　T_N——张力设备面板读出的张力，lbs（1lbs=453.59237g）；

Z——仪器所在的深度，m；

W_{CM}——电缆在泥浆中的单位长度（m）的质量，lbs /m；

W_{TM}——仪器在泥浆中的自重，lbs；

F_T——仪器受井眼的摩擦力，lbs；

F_C——电缆的摩擦力（直井时为 0），lbs。

仪器遇卡时在不拉断弱点的情况下可施加的最大安全拉力 P 为：

$$P = T_N + 0.75 \times T_B - W_{TM} - F_T \qquad (5\text{-}2\text{-}2)$$

或

$$P = W_{CM} \times Z + 0.75 \times T_B \qquad (5\text{-}2\text{-}3)$$

式中　T_B——拉力棒拉断力的下限，lbs。

对于斜井，在计算最大安全拉力时，仪器的摩擦力（F_T）不能忽略，尤其是带有偏心器或带腿的仪器。仪器的摩擦力可以按照下面确定：

仪器处于收腿状态时所记录的张力 T_C；仪器处于开腿状态时所记录的张力 T_O；则仪器

所受的摩擦力 $F_T = T_O - T_C$。

只有一个造斜点的斜井（井斜角为 θ）在仪器遇卡时的最大安全拉力 P 为：

$$P = Te^{\mu-\theta} + (Z + Z_1)W_{CM}(\cos\theta + \mu\sin\theta e^{\mu-\theta} + W_{CM}Z_1) \tag{5-2-4}$$

式中 T——拉力棒拉断力下限的 75%，即 $T_B \times 0.75$，lbs；

μ——摩擦系数，金属与金属之间为 0.35，金属与泥土之间为 0.40（一般取 0.35）；

Z——仪器遇卡点的深度，m；

Z_1——造斜点深度，m。

对于有两个以上造斜点的井，安全张力的计算还要复杂，这里不再给出计算公式。

三 卡点深度确定

在处理测井遇卡事故时，了解测井遇卡的准确深度对于实施解卡措施和保证施工安全具有非常重要的意义。通常采用电缆拉伸法确定卡点深度。操作步骤如下：

①使电缆处于比正常拉力稍高（即 T_N+200lbs）；

②在转盘水平面（RT）的电缆上做记号，第一个记号；

③使张力增加 1000lbs；

④在转盘水平面的电缆上做记号，第二个记号；

⑤测出两个记号之间的距离（ΔL_1）；

⑥使张力再增加 1000lbs；

⑦在转盘水平面的电缆上再做记号（最后一个记号）；

⑧测量最后一个记号与第一个记号之间的距离（ΔL_2）；

⑨用公式（5-2-5）和 E（电缆类型决定），计算出卡点深度 D：

$$D = \Delta L / (\Delta T \times E) \tag{5-2-5}$$

式中 D——遇卡深度，m；

ΔL——电缆伸长，m；

ΔT——附加拉力，lbs；

E——电缆末端固定的伸长系数，m/m-lbs。

几种电缆末端固定的伸长系数见表 5-2-2。

表 5-2-2 电缆末端伸长系数

电缆型号	伸长系数
1-32	E=11.5 × 10^{-7}m/m-l6s
2-32	E =15.0 × 10^{-7}m/m-l6s
7-39	E =10.0 × 10^{-7}m/m-l6s
7-46NT	E =7.5 × 10^{-7}m/m-l6s
7-46P	E =8.3 × 10^{-7}m/m-l6s
7-46V	E =9.0 × 10^{-7}m/m-l6s

在斜井中，由于摩擦力的影响，计算出的遇卡点的深度会有轻微偏差。在计算电缆伸长时不要超过最大安全张力。

第三节　放射源与民用爆炸物品

一　测井放射源

（一）放射源基础知识

1. 中子源

中子具有不稳定性，它容易衰变为质子放出电子和反电中微子，平均寿命只有 10min，因此，半衰期很短。自然界几乎不存在自由中子，中子与质子存在于各种元素之中，与质子组成原子核。在原子核很强的核力作用下，中子呈“束缚态”，要使中子从原子核中释放出来，必须给核以一定能量，此能量要大于核的结合能，中子才能被释放出来成为自由中子，我们把能够产生自由中子的装置称为“中子源”。

中子源的强度表示单位时间内中子源发射中子的数目或单位时间内中子源产生的核反应数。单位为居里（Ci），国际单位为贝可勒尔（Bq），单位换算：$1Ci=3.7\times10^{10}$ Bq，测井使用的镅铍中子源强度一般为 20Ci（74×10^{10} Bq）、18Ci（66.6×10^{10} Bq）、5Ci（18.5×10^{10} Bq）等。

中子源的能量是指中子源发射中子的动能，即中子静止时的质量乘以中子运行速度能量，以电子伏特为单位（eV）。中子源的轰击粒子与核反应能量多为兆电子伏特（MeV）。中子源的寿命半衰期取决于发射轰击粒子半衰期。镅铍中子源的半衰期为 432 年。即是 ^{241}Am 的半衰期。

^{241}Am-Be 中子源属于固体密封放射源，不锈钢氩弧焊，平均中子能量 4.46MeV，现用 ^{241}Am-Be 最大活度 7.4×10^{11} Bq（20Ci）。

2. 伽马源

一种以发射 γ 射线为主要特征的放射源，简称 γ 源。通常所说的辐射源，实际上也是 γ 放射源。γ 放射源是利用能发射 γ 射线（包括 X 射线）的核素制备的。用制备 γ 放射源的核素有铁 55、钴 57、钴 60、硒 75、铯 137、铥 170、铱 192、钚 238、镅 241 等。

伽马源是进行 γ－γ 测井、γ 中子测井和 γ 活化法测井时使用的 γ 射线源，它由人工或天然放射性同位素制成。测井常用伽马放射源 ^{137}Cs γ 源。

^{137}Cs γ 源是固体密封放射源，双层不锈钢外壳，氩弧焊密封，物理半衰期为 30.17 年，γ 射线能量约为 0.662MeV，现用 ^{137}Cs 最大活度 9.28×10^{10} Bq（2.5Ci）。

3. 放射源的结构

放射源是指放射性物质制成的能产生辐射照射的物质或实体，放射源按其密封状态可分为密封源和非密封源。测井放射源必须是密封源。在设计和制造过程中，应充分考虑使用的环境对源壳不利的因素，甚至强度的改变。每个制造源至少有两层保护包壳和为固定在仪器或工具上的螺纹。测井使用的源壳一般使用 AIS1316 材料（含钼的不锈钢）两层包装，壁厚为 1.2mm 用弧焊密封而成。20Ci 中子源尺寸为 26.5×133（mm）加上源头总长不超过 200mm。

由于测井时放射源都处于高温、高压条件下，所以放射源的密封性能尤为重要，特别是 ^{241}Am 为极毒物质，危害大，更应防震、耐温、耐压、防漏。镅铍源是将含有弱硝酸溶液和大于 325 目的铍粉混合，放入容器用 1.5 吨压力制成圆柱形后再密封制成。国际上对密封源做了五个项目的检测，将检测结果分为七个等级，下井辐射源必须要达到五级以上方能出厂。对外表污染和密封检查应尤为严格。泄漏应小于 5μCi。中子源使用一段时间以后，要进行擦试检验，一旦发现超过允许值要立即停止使用，并通知有关部门封存。

（二）测井常用放射源

在测井项目中，为探测地层的孔隙度、划分地层岩性、判断泥质含量及进行同位素示踪等通常需要使用放射源，常用的放射源主要有中子源、伽马源等两种。

（1）镅铍中子源

镅铍中子源（图 5-3-1）的放射性物质是由氧化镅和金属铍组成的具有一定几何形状的物质。核素符号分两部分，第一部分用 AB 表示镅铍中子源；第二部分用 4 位数码，其中 1 位数表示源的几何尺寸规格，后 3 位代表中子发射率。镅铍中子源由圆芯和源包壳两部分组成，源芯在包壳内安装牢固不松动。

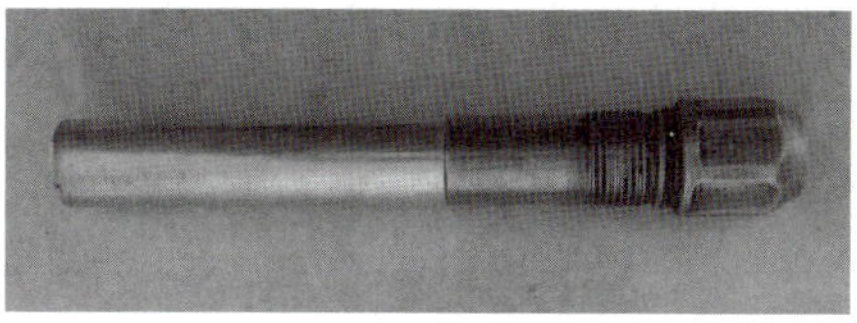

图 5-3-1　镅铍中子源

（2）脉冲中子源

脉冲中子源（中子发生器）利用离子加速器（图 5-3-2）加速的带电粒子轰击适当的靶核，通过核反应产生中子。测井常见的有中子寿命、PNN、氧活化等测井使用中子发生器。中子发生器由氘气存储器、离子源、中子靶等组成。

图 5-3-2　离子加速器

离子加速器工作前，由氘气存储器释放氘气，使内部达到一定压强，通过对离子源加高压电场，将氘气电离，产生氘离子，再向中子靶加超高压，氘离子打到中子靶上，产生 D-T 核反应，释放出单能快中子。

（3）伽马源

测井使用的伽马源有铯源（^{137}Cs）、钴源（^{60}Co）等，其中以铯源为主。铯源是以核素 ^{137}Cs 掺入陶瓷烧结而成的。

国产仪器使用的铯源强度为 200mCi（0.74×10^{10}Bq）。

进口仪器使用的铯源强度为 2Ci（7.4×10^{10} Bq）。

^{137}Cs 源（图 5-3-3）进行核衰变时有 7% 发射 1.176MeV 的 α 射线，有 93% 发射 0.152MeV 的 β 射线和 0.662MeV γ 射线。国产源的尺寸为 8x9（mm）；进口源的尺寸为 9.5×10（mm）。

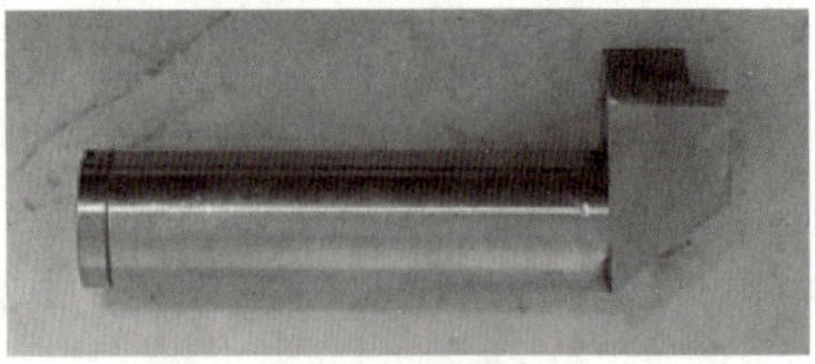

图 5-3-3 ^{137}Cs 伽马源

国产源是将 Cs、CI，交替在沸石粉上与釉粉混合放入不锈钢壳内，经 600℃灼烧成陶瓷体再装入不锈钢外壳用氩弧焊接而成。泄漏检查与中子源相同。

（4）同位素

同位素测井主要用两类：^{131}I、^{131}Ba。^{131}I 为固态颗粒，物理半衰期为 8.02 天。^{131}Ba 以固态颗粒为主，物理半衰期 11.7 天。有多种能量的 γ 射线，分支比较大的有 3 种，能量分别为 496.3 keV（46.8%）、123.8 keV（28.97%）和 216.1 keV（19.66%）。

5. 放射源的维护

进行更换放射源外壳、密封圈等特殊操作时，要使用专用操作工具并加设防护屏蔽，多人轮流操作，有条件的采用远程控制的机械方式。

①更换放射源源壳、源尾前，操作人员应使用模拟源进行实操练习，制定异常情况处置措施；

②更换源壳、源尾由 2 人配合操作，且至少有一人具有 2 次以上参与同类活动的经历。直接接触源壳、源芯的操作人员应戴橡胶手套；

③操作实施前，操作人员设置非安全控制区和警示标识，非安全控制区半径不得小于 30m，检查、保养所需工具，确保工具齐全、好用，检查新源壳编号；

④更换下来的旧源壳、源尾送交放射源贮存库，放射源贮存库管理人员按正常接收程序收贮；

⑤操作完成后，使用流动清水清洗双手及工具。

（三）放射性防护

1. 放射源外照射防护：

时间防护：缩短受照时间。人体受到的外照射累积剂量与照射时间成正比，因此，缩短放射性照射时间就是最好的防护方法。工作前，应做好充分准备，操作时务求熟练、迅速。需在强辐射场内进行工作，应采取轮流、替换办法，严格限制每个人的操作时间。

距离防护：增大与辐射源的距离。人体受到照射的剂量率与距离的平方成反比。即：距离增加一倍，剂量率减少到原来的四分之一。所以，操作时要使用专用工具，避免徒手接触。

屏蔽防护：设置防护屏蔽。所谓屏蔽防护，就是在辐射源和人体之间放置一种能有效吸收射线的屏蔽材料，从而减弱或消除射线对人体的危害。铅对伽马射线的屏蔽能力最强，每 1cm 厚的铅板就能屏蔽掉 90% 的伽马射线。因此，装卸伽马源时可戴铅眼镜、穿铅衣来实现屏蔽防护。屏蔽中子射线的物质以含氢量高的为好，所以，石蜡、塑料、水、聚乙烯都能起防护作用。

2. 同位素内照射防护

放射性核素进入人体的途径：可由吸入、食入、皮肤黏膜或伤口进入人体。

内照射的防护原则：优选核素，内外照射防护兼顾，防护设施为主，个人防护为辅。

常用的防护措施：

①防止经呼吸道吸入：在通风柜操作，戴防护口罩、面具，湿式作业。

②防止经食道进入：禁止在工作区或污染区进食、吸烟，防止受污染。

③防止经体表进入：避免皮肤与放射性物质接触，穿戴工作服、工作帽、手套和防护套等。离开工作场所和污染区，要彻底清洗，洗消前后都应进行体表监测。

3. 放射性防护主要器材

（1）防护用品

铅衣、铅镜。目前国家没有工业核技术应用的铅衣、铅镜（图 5-3-4）等个体辐射防护用品的制作标准，现用执行医用标准，一般为 0.5~0.7mmPb。

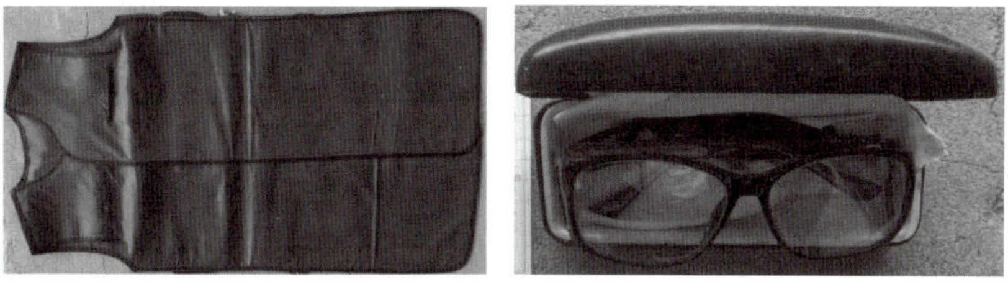

图 5-3-4　铅衣、铅镜

放射源罐（箱）材料。γ 源屏蔽容器主要的屏蔽材料为铅；中子源屏蔽容器主要的屏蔽材料为石蜡、硼砂 + 重金属。近年来，出现了含硼聚乙烯 + 重金属。

中子源罐是圆柱形，ϕ410mm × 544mm，密度源罐是圆柱形，ϕ165mm × 336mm。如图 5-3-5 所示。

图 5-3-5　放射源罐

放射源罐维护保养主要是防止罐从高处跌落，避免磕碰。吊环应牢固，锁扣应灵活好用，应防止锈蚀。

（2）检测器材

剂量牌（图 5-3-6）是基于 OSL 技术的一种先进的剂量计，全称为“外照射个人剂量计”，由壳体和探测器两部分构成，探测器装在壳体内。

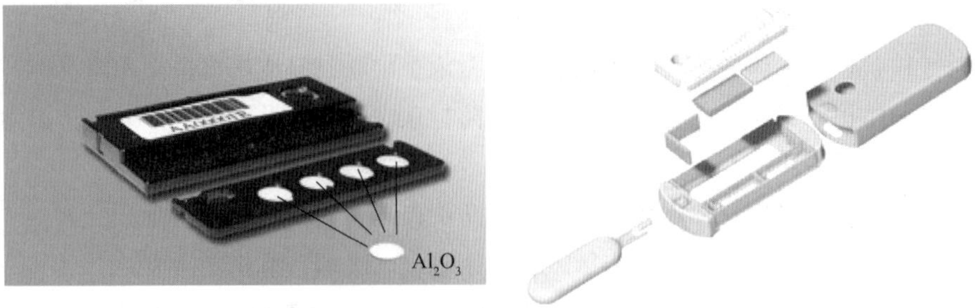

图 5-3-6　剂量牌

射线探测类别：χ、γ、β。

剂量探测范围：0.01mSv~10 Sv。

探测能量范围：χ、γ：5 keV~20 MeV；β：150keV~10MeV。

使用期限：一个星期到一个季度。

应用范围：适用于各类无中子辐射的放射性工作场所的个人剂量监测。

计量牌对工作人员个人剂量当量进行测量，并对个人剂量监测结果汇总和分析，在特定条件下用于有效剂量评价。计量牌检测周期一般为 1 个月，最长不应超过 3 个月，一般采取不超过 90 天为一个监测周期，由专业机构按照标准规范读取数据。

放射性检测仪常用的种类有 X-γ 空气比释动能率仪；X-γ 辐射剂量当量率仪；中子巡测仪；个人剂量当量监测仪；α-β 表面污染仪；核素识别仪。放射性检测仪如图 5-3-7 所示。

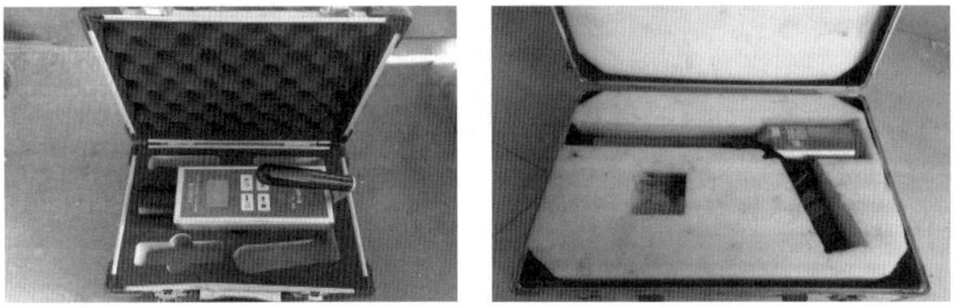

图 5-3-7　放射性检测仪

放射性检测仪作为测井作业人员日常使用来说，一般仅用于定性检测，不作定量检测。

①应尽可能固定测量部位；

②仪器探测端距离被测物表面 5cm 左右，仪器不与被测物接触，以防沾污；

③施工中，放射源由容器取出前、装入容器后的两次测量数值应基本一致，以此判定放射源是否装入容器；

④测量时应避免其他放射源对测量的干扰；

⑤仪器应定期校验（目前采用比对的方式）；

⑥正式测量前，如有标准物质的（如标准岩石）应先测量一下标准物质，以判定仪器的相对准确度；没有标准物质的，应在远离放射源的位置测量天然本底，旷野区域天然本底一般在 0.05~0.1 μSv/h 左右。

二 民用爆炸物品

（一）种类与指标

测井作业中，使用民用防爆物品（火工品）的作业项目有撞击式井壁取心，使用的火工器材是井壁取心药盒，用于油气井（裸眼井）获取岩心，为井壁取心提供动力源。撞击式井壁取心的药盒是利用火药燃烧产生的气体做功，将井壁取心器的岩心筒（取心体）射入目的层，获取岩心。它和放射源一样都属于受控危险品。配套设备有取心器、选发器、校深电极系和地面控制面板。

取心药盒以北方斯伦贝谢油田技术（西安）有限公司为例，取心药盒性能指标见表 5-3-1。

表 5-3-1　取心药盒参数

型号	QXY-180S- Ⅰ	QXY-180S- Ⅱ	QXY-180S- Ⅲ	QXY-180S- Ⅳ	QXY-180S- Ⅴ	QXY-180Y
发火电压 /V	220	9	9	9	9	9
装药量 /g	2.0 ~7.0 每挡增减 0.5					
发火电流 /A	1.2 ~1.6	1.7 ~2. 7	2.3 ~3.8	2.3 ~3.5	2.3 ~3.8	2.3 ~3.8
电阻值 /Ω	3.0 ~4.5	2.5 ~3.5	1.4 ~2.5	1.7~2.5	1.0~2.0	1.0~2.0
外形尺寸 mm	外径 37.1mm ± 0.3mm，高度 17.5mm ± 0.8mm				外径 28.5mm，高度 21.7mm	
耐温℃/4h	180	180	180	180	180	180
延时 /s				6~8		

（二）装药量

药盒的药量必须满足各种井深、各种地层软硬情况的需要。如果装药量过大会造成岩心筒打入地层太深，而使钢丝绳拉断，药量太小会造成岩心筒打不进地层而空筒。取心药盒的选用，首先要弄清井下温度，选用温度等级时应留有余量。因为药盒的温度指标是 4h 的耐温上限，如果火药在井下时间过长，其效能降低，甚至会发生自爆和自燃。选用药量时要综合考虑地层岩性、泥浆密度和所用岩心筒等要素。根据需要取心的井深及地层的硬度，可以参照表 5-3-2 来选择药盒的装药量。

表 5-3-2　井深与装药量的对应关系

井深 /m	装药量 /g
1000	2.0~2.5
1500	2.5~3.0
2000	3.0~3.5
2500	3.5~4.0
3000	4.0~4.5
3500	4.5~5.0
4000	5.0~5.5
4000 以上	6.0~7.0

（三）现场使用方法

①取心药盒的型号及使用条件应与取心器点火电流值一致；

②将取心器药室清理干净，清除油污、锈蚀等可能会导致电接触不良的因素；

③用数字表测量取心药盒的电阻值，阻值应在规定的范围内；

④将取心药盒装入取心器，装入岩心筒，用橡胶榔头敲击岩心筒的力量不得超过 30N；

⑤测量线路电阻，确保整个线路畅通，接触电阻不大于 1Ω；

⑥用绞车将取心器下放到井内预定位置，通入额定电流，点火取心；

⑦起出取心器，获取地层岩心。

（四）使用注意事项

1. 运输注意事项

①火工品的领用、送还，必须办理相关手续。

②火工品的运输必须由专人押运，押运人员应懂得火工品的性能和安全知识。

③火工器材在运输时必须装在防爆箱内。

④运输途中，押运人员不能远离，夜间必须有人看守，防爆箱必须加锁，过乡镇集市必须绕行。

⑤在防爆箱吊运时，押运人员必须在场，提醒装卸人员轻吊轻放，平稳操作。

2. 使用注意事项

①防火：贮存和运输时，必须远离火源。

②防高温：火工品会在较高的环境温度下发生质变，影响作业性能，甚至会发生事故。

③防雷电：火工品在受到雷击时，易被引爆。

④防静电：静电能引爆火工品，所以火工品使用者应穿戴防静电工作服。

⑤防潮湿：测井作业用火工品预防受潮。

思考题

1. 测井施工风险井况因素有哪些？
2. 测井施工风险设备因素有哪些？
3. 测井施工如何避免键槽遇卡？
4. 电缆打扭的原因是什么？
5. 测井常用放射源有哪些？
6. 同位素内照射防护措施是什么？
7. 放射源防护要素是什么？
8. 井壁取心药盒装药量的原则是什么？
9. 测井火工品使用注意事项是什么？

扫一扫
获取更多资源

第六章

资料解释

PART 6

测井资料解释分为裸眼井测井资料解释和套管井测井资料解释。裸眼井测井资料解释依据测井曲线形态特征划分地层剖面岩性和储集层，对储集层的物性和含油气性作出综合性评价的地质解释。生产测井资料解释是油井投产后的注入与产出流体流动剖面的性质和流量，储层剩余油饱和度评价和工程质量分析。

第一节　砂泥岩剖面

石油和天然气储藏在地下具有连通孔隙、裂缝和孔洞的岩石中，这些连通孔隙，既能储存油、气、水，又能让油气水在岩石孔隙中流动的岩层，称为储集层。用测井资料划分井剖面的岩性和储集层，评价储集层岩性（矿物成分和泥质含量）、储层物性（孔隙度和渗透率）、含油性（含油饱和度）、生产价值和实际生产情况，称为地层评价。地层评价是测井技术最基本和最重要的应用，也是测井其他应用的基础。

砂泥岩剖面以碎屑岩为主，砂岩为主要储集层。储集空间以粒间孔隙为主，孔隙分布均匀，横向变化小，孔隙度较高；储集层的岩性、物性、含油性较均匀，各种测井方法（资料）具有良好的相关性，储集层的定性评价和定量评价都有良好的效果。该类储层测井解释评价的主要任务是：划分储集层、岩性评价、物性评价和含油性评价。

一　储集层评价

（一）划分储集层

砂泥岩剖面储集层的基本岩性是砂岩、粉砂岩以及少数砾岩，个别地区可能还有薄层碳酸盐岩储集层，如生物灰岩等。储集层之间有泥质隔层（成为储集层的上、下围岩），而泥岩的性质较稳定，夹在它们之间的储集层易于识别。划分储集层主要用微电极、自然电位、自然伽马等曲线，参考孔隙度、电阻率等曲线确定。

自然电位曲线：泥岩层为泥岩基线；在砂岩层，当泥浆滤液电阻率 R_{mf} 大于地层水电阻率 R_W 时，自然电位曲线为负异常变化；当 R_{mf} 小于 R_W 时，自然电位曲线为正异常变化；两者差别越大，异常幅度越大。

微电极曲线：当微电位曲线幅度大于微梯度曲线幅度时，为正幅度差，相反为负幅度差，幅度差的大小取决于冲洗带电阻率和泥饼电阻率的比值以及泥饼的厚度。泥岩层：幅度低值，无幅度差或很小的正负幅度差，致密泥岩或含灰质泥岩数值升高；渗透性砂岩：幅度中等，明显正幅度差，幅度和幅度差有随颗粒变粗而增加的趋势；渗透性生物灰岩：幅度和幅度差明显大于相邻的渗透性砂岩；致密层：有明显的高幅度，薄层呈尖峰状，幅度差可正可负。

自然伽马曲线：纯砂岩在自然伽马曲线上显示低值，而泥岩显示最高值，粉砂岩、泥质砂岩介于中间，且随砂岩中含泥量的增加自然伽马数值增高；生物灰岩自然伽马数值低于砂岩，随着泥质含量的增加而增高。

一般情况下，砂泥岩剖面中，当地层中泥质含量增加时，常呈现补偿中子、声波时差数值增大的特征，而密度数值不定；砂岩的声波时差数值一般高于灰岩；泥岩一般为低电阻率，致密灰岩为高电阻率。

（二）岩性评价

储集层的岩性评价是指确定储集层岩石所属的岩石类别，计算岩石主要矿物成分的含量和泥质含量，甚至确定泥质在岩石中分布的形式和黏土矿物的成分。

1. 岩石类别和矿物含量

岩石中除了泥质以外的其他造岩矿物构成的岩石固体部分，称为岩石骨架。测井分析者认为，砂岩的骨架成分是石英，硅质胶结物也被视为石英骨架，当钙质胶结物较多时，砂岩骨架则被认为是由石英和方解石组成的双矿物岩性。确定岩石矿物成分及其含量，就是确定岩石骨架的矿物成分及其体积占岩石体积的百分数。测井上常用声波、中子和密度交会来判断岩石类别以及计算矿物含量。

2. 泥质含量

泥质含量是岩石中颗粒很细的细粉砂（粒径小于 0.1mm）和湿黏土的体积所占岩石体积的百分数，用符号 V_{sh} 表示。

3. 泥质分布形式和黏土矿物成分

泥质分布形式是指泥质在岩石中分布的状态。有分散泥质、层状泥质和结构泥质三种。分散泥质是指分布在粒间空隙表面的泥质；层状泥质是指呈条带状分布的泥质；结构泥质是指呈颗粒状分布的泥质。岩石中常见的黏土矿物有高岭石、伊利石、蒙脱石和绿泥石。自然伽马能谱测井可确定黏土矿物成分及其含量。

（三）物性评价

通常把储集层的孔隙性和渗透性统称为储层物性。储层物性评价就是计算储集层的孔隙度和渗透率。测井主要用声波、中子和密度（或岩性密度）来计算储集层的孔隙度，可用单条孔隙度曲线来计算也可用两种孔隙度曲线交会法计算储层孔隙度，进而计算储层的渗透率。

1. 总孔隙度

总孔隙度是岩石全部孔隙体积占岩石体积的百分数，用符号 ϕ_t 表示。

2. 有效孔隙度

有效孔隙度是岩石有效孔隙体积占岩石体积的百分数，用符号 ϕ 表示。岩石孔隙度按其大小分为超毛细管孔隙（孔隙直径 0.5mm 以上，裂缝宽度 0.25mm 以上）、毛细管孔隙（孔隙直径 0.5~0.0002mm，裂缝宽度 0.25~0.0001mm）和微毛细管孔隙（孔隙直径小于 0.0002mm，裂缝宽度小于 0.0001mm）。疏松砂层的孔隙大多为超毛细管孔隙，一般砂岩为毛细管孔隙，而泥岩为微毛细管孔隙。有效孔隙是互相连通的超毛细管孔隙和毛细管孔隙，它们不但能够储集流体，而且能让流体在岩石孔隙间流动。

3. 绝对渗透率

绝对渗透率是岩石孔隙度中只有一种流体时测量的渗透率，用符号 K 表示，因为常用空气测量，也称空气渗透率。它是由岩石本身的孔隙结构所决定的，与流体种类和性质无关。测井通常只计算绝对渗透率。

（四）含油性评价

储集层的含油性是指岩石孔隙中是否含油气以及含油气的多少。地质上对岩心含油级别的描述分为饱含油、油浸、油斑、油迹、荧光和不含油，其含油性依次降低；测井通过计算饱和度来评价储集层的含油性。

1. 含水饱和度

含水饱和度是岩石含水体积占其有效孔隙体积的百分数，用 S_w 表示。岩石孔隙总含有地层水，其中被吸附在孔隙表面而不能流动的地层水，称为束缚水；而离孔隙表面较远，在一定压差下可以流动的地层水，称为可动水或自由水。相应地，有束缚水饱和度 S_{wirr} 和可动水饱和度 S_{wm}，并且 $S_w=S_{wirr}+S_{wm}$。

2. 含油气饱和度

含油气饱和度是岩石含油气体积占有效孔隙体积的百分数，用 S_h 表示，且 $S_w+S_h=1$。如果只含油，用 S_o 表示含油饱和度，$S_w+S_o=1$。

（五）产能评价

产能评价是在定性分析与定量计算的基础上，对储集层产出流体的种类和产量的高低作出综合性的解释结论。常用的主要解释结论有：

油层：产出有工业价值的原油，不产水或含水小于 10%；

气层：产出有工业价值的天然气，不产水或含水小于 10%；

油水同层：油水同出，含水 10%~90%；

气水同层：气水同出，含水 10%~90%；

含油水层：产水大于 90% 到见油花；

水层：完全产水，有时也把含油水层归入水层；

水淹层：油田注水开发后，原来的油气层进入了注入水，试油后部分产水或完全产水。

干层：不论产什么，因产量低而被认为无生产能力。

二　主要储层地质参数计算

（一）泥质含量计算

$$SH_1=\frac{SHLG-GMIN}{GMAX-GMIN} \tag{6-1-1}$$

$$SH=\frac{2^{GCUR\cdot SH_1}-1}{2^{GCUR}-1} \tag{6-1-2}$$

式中 SH——泥质含量；

SH_1——相对泥质含量；

$GMIN$——用来计算泥质含量的曲线在纯岩石的测井值；

$GMAX$——用来计算泥质含量的曲线在纯泥岩的测井值；

$SHLG$——泥质指示测井曲线数值，主要为 SP、GR 测井曲线等；

$GCUR$——与地层有关的指数，新地层取 3.7，老地层取 2。

（二）孔隙度计算

孔隙度（*POR* 或 ϕ）适用于单矿物岩石地层。

1. 密度测井计算孔隙度

$$POR = \frac{DEN - DG}{DF - DG} - SH\frac{DSH - DG}{DF - DG} \quad (6\text{-}1\text{-}3)$$

式中 *DEN*——地层密度测井值；

DG——岩石骨架密度测井值，砂岩一般取 2.65g/cm^3；

DF——地层流体密度值，对油层和水层，一般取 1.0g/cm^3，对气层一般取 0.6g/cm^3 左右；

DSH——泥质密度值，视地层压实状况和黏土矿物成分而定，取值范围 $2.0\sim2.7\text{g/cm}^3$。

2. 声波测井计算孔隙度

$$POR = \frac{AC - TM}{(TF - TM)\times CP} - SH \times \frac{TSH - TM}{TF - TM} \quad (6\text{-}1\text{-}4)$$

式中 *AC*——声波时差测井值；

TSH——泥岩声波时差测井值；

CP——声波压实校正系数，一般随地层深度的增加而逐渐减小；

TM——岩石骨架声波时差，对于石英砂岩地层，一般取 55.5μs/ft；

TF——流体声波时差，对淡水泥浆，一般取 189μs/ft。

$$CP=A - B\times H \quad (6\text{-}1\text{-}5)$$

式中 *A*、*B*——地区经验系数；

H——地层深度，如胜利油田主要凹陷正常沉积的地层 *A*、*B* 分别取 1.68、0.0002。

3. 补偿中子测井计算孔隙度

一般采用忽略骨架含氢指数的计算方法：

$$POR = (CNL - SH \times NSH)\times 0.01 \quad (6\text{-}1\text{-}6)$$

式中 *CNL*——补偿中子测井值；

NSH——泥岩中子测井值。

（三）地层水电阻率计算

1. 标准水层的选取

选取地层厚度较大、电阻率较低、孔隙度较高、自然电位幅度异常大、自然伽马相对较低、录井等各项资料未见油气显示的纯砂岩层。

2. 利用公式计算地层水电阻率

$$R_w = \frac{\phi^m \times R_o}{a} \quad (6\text{-}1\text{-}7)$$

式中 R_w——地层水电阻率；

ϕ——标准水层孔隙度；

m——胶结指数；

R_o——标准水层地层电阻率；

a——岩性系数。

（四）含水饱和度计算

阿尔奇公式适用于纯岩石地层的含水饱和度计算：

$$S_w = \sqrt[n]{\frac{a \times b \times R_w}{R_t \times POR^m}} \quad (6\text{–}1\text{–}8)$$

式中 a、b——岩性系数；

m——胶结指数；

n——饱和度指数；

R_w——地层水电阻率；

R_t——地层电阻率；

a、b、m、n 由岩心实验确定。

含油饱和度 $S_o=1—S_w$。

储层冲洗带含水饱和度计算：

$$S_{xo} = \sqrt[n]{\frac{a \times b \times R_{mf}}{R_{xo} \times POR^m}} \quad (6\text{–}1\text{–}9)$$

式中 S_{xo}——冲洗带含水饱和度；

R_{xo}——地层冲洗带电阻率（浅探测电阻率）；

R_{mf}——钻井液滤液电阻率。

（五）绝对渗透率计算

1. 一般的经验公式

$$PERM = \frac{0.136 \times POR^{4.4}}{SIRR^2} \quad (6\text{–}1\text{–}10)$$

式中 $SIRR$——地层束缚水饱和度；

$SIRR$、POR 用百分数。

2. 以胜利油田 4573 块岩心分析资料统计为基础的渗透率计算公式：

$$PERM = 10^{XKM+1.71gXMD+7.11gPOR} \quad (6\text{–}1\text{–}11)$$

式中 XKM——与压实程度、胶结物含量和分选有关的经验系数，随压实程度增大而增大，随胶结物含量增加和分选变差而减小，根据地区经验选取；

XMD——粒度中值，mm；

POR——地层孔隙度，小数。

三 测井现场解释

（一）分层解释的要求

砂泥岩剖面储集层划分主要以自然电位、微电极、自然伽马曲线等为主，参考孔隙度、电阻率等曲线，确定储集层在井内的位置，其顶界面、底界面的深度和储集层厚度。

为了寻找和评价可能含油气的地层，一切可能含油气的地层都要划分出来，而且要适当地划分明显的水层。具体要求为：

①估计为油气层、油水同层、含油水层等含油气的储集层都必须分层解释；

②电性可疑或录井显示在荧光级别以上的储集层必须划分解释；

③用来确定地层水电阻率的标准水层（厚度较大、岩性纯、不含油）必须分层解释；

④当有多个水层时，应选靠近油层者分层解释；

⑤地质录井与测井资料有矛盾的应分层解释。

（二）储层流体性质判别

现场测井解释常用的方法主要有：电阻率增大系数法（岩样含油气岩石电阻率 R_t 与它完全含水时的电阻率 R_o 所增大的倍数，用 I 表示）；不同探测深度的电阻率侵入特征分析法；孔隙度测井重叠分析法；自然电位异常幅度比较大；对比邻井测井及试油资料，并参考地质录井等第一性资料综合判断储层流体性质。

1. 水层

物性、渗透性较好；自然伽马显示为低值；微电极有正差异；自然电位幅度最大；深探测电阻率最低；淡水泥浆条件下深、中、浅三电阻率组合显示为高侵模式，盐水泥浆时为低侵模式；第一性资料无油气显示；邻井试油证实为水层。标准水层是综合判断储集层含油性的对比标准。见图 6–1–1 的 5 号层、图 6–1–2 的 14 号层。

2. 典型油层

自然伽马显示为低值；微电极有较大的正差异；淡水泥浆的情况下自然电位有异常幅度，异常幅度比水层小；在孔隙度测井曲线上（如中子、密度、声波）反映为较大的孔隙度数值；含油性较好在电阻率测井曲线显示电阻率较高，相对于邻近水层，电阻率增大系数 $I \geqslant 3\sim5$ 为油层，低电阻率油层 $I \approx 2$；深、中、浅三电阻率组合表现为低侵或无侵特征。见图 6–1–1（淡水泥浆）的 1 号层顶部，图 6–1–2（盐水泥浆）的 6、7 号层。

录井、取心等第一性资料油气显示好。

3. 典型气层

典型气层在岩性、储集性、渗透性等方面与油层相同，区别在于油层的储集层储油而气层则储气；在测井曲线上气层与油层不同点在于孔隙度测井曲线的响应方面：由于气层的含氢指数比油层和水层都少，对中子测井存在“挖掘效应”，即中子孔隙度数值明显比邻近的油层或水层低；同时由于气体的声波传播速度比液体的慢以及气体对声波的吸收作用，在气层处，声波时差曲线会出现“周波跳跃”或时差增大现象，导致声波孔隙度远大于邻近油层或水层；气体的存在还可以使储层的地层密度测井值减小，所以在气层处，密度测井数值会出现减小的现象；综上所述，在气层处，存在 $R_{深}>R_{中}>R_{浅}$，ϕ_D（密度孔隙度）、ϕ_S（声波孔隙度）$>\phi$（地层孔隙度），ϕ_N（中子孔隙度）$<\phi$。见图 6–1–2 的 5 号层。

岩屑录井一般见荧光、油迹或无显示；气测录井全烃、甲烷值较高。

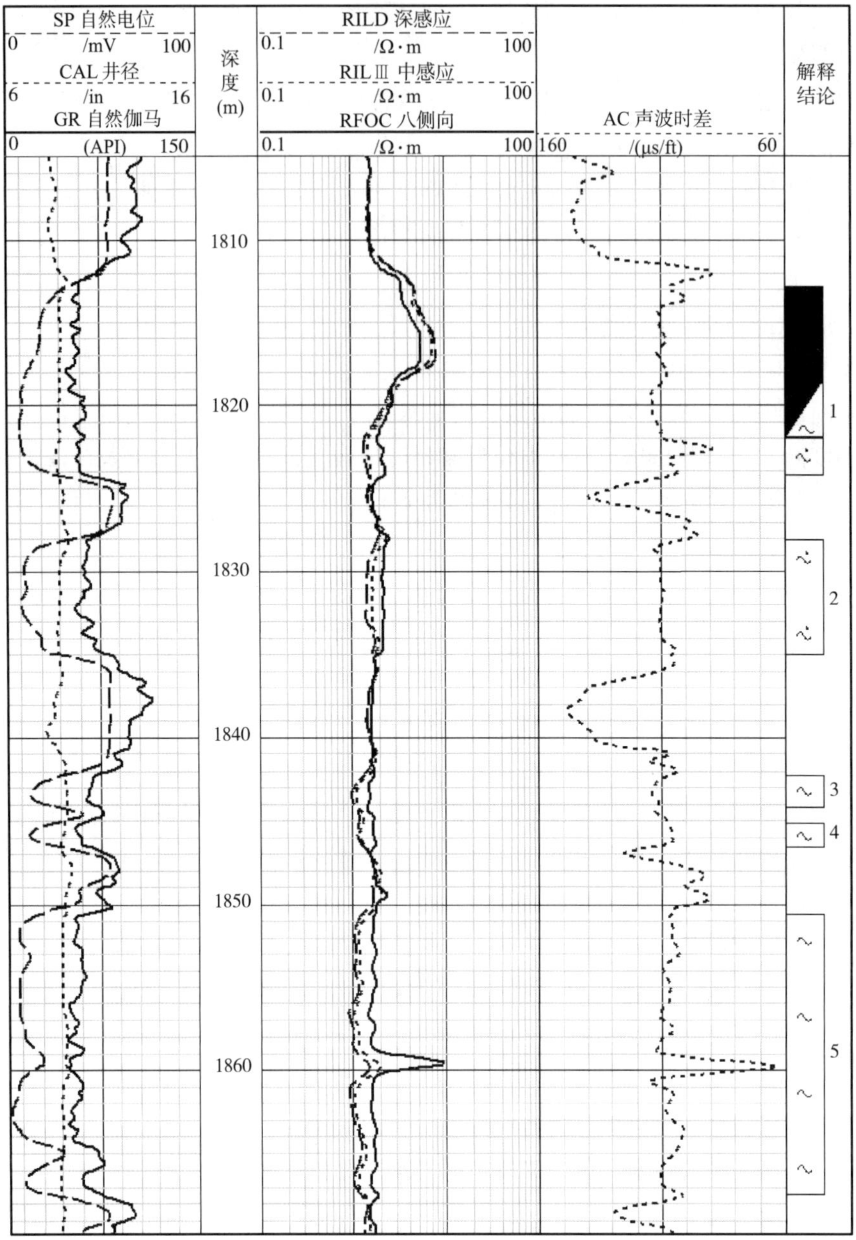

图 6-1-1　典型油、水层测井响应实例

4. 典型油水同层

油水同层在含油性方面比水层好但比油层差，在试油结果方面表现为油水同出，含水率一般在 10%~90% 之间。

油水同层在岩性、储集性、渗透性方面与油层相同，不同的地方在于含油性比油层差。在测井曲线上显示为：电阻率比油层的低而比邻近水层的高，深、中、浅三电阻率组合表现为低侵幅度小或无侵（有时也会出现高侵），电阻率在层的顶部高而在层的底部低；自然电位表现为在层的顶部相对幅度小而在层的底部相对幅度变大；*I* 在 1~3 之间。见图 6-1-1 中的 1 号层中部。

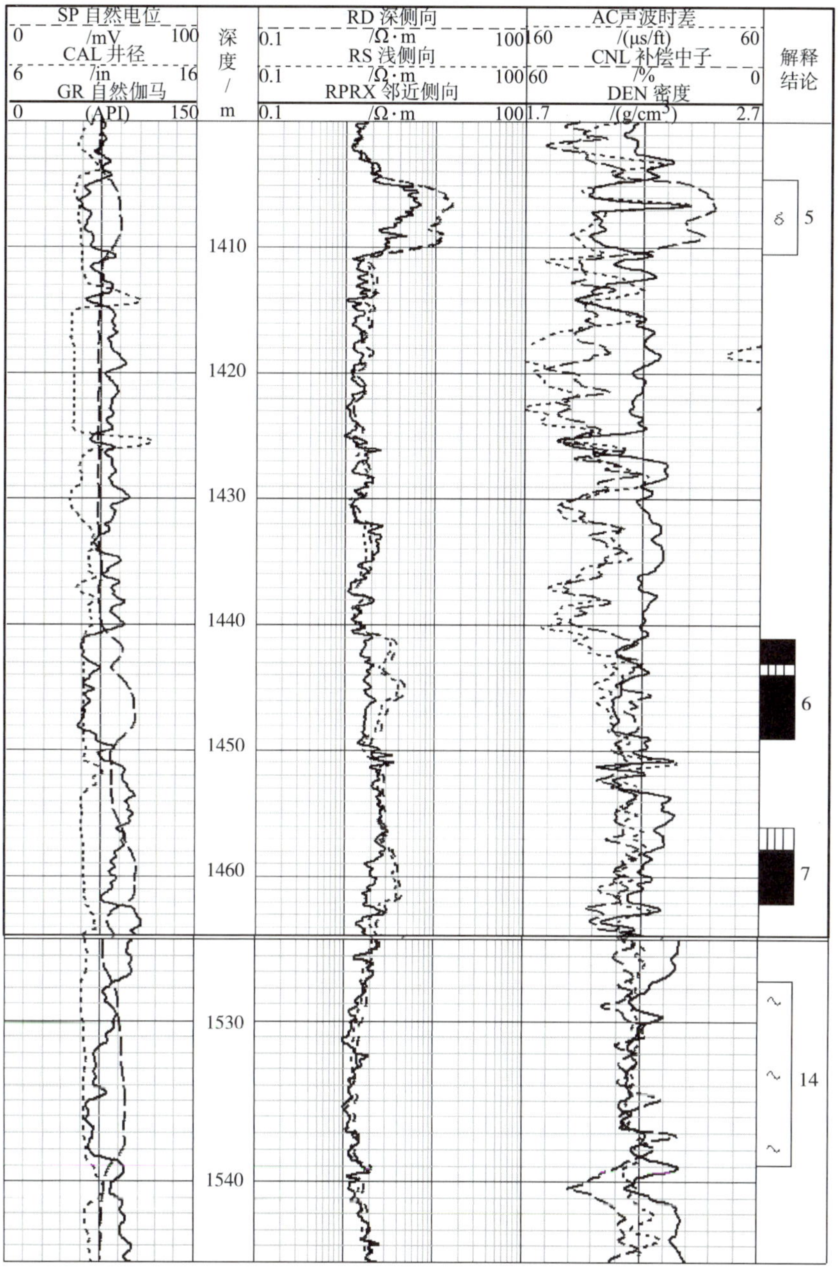

图 6-1-2　典型油、气、水层测井响应实例

5. 含油水层

含油水层在岩性、储集性、渗透性方面与水层相同，不同的地方在于含油性比水层稍好。含油水层含有残余油或少量可动油，含水一般在 90%~100% 之间，在测井资料上显示为：电阻率较低但比水层稍高，淡水泥浆条件下深、中、浅三电阻率组合表现为高侵，盐水泥浆为低侵模式；自然电位幅度较大且与邻近水层的幅度基本相同。见图 6-1-1 中的 2 号层。有时含油水层在录井、钻井取心、井壁取心等第一性资料中有较好的油气显示，但油质多为稠油和重质油。

6. 干层

干层是指储集性、渗透性极差的地层，表现在产能方面为没有产能或产能极低。干层可分两类，第一类为泥质砂岩类干层，见图 6-1-2 中 7 号层顶部，这类干层在测井曲线上表现为：中子、声波孔隙度较大，而密度孔隙度较小，自然电位幅度小，自然伽马数值较高，微电极正差异幅度小或无差异。第二类为碳酸盐岩或灰质、白云质砂岩类干层，见图 6-1-1 中的 1859~1860m。这类干层在测井曲线上一般表现为：中子、密度、声波孔隙度都较小，自然电位异常幅度小，自然伽马数值较低，微电极正差异幅度小或无差异。

7. 水淹层

自然电位泥岩基线发生偏移、出现台阶或在储层处发生不规则的变形；由于注入水进入原来的油层，导致储层含水量增高、电阻率降低，电阻率下降的幅度与水淹程度和注入水的性质有关；由于砂体的不同部位物性有所不同，注入水容易沿着渗透性好的部位快速推进，形成所谓的“水道或水锥”，在测井资料上表现为：在砂层的局部声波增大、电阻率降低，自然电位幅度增大等特征。

第二节　碳酸盐岩剖面

碳酸盐岩是指主要由沉积的碳酸盐矿物（方解石、白云石等）组成的沉积岩。碳酸盐岩油气藏具有很强的非均质性，裂缝型、孔洞型、裂缝－孔洞型等复杂的孔隙空间类型及其极不均匀的随机分布，都导致这类储层具有极强的各向异性，并在岩石物理学和渗流物理学乃至油气分布等方面具有比砂岩储层更为复杂的特点，这类油气藏的储层测井评价颇具难度。

一　储集层评价

（一）划分储集层

碳酸盐岩剖面岩性以白云岩、灰质白云岩、灰岩、白云质灰岩为主要储集岩性。碳酸盐岩储层之间是比较纯的低孔隙度致密岩石，储层是这些纯岩石中孔隙度稍高的部分，即此类储层具有岩性纯（不含泥质或泥质含量低）、孔隙度稍高、有缝洞孔隙等地质特征。

碳酸盐岩剖面利用自然伽马（或无铀自然伽马）、电阻率、孔隙度测井曲线划分储集层，其在常规测井资料上表现为：①自然伽马（或无铀自然伽马）呈低值；②深侧向电阻率呈相对低值，双侧向电阻率常出现差异，微聚焦电阻率出现跳动；③补偿中子、补偿声波数值增大而密度测井数值降低。

由于储层上下方的致密围岩使井内自然电流不能在储层界面附近形成回路，因而不能用自然电位划分储层。

微电阻率成像资料在识别裂缝系统方面具有独到之处，它能够识别裂缝、孔洞，定量半定量进行裂缝描述，分析裂缝有效性，划分储层。高导缝（开启缝）：在成像图上表现为深色（黑色）的正弦曲线；高阻缝（高阻矿物充填缝）在成像图上表现为浅色 – 白色正弦曲线；孔、洞由溶蚀和物理化学作用形成，成像图上表现为暗色斑点状的低阻团块。

（二）岩性评价

碳酸盐岩岩性评价是指确定储集层岩石所属的岩石类别，计算岩石主要矿物成分的含量和泥质含量。在碳酸盐岩剖面中主要的岩石类型为石灰岩（主要为方解石）和白云岩（主要为白云石），以及二者之间的过渡岩性，常伴生硫酸 – 卤素岩石，最普遍的是硬石膏、石膏、盐岩。测井常用补偿中子、密度、有效光电吸收截面指数交会来判断岩石类别以及计算矿物含量，效果较好，补偿中子 – 密度交会图见图 6–2–1，灰岩线、白云岩线、硬石膏点、盐岩点明显分开。常见岩石骨架测井参数见表 6–2–1。

表 6-2-1　常见岩石骨架测井参数表

岩石	测井曲线			
	补偿中子 /%	密度 /（g/cm³）	声波 /（μs/ft）	岩性光电吸收截面指数 /（b/ 电子）
砂岩	−2~−4	2.65	55	1.81
灰岩	0	2.71	47.5	5.08
白云岩	1~3	2.87	43.5	3.14
硬石膏	−0.7	2.98	50	5.06
盐岩	−1.8	2.04	67	4.65

（三）物性评价

碳酸盐岩剖面常规测井采用声波、中子和密度（或岩性密度）交会方法计算储层孔隙度。碳酸盐岩地层孔隙类型包括原生孔隙和次生孔隙，常规测井资料能够很好地反映地层的原生孔隙，但对次生孔隙的反映具有一定的局限性。

碳酸盐岩储层的孔隙度和原生渗透率可能很低，但却可以有很好的渗流能力。可见，储层渗透率主要来自裂缝系统的贡献，取决于裂缝系统的发育程度。

常规测井方法难以准确、有效地识别裂缝，尤其对裂缝的产状、分布密度更加难以确定。而微电阻率成像资料在识别裂缝系统方面具有独到之处，它能够识别裂缝、孔洞，定量半定量进行裂缝描述，包括裂缝产状、形态、裂缝密度、裂缝长度、裂缝宽度、裂缝孔隙度、裂缝发育方向等方面的描述，分析裂缝有效性。

（四）含油性评价

碳酸盐岩储层基质孔隙度低，电阻率测量结果受岩石骨架和孔隙结构影响严重，反映储层孔隙流体性质的信息弱，又由于裂缝系统泥浆的深侵入特点，油气层电阻率可以从几欧姆米到几千欧姆米，造成储层流体性质难以识别。

含油气评价主要参考钻井过程中第一性资料的油气显示情况，如岩屑录井、气测录井、槽面显示、钻井取心、井壁取心、中途测试等资料的油气显示情况，再分析双侧向、补偿中子、补偿密度、补偿声波、计算的含油饱和度参数等资料对储层的含油气性作出参考性的评价。

（五）储层分类标准

识别裂缝、溶孔、溶洞的发育程度是这类储层产能评价的关键，因而除了常规测井方法以外，声、电成像测井、偶极子阵列声波测井、核磁共振测井等，这些测井技术对裂缝性储层的评价具有快速、直观、有效的特点。

根据国内各油田勘探开发实践和经验，一般把裂缝及孔、洞型储层按其储集性能和渗流性能划分为三个级别，即Ⅰ类、Ⅱ类、Ⅲ类储层，其评价依据和标准在不同的地区和不同的油气井中也不尽相同。

Ⅰ类储层：裂缝－孔洞型。溶蚀孔洞和有效裂缝发育，共同组成理想的地层流体储集及渗流系统。孔隙度测井指示具有较好的孔隙度，一般在10%左右；电阻率范围一般为几十至几百欧姆米，成像测井图像上可以清晰地看到溶蚀孔、洞，分布密度高，溶洞直径大，裂缝发育、裂缝开口度大。参考评价标准：①以孔洞为主的储层：$\phi \approx 10\%$、有裂缝存在；②以裂缝为主的储层：$\phi > 5\%$，每米有效裂缝条数大于4条。

Ⅱ类储层：裂缝－孔隙型。有效裂缝和溶蚀孔隙发育，形成较好的地层流体储集及渗流系统，电阻率范围一般为上百至几千欧姆米；地层孔隙度中等，一般在5%~10%之间；成像测井图像显示裂缝、溶蚀孔隙发育。参考评价标准：①以孔隙为主的储层：$5\% \leqslant \phi < 10\%$；②以裂缝为主的储层：$\phi > 3\%$，每米有效裂缝条数大于3条。

Ⅲ类储层：微裂缝－孔隙型。这是由发育程度低、张开度差的微裂缝与岩石孔隙组成的储层。储层的储集性、渗透性较差，地层孔隙度一般在2%~5%之间；电阻率一般为几百至几千欧姆米，成像测井图像显示储集空间以微小孔隙为主，存在少量裂缝。参考评价标准：$2\% < \phi < 5\%$，有少量裂缝存在。

二 主要储层地质参数计算

（一）泥质含量计算

用自然伽马（或无铀伽马）可参考第一节砂泥岩剖面泥质含量计算方法。

（二）矿物含量与孔隙度计算

1. 公式法

采用两种孔隙度测井组合计算岩石的矿物成分和孔隙度，对于含水双矿物纯岩石，存在如下关系：

$$1=\phi+V_1+V_2 \tag{6-2-1}$$

$$\rho_b=\phi \times \rho_f+V_1 \times \rho_1+V_2 \times \rho_2 \tag{6-2-2}$$

$$\Phi_N=\phi \times \Phi_{Nf}+V_1 \times \Phi_{N1}+V_2 \times \Phi_{N2} \tag{6-2-3}$$

$$\Delta t=\phi \times \Delta t_f+V_1 \times \Delta t_1+V_2 \times \Delta t_2 \tag{6-2-4}$$

式中 ρ_b、Φ_N、Δt——分别为地层密度、中子、声波时差测井值；

ϕ、V_1、V_2——孔隙度、第一、第二矿物所占的体积百分比；

ρ_f、Φ_{Nf}、Δt_f——流体的密度、中子、声波值；

ρ_1、Φ_{N1}、Δt_1——第一矿物的密度、中子、声波骨架值；

ρ_2、Φ_{N2}、Δt_2——第二矿物的密度、中子、声波骨架值。

岩石的次生孔隙度 Φ_2 包括溶洞孔隙度、溶孔孔隙度和裂缝孔隙度等，次生孔隙度可用式（6-2-5）计算：

$$\phi_2=\phi-\frac{AC-TM}{(TF-TM)\times CP} \tag{6-2-5}$$

式中 ϕ_2——次生孔隙度；

ϕ——补偿中子—密度交会计算孔隙度；

AC——声波时差测井值；

TM——岩石骨架参数；

CD——地层压实系数。

2. 交会图版法

利用补偿中子、补偿密度、补偿声波图版交会计算，示意图见图 6-2-1。

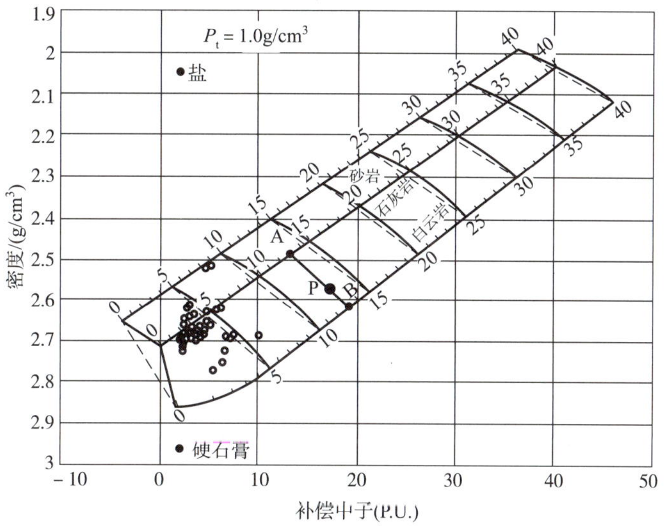

图 6-2-1 某井补偿中子 - 密度交会图

P 点灰岩含量：

$$V_{灰}=PB/AB \tag{6-2-6}$$

P 点白云岩含量：

$$V_{白云岩}=PA/AB \tag{6-2-7}$$

P 点孔隙度 Φ：按等孔隙度线由图读出。

式中 PB、AB、PA——两点之间距离。

（三）裂缝参数计算

1. 用双侧向测井信息估算裂缝参数

高角度缝：

$$\phi_f=\left(\frac{8.52253}{R_s}-\frac{8.242778}{R_d}+0.00071236\right)R_{mf}\times 100 \tag{6-2-8}$$

低角度缝：

$$\phi_{\mathrm{f}}=\left(\frac{1.19927}{R_{\mathrm{d}}}-\frac{0.992719}{R_{\mathrm{s}}}+0.00031829\right)R_{\mathrm{mf}}\times 100 \tag{6-2-9}$$

式中 ϕ_{f}——裂缝孔隙度；

R_{mf}——钻井液滤液电阻率。

2. 用微电阻率成像计算裂缝参数

裂缝张开度：

$$W=a\cdot A\cdot R_{\mathrm{xo}}^{b}\cdot R_{\mathrm{m}}^{(1-b)} \tag{6-2-10}$$

式中 W——裂缝宽度；

A——由裂缝造成的电导异常的面积；

R_{xo}——侵入带电阻率；

R_{m}——钻井液电阻率；

a、b——与仪器有关的常数，其中 b 接近于零。

裂缝孔隙度：

$$\phi_{\mathrm{f}}=A_{a}\left(\sum_{i=1}^{n}W_{i}\cdot L_{i}\right)/\left(L\cdot\pi\cdot D\cdot S_{\mathrm{c}}\right) \tag{6-2-11}$$

式中 A_{a}——岩心刻度系数，无量纲；

W_{i}——第 i 条裂缝的平均宽度，m；

L_{i}——第 i 条裂缝长度，m；

L——统计窗长，m；

D——井径，m；

S_{c}——井眼覆盖率，用百分数表示。

三 测井现场解释

双侧向－微侧向、补偿中子、密度、声波、自然伽马（或无铀伽马）和井径曲线可以较好地确定储层的深度和厚度，现场应结合录井等资料综合分析。具体流程如下。

（一）鉴别岩性，去掉非储集层段

1. 致密层

要识别和剔除致密灰岩层、致密白云岩层、含硬石膏层、盐岩层。

致密灰岩、白云岩层：其特征为自然伽马测井值较低，随泥质含量增加自然伽马测井值相应增加；电阻率的值也比较高，一般在上千欧姆·米以上；声波时差、补偿中子、密度的高低与泥质含量有关，纯岩石测井值接近于岩石骨架值。

硬石膏层：硬石膏比较容易识别，其测井响应特征通常为：自然伽马极低值，密度测井高值，一般高于 2.95g/cm^3；中子测井值为低值，一般在 0~-2%之间；声波时差一般在 50~55 μs/ft 之间，深侧向电阻率一般是在中低阻背景下显著增高，其增高的幅度与岩石中硬石膏的含量成正比，其电阻率值一般在几千甚至上万欧姆·米。

盐岩层：电阻率较高、井眼扩大严重、自然伽马数值较低，与硬石膏最大区别在于密度数值较低，接近盐岩骨架值。

2. 高含泥质层

高含泥质层的自然放射性高；电阻率在高阻背景下有一定程度的降低（一般在几十到几百欧姆·米）；三孔隙度测井响应为：声波时差增高、中子孔隙度明显增大、密度测井值稍有降低；三孔隙度曲线的变化趋势与自然伽马曲线有很好的对应关系；若含有黄铁矿会使密度值不降低反而增高。

（二）寻找相对低电阻率段

在碳酸盐岩剖面中，储层总是以相对低电阻率的特征出现，因此，首先应在剩下的可疑层段中划出相对低电阻率，然后再分析造成电阻率低的原因。除上述的泥质层外，有些碳酸盐岩中含有较多的黄铁矿，尤其是条带状的黄铁矿，将造成电阻率明显降低，故必须将其排除。

（三）寻找具有一定孔隙度的地层

在上述非泥质、非含黄铁矿的低电阻率层段中寻找具有一定孔隙度的地层，主要是找声波时差增高、体积密度降低的地层，中子孔隙度仅作参考，因为气层的中子孔隙度不会明显增高。至于选取孔隙度的下限值，应根据不同的地区、不同的层段所确定的有效孔隙度下限值为准，然后再分别折合成各种测井信息的视孔隙度下限值。

如有微电阻率成像测井，可以较好地识别和评价缝洞。

（四）储层综合评价

分析孔隙度、电阻率等测井曲线特征，结合孔隙度或结合交会图技术进行岩性识别与评价，划分为Ⅰ、Ⅱ、Ⅲ类储层。

图 6-2-2 为 ×× 井奥陶系八陡组测井曲线图。图中，储层段电阻率数值低，深侧向电阻率值为 30~400Ω·m，深、浅侧向电阻率侵入特征为低侵，油层侵入特征明显；岩性较纯处自然伽马为低值；三孔隙测井曲线按标准刻度，物性好的井段中子、密度及声波曲线重合，孔隙度曲线反映储层物性相对较好。图中 1 号层岩性纯、电阻率低、物性好，计算孔隙度为 11%，解释为Ⅰ类层。图 6-2-1 为该井 2 号层补偿中子－密度交会图，图中显示 2 号层以灰岩、白云质灰岩为主，含少量灰质白云岩，孔隙度主要在 1%~6%，但该层双侧向数值低且呈现较大的正差异特征，显示缝洞发育，综合解释为Ⅱ类层。钻井取心及录井资料描述为褐灰色油斑灰岩，利用各类信息分析储层裂缝、孔洞发育，为有利储层。3265~3314m 裸眼测试，8mm 油嘴自喷，日产油 77.9t，不含水，累积产油量为 163t，试油结论为油层。

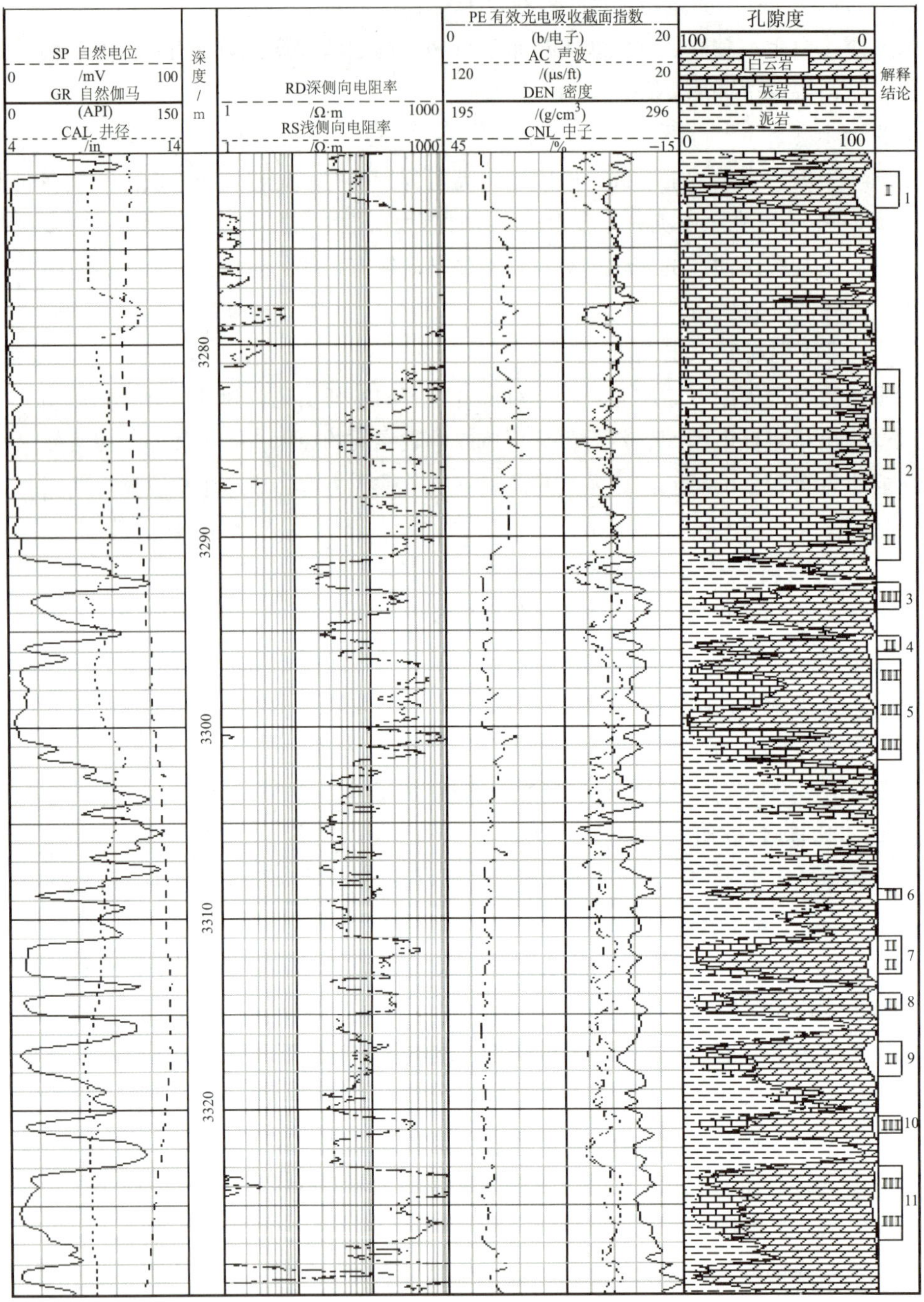

图 6-2-2　× × 井测井曲线图

第三节　页岩油气甜点

页岩油气藏属于非常规油气藏，与常规油气藏不同之处在于它属于自生自储、原地聚集成藏的油气藏。页岩油是指在以页岩为主的地层中，以游离态为主，吸附态和溶解态为辅，赋存于页岩地层中的热成因石油资源；包括泥页岩孔隙和裂缝中的石油，也包括泥页岩层系中的致密碳酸盐岩或碎屑岩邻层和夹层中的石油资源。页岩气是一种以吸附和游离状态同时存在于泥页岩地层中的天然气，是以热成熟作用或连续的生物作用为主以及两者相互作用生成的并聚集在烃源岩中的天然气。页岩油气的储存状态多种多样，一些以游离相存在于天然裂缝与粒间孔隙中，一些吸附在干酪根或黏土颗粒表面，还有的溶解于干酪根和沥青中。页岩油气甜点是指在目前技术条件下能够开采出来的页岩油相对富集区域。

页岩油气已经成为常规油气的战略性接替领域。与常规油气相比，页岩油油藏的孔隙小到纳米级，采出难度极大。

一 页岩油气评价模型

在常规油藏评价中，泥页岩一般作为盖层和生油岩层进行评价。页岩油的岩相、赋存方式和储集空间明显不同于砂岩油气藏。其含油性除与岩性、物性参数相关外，还与地化参数有关，这是有别于常规油气藏的重要方面。

页岩油气测井评价体积模型分为岩石骨架和孔隙两大部分。岩石骨架又分为黏土矿物、脆性矿物（主要为砂质和灰质）和干酪根三部分。其中黏土矿物主要成分为伊蒙混层，其次是伊利石，少量高岭石和绿泥石。脆性矿物主要成分为砂质岩和碳酸盐岩类，黄铁矿和赤铁矿在地层中含量较少，在测井解释体积模型中被并入其他矿物部分。页岩油气孔隙主要包括了游离烃和水。页岩油气地层总孔隙包括有效孔隙和束缚孔隙。其中有效孔隙包括可动油气、可动水、毛管束缚水；束缚孔隙包括残余油气、黏土束缚水，吸附油气存在于有机质中。黏土矿物、砂质矿物、灰质矿物、其他矿物、有机碳、孔隙（气、水）组成的体积模型如图 6-3-1 所示。

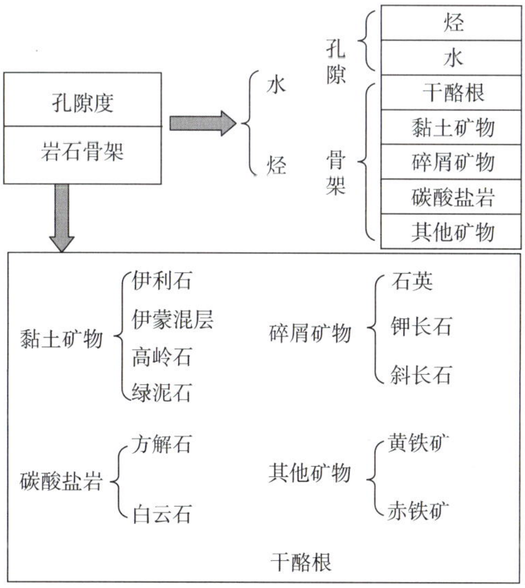

图 6-3-1　泥页岩油油气测井评价体积模型

二、页岩油气层储集特征

（一）岩石组分与结构特性

泥页岩层的岩石矿物组分极其复杂，岩相不同，储层的质量和含油性差别较大，碳酸盐岩、石英等脆性矿物含量高且呈层状富集的泥页岩，易形成构造裂缝，且有机质丰度高，储集质量和含油丰度均较好。脆性矿物与页岩层压裂改造的难易程度有关，要获得较好的压裂效果，页岩中的脆性矿物含量要大于 30%。

（二）物性与孔隙结构特性

泥页岩储集物性主要受孔隙度、渗透率、储层厚度、裂缝及岩层中脆性矿物含量等因素影响。一般来说，页岩油气层孔隙体积越大，所含的游离油气量就越大，泥页岩沉积环境、成岩作用和后期烃类充注对其孔隙度大小具有重要影响。页岩油气储层具有低孔、低渗物性特征，非均质性极强。泥页岩基质孔隙和裂缝是页岩气中游离气主要储集空间。随着埋深增加，压力不断增大，机械压实作用增强，孔隙不断压缩，孔喉半径减小，渗透率降低。但随着有机质成熟度增大，干酪根降解成油气，其颗粒之间产生新的孔隙，有助于泥页岩孔渗性增强。

泥页岩储集空间可以分为孔隙和裂缝两大类。孔隙根据成因主要可分为原生粒间孔、次生溶蚀孔和有机质生烃孔三类。裂缝按成因可分为构造缝和成岩缝。前者是与构造应力有关的裂缝，通常规模相对较大，以宏观裂缝为主；后者是在成岩过程中形成，一般规模较小，以微裂缝为主。泥页岩中主要存在构造缝、层理缝、层面滑移缝、成岩收缩微裂缝和压力异常缝五种裂缝。在相同的力学背景下，岩性、矿物成分及含量、有机碳含量是影响裂缝发育的重要因素。

（三）地化特性

泥页岩能否具备生成页岩油的条件，主要取决于其含有的有机质丰度、有机质类型和有机质成熟度。有机质类型与丰度是评价烃源岩生烃潜力、确认主要烃源岩的标志，这两个因素取决于沉积期的沉积环境条件，而有机质成熟度取决于沉积后热演化程度。评价有机质丰度的常用有机地球化学参数为总有机碳含量（*TOC*）、生烃潜量（S_1+S_2）、镜质组发射率、氯仿沥青“A”等。

济阳坳陷沙四上、沙三下、沙一段有机质丰度高于沙三中亚段，其中沙四上段烃源岩主要分布在东营凹陷。沙四段 *TOC* 主体为 1.5%~6%，最高 10.24%；沙三下 *TOC* 主体为 2%~5%，最高 16.7%；沙三中 *TOC* 主体为 1.5%~3%，最高 7.5%，沙一段 *TOC* 主体为 2%~7%，最高 19.6%。有机质成熟度随埋深深度增加成熟度增大，沙一段 r_0（镜质体反射率）为 0.3~0.75，处于低熟 – 成熟度阶段；沙三中 r_0 为 0.4~0.87，沙三下 r_0 为 0.4~1.1，沙四上 r_0 为 0.4~1.45，沙三、沙四主要处于成熟阶段，其中沙四上部分样品进入高成熟演化阶段。有机质类型为 Ⅰ 型（腐泥型）、Ⅱ 型（混合型）。

（四）地层压力与流体特性

地层压力条件是影响页岩油气形成、聚集、保存、层内油气流动性及产能的重要因素。流体特性则是流体运移与流体势的综合反映与代表。

济阳坳陷沙四上、沙三下亚段页岩内部普遍发育异常高压，两套烃源岩开始大量生烃的深度与压力出现超压的深度吻合，表明生烃导致了沙四上、沙三下亚段页岩体系内的异常高压。根据济阳坳陷页岩油井压力系数大于 1.2 和页岩破裂下限的压力系数为 1.38 的特点，将压力系数大于 1.4 划分为Ⅰ类、压力系数为 1.2~1.4 划分为Ⅱ类。页岩段实测压力小，利用测井采集的阵列声波信息和烃源岩中岩性油藏试油压力资料，可以计算烃源岩段的地层压力系数和破裂压力。

（五）射孔与压裂优化完井特性

页岩油气储层普遍具有低孔、超低渗的特征，需要大规模压裂才能获得产能，除需要考虑天然裂缝发育情况外，开发过程中还应考虑储层是否易于改造。页岩岩石力学特性与砂岩相当，但存在一定数量的层理缝，压裂效果与脆性矿物含量关系密切。

脆性指数是评价储层可压性的重要参数，岩石脆性与产量关系密切，基本呈正比关系。从岩石力学角度考虑，杨氏模量和泊松比可以较好地反映页岩在应力作用和微裂缝形成时的破坏能力，页岩产生裂缝后，泊松比可以反映应力的变化，弹性模量反映维持裂缝扩展的能力，泊松比越小、杨氏模量越大，岩石越脆，一般来说，泊松比＜ 0.25、杨氏模量＞ 20000MPa 储层可压性较好。从矿物含量考虑，石英、碳酸盐岩等脆性矿物＞ 40%、黏土矿物＜ 30%，储层可压性较好，随石英等脆性矿物含量增加（一般 30%~50%），易于裂缝发育。

（六）含油气性

页岩油是烃源岩排烃后滞留在富含有机质的油页岩和油泥岩里的液态烃（滞留油）。滞留油量包括游离油和吸附油两部分，游离油主要储集空间为孔隙、微裂缝（构造缝、成岩作用缝）的孔缝组合体系，吸附油主要吸附在有机质和岩石颗粒表面。前期研究表明，在现有的技术条件下，游离油可以实现开采。另外，页岩油含油性及可动性取决于岩相、有机质成熟度、异常高压等条件。目前，济阳坳陷页岩油勘探取得突破、油性较好的井，其地质特点是富碳酸盐纹层页岩、中高演化富有机质、异常高压。

（七）测井属性

测井属性是指将测井数据经过各种数学统计或变换而推导出的有关测井曲线的几何形态、统计学特征及物理特征的特殊度量值。一切从测井曲线上提取的参数都可以称之为测井属性参数，每一种测井属性都从不同的角度反映了储层特征，与储层特征、岩性、物性、孔隙流体性质等有密切关系。

页岩油层的有机碳含量高，有机质丰度高，导致自然伽马数值高，含油气丰度高的泥页岩段，具有中子数值变小、密度值降低、声波时差值增大的特征，其电阻率相对不含有机质的泥页岩数值增高。测井评价就是根据页岩油层在各种地球物理信息上表现的相应特征，结合实验分析及测试资料，建立页岩油测井评价标准，按照评价标准划分页岩油层，对能够充分指示页岩气层的测井信息进行深入的综合分析。

三 评价页岩油气甜点的关键参数

测井资料评价页岩油气，主要是围绕着页岩油气的“生成基础、赋存条件、资源丰度、产层能力”等问题，利用测井资料进行页岩油气储层质量和完井质量评价，寻找地质甜点和工程甜点。为此，岩石矿物组分含量、物性、含油性、地化、岩石力学等5类参数，是需要利用测井资料描述和评价的关键参数，也是综合评价页岩油气甜点的关键技术。

（一）岩石矿物组分和含量

泥页岩矿物成分主要有黏土、石英、长石、白云石和碳酸盐岩。矿物组分含量的求解以黏土矿物、砂质矿物、灰质矿物为主，另外的少量黄铁矿以其他矿物含量来计算。采用铸体薄片、X衍射全岩分析、X衍射黏土分析等资料为刻度，采取分区块分岩性，通过实验数据与多个测井参数进行统计回归，建立数学模型，形成一套操作性强的利用测井资料连续计算矿物组分含量的方法。分别建立黏土矿物、砂质岩、灰质岩和其他矿物四种泥页岩矿物组分含量计算模型。另外，还可以采用岩心分析数据刻度元素俘获测井数据，建立计算碳酸盐岩、砂岩、黏土岩等参数的计算模型。

（二）物性参数

泥页岩孔隙度、渗透率参数计算既是页岩油气评价中的两个重要的物性参数，也是测井评价的一个难题。

1. 孔隙度

可以采用两种方法进行计算：一是岩心实验数据刻度岩性密度（或补偿密度）、补偿中子、声波时差，采用多元回归计算孔隙度。二是利用核磁共振实验确定 T_2 截止值，刻度测井数据计算总孔隙度、有效孔隙度等；若无岩样，根据矿物成分及含量结合地区规律和处理经验计算。

2. 渗透率

泥页岩储集层渗透率分布在 $0.01\sim2000\times10^{-3}\mu m^2$，主要在 $1\sim2\times10^{-3}\mu m^2$，渗透率区间变化大，储集空间极为复杂。渗透率的计算除采用Timur公式外，还可以应用岩心数据与孔隙度和矿物含量建立关系来计算：

$$K = A + b\cdot\Phi + c\cdot V_{黏土} + d\cdot V_{灰质} \quad (6\text{–}3\text{–}1)$$

式中 $V_{黏土}$——黏土矿物的百分含量，%；

Φ——孔隙度，%；

$V_{灰质}$——灰质矿物的百分含量，%；

A、b、c、d 值按照地区资料拟合得到。

（三）含油性参数

1. 含水饱和度

①用阿尔奇（Archie）公式 $S_w=\sqrt[n]{\dfrac{abR_w}{\phi^m R_t}}$ 计算含水饱和度，其中 a、b、m、n 的取值，根据地区岩电实验数据重新确定数值大小。

②用岩心实验数据刻度孔隙度、电阻率，用多元统计回归计算含水饱和度。

③核磁共振测井方法，计算方法见式（6–3–2）：

$$S_w = \frac{\phi_{MBVI} + \phi_{MFFI}}{\phi_{MSIG}} \quad (6\text{–}3\text{–}2)$$

式中 S_w——含水饱和度，%；

ϕ_{MBVI}——核磁共振测得的毛细管束缚水孔隙度，%；

ϕ_{MFFI}——核磁共振测得的自由流体孔隙度，%；

ϕ_{MSIG}——核磁共振测得的总核磁度，%。

2. 含油（气）饱和度

①利用中子、密度孔隙度差值（非电法资料）计算含油（气）饱和度。岩心实测含油（气）饱和度资料，经过相关性分析，最终确定以中子、密度、声波时差、无铀伽马为主要测井建模信息，分别回归测井计算含油（气）饱和度公式。可以解决电阻率数值偏高或者偏低这个不利因素所造成的含油（气）饱和度数值计算不准的问题。

②利用含水饱和度和含油气饱和度和为100，计算含油（气）饱和度。

3. 含气量计算

页岩含气量是指每吨页岩中所含天然气在标准状态（0℃、101.325kPa）下的体积，单位是 m^3/t。根据赋存状态，页岩含气量由吸附气、游离气和溶解气三部分构成。吸附气是指吸附在干酪根和黏土颗粒表面的天然气，当页岩中压力较小时，吸附机理是页岩气赋存的非常有效的机理。吸附气含量受有机碳含量、压力、成熟度、温度等因素控制。游离气主要指储存于天然裂缝和粒间孔隙中的天然气，其含气量主要受地层压力、孔隙度、含气饱和度、温度等因素控制。溶解气是指溶解在页岩有机质、液态烃和沥青等物质中的天然气。溶解气在页岩含气量构成中所占比例十分微小，在计算含气量时可以忽略不计。

要获得准确的吸附气量、游离气量、总含气量等评价页岩气丰度的参数，必须通过开展解析法等实测含气量的实验研究，通过一系列分析、剥离、转换、拟合，求得视总含气量、视吸附气量和视游离气量。根据测量结果标定测井信息，获得测井计算各类含气量的计算模型。

总含气量（$G_{总含气量}$）=解析气量（$G_{解析气}$）+损失气量（$G_{损失气}$）+残余气量（$G_{残余}$气）。

目前，求解含气量的方法有两种：一种是分别求出游离气含量和吸附气含量，则总含气量=游离气含量+吸附气含量。第二种方法是实验获得总含气量，刻度测井信息，多元回归计算总含量。

（四）地化参数

1. 总有机碳含量（*TOC*）测井估算方法

（1）数理统计法

岩心分析数据刻度自然伽马能谱、体积密度、声波时差测井资料，采用多元回归建立解释模型计算 *TOC*。

（2）电阻率与声波时差重叠法（$\Delta\log R$ 法）

在成熟度可以确定的前提下，通过公式计算 *TOC*，目的层段按式（6-3-3）、式（6-3-4）计算 $\Delta\log R$：

$$\Delta\log R = \log(R_t / R_{基线}) + 0.02\times(\Delta t - \Delta t_{基线}) \qquad (6\text{-}3\text{-}3)$$

式中 $\Delta\log R$——电阻率和声波时差曲线间的距离，无量纲；

R_t——电阻率值，Ω·m；

$R_{基线}$——普通泥岩电阻率值，Ω·m；

Δt——声波时差值，μs/ft；

$\Delta t_{基线}$——普通泥岩声波时差值，μs/ft。

$$TOC = \Delta \log R \times 10^{(2.207 - 0.1688 L_{om})} \quad (6\text{-}3\text{-}4)$$

式中 TOC——总有机碳含量；

L_{om}——烃源岩的镜质体反射率。

（3）元素测井法

利用元素测井资料按公式（6–3–5）计算 *TOC*：

$$TOC = \frac{V_{干酪根} \times \rho_{干酪根}}{\rho_b \times K} \quad (6\text{-}3\text{-}5)$$

式中 TOC——总有机碳含量，%；

$V_{干酪根}$——干酪根体积，%；

$\rho_{干酪根}$——干酪根密度，g/cm^3；

ρ_b——岩石体积密度，g/cm^3；

K——干酪根转换系数。

2. 有机质体积百分含量

通过计算所得的 *TOC* 数值，可以转化为有机质体积百分含量：

$$V_{om} = TOC \times d \times KCH / d_{om} \quad (6\text{-}3\text{-}6)$$

式中 V_{om}——有机质的体积百分含量，%；

d_{om}——有机质的密度，g/cm^3；

d——岩石的密度，g/cm^3；

KCH——有机质和有机碳的转换系数，取值范围 1.25~1.75，受有机质类型和成岩作用的影响，在成岩作用阶段，Ⅰ型干酪根取值是 1.25，Ⅱ型干酪根取值是 1.34，Ⅲ型干酪根取值是 1.48，煤的取值是 1.57；在深成热解作用下，Ⅰ型干酪根是 1.2，Ⅱ型干酪根取值是 1.19，Ⅲ型干酪根取值是 1.18，煤的取值是 1.12。

（五）岩石机械特性参数

岩石机械特性研究主要是利用正交多极子阵列声波测井获取的纵、横波信息结合密度以及泥质含量等曲线，计算泊松比、杨氏模量、切变模量、体积弹性模量、体积压缩系数等岩石力学参数及单轴抗压强度、单轴抗张强度、固有剪切强度、地层破裂压力、垂向主应力（岩层上覆压力）、最大水平主应力、最小水平主应力、最大水平主应力方向等岩石机械特性参数。这些参数已广泛应用于石油工程的许多领域，是油气藏工程、油气勘探、钻井、完井等方案设计不可缺少的基础数据，在开发井网部署、钻井过程井壁稳定性分析，水力压裂等方面起着重要作用。特别是在非常规泥页岩油气裂缝识别、井位部署、压裂方案优化以及压裂效果监测等方面，可提供各类岩石力学特性参数，具有重要的作用。

1. 力学参数计算

（1）泊松比（POIS）

又称横向压缩系数，就是横向相对压缩与纵向相对伸长之比，与岩石的可塑性有关。

（2）体积弹性模量（BMOD）和体积压缩系数（CMPR）

岩石各个方向都受到力的作用时，应力与体积相对变化之比，它量度岩石的抗压应力。

（3）杨氏模量（YMOD）

又称纵向弹性模量，就是张应力与张应变之比，它量度岩石的抗张应力。

（4）切变模量（SMOD）

是剪切应力与切变角之比，它量度岩石抗切应力。

2. 脆性指数计算

由于低孔特低渗致密的物性特征，页岩油的成功开采依赖于有效的体积压裂改造，因此储层压裂品质成为优选“甜点层”的重要指标，而岩石脆性特征则是影响压裂品质的主要因素，在很大程度上决定着压裂的难易程度和压裂缝的形态。页岩脆性越好，造缝能力越强，越易形成复杂的裂缝网络，改造效果越理想。除此之外，脆性还决定着天然裂缝的发育程度和游离气的相对含量，压裂工艺技术的选择和施工参数的设计也要依据储层的脆性特征。因此脆性成为页岩气储层评价的重要内容之一，是遴选有利区和有利层段的重要参数。表征储层脆性的参数为脆性指数，关于脆性指数，常用的方法是岩石力学和矿物脆性指数。

（1）岩石力学脆性指数

杨氏模量以及泊松比反映了岩石应力–应变共同的影响，比单独使用应力或者应变更能准确地量化脆性，具有较高杨氏模量以及低泊松比的岩石更容易发生脆性破裂。Rickman等根据杨氏模量和泊松比提出了量化脆性指数的方法，见式（6–3–7）:

$$BI=\frac{1}{2}\left(\frac{E-E_{\min}}{E_{\max}-E_{\min}}+\frac{V_{\max}-V}{V_{\max}-V_{\min}}\right) \tag{6-3-7}$$

式中 $E_{\max}$ 和 $E_{\min}$——研究层段内的最大和最小杨氏模量，GPa；

$V_{\max}$ 和 $V_{\min}$——研究层段内的最大和最小泊松比，无量纲。其中，根据声波法得到的为动态弹性参数，需要进行动静态转换得到静态弹性参数。

（2）矿物脆性指数

页岩的脆性特征与脆性矿物含量高度相关，脆性矿物含量越多，脆性指数越高。脆性矿物主要指硅质矿物（石英、长石和云母）和钙质矿物（方解石和白云石）。矿物组分通常可根据地层元素测井或者是XRD实验得到。石英、碳酸盐岩等脆性矿物组分含量越高，则脆性指数越高，越有利于通过压裂施工产生裂缝且在较长时间内开启，因此脆性矿物含量是页岩油气获得高产的改造关键。它直接影响着后期压裂、射孔井段的选择，其中脆性矿物（石英、碳酸盐岩等）和黏土矿物含量是很重要的两个方面，在压裂时，应当选取黏土矿物含量相对少、脆性矿物含量相对多的层段。相比较弹性参数脆性指示法，矿物脆性指数依据地层元素资料可直接计算，实用性更强。矿物脆性指数公式见式（6–3–8），其中各类矿物含量可采用元素测井解释的结果。

$$B_{\text{riss}}=\frac{V_{砂质}+V_{灰质}}{V_{总矿物}} \tag{6-3-8}$$

四 页岩油气层的测井评价标准

利用测井资料划分页岩油气甜点段，首先应该确定关键参数，评价储集段质量和含油丰度，根据储集段质量和含油丰度划分甜点段类别。

评价页岩油气藏的关键地质要素主要有储层物性、储层矿物成分、有机质丰度、有机质成熟度、储层含油气性、页岩力学性质、页岩油气层埋深、页岩油气藏厚度等。

（一）影响页岩油气甜点段划分的关键参数分析

1. 矿物成分和含量对甜点段划分的影响

岩石中脆性矿物的含量直接影响着储集质量，脆性矿物含量高，易于形成微裂缝，而微裂缝的发育程度大大影响着在后期压裂改造中能够见到好的效果，上述分析表明，矿物成分和含量是进行页岩油甜点段类别划分的重要参数。

2. 孔隙度对甜点段划分的影响

孔隙度的大小影响着储集段的物性和含油丰度，孔隙度大，则物性相对较好，含油饱和度相应较高，因此，孔隙度是评价页岩油气储集段质量和含油性的重要参数，也是进行页岩油气甜点段类别划分的重要参数。

3. 裂缝发育对甜点段划分的影响

页岩层裂缝发育与否，在很大程度上决定着页岩油气储集段的渗流能力，开启缝发育，储集段的渗透性大大改善，一般具有较好的产能，岩层中脆性矿物含量高，且靠近断层，往往裂缝发育，胜利油气区多口井泥页岩段自然条件下获得工业产能，一般在断层附近，因此，裂缝发育程度，是进行页岩油气甜点段类别划分的重要指标。

4. 含油饱和度对甜点段划分的影响

含油饱和度高，厚度大，则含油丰度高，储集段就越有利，含油饱和度是进行甜点段类别划分的重要参数。

5.*TOC* 等地化参数对甜点段划分的影响

研究证实，页岩油气赋存方式复杂，主要储集在岩层孔隙、微裂缝中，但也与 *TOC* 有一定的关系，*TOC*、S_1 等地化参数数值高，则含油饱和度相应增高，因此，与常规油藏不同，*TOC* 参数也是进行页岩油气甜点段类别划分的重要参数。

6. 气测、岩屑录井、槽面显示对甜点段划分的影响

研究证实，胜利油气区页岩油段一般具有高压异常现象，当钻开页岩油段时，油气在气测、岩屑录井等方面都有明显的异常显示，且往往伴有非常活跃的槽面油气显示，因此，气测、岩屑录井、槽面显示等第一性资料也是进行页岩油甜点段类别划分的重要信息。

（二）多参数综合法划分有利甜点类别

综合岩相、矿物组分和含量、电阻率、孔隙度、*TOC*、含油饱和度、油气显示情况等多项资料，建立识别和划分不同类型页岩油气甜点段的测井解释方法和模式；制定分类评价标准，实现页岩油气甜点段类别的划分。不同类别甜点段测井响应特征示意图如图 6-3-2 所示。

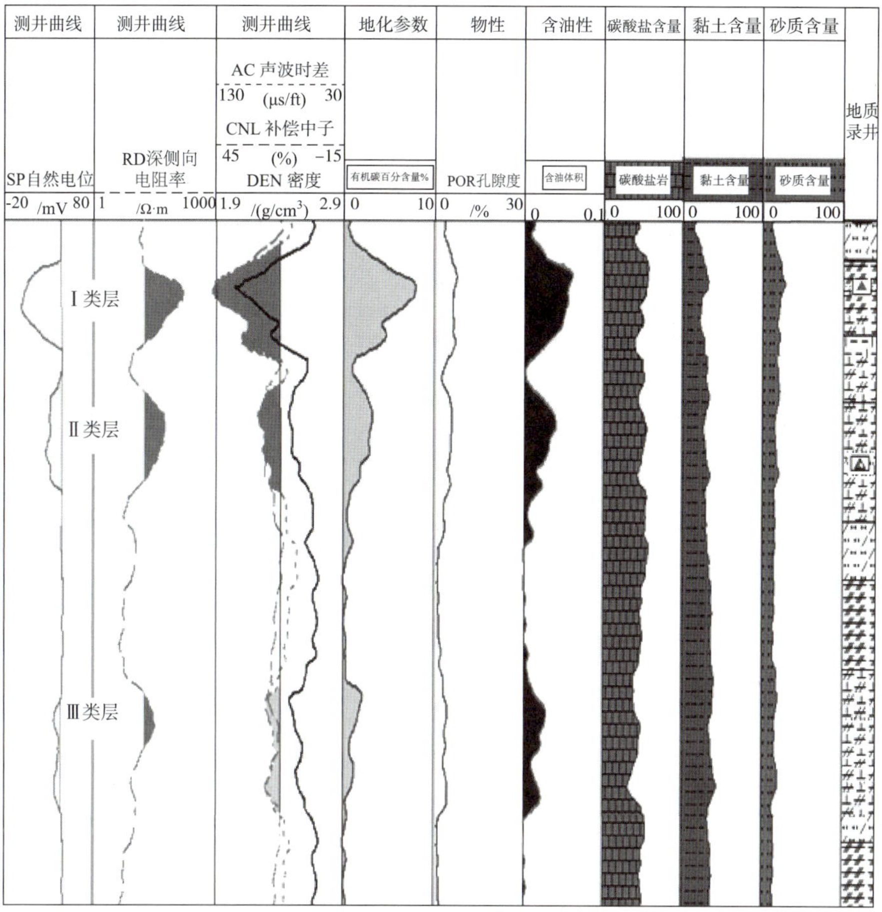

图 6-3-2　不同类别甜点段测井响应特征示意图

页岩油甜点段可以划分为三类：Ⅰ类（好）、Ⅱ类（中）、Ⅲ类（差）。

Ⅰ类页岩油气层，自然电位有明显的异常幅度，电阻率呈高值，主要岩相为纹层－层状泥质灰岩相，砂岩和碳酸盐岩等脆性矿物含量大于65%，有机碳百分含量大于3%，孔隙度一般大于5%，含油饱和度大于60%，录井、气测及槽面油气显示非常活跃。

Ⅱ类页岩油气层，自然电位具有异常幅度，但异常幅度变小，电阻率呈较高值，主要岩相为层状泥质灰岩相及层状灰质泥岩相，砂岩和碳酸盐岩等脆性矿物含量大于55%，有机碳百分含量2%~3%，孔隙度一般大于2%，含油饱和度大于45%，录井、气测及槽面见油气显示。

Ⅲ类页岩油气层，自然电位基本无异常幅度，主要岩相为块状泥质灰岩相及灰质泥岩相，砂岩和碳酸盐岩等脆性矿物含量大于55%，有机碳百分含量1%~3%，孔隙度小于2%，含油丰度低，录井、气测及槽面基本无油气显示，除矿物含量指标变化不明显外，物性参数、地化参数及含油性参数均较差。

（三）页岩油气测井解释成果图

图 6-3-3 是 Y186 井沙三段 3640~3668m 井段泥页岩综合评价图。该段岩性复杂，岩性有灰质泥岩、灰质油泥岩、灰质砂岩、泥岩等，在 3667~3668m 井段，槽面见油花 30%，气泡 60%，槽面上涨 2cm。全烃 9.33 ↑ 86.07%，甲烷 4.24 ↑ 81.07%。

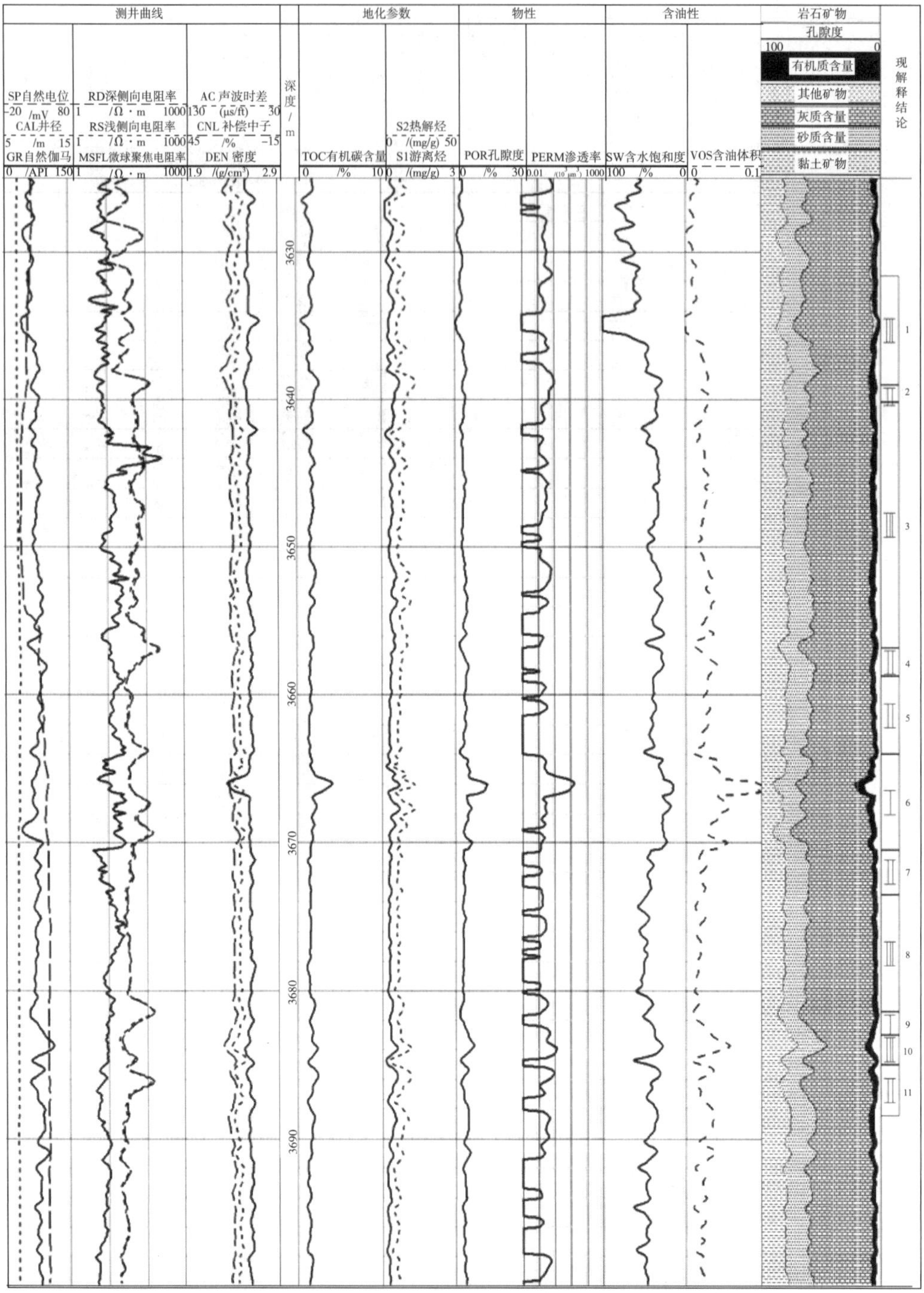

图 6-3-3　页岩油甜点段测井评价综合图

由处理计算成果图可以看出，该段碳酸盐岩含量相对较高，其碳酸盐岩含量在45%~65%，平均53%，黏土矿物含量为10%~30%，砂质岩含量为10%~22%，孔隙度为1%~8%，有机碳百分含量（*TOC*）为1%~5%，含油体积0.01~0.098。其中在3665.5~3667m井段，物性、含油性、地化指标等各参数显示最高，处理计算的碳酸盐岩含量平均为50%，孔隙度为5%~13%，有机碳百分含量最高为4%，含油体积为0.098，槽面油气显示活跃，分析该层裂缝发育，储集空间以无机孔隙为主，综合各类信息，依据页岩油有利储集段评价标准，将该段解释为Ⅰ类有利储集段。其他井段经处理后，依据页岩油有利储集段评价标准进行了泥页岩有利储集段划分。该井共解释Ⅰ类页岩油 3.7m/2 层，Ⅱ类页岩油 16.5m/3 层，Ⅲ类页岩油 159.1m/12 层。

图 6-3-4 是一口页岩气专探井，利用页岩油气测井评价技术，在该井解释Ⅰ类页岩气 15.5m/2 层，Ⅱ类页岩气 13.5m/2 层。对于Ⅰ类页岩气有利储集段，计算 *TOC* 为 3%~4.5%，

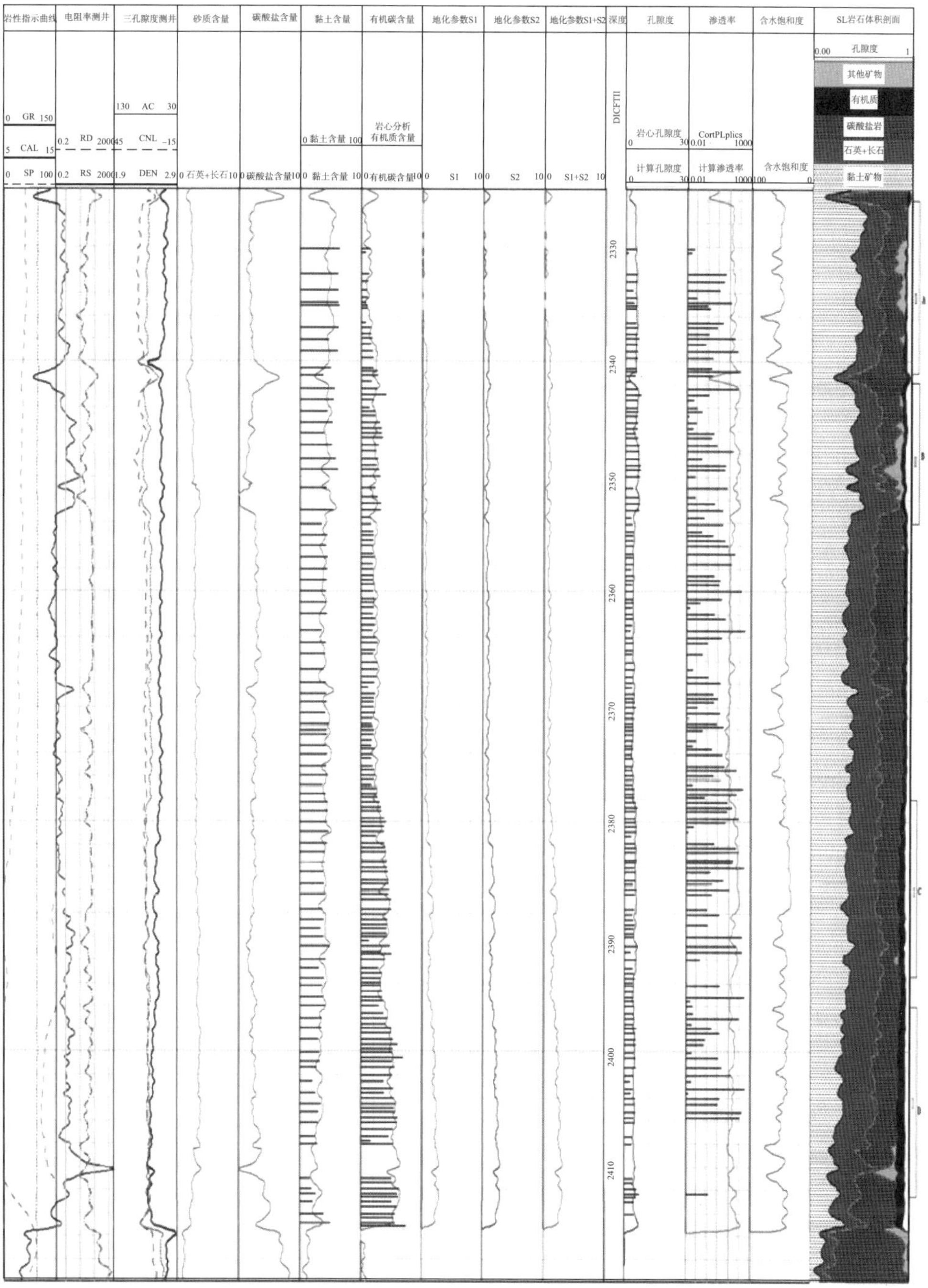

图 6-3-4 页岩气甜点段测井评价综合图

平均为 3.52%，表明烃源岩丰度高，R_o 为 2.20%~3.13%，平均 2.65%，表明热演化程度适中，处于过成熟阶段，以生成干气为主。碳酸盐岩含量为 25%~40%，砂岩含量为 20%~25%，黏土含量为 20%~40%，孔隙度为 5%~6%，与岩心分析数据吻合较好，物性好、储集空间多样。

第四节　固井质量

固井质量评价测井（也称为水泥胶结测井）是检查固井作业后，套管与水泥环（第一界面）、水泥环与地层（第二界面）封隔情况的测井方法的总称，包括：声波法、井温法、核测井法等。固井质量解释的核心是对水泥环层间封隔性能作出评价，在重点井试油或投入生产之前，勘探开发部门都十分重视固井质量，要求测井解释人员给出水泥环层间封隔的确切结论，以便于实施分层测试。

目前，声波法为检查固井质量应用最普遍的测井方法，常用的有：声波幅度测井、声波变密度测井、扇区水泥胶结测井等。

一　套管井中的声波传播

根据几何声学的原理，套管井中声波由发射器发出，经泥浆入射到套管壁，再经套管入射到第一界面，而后入射到第二界面。一般情况下，套管井中各波列到达的时间顺序为套管波、地层波、泥浆波。需要注意的是，当地层的声波传播速度大于套管的声波传播速度时（地层的声波时差的数值小于套管的声波时差数值，也称快地层），在一定的条件下，地层波将先于套管波到达。

套管波就是套管滑行波。接收器接收到的套管波幅度的变化主要反映套管外的介质变化：当套管外为水泥时，水泥与套管声耦合较好，对套管波幅度的衰减较大，接收器接收到的套管波幅度就较小；反之，当套管外为空气或泥浆时，耦合较差，对套管波幅度的衰减较小，接收器接收到的套管波幅度就较大。

水泥环波是在水泥环中产生的滑行波。由于水泥中存在大量的微孔隙，声波在水泥中传播时衰减较快，接收器基本接收不到这种信号。

地层波是在地层中的滑行波。声波经过透射，可由套管进入管外介质，而后进入地层，其强度随管外介质和与地层相接触的介质的改变而变化，并与地层岩性的声波传播速度有关。当套管外为空气或泥浆时，它们与套管和地层的耦合都较差，透射到地层的声波能量很小，折射回来的地层波声能量更小，接收器接收到的地层波能量非常微弱。因此，只有在第一界面、第二界面都胶结良好时，地层波能量才会较强，而这时套管波能量很弱。

泥浆波，就是通过泥浆传播的波，也叫直达波。在一口井中泥浆的性能基本是稳定的，它对传播声波的速度和衰减基本不变，因此，接收器接收到的泥浆波到达时间和幅度基本不变。

对于同一类型的套管，测量环境相同时其套管波波至时间基本不变，在变密度图上平直稳定，易于识别；地层波到达时间主要随地层的岩性而变化，也可通过与裸眼声波曲线相关性对比进行识别；泥浆波最后到达，在变密度图上为平直的条带。

二 声波变密度测井

声波变密度测井采用单发双收的仪器，一次下井可同时取得声幅（CBL）与变密度（VDL）测井资料。

（一）声幅测井

声幅测井采用单发、单收声系，发射器与接收器距离（称为源距）为3ft。声波发射器发射声脉冲，经过泥浆折射进入套管，产生套管波，套管波沿最短路径传播，折射进入泥浆，接收器接收声波波列中首波（套管波）的幅度。如果套管和水泥环胶结好，套管波幅度就低；反之套管波幅度就高。

声幅测井曲线的主要应用如下：

1. 确定纯浆带（自由套管）与混浆带

声幅曲线数值与仪器在自由套管刻度值相近的井段为纯钻井液井段（简称纯浆带）；在水泥返深以下，声幅曲线幅度数值相对较高的井段为水泥浆与钻井液混合带（简称混浆带），见图 6-4-1。

2. 评价固井质量

由于声波幅度对套管与水泥环胶结状况最为敏感，因此声幅测井只能评价第一界面的胶结程度，基本不反映第二界面胶结状况。通常，采用相对幅度（U）法对第一界面进行解释：

$$U=A/A_0\times 100\% \tag{6-4-1}$$

式中 U——相对幅度，%；

A——计算深度点的声幅曲线数值，mV；

A_0——自由套管井段声幅曲线数值，mV。

不同水泥浆类型第一界面解释标准参见表 6-4-1，解释成果图见图 6-4-1。解释第一界面应考虑快速地

层和套管接箍等因素对声幅曲线（CBL）数值的影响。

表 6-4-1 相对幅度（U）法的第一界面解释

序号	相对幅度（U）			第一界面胶结结论
	低密度水泥浆（水泥浆平均密度＜1.75g/cm³）	常规密度及高密度水泥浆（水泥浆平均密度≥1.75g/cm³）		
	候凝时间＜24h	24h＜候凝时间≤72h	候凝时间＞72h	
1	$U\leqslant 20\%$	$U\leqslant 15\%$	$U\leqslant 10\%$	胶结良好
2	$20\%<U\leqslant 40\%$	$15\%<U\leqslant 30\%$	$10\%<U\leqslant 20\%$	胶结中等
3	$U>40\%$	$U>30\%$	$U>20\%$	胶结差

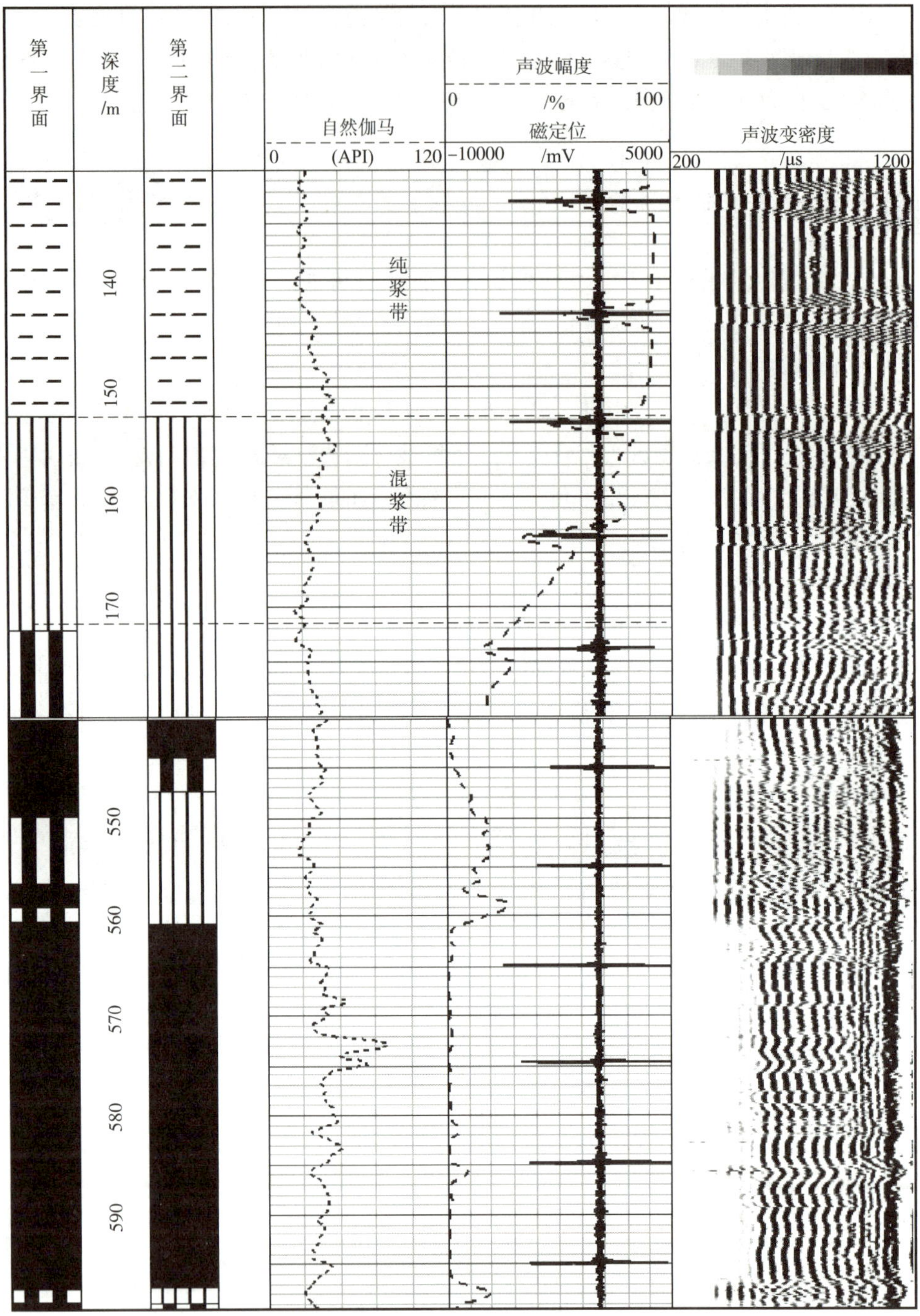

图 6-4-1 CBL/VDL 测井解释成果图

（二）变密度测井

变密度测井原理是利用水泥与泥浆（或水）的声阻抗的差异（较大），对沿套管轴向传播的声波的衰减影响来反映套管与水泥之间、水泥与地层之间的胶结质量。

变密度测井采用单发、单收声系，源距为 5ft。接收器接收到的是声波的全波列，分为三个部分，即套管波、地层波、泥浆波。变密度测井图是黑（灰）白色相间的条带，以其颜色的深、浅表示接收到的信号的强弱，通过对变密度测井图上显示的套管波、地层波强弱程度分析，参考声幅曲线，可确定套管与水泥环和水泥环与地层胶结质量。如果出现套管波，固井质量就不理想，或者有微环存在；当无套管波或较弱时：

①地层波特别明显，反映一、二界面水泥固井质量良好；

②地层波不明显，反映一界面水泥固井质量良好而二界面水泥固井质量可能不理想（当地层衰减不是很大时），参见表 6-4-2、图 6-4-1。

表 6-4-2 第二界面定性解释

序号	声波幅度 CBL	声波变密度 VDL		第二界面胶结结论
	相对幅度	套管波	地层波	
1	与自由套管幅度（或模拟刻度值）相一致	强	无	自由套管
2	小于为胶结良好的上限	弱或无	强	胶结良好
3	小于为胶结良好的上限	弱或无	中强	胶结中等
4	小于为胶结良好的上限	弱或无	弱或无	胶结差
5	介于胶结中等与胶结良好之间	中强	强	胶结良好
6	介于胶结中等与胶结良好之间	中强	中强	胶结中等
7	介于胶结中等与胶结良好之间	中强	弱或无	胶结差
8	大于胶结差的下限	强	无具体要求	胶结差

（三）测井影响因素

1. 仪器偏心的影响

仪器偏心就是仪器偏离套管中心轴线，仪器偏心会使套管波传播时间变短、幅度变小。若测井时，由于井况原因或下井的扶正器等原因造成仪器偏心，会对所测量的资料产生不利的影响，影响固井质量的正确评价。在仪器偏离套管 0.635cm 时，就会使套管波幅度减少 50%。

2. 测井时间的影响

测井等待时间太短，水泥浆尚未完全胶结，抗压强度低，与套管声耦合差，会使套管波幅度变大，把胶结好的井段误认为胶结不好，造成固井质量不好的假象；如果等待时间较长会使钻井成本增高，同时也会因为泥浆沉淀固结、井壁坍塌造成无水泥井段声幅低值的假象。测井等待时间最好选在注水泥后约 48h，这时水泥抗压强度可达到标称抗压强度的 80%。

3. 水泥环微间隙的影响

微间隙现象在固井过程中是一个普遍存在的问题，形成原因复杂，如固井施工过程中套管内压力的变化、水泥环凝固时的热效应、钻井施工等各种原因，会使套管与水泥之间产生微小间隙。一般情况下它不会造成流体窜槽，但影响套管与水泥、水泥与地层之间的声耦合。声波测井对厚度大于 0.15mm 的微间隙非常敏感，会使套管波幅度显著变大，形同胶结不好，微间隙对变密度测井也有类似的影响，此时的测井资料不能用于固井质量评价。

4. 气侵的影响

如注水泥段为高压气层，会造成水泥浆发生气侵，套管波幅度变大，造成水泥胶结不好的误判。

5. 快速地层的影响

当地层的声波时差的数值小于套管的声波时差数时（快速地层），在固井封固较好的井段，变密度资料上的套管波被地层波所叠合或直至完全替代了，在常规 CBL 曲线上的幅度变化反映的是地层波的能量大小，不反映套管与水泥环的胶结状况。

6. 薄水泥环的影响

当固井时套管与井眼间距小于 1in 所形成的水泥环，一般称为薄水泥环。它一方面增加水泥浆的流动阻力，不利于水泥浆的均匀平衡的流动。另一方面薄水泥环在一定条件下会对声波的传播产生有害的干扰，通常影响测井资料的正确评价。

7. 井眼扩径的影响

由于井眼扩径的原因，常使得固井质量明显变差。

8. 低密度水泥浆固井

低密度水泥浆要比高密度水泥浆所固结的水泥石的波阻抗小，在固结较好的部位也有一定强度的套管波列，评价该类资料时要根据实际情况合理解释。

三　扇区水泥胶结测井

（一）5700-SBT 测井

声波幅度测井和声波变密度测井是井周 360° 响应的平均结果，不能反映管外水泥环环向上的胶结缺失。5700-SBT 测井仪利用装在 6 个极板上的 12 个高频定向换能器的声系来定量测量，相邻四个极板构成螺旋状双发双收声衰减测量系统，把管外环形空间六等分，分别观测水泥胶结质量，实现环周高分辨率 360° 全方位覆盖的测量。由于该仪器源距较小，可使测量结果避免受到快速地层和外层套管干扰。

1. 测井信息

①双发双收补偿式测量系统分别测得六条声波衰减率曲线：衰减率曲线随着套管内外物质的声阻抗的变化而变化；水泥浆的声阻抗远大于泥浆（或水）的声阻抗，声阻抗越大衰减率越大，衰减率越大则水泥胶结越好。

②平均衰减率（ATAV）和最小衰减率（ATMN），二者的差异反映水泥胶结环向不均质性。

③合成声幅（AMAV）：相当于理想测井条件下的声幅（CBL）曲线。

④水泥图：它是依据六条声波衰减率曲线，利用由黑到白的阴影表示套管与水泥的胶结情况，水泥图环向分辨率较高，可详细直观地显示水泥环胶结状况。

⑤相对方位 RBOD：可以确定水泥沟槽的方位。

⑥ 5ft 源距的变密度图（VDL）：评价水泥环与地层界面的胶结状况。

⑦与其他仪器组合测井得到自然伽马 GR 和套管接箍（磁定位）CCL。

2. 测井评价方法

一界面以六极板（6 条）衰减率、平均、最小衰减率、扇状水泥图为主，参考声幅、变密度资料，综合分析判断第一界面水泥胶结及分布状况，第一界面衰减率解释标准参见图 6-4-2，也可将平均声幅曲线单位由“mV”转化为“%”，参考常规的 CBL 解释标准；

SBT 测井衰减率曲线对第二界面水泥胶结状况不敏感，第二界面主要依据变密度 VDL 曲线的波形（参考声波时差等曲线的相关性，VDL 曲线的频率，接箍特征，井径），同时参考衰减率、扇状水泥图作出综合评价。

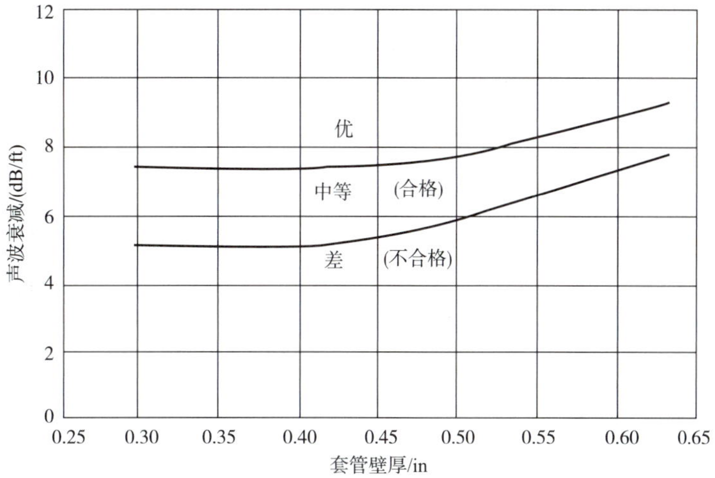

图 6-4-2　5700-SBT 声波衰减率测井解释图版

3. 典型胶结状态测井解释（图 6-4-3）

①自由套管：在自由套管条件下 ATAV 全井最低，曲线平直，密度接近于清水的充满流体自由套管井段，ATAV 接近于自由套管衰减率理论值，ATAV 与 ATMN 差异一般不超过 1dB/ft；水泥胶结图为白色；平均声幅 AMAV 为全井最高，接近于自由套管声幅理论值。

②水泥胶结良好：第一界面和第二界面水泥胶结良好时，声波衰减率测井全井最高，ATAV 与 ATMN 差异一般不超过 2dB/ft；水泥胶结图灰度级别最高；平均声幅全井最低，套管波最弱甚至无显示，在水泥阻抗低于地层声阻抗的情况下，地层波连续且清晰可辨。

③第一界面胶结不好：衰减率较低且平均声幅较高，VDL 套管波较强，套管节箍信号清晰，地层波较弱断断续续，甚至没有。

④水泥纵向胶结不均匀：声波衰减率曲线随深度变化，反映水泥环呈现纵向胶结不均匀的特征，VDL 套管波在水泥胶结好处较弱，水泥胶结不好处变强。

⑤水泥环向胶结不均匀：利用 ATAV 与 ATMN 的差异以及水泥图，可以识别水泥环向的胶结不均匀。

与普通的 CBL/VDL 相比较，水泥图直观地显示了管外水泥分布状况；其贴套管壁的测量方式减弱了不利测量环境的影响，可适用于大直径套管和水平井等，只要保证测量极板与套管壁接触良好，在重泥浆、泥浆含气、仪器偏心、快速地层等条件下都可以进行固井质量的评价。

图 6-4-4 为 ×× 井 5700-SBT 测井图，该井还利用常规的声波变密度仪器测量了的 3ft 声幅。图中地层声波时差（约 50μs/ft）小于套管声波时差（57μs/ft），为典型的快速地层。6619~6627m，对应衰减率最大、水泥图颜色最深的井段，SBT 的声幅 AMAV 数值较低，常规的 CBL 曲线数值显著增高。原因在于该井段水泥胶结质量较好，普通的 CBL 曲线受到了

快速地层波的影响，首波为地层波信息；SBT 由于其源距较小，测量结果未受到快速地层的影响，测量的仍是套管波的衰减率，故转换得到的平均声幅反映了套管波的能量变化。

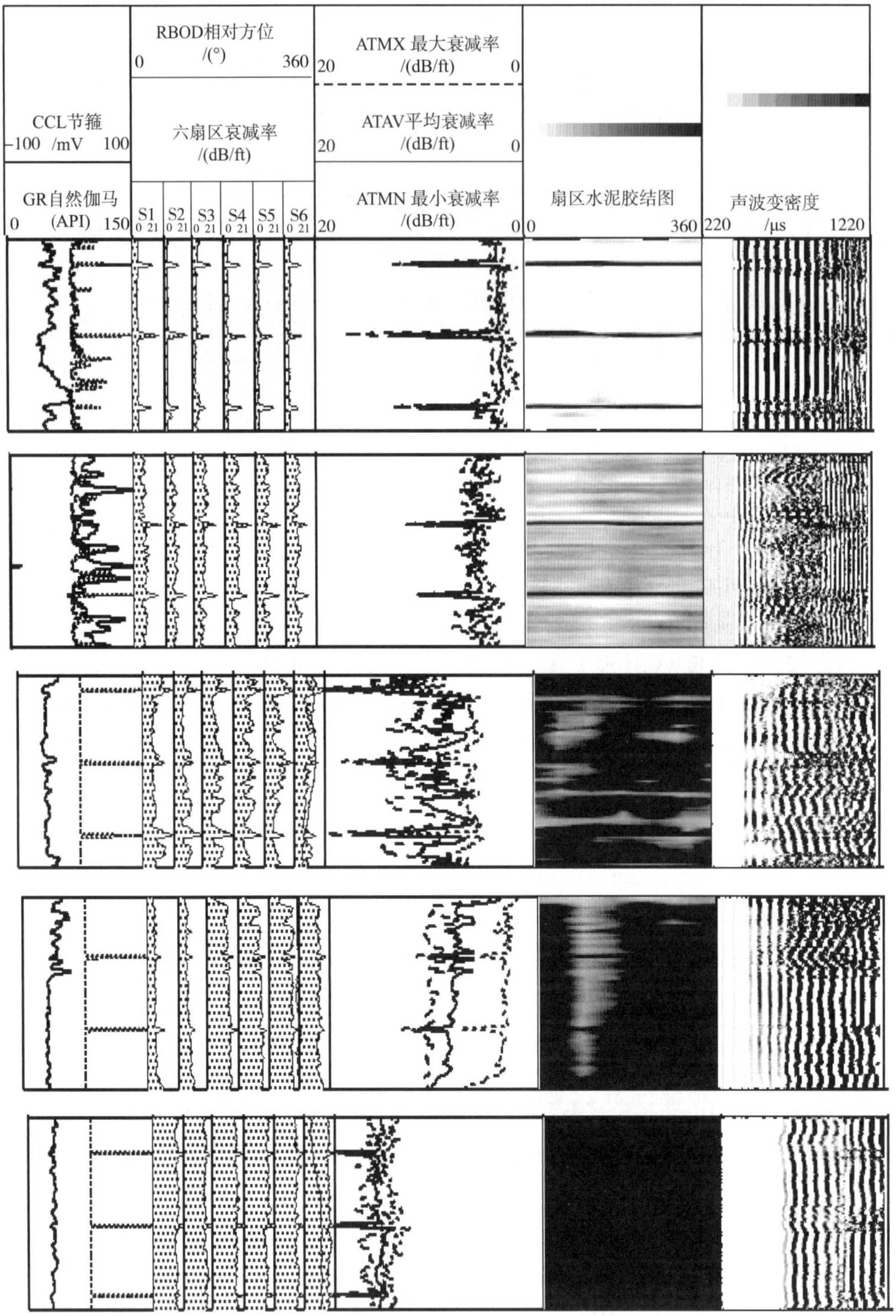

图 6-4-3　5700-SBT 典型胶结状态的测量特征

测井工

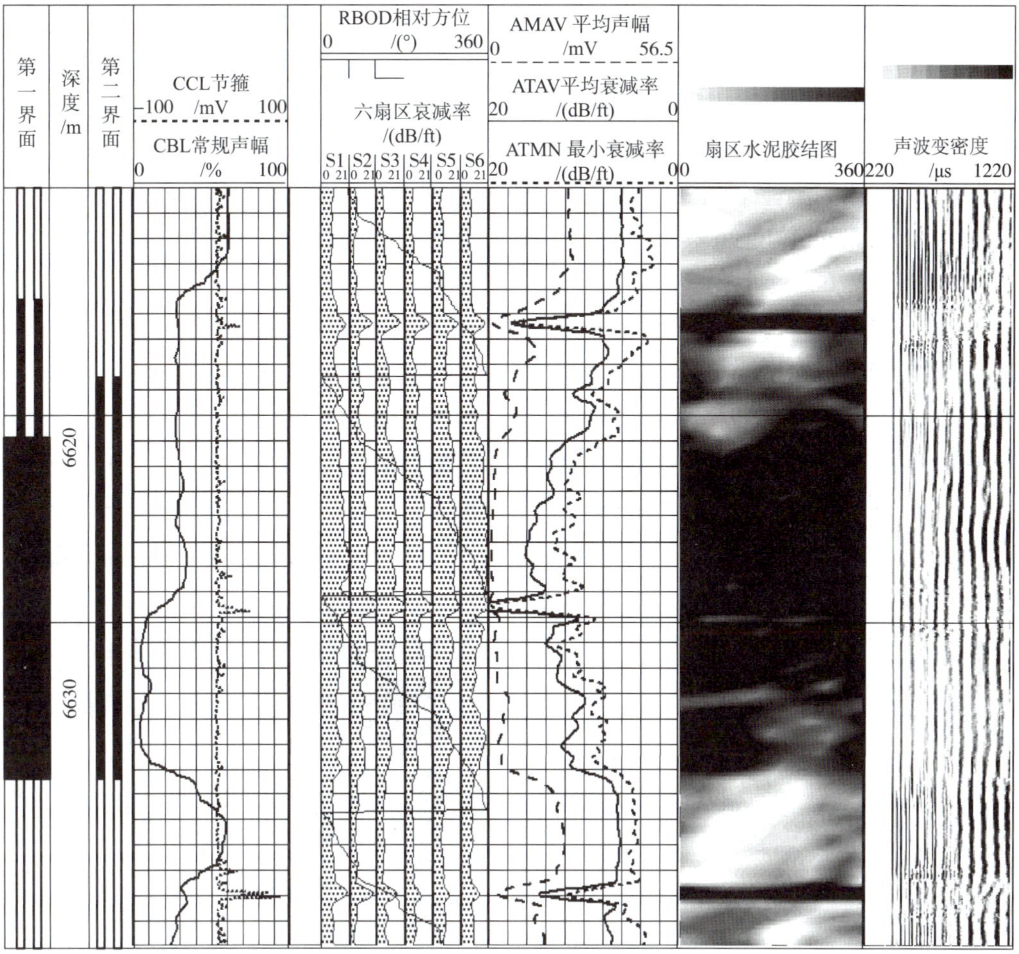

图 6-4-4　××井 5700-SBT 测井图

（二）Computalog-SBT 测井

1. 测井信息

Computalog-SBT 声系由处于同截面的 8 个发射探头和处于另一同截面的 8 个接收探头组成，两截面相距 2ft，每个发射探头和处于另一截面的接收探头组成一组，分别探测截面 45° 范围内的套管外水泥胶结质量的好坏。8 组探头组合就能探测套管外 360° 的水泥胶结质量，实现了环周高分辨率 360° 全方位覆盖的测量。

2. 测井评价方法

Computalog-SBT 测量得到源距为 2ft（24in）的 8 个扇区的声幅曲线，提供了其中的最大、最小、平均三条声幅曲线；利用 8 条曲线数据形成水泥图，由白至黑水泥胶结质量逐渐变好，通常用 5 个 20% 的灰度增量，最黑的阴影区代表胶结程度大于 80%，白色区域指示未胶结套管，另外三个灰度级别代表这二者之间的情况，它可以形象、直观地分辨水泥环向、纵向的胶结不均匀性，直观显示管外水泥分布情况，识别套管与水泥间存在的窜槽通道；测量得到 3ft 的声幅曲线以及 5ft 的变密度曲线；与其他仪器组合测井得到自然伽马和磁定位曲线。

将 3ft 源距的声幅曲线单位由“mV”转化为“%”，可参考常规的 CBL 标准解释第一界面；2ft 源距扇形声幅不符合 3ft 源距 CBL 解释图版，它可用来探测水泥沟槽；第二界面主要依据变密度 VDL 曲线的波形（参考声波时差等曲线的相关性，VDL 曲线的频率，接箍特征，井径），同时参考声幅、扇状水泥图作出综合评价。根据最大、最小、平均声幅曲线之间的幅度差，来判定管外水泥胶结状况，当幅度差异大时，水泥充填均匀性差，当幅度差异小时，水泥充填均匀性好，可以对第一界面管外水泥充填情况进行精细评价。

3. 典型胶结状态测井解释

图 6-4-5 为 ×× 井 SBT 测井解释成果图，在常规声幅、变密度解释的基础上，根据扇区水泥图能清晰地显示出管外水泥纵向、环向的分布情况，以及可能存在的窜槽。扇区水泥胶结测井这种纵向上识别第一界面是否存在窜槽的能力，可以用来判定油、水层间固井封隔是否有效，为油井射孔、压裂等增产措施的实施提供有效帮助。

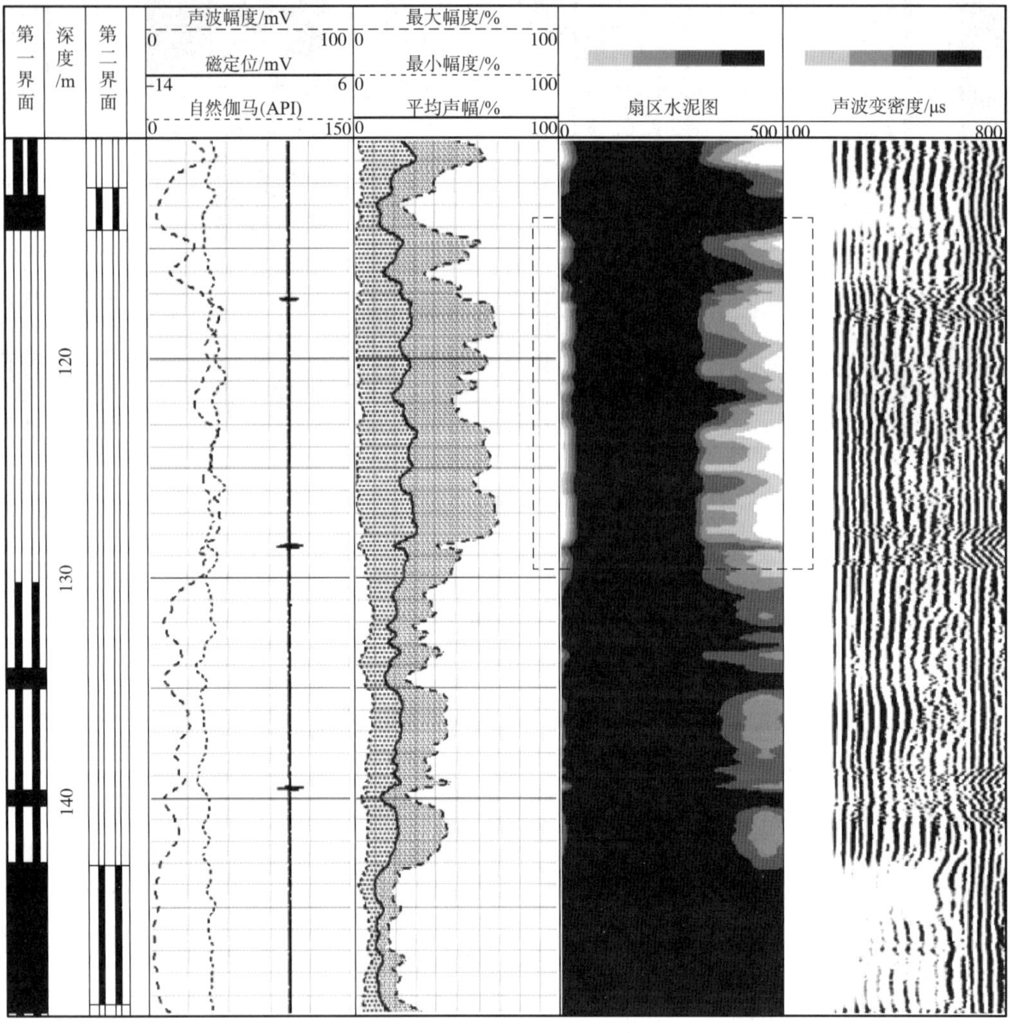

图 6-4-5　×× 井 SBT 测井解释成果图

第五节　生产测井

生产测井是指在套管井中完成的各类测井，测井解释主要包括注入剖面解释、产出剖面解释、剩余油饱和度解释和工程测井解释的基本原理和方法。

一　注入剖面

注入剖面通常包括注水剖面、注蒸汽剖面、注聚合物剖面等测井方法，此外还有注 CO_2、注 N_2 等。其中，注水剖面在我国较为常见，稠油开采通常采用注蒸汽等方法，注聚合物是三次采油中常见的方法。注入剖面主要用于确定注入水等流体的去向和注入量，了解油气田开发的动向。

（一）解释前的准备工作

要得到准确可靠的分层注水量，首先要求测得符合生产动态条件的放射性同位素示踪测井曲线，并把注水情况和施工条件收集齐全，然后对示踪注水剖面测井资料进行综合解释。为了提高解释符合率，要对放射性同位素示踪曲线进行校正，并结合完井测井曲线、动态资料和其他有关的井史资料进行综合分析，精细解释。

进行示踪注水剖面测井资料解释时，需要收集施工任务书、现场施工记录卡、完井测井图等各种有关的动、静态资料，为正确分析、解释注水层位和其他复杂情况提供依据。

（二）测井资料预处理

1. 示踪注水剖面测井曲线的选择

在示踪注水剖面测井施工中，采用时间推移测井技术，即在注入“^{131}Ba—GTP”微球示踪剂之后，在不同时间测量多条放射性同位素示踪测井曲线（以下简称为示踪曲线）。

①当有多条示踪曲线时，应选用射孔层位对应示踪曲线异常、重复性较好的示踪曲线，此条曲线在非射孔层部位应与自然伽马基线重合较好。

②当示踪曲线重复性较差时，可视情况而定。对于大注入量、高注水强度的注水井、注水井段较短时，可选用先测量的示踪曲线。

③不能使用示踪剂沾污严重的测井曲线。应选用注水井段内沾污较轻的测井曲线。

④当有套管漏失、管外窜槽等特殊情况时，要注意测全漏失井段示踪曲线，把特殊情况显示包括在内。

2. 示踪注水剖面测井曲线的深度校正

①利用自然伽马测井曲线校正深度。

②利用磁定位曲线校正深度。

（三）示踪注入剖面测井的解释

进行资料解释时，要将自然伽马基线和示踪曲线深度对齐，并使其在非目的层重叠，这样只要计算各注水层的异常面积和各注水层总的异常面积，即可得到注水层的相对注水量。相对注水量越大，说明注水越多，反之亦然。各注水层的相对注水量与全井绝对注水量的乘积，便是各吸水层的绝对注水量。

1. 分层相对注水量 β_i 的计算

注水井各解释层段的分层相对注水量通常用式（6-5-1）计算：

$$\beta_i = \frac{Q_i}{Q} = \frac{A_i}{\sum_{i=1}^{n} A_i} \times 100\% \tag{6-5-1}$$

式中 Q_i——第 i 个解释层的注水量；

Q——总注水量。

2. 相对注水强度 WEQ 的计算

相对注水强度 WEQ 是各分层的平均每米相对注水量，通常用式（6-5-2）计算：

$$WEQ = \frac{\beta_i}{H_i} \tag{6-5-2}$$

式中 β_i——第 i 个解释层的相对注水量；

H_i——第 i 个解释层的厚度。

二 产出剖面

生产测井产液剖面测井方法，是把流量、含水率（持水率）、密度、温度、压力及其他参数（套管接箍、自然伽马）测井资料组合起来，可以综合分析生产井各产层油、气、水的产出量及各相的含量。

测井方法：集流点测测井、集流点测及井温磁定位组合测井、非集流油水两相流测井、同位素定点法示踪测井和同位素追踪法示踪测井。

（一）集流点测测井

1. 产液量计算

合层流量的计算公式：

$$Q_n = N_n / k + q \tag{6-5-3}$$

式中 Q_n——第 n 测点的合层流量；

N_n——第 n 测点的涡轮转速；

k——测量仪器的仪器常数；

q——涡轮的启动流量。

分层产液量的计算公式：

$$Q_i = Q_n - Q_{n+1} \tag{6-5-4}$$

式中 Q_i——第 i 层段产液量（位于第 n 与第 n+1 测点之间）；

Q_{n+1}——第 n+1 测点的合层流量。

分层相对产液量的计算公式：

$$\beta_i = (Q_i / Q) \times 100\% \tag{6-5-5}$$

式中　β_i——第 i 层段相对产液量，m^3/d；

Q——全井产液量，m^3/d。

2. 产水量计算

合层含水率的计算：用各测点录取的持水率频率值在该仪器的持水率解释图版上查出各点持水率值 Y_{wn}。当滑脱速度大于零时，应进行滑脱速度校正，求出含水率 K_{wn}；当滑脱速度为零时，持水率等于含水率。

合层产水量的计算公式：

$$Q_{wn} = Q_n \times K_{wn} \tag{6-5-6}$$

式中　Q_n——第 n 测点的合层产液量，m^3/d；

K_{wn}——第 n 测点的合层含水率，%。

分层段产水量的计算公式：

$$Q_{wi} = Q_{wn} - Q_{w(i+1)} \tag{6-5-7}$$

式中　Q_{wi}——第 i 层段产水量（位于第 n 与第 n+1 测点之间），m^3/d。

3. 分层段含水率的计算公式：

$$K_{wi} = Q_{wi} / Q_i \tag{6-5-8}$$

式中　K_{wi}——第 i 层段含水率，%。

（二）集流点测、井温、磁性定位组合测井

用磁性定位测井资料解释判断测点深度是否准确；各层段流量含水率定量解释方法同上；利用产液剖面测量流动状态下的动态井温资料，根据井温曲线异常部位，可定性判断产液及产水状况。

（三）非集流油水两相流测井

1. 油水两相产出剖面各层段体积流量计算方法：

$$Q_n = v \times S \tag{6-5-9}$$

式中　Q_n——第 n 深度点的合层流量；

V——井内流体平均流速；

S——套管内横截面积，m^2。

2. 持水率计算：

$$Y_w = (d - d_0) / (d_w - d_0) \tag{6-5-10}$$

式中　Y_w——持水率；

d——流体的平均密度；

d_0——油的平均密度；

d_w——水的平均密度。

（四）同位素定点法示踪测井和同位素追踪法示踪测井

1. 定点法示踪流速 V_a 的计算

$$V_a = H / \Delta T \tag{6-5-11}$$

式中 H——示踪剂发射口到接收探头间的距离，m；

ΔT——示踪剂发射到接收所用的时间，min。

2. 追踪法示踪流速 V_a 的计算

第一次追踪峰值时间 T_1：

$$T_1 = T_{s1} + (T_{e1} - T_{s1})(H_1 - H_{s1}) / (H_{e1} - H_{s1}) \tag{6-5-12}$$

式中 T_{s1}、T_{e1}——第一次追踪起始时间、结束时间；

H_{s1}，H_{e1}——第一次追踪起始深度、结束深度；

H_1——第一次追踪同位素峰值深度。

第二次追踪峰值时间 T_2：

$$T_2 = T_{s2} + (T_{e2} - T_{s2})(H_2 - H_{s2}) / (H_{e2} - H_{s2}) \tag{6-5-13}$$

式中 T_{s2}，T_{e2}——第二次追踪起始时间、结束时间；

H_{s2}，H_{e2}——第二次追踪起始深度、结束深度；

H_2——第二次追踪同位素峰值深度。

示踪流速 V_a 的计算

$$V_a = (H_1 - H_2) / (T_2 - T_1) \tag{6-5-14}$$

三 剩余油饱和度测井

（一）碳氧比能谱测井

1. 碳氧比能谱测井解释技术

连续碳氧比测井的应用和解释技术是碳氧比测井方法的重要组成部分。它是淡水油田套管井中不可缺少的测井手段。碳氧比测井解释技术主要有以下几种：比值法、覆盖法、L_W 方法、交绘图法和计算机化组合测井解释技术。对于不同的测井目的，有适当的解释技术与之相适应。

2. 碳氧比测井解释模型

碳氧比纯油水解释公式。在实验室模拟井中，假定孔隙度和岩性不变化，则含油饱和度 S_o 和碳氧比的关系可由公式（6-5-15）给出：

$$S_o = \frac{(C/O)_{log} - (C/O)_w}{(C/O)_o - (C/O)_w} \tag{6-5-15}$$

式中 $(C/O)_w$、$(C/O)_o$——分别为水层中、油层中的碳氧比值；

$(C/O)_{log}$——目的层中测出的碳氧比值。

碳氧比与硅钙比值覆盖解释公式。图 6-5-1 是由实验数据画出的碳氧比和硅钙比的交会图。由该图可见，L 点是石灰岩水层的平均值，S 点是砂岩水层的平均值。所有水点基本上均落在一条直线上，这条直线与石灰岩、白云岩、砂岩层的平均水层值相交。连接 L 点和 S 点形成了水线。

油层值的数据点形成了许多条平行于水线的直线。这些直线离开水线的距离随着孔隙度的增加而增加。从数学上说，水线可以用下面的线性方程来表示：

$$(C/O)_w = -0.8(Si/Ca) + L_w \tag{6-5-16}$$

式中　-0.8——水线的斜率；

L_w——当硅钙比的理论值为零时，水线在碳氧比轴上的截距。

油线上的点可被表示为：

$$(C/O)_o = (C/O)_w + \Delta(C/O) \tag{6-5-17}$$

式中　Δ（C/O）——在给定的硅钙比值下，对于确定的孔隙度，从水线到油线的碳氧比值增量。

如果落在水线和油线之间的所有点，所具有的含油饱和度均正比于这些点到水线的距离，则它们的值可以表示为：

$$S_o = \frac{C/O - (C/O)_w}{\Delta(C/O)} \tag{6-5-18}$$

实验数据表明，对于高孔隙度（ϕ=35%）地层，Δ（C/O）值约为0.2。因此，含油饱和度可以用式（6-5-19）来估算：

$$S_o = \frac{C/O + 0.8Si/Ca - L_w}{0.2} \tag{6-5-19}$$

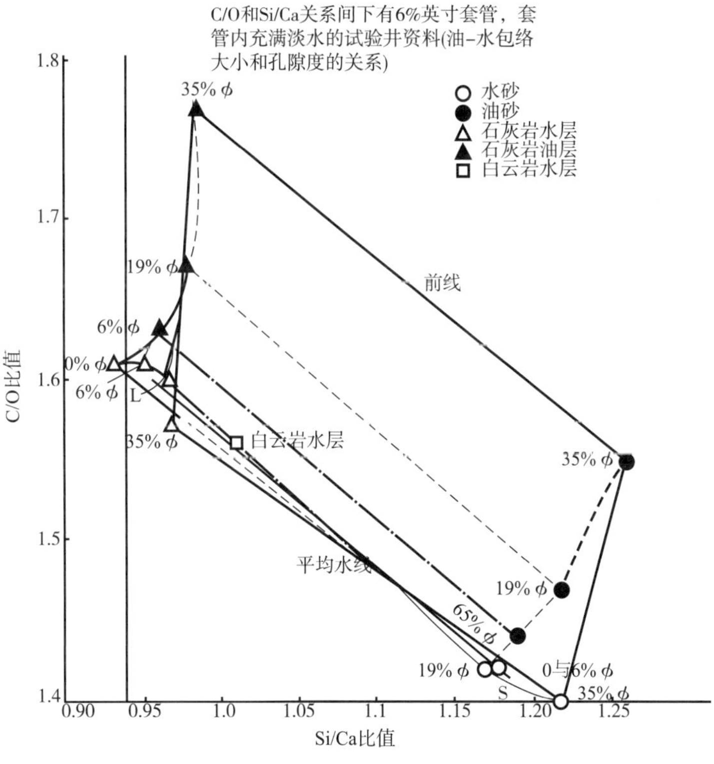

图 6-5-1　从试验井资料得到的油－水线包络

式中分子就是从水线和油线之间那些点到水线的距离。这个因子和含油体积有关，是含油饱和度和孔隙度的函数。

（二）PNN 测井

1. 岩石骨架和地层流体的俘获特征

常见岩石骨架和地层流体的俘获特征见表 6–5–1。

表 6–5–1　常见岩石骨架和地层流体的热中子宏观俘获截面表

岩石骨架	Σ（C.U.）	地层流体	Σ（C.U.）
砂岩	7~16	天然气	5~17
白云岩	6~10	淡水	22
石灰岩	7~11	地层咸水	22~138
硬石膏	8~21	原油	17~22
泥岩	25~40		

2. PNN 解释模型

测井资料采用奥地利 Hotwell 公司研制的解释模型，利用 PNN 测井现场采集的数据，进行油、气、水分布的定性和定量解释。

解释模型为含油气泥质岩石，含水饱和度计算公式见式（6–5–20）、式（6–5–21）：

$$\sum=(1-\phi-V_{sh})\sum ma+V_{sh}\sum sh+\phi S_w\sum w+\phi(1-S_w)\sum h \tag{6–5–20}$$

$$S_w=\frac{\left(\sum-\sum ma\right)+\left(\sum ma-\sum sh\right)V_{sh}+\phi\left(\sum ma-\sum h\right)}{\phi\left(\sum w-\sum h\right)} \tag{6–5–21}$$

式中　$\sum$——测量获得地层热中子宏观俘获截面；

ϕ——地层孔隙度；

S_w——地层含水饱和度；

$\sum ma$——岩石骨架热中子宏观俘获截面；

$\sum w$——地层水热中子宏观俘获截面；

$\sum h$——油气的热中子宏观俘获截面；

V_{sh}——泥质含量；

$\sum sh$——泥质的热中子宏观俘获截面。

（三）过套管电阻率测井

下井仪停在给定的深度点进行测量，并通过两电极 A_1、A_2 分别给套管供电时各测一次。在记录两种电流产生的信号期间，要求测量电极与套管紧密接触（不大于 0.1Ω）。

计算公式：

$$P_n\equiv\left(\frac{U_N(I_{A_1})\cdot\Delta U_{M_2M_1}(I_2)-U_N(I_{A_2})\cdot\Delta U_{M_2M_1}(I_1)}{-\Delta U_{M_2M_1}(I_{A_1})\cdot\Delta^2U(I_{A_2})+\Delta U_{M_2M_1}(I_{A_2})\cdot\Delta^2U(I_{A1})}\right) \tag{6–5–22}$$

式中　$U_N(I_{A1})$、$U_N(I_{A2})$——相应为向电极系的上供电电极和下供电电极供电时，测量电极 N 同套管的接触点的套管电极的电位；

$\Delta U_{M_2M_1}(I_{A1})$，$\Delta U_{M_2M_1}(I_{A2})$——相应上供电电极和下供电电极供电时，电极系的两个边电极 M_1、M_2 的一阶差分；

$\Delta^2U_N(I_{A1})$，$\Delta^2U_N(I_{A2})$——向电极系的上供电电极和下供电电极供电时，所有的三个测量电极同套管接触点之间套管段上电位的二阶差分；

I_1、I_2——分别为 A_1 和 A_2 供电电极向套管处的电流。

求取当前地层含水饱和度的解释模型仍为阿尔奇公式：

$$S_w=\sqrt[n]{\frac{a\times b\times R_{wec}}{R_{ec}\times POR^m}} \tag{6-5-23}$$

式中 a、b——岩性系数；

m——胶结指数；

n——饱和度指数；

R_{wec}——当前地层水电阻率；

R_{ec}——测量过套管电阻率；

PoR——地层孔隙度。

四 工程测井

（一）多臂井径测井仪

1. 多臂井径测井仪测量的曲线

包括井径最大值、最小值和算术平均值、36 条（或 40 条）探测臂测量值以及其生成的柱状模拟图和成像图（图 6-5-2~ 图 6-5-4），说明如下：

第一道：井径工程计算曲线，显示最大值、最小值、算术平均值三条曲线；

第二道：三十六臂曲线记录 36 只探测臂的测量值；

第三道：立体图表示了套管内壁的柱状模拟图；

第四道：成像图为套管内壁展开以后的彩色插值图。颜色越靠近蓝色区域表示井径越小，越靠近红色区域表示井径越大。

2. 三十六臂成像测井仪测得的各种情况下的资料实例

（1）套管变形情况

套管变形多臂井径成果图如图 6-5-2 所示

（2）套管断裂情况

套管断裂多臂井径成果图如图 6-5-3 所示。

（3）射孔层位显示情况

射孔层位显示多臂井径成果图如图 6-5-4 所示。

3. 影响因素

多臂成像仪由于采用接触式测量，理论上只受套管内径尺寸限制，不受其他因素影响。实际使用中有些情况仍然会对测量造成影响：

①套管内壁结垢，坚硬的垢层会造成测量的井径值变小，使仪器不能反映实际套管内壁值。

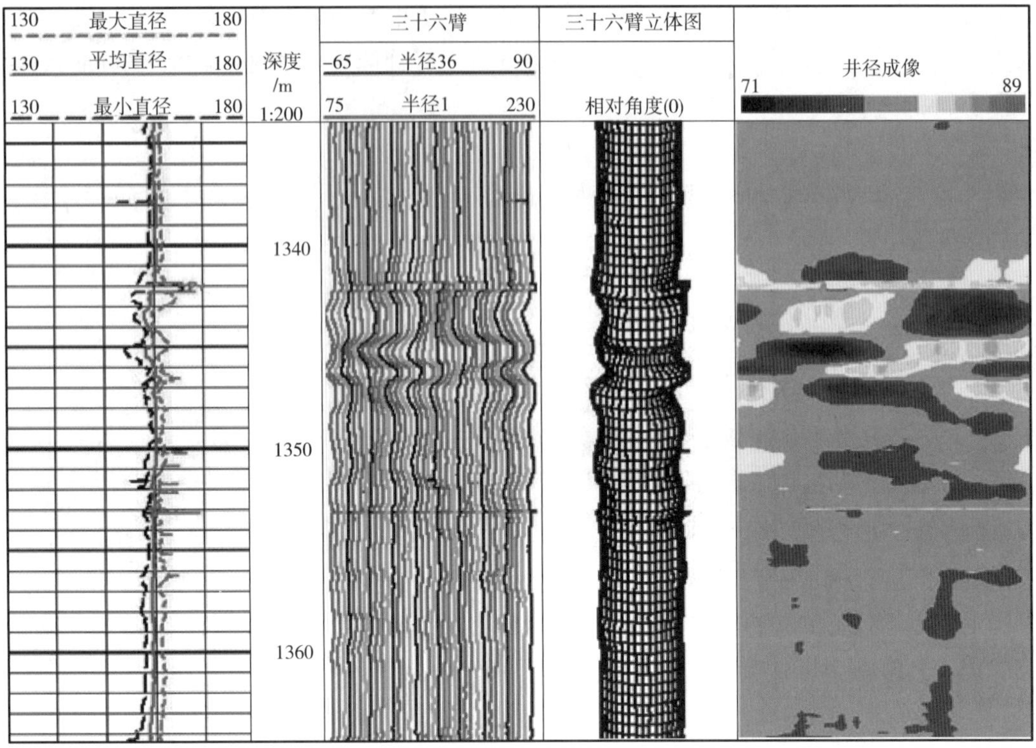

图 6-5-2　套管变形多臂井径成果图

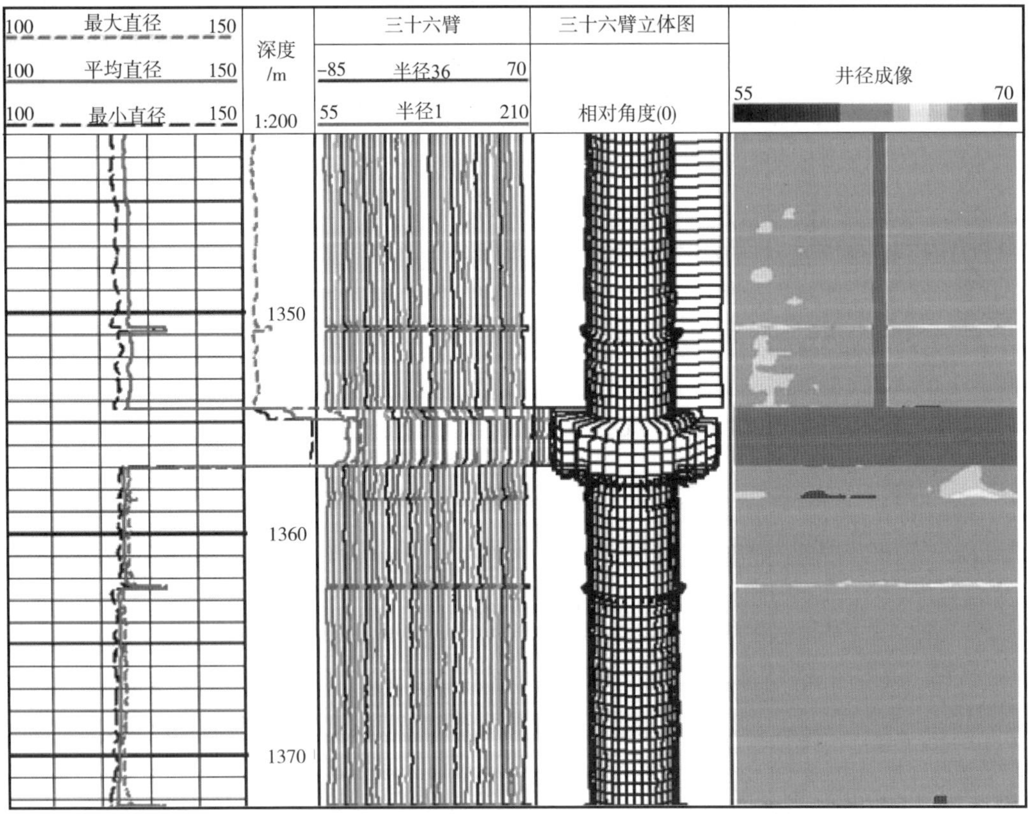

图 6-5-3　套管断裂多臂井径成果图

测井工

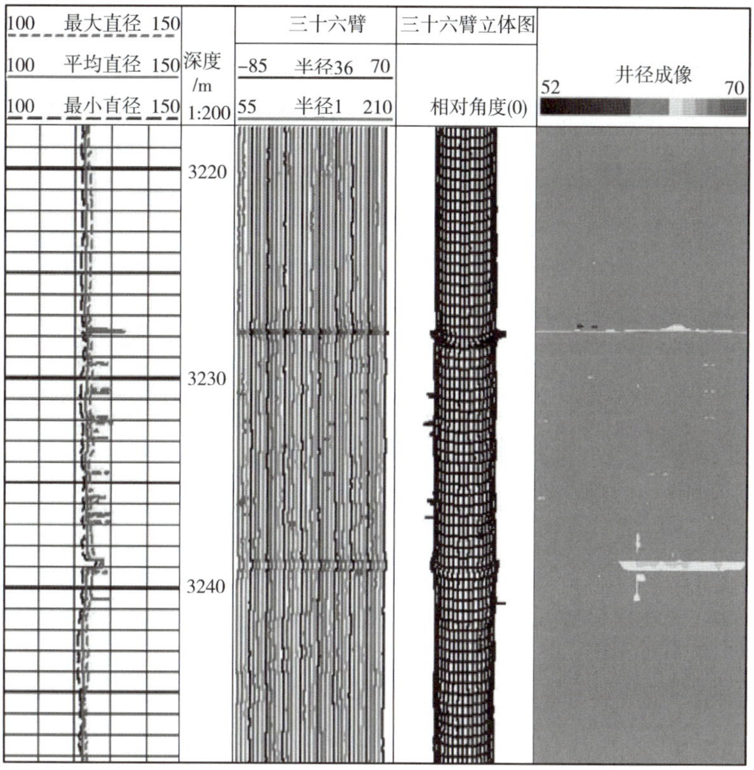

图 6-5-4 射孔层位显示多臂井径成果图

②出砂严重的井，砂子会进入测量臂的缝隙，引起测量臂运动受阻，严重的时候会使测量完全失效。

③稠油井，原油黏度过大，会黏附仪器，引起测量值不准确，严重时，造成仪器无法下入井内。

④腐蚀性井液，会引起仪器外壳腐蚀，测量臂推杆弹簧失效，O 形密封圈失效，造成严重仪器损伤。

（二）电磁探伤测井仪

电磁探伤测井仪可在油管内检测油管和套管的损坏情况，以及在套管内检测套管和表层套管的损坏情况，并对其在油田工程测井的应用效果进行分析。

A 探头记录九条曲线，其编号为 UA1~UA9，A 探头具有大的探测范围和探测深度，利用它提供的第一层（内层）和第二层管柱信息，可得到单层管柱厚度、双层管柱厚度、确定外管的纵向裂缝及内外管的腐蚀；如果所测的井内存在第三层管柱，A 探头也可提供有关第三层管柱的信息。

横向探头 B 用于探查第一层管柱的横向损伤缺陷。B 探头测量四条曲线，其编号为 UB1~UB4，B 探头的径向测量深度随着曲线编号的增加而增大。

C 探头用于探查第一层管柱（内管）的纵向损伤缺陷。该探头测量五条曲线，编号为 UC1~UC5，随曲线编号数增加，探测深度相应增大。

图 6-5-5 是在模型井中电磁探伤测井图，可见探头 B 主要受横向损伤的影响；探头 A、C 主要受纵向损伤的影响。井温测井曲线用于了解流体的流经位置及管外窜槽情况。自然

伽马测井曲线用于深度校正。

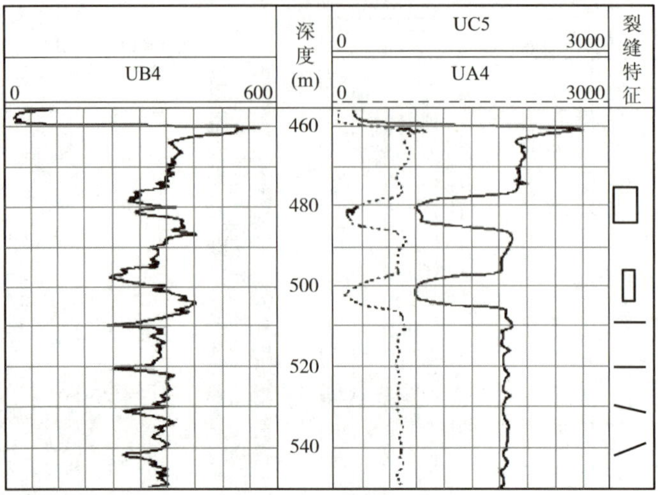

图 6-5-5 EMDS-TM-42E 对不同裂缝的响应

（三）硼中子寿命测井

1. 硼中子寿命的“测－注（渗）－测”工艺

近年来，人们利用硼中子寿命的“测－注（渗）－测”技术用于工程井的找水、找漏、找窜，检验封隔器或射孔层的封堵效果等。

硼中子寿命的“测－注（渗）－测”技术施工过程如下：

①将中子寿命测井仪放入井中，测一条曲线，即为“污水曲线”，称为注硼前基线，这是作业前污水环境中的资料。

②运用特殊的工艺，将硼酸水灌注到地层中去，作业压力要小于生产压差。

③再测一条曲线，叫作“硼水曲线”，称为注硼后曲线，这是作业后硼水环境中的资料。

仪器的测井响应方程：

注硼前基线：

$$\Sigma=\Sigma ma\,(1-\phi-V_{sh})+\Sigma wS_w\phi+\Sigma h\,(1-S_w)\,\phi+\Sigma shV_{sh} \qquad (6\text{-}5\text{-}24)$$

注硼后曲线：

$$\Sigma p=\Sigma ma\,(1-\phi-V_{sh})+\Sigma wpS_w\phi+\Sigma h\,(1-S_w)\,\phi+\Sigma shV_{sh} \qquad (6\text{-}5\text{-}25)$$

式中　Σwp——硼元素的热中子宏观俘获截面。

由于硼元素对热中子的吸收能力约为氯元素的 20 倍，所以注硼后地层的水俘获截面 Σwp 要远大于注硼前地层水的俘获截面 Σw，因此通过公式对比，进硼层的仪器测量值 Σp 要远大于 Σ，因此进硼层井段的注硼前基线与注硼后曲线明显存在差异，在叠合图上直观显示为“离差”，离差大小反映了自由水的多少，可以用来找水、找漏、找窜等。

2. 测井曲线及解释

俘获截面Σ（分为注硼前俘获截面Σ、注硼后俘获截面Σ）、自然伽马、磁性定位、远、近记数率曲线等。

测井资料解释结论分为：

①进硼层，即叠合图上曲线显示为特大离差、大离差和一般离差的层段，表示该层以出水明显，多为大孔道。

②微进硼层，即叠合图上曲线显示为小离差的层段，表示该层出水不明显，可能物性孔隙较差引起。

③未进硼层，即叠合图上曲线显示为无离差的层段，表示该层不出水。

3. 硼中子寿命测井的应用

①判断出水点，估算自由水体积。

②估算目前的剩余油饱和度。

③判断水淹层、未动用层。

思考题

1. 砂泥岩剖面储层测井解释的主要任务是什么？
2. 砂泥岩剖面自然电位曲线的特点是什么？
3. 岩石骨架的定义是什么？
4. 总孔隙度的定义是什么？
5. 砂泥岩剖面典型油层的特征是什么？
6. 碳酸盐岩的特征有哪些？
7. 微电阻率成像测井资料识别地层裂缝有什么优势？
8. 评价页岩油气藏的关键地质要素是什么？
9. 声幅、变密度测井影响因素有哪些？
10. 示踪注水剖面测井曲线的深度校正方法是什么？

第七章

施工操作

测井操作要领是技能操作人员现场施工的安全操作方法和操作步骤，包含了测井仪器的维护与保养、辅助设备的维修和正确操作方法、井口设备的安装调试、测井施工操作流程及注意事项等操作步骤。

第一节 井口设备操作

一 检查保养井口滑轮

（一）操作步骤

①劳保用品穿戴整齐；

②清洗测井滑轮，并保持清洁；

③检查测井滑轮槽底磨损程度，必要时进行更换；

④检查连接螺母销钉是否牢固完好，有问题及时更换；

⑤检查悬挂销固定销是否完好无损；

⑥检查推力轴承外壳紧固螺丝是否有松动，若松动应及时固定。

⑦检查滑轮体是否转动灵活、无偏摆，悬挂体转动灵活；

⑧检查螺母是否松动、销钉是否牢固；

⑨每 5 口井通过油嘴为轴承注润滑脂；

⑩每 5 口井松开连接螺母推力轴承外壳为推力球轴承和向心球轴承注适量润滑脂；

⑪如有大面积油漆脱落必须除锈后补刷油漆。

（二）技术要求和注意事项

①测井滑轮应定期检验和保养，防止造成工程事故；

②定期检查槽底磨损程度。

二 检查保养井口洗缆器

（一）操作步骤

①劳保用品穿戴整齐；

②用清水清洗洗缆器，洗掉泥浆和油污；

③检查洗缆器腐蚀情况，进行除锈刷漆保养；

④检查气管线、线卡是否完好，管线连接是否牢固可靠；

⑤检查吹缆片磨损情况，若磨损严重应进行更换；

⑥检查吹缆片与固定架的配合间隙，不能过紧；

⑦检查吹缆片气孔是否畅通；

⑧检查并保养记号器固定装置，记号器安放位置准确，固定牢靠。

（二）技术要求和注意事项

①吹缆片外壳应光滑无油污，无严重腐蚀，确保与固定架之间的活动间隙；

②气管线应固定牢固。

三 检查磁性记号器

（一）操作步骤

①检查磁性记号器是否整体清洁、干燥，引线外部无破损。

②使用万用表测量磁性记号器信号线之间电阻，直流电阻值应为 6~10kΩ。

③使用兆欧表测量磁性记号器信号线与磁性记号器外壳间的绝缘，绝缘电阻应大于 50MΩ。

④万用表选择电流挡最小量程，接入记号器两根信号线。用顺磁性物质在记号器端面往复滑动，万用表应该有明显的电流波动。

⑤检查完毕后，设备工具归位。

（二）技术要求和注意事项

① 500 型万用表选择 μA 挡更加直观。

②记号器接头和插头应注意防水。

四 检查使用 T 形电缆夹钳

（一）操作步骤

①清洁 T 形电缆夹钳；

②检查 T 形电缆夹钳外观有无损伤；

③检查 T 形电缆夹钳螺杆有无损伤、锈蚀，丝扣是否完好；

④给螺栓杆丝扣涂抹润滑油；

⑤ T 形电缆夹钳横杆朝上立起；

⑥测井电缆放入 T 形夹钳铜衬中间；

⑦用扳手逐个按顺序拧紧螺栓；

⑧确认每个螺栓紧固；

⑨操作完毕，回收工具。

（二）技术要求和注意事项

①在井口安装 T 形电缆夹钳之前，必须先有效封闭井口；

②注意 T 形电缆夹钳放置方向，必须是横杆朝上；

③拧紧螺栓前，确认电缆在夹钳铜衬中心孔内；

④ T 形电缆夹钳固定螺栓必须完全紧固，应按一定的顺序循环，逐渐加力，禁止单个螺栓一次性拧到底。

⑤电缆T形电缆夹钳螺栓紧固后，观察电缆在受力情况下，确认上下无滑动现象。

五 安装拆卸井口滑轮

（一）井口滑轮的安装

①清除井场有碍施工的障碍物；

②摆放好测井绞车并打好掩木；

③将井口滑轮（天滑轮和地滑轮）、链条、连接销、T形铁放置于钻台滑板下安全位置，并对其进行安全检查；

④封盖井口，钻井工锁死转盘，保持转盘不能自由转动；

⑤启动绞车，放下适当长度的电缆并保证其在地面不交叉缠绕；

⑥将井口用线和张力计放置于钻台安全位置；

⑦将T形铁与天滑轮用连接销组装牢固；

⑧钻井队启动钻台上的吊升设备，将T形铁、天滑轮吊升放置在钻台上；

⑨用连接销将张力计组装到T形铁和天滑轮之间，并将天滑轮吊至距离钻台0.5m左右的位置；

⑩打开游动滑车上的吊卡活门，钻井队将吊卡提升到T形铁的位置，将T形铁放入吊卡活门内关牢固定；

⑪将T形铁保险绳穿过游动滑车吊臂环，用卸扣连接在T形铁上的圆孔上；

⑫钻井队用起吊设备将地滑轮及链条、电缆分别吊上钻台；

⑬钻井队用起吊设备将地滑轮提升至距离钻台面0.5~1 m处，固定起吊设备不动；

⑭将地滑轮固定链条拴在井架大梁等牢固处，用卸扣把链条的两头锁在一起，固定牢固；

⑮打开天滑轮活动连接板止退保险销，抽出固定销，打开活动连接板将电缆装入轮槽内，关闭活动连接板，插入固定销，装好止退保险销；

⑯打开地滑轮活动连接板止退保险销，抽出固定销，打开活动连接板将电缆装入轮槽内，关闭活动连接板，插入固定销，装好止退保险销；

⑰将张力线与张力计连接，绞车工做张力校验检查；

⑱钻井队游动滑车缓慢上提天滑轮，此时一人拉住电缆头防止电缆跳槽，另一人拉住张力线，防止电缆和张力线在上方缠绕，同时地面人员观察地面电缆移动情况，防止电缆运动过程中发生缠绕、打结、卡挂现象，天滑轮上提过程中，钻台上不应进行其他作业，井口周围禁止站人；

⑲游动滑车将天滑轮上提至二层平台位置停车，刹车并驻车制动。

（二）拆卸井口滑轮

①测井完毕，井队游动滑车缓慢放下天滑轮，同时测井绞车缓慢起回电缆；

②当天滑轮下放到距离钻台面0.5 m左右高度时，游动滑车停车；

③拆卸张力线，拧上张力线和张力线护帽；

④打开地滑轮活动连接板止退保险销，抽出固定销，打开活动连接板将电缆从滑轮槽

中取出，关闭活动连接板，插入固定销，装好止退保险销；

⑤打开天滑轮活动连接板止退保险销，抽出固定销，打开活动连接板将电缆从滑轮槽中取出，关闭活动连接板，插入固定销，装好止退保险销；

⑥钻井队用起吊设备将电缆头顺滑板吊放至地面；

⑦启动测井绞车，将地面电缆起至绞车；

⑧当电缆收至电缆头距马丁代克 10 m 时，拆除马丁代克，继续将电缆起至滚筒，滚筒外电缆留下 1.5m 左右活动余地；

⑨拆卸天滑轮保险绳，钻井队用吊升设备提起天滑轮和 T 形铁脱离游车吊卡；

⑩在井口依次拆卸天滑轮、张力计和 T 形铁；

⑪将天滑轮、T 形铁顺滑板吊放至地面；

⑫ 解开地滑轮链条；

⑬将地滑轮、链条顺滑板吊放至地面；

⑭收回张力计、井口用线；

⑮将滑轮搬抬至绞车并固定牢靠；

⑯清理井场测井施工垃圾。

（三）技术要求和注意事项

①井场劳保用品穿戴整齐。

②禁止操作井队设备。

③作业前，圈闭测井施工区域，清理井场和井口杂物。

④井口安装、拆卸前，锁紧井口转盘。

⑤盖严井口，防止井下落物。

⑥吊升过程，禁止吊物下方站人，防止物体脱落伤人。

⑦固定张力线前端，防止张力线插头受力、张力线缠绕。

⑧滑轮运转时，禁止触摸滑轮。

⑨检查井口设备各连接点，应销紧锁牢。

⑩禁止地滑轮固定链条拴在鼠洞上。

⑪电缆在地面运行时，防止电缆缠绕、卡挂和打扭。

⑫拆卸井口用线时，插头插座要防止进水或钻井液。

六　安装拆卸井口辅助设备

（一）安装张力计

①张力线和张力计放置在钻台上。

②检查张力计连接部位是否紧固可靠，各连接件有无机械损伤，连接销是否灵活可靠。

③将张力计连接在天滑轮与 T 形铁之间，确认连接销防退装置固定可靠。

④天滑轮固定吊起后，将张力线插头的定位槽对准张力计插座的定位键后将其插入并拧紧。

⑤选取合适位置固定张力线固定扣，检查是否缠绕。

⑥钻井队上提游车，同时手扶张力线，防止张力线与电缆缠绕或在钻台上与其他物品缠绕。

⑦天滑轮起升至钻井二层平台位置停止。

⑧固定钻台上的张力线，连接张力线另一端的插头到绞车滚筒仓张力计插座上，安装完毕。

（二）拆卸张力计

①钻井队将天滑轮下放至距离钻台平面 0.5m 左右，将张力线插头从张力计上拧下，然后上好插头、插座的护帽。

②按照后装先拆的原则，取下连接销，将张力计与滑轮及 T 形铁或滑轮与链条分开。

③将张力计插座擦洗干净，戴上护帽，放回固定位置。

④拆除张力线另一端插头（绞车上），收回张力线，拆卸完毕。

（三）记号器的连接与拆卸

①磁性记号器放置在钻台上。

②连接记号器插头到绞车滚筒仓记号器插座。

③手持记号器在钻具附近晃动，操作工程师观察测量信号是否正常。

④若记号器工作正常，将其放置在洗缆器靠近电缆的专用支架上。

⑤仪器下井后，将洗缆器放置于井口适当位置，调整记号器距离至测井电缆 8cm 左右位置。

⑥测井完成后，拆除井口洗缆器和记号器，拆除绞车滚筒仓记号器插头，收回记号线。

（四）技术要求和注意事项

①张力计使用前应对本体及紧固件与各连接件的机械性能进行检查。

②张力计使用前应检查其密封是否良好，张力计引线绝缘对地电阻应大于 50MΩ。

③张力计使用前应对其进行张力测试。

④测井仪器下井后，应检查电缆张力是否与仪器串重量一致，若发现电缆张力不正常，排除故障后，才能进行测井作业。

⑤电缆磁性记号器两引线之间的电阻值应为 6~10kΩ 或符合记号器技术指标要求。

⑥电缆磁性记号器引线对地绝缘电阻应大于 50MΩ。

⑦测井过程中，井口坐岗人员要及时调整记号器距离测井电缆的距离，保持在 8cm 左右。

七 维修保养井口滑轮

（一）操作步骤

①将滑轮清洗擦拭干净。

②检查滑轮的悬挂销、悬挂体、固定销等承重部位有无损伤。

③使用活动扳手将滑轮夹板侧面螺母卸掉。

④分别拆下滑轮防跳护栏和滑轮夹板，若防跳护栏损坏，可对其进行更换。

⑤用榔头敲击轴承使其松动后将其取出，检查轴承，若磨损严重，可直接更换；若只

是滚珠损坏，则更换新滚珠，然后抹好润滑脂。

⑥按照拆卸的顺序，先拆后装，将滑轮各部件组装在一起。

⑦用活动扳手将滑轮夹板侧面螺母上紧。

⑧检查滑轮是否转动灵活、无偏摆，悬挂体是否转动灵活，若有问题进行调整。

⑨检查防跳护栏及防跳块安装位置是否合适，若有问题进行调整。

⑩检查承吊轴锁紧螺丝或连接螺杆是否紧固。

⑪用注脂枪往滑轮注油嘴中注入润滑脂，直至顶出新润滑脂。

⑫清扫卫生，将材料、工具归位。

（二）技术要求和注意事项

①给井口滑轮注润滑脂时，应在滑轮轴承处挤出新润滑脂。

②井口滑轮维修保养完毕，检查紧固部位，转动滑轮应转动灵活自如，不松旷。

③定期检查滑轮承重部位是否有机械损伤，同时注意滑轮使用期限。

八 井口拆装测井仪器串

（一）连接下井仪器

①在地面检查每节仪器的 O 形密封圈、密封面、插针、插孔是否完好，并配合操作工程师完成每种仪器的测前刻度或校验。

②根据测井组合要求把各仪器按下井先后顺序摆放在猫道上；上紧各个仪器的护帽。

③用卸扣将马笼头护帽与最底部仪器的护帽连接起来，拧紧卸扣的螺杆，确保连接牢固。

④井口工指挥测井绞车，将仪器吊至井口上方，下放仪器进入井口，当仪器上段距离井口转盘 1m 时，绞车停车。

⑤将井口组装台放置在井口，关闭侧面挡板。用仪器专用卡盘卡住仪器上端。

⑥井口工指挥测井绞车，缓慢下放仪器使卡盘停放在井口组装台上，绞车停车。

⑦卸下卸扣，放下马笼头，用同样方法将第二支仪器吊升至井口上方，当仪器下端下放至距仪器卡盘 0.5m 后，绞车停车，卸下护帽并清洁丝扣。

⑧卸下井口组装台上的仪器护帽，先用干棉纱清洁丝扣和密封面，再检查仪器 O 形密封圈并涂抹硅脂。

⑨将上下仪器的连接定位键槽对正后，指挥绞车工缓慢下放，确认定位键槽准确定位后停车。

⑩用钩扳手将仪器接头上紧并使其牢靠。

⑪指挥绞车上提电缆，使卡盘离开组装台约 0.5m，停止绞车，然后卸下仪器卡盘，如此便完成了第一支和第二支仪器的井口连接，

⑫其他各仪器的连接重复上述⑦ ~⑪步骤，最后一支仪器的上接头与马笼头连接。

⑬组合仪器串连接完毕，卸下仪器卡盘，搬开井口组装台，指挥绞车工上提仪器串记录点至转盘，停止绞车深度对零。

⑭仪器下井后，将井口组装台、仪器卡盘、钩扳手、大六方扳手收好，放在钻台上远

离井口的地方，防止小件工具落井、丢失。

（二）拆卸下井仪器

①测井仪器串起出井口时，用清水冲洗仪器。

②将井口组装台套进仪器并放置于井口。

③当仪器串的第一支与马笼头连接部位起出井口 1m 左右高度时，绞车停车。

④将仪器卡盘卡住第一支仪器上接头，缓慢下放仪器使卡盘置于井口组装台上。

⑤用钩扳手卸开仪器连接螺纹环，绞车上提电缆使马笼头安全脱开，对两支仪器连接头清洁并涂抹丝扣油，分别戴上护帽并上紧。

⑥用卸扣将马笼头护帽与第一支仪器连接起来，上紧卸扣的螺杆，确保连接牢固。

⑦指挥绞车工上提电缆，当第二支仪器上接头起出井口 1m 左右时，绞车停车。

⑧将仪器卡盘卡住第二支仪器上接头，缓慢下放仪器使卡盘置于井口组装台上。

⑨用钩扳手卸开仪器连接螺纹环，绞车上提电缆使仪器安全脱开，对两支仪器接头清洁并涂抹丝扣油，分别戴上护帽并上紧。

⑩将第一支仪器放下钻台，进行进一步拆卸和保养。

⑪将马笼头从第一支仪器上卸下，吊升至钻台上。

⑫重复上述⑥ ~⑪步骤直至拆卸全部仪器串。

⑬所有仪器拆卸完毕后，将井口工具归位。

（三）技术要求和注意事项

①现场作业人员应按规定穿戴劳保用品。

②仪器连接和拆卸前应断电。

③作业过程视频通信系统工作正常。

④井口工指挥绞车工操作测井绞车，指令清晰，手势规范准确。

⑤仪器连接前应检查 O 形密封圈，插针、插头无变形损伤，C 形卡簧应无变形及损坏。

⑥井口吊装的马笼头和下井仪器应使用专用提升帽。

⑦在井口应垂直组装仪器，避免损伤 O 形密封圈。

⑧安装拆卸仪器卡盘和卸扣时，应在绞车停止时进行。

⑨仪器起吊过程，禁止触摸仪器连接处的卸扣或其他转动部位，防止受伤。

⑩作业过程，注意有效封盖井口，防止工具落井。

⑪专用提升帽、卡盘等定期进行探伤。

九 井口装卸放射源

（一）装密度、补偿中子放射源

①设置警戒区域及标识牌，并进行视频监控。

②鸣笛通知无关人员撤离现场。

③检查补偿中子、岩性密度仪器源室。

④检查固定源室螺丝。

⑤将源罐吊运至钻台一侧，便于装源的安全位置。

⑥用帆布将井口周围封盖。

⑦指挥测井绞车工将密度源室提升到便于装源操作的高度。

⑧将装源盖板放置在井口并锁死，盖板上铺设盖布，封盖井口。

⑨卸去密度装源杆提源螺丝杆上的护帽，并对其检查，然后试装固源螺丝。

⑩配合人员使用牵引工具将仪器固定。

⑪打开密度源罐，用密度装源杆插进源罐，对准伽马源上的螺丝孔，顺时针方向旋转密度装源杆，确认丝扣上紧后提出伽马源。

⑫伸开手臂，举过头顶，快速走近仪器。

⑬将伽马源插入岩性密度源室，确定伽马源到位后，逆时针方向旋转密度装源杆，直至密度装源杆与伽马源分离。

⑭用密度装源杆的内六方，按先长源螺丝再短源螺丝顺序固定伽马源并上紧，密度源装源完毕。

⑮移开盖板和帆布，缓慢下放仪器到中子源室合适装源高度，打开中子源室。

⑯再次用盖板和帆布封闭井口。

⑰打开中子源罐，用中子源杆插入源罐对准中子源，一只手握紧中子源杆主体，另一只手下压并顺时针方向旋转中心杆，确认丝扣上紧后，双手握住装源杆主体，逆时针方向旋转丝扣并卸出，上提源杆将源从源罐中取出。

⑱伸长手臂高举过头顶，快速走近仪器把源装入源室，顺时针方向旋转装源杆主体，确认中子源丝扣全部进入源室，逆时针方向旋转源杆中心杆，直至中心杆螺丝与中子源分离，确认中子源装入源室后取下源杆，关闭源室。

⑲用中子源杆上紧 2 个源固定螺丝，并用拨叉提拉源室，确认源室与仪器固定牢靠，中子源装源完毕。

⑳拆除井口装源盖板和帆布，仪器下井。

㉑装源工具归位，检测空源罐本底值，并记录。

㉒清洗源罐内污渍，润滑源罐内壁。

（二）卸补偿中子、密度放射源

①将中子和密度源罐放置到井口合适位置。

②测井绞车上提仪器出井口，在井口使用夹持工具擦洗仪器，确保补偿中子仪器的源室清晰可见。

③绞车慢速上提仪器至便于补偿中子仪器卸源的高度，安装井口盖板，卡牢井口盖板自动卡钩，锁好保险卡子，用帆布封闭井口。

④打开中子源罐，用中子源杆拧松 2 个源室螺丝，拨叉提拉打开源室至最大角度。对不能自动锁紧定位的补偿中子仪器源室，用棉纱或其他物体使其保持合适的张开角度。

⑤中子源杆对准中子源，一只手握住中子源杆主体，另一只手顺着中子源杆推压并顺时针方向旋转中子源杆的中心杆，确认丝扣上紧后，双手握住中子源杆主体逆时针方向旋转，将中子源丝扣卸开，并从仪器源室中取出。

⑥迅速清洁中子源并放入源罐。一只手握住中子源杆主体，另一只手逆时针方向旋转中子源杆的中心杆，直至中心杆丝扣与中子源分离，确认中子源已装入源罐，取出中子源

杆，盖好源罐并上锁。

⑦使用放射性辐射计量仪监测中子源室本底值，将中子源室复位并上紧固定螺丝。

⑧打开井口盖布、拆除井口盖板。测井绞车慢速上提至便于密度仪器卸源的高度，再次安装井口盖板，卡好盖板上的自动卡钩，锁好保险卡子，用盖布封闭井口。

⑨拆除密度源杆上的护帽，打开密度源罐。

⑩用密度源杆的内六方头先卸掉长杆源螺丝，然后卸掉大帽护源螺丝。

⑪将密度源杆的提源螺丝杆对准伽马源上的螺丝孔，顺时针方向旋转密度装源杆，确认丝扣上紧后从源室中取出密度源。

⑫迅速清洗伽马源并放入源罐，确认伽马源与源罐吻合良好，逆时针方向旋转密度源杆，直至密度源杆与伽马源分离并取出，盖好源罐并上锁。

⑬装上密度源杆的提源螺丝护帽，回收装源工具到专用工具箱。

⑭使用放射性辐射计量仪分别监测并记录中子源室本底和中子和密度源罐的相应数据。

⑮从钻台上吊下源罐，放回专用储源箱并上锁。

⑯使用放射性射线探测仪检查井口辐射环境。

⑰将工具、材料归位。

（三）技术要求和注意事项

①操作人员应按要求穿戴齐全劳保用品、辐射防护用具，并佩戴放射性剂量牌。

②装卸放射源应 1 人操作、1 人配合，1 人监督。

③应使用专用放射源工具进行操作，禁止徒手接触裸源，裸源离身体（任何部位）的距离不应小于 0.5m。

④装卸放射源前，操作人员应告知相关方人员暂时撤离，并圈闭工作区域、设立放射性辐射标志牌。

⑤装卸源前，应确认仪器已断电。

⑥源罐要放置在合适位置，在源罐和仪器源室之间道路通畅，人员移动无障碍，减少辐照时间。

⑦按照先密度后补偿中子顺序装源，先补偿中子后密度顺序卸源。

⑧装卸密度源时，按先长后短顺序安装、拆卸密度源长、短固定螺丝。

⑨装卸源时，使身体正对密度源的前后两端方向将有效减少伽马源的辐射剂量。

⑩放射源固定螺丝要拧到位。

十 组装卡瓦打捞工具

（一）操作步骤

①将准备的工具放置于专用工作台上，核对准备的工具数量和种类。

②对设备和使用的工具进行检查，检查量具、管钳、台虎钳等。

③将卡瓦打捞筒平放固定在台虎钳上，注意保护外表面。

④使用钢丝刷、擦布等擦拭干净表面。

⑤对卡瓦打捞筒的外部件上接头、筒体、引鞋等进行检查。

⑥检查水眼是否畅通。

⑦使用螺纹规检测螺纹。

⑧如螺纹有毛刺，使用锉刀对螺纹进行修复。

⑨如发现外部件出现裂纹或破损严重情况及时更换。

⑩卸开卡瓦打捞筒的上接头和引鞋，按顺序取出控制环、卡瓦等零部件。

⑪检查各零部件外观有无损伤，擦洗干净，使用游标卡尺测量其误差应在规定范围内。

⑫检查控制环、卡瓦等，出现损坏应及时更换。

⑬将卡瓦打捞筒的筒体夹持在台虎钳上。

⑭依次将卡瓦、控制环等安装在筒体内部，连接引鞋。

⑮连接上接头和筒体。

⑯清理现场工具，完成组装。

（二）技术要求和注意事项

①劳保穿戴整齐。

②维修、更换部件要做好记录。

③按顺序拆卸、组装卡瓦捞筒。

④所有部件和螺纹都要抹润滑油。

⑤卡瓦螺距应略小于筒体内丝螺距。

十一 井口组装湿接头施工工具

（一）操作步骤

1. 组装泵下抢

①连接好下井仪器，开始下钻，剪掉电缆鱼雷，电缆穿过旁通短节。

②穿入护帽、加重杆。

③在距电缆头 30cm 处用胶布缠绕。

④穿入电缆锥框至胶布位置，外层钢丝隔 1 根剪 2 根，留下 8 根，锥体、压帽上紧，内层钢丝从对齐压帽端面处剪平，排列整齐。

⑤把缆芯清洗干净，剩余 20cm 左右，其余剪去，把每根缆芯头剥去 6mm 绝缘层，分别套上 ϕ6mm 的胶套和聚四氟乙烯套。用砂纸擦干净铜丝上的氧化层。夹上铜母针，将铜母针拉入胶套。

⑥把 7 根缆芯按编号分别插在 1~7 号芯的湿接头公接头接线柱上，检查绝缘、通断，将湿接头固定在枪头处，上紧定位螺丝，固定湿接头保护盖板。

⑦连接加重杆和枪头。

⑧泵下枪组装完成。

2. 固定电缆并导向

①湿接头对接完成后，将旁通短节提出井口，卸掉方钻杆。

②安装旁通盖板将电缆锁紧或用剪切螺栓将电缆夹固定在旁通短节的固定槽内并锁紧

电缆，放松电缆确定电缆无滑动。

③在旁通盖板或电缆夹顶部的电缆上做记号。钻台上的工作人员撤到安全区域，启动绞车缓慢上提并拉直电缆，在锁紧盖板前原电缆悬重的基础上增加 1000~2000lbf 拉力并至少保持 1 min。观察记号与旁通盖板或电缆夹有无相对滑动，无变化说明电缆固定程度能够满足测井要求。有变化要找出原因，直到电缆固定牢靠。

④绞车工放松电缆，钻井队在旁通短节顶端接一柱输送工具，将旁通短节下放到井口以下 2~3m 处。井口工用橡胶扶正器固定电缆后再下放输送工具 2~3 m。钻井队协助井口工固定导向滑轮，确保电缆安全运行。

⑤用偏滑轮将电缆经由井口电缆导向装置拉向输送工具与表层套管间隙较大的一侧并将偏滑轮用绳套同定。绞车工启动测井绞车，调整好测井绞车扭矩，将电缆拉紧，并在电缆上保持 1000~1500 lbf 的拉力。

（二）技术要求和注意事项

①注意电缆穿入旁通方向，不要穿反。

②井斜角较小时，可以多加 1~2 根加重杆，井斜角较大时，可以只加一根加重杆。

③制作完电缆头，应检查缆芯的通断、绝缘是否良好。绝缘检测完毕，对电缆缆芯放电。

④用旁通锁紧器把电缆夹紧后，保证净拉力为 2000 lbf 左右时不滑动，电缆处于自由状态时不滑动。

十二 制作穿心打捞快速接头

（一）操作步骤

1. 截断电缆

①绞车上提电缆，直到电缆张力超过正常张力 5kN 停车。

②在距离井口平面以上 0.1~0.5m 处，用 T 形电缆夹钳固定测井电缆。

③放松电缆，使 T 形电缆夹钳坐于井口，检查 T 形电缆夹钳紧固情况，观察 5min，确认电缆无滑动现象。

④天滑轮下放至距离井口 1.5m 左右位置，下放过程中注意电缆和张力线不要受到损伤。

⑤在距离 T 形电缆夹钳上面 2.5m 左右的电缆上缠上黑胶布，用断缆钳截断电缆。

2. 制作快速接头公头

①封闭井口，将台虎钳放置在井口附近安全位置。

②将连接快速接头的锥孔短节夹在台虎钳上。

③将分线盘套在锥孔短节上并用顶丝上紧，使分线盘与锥孔短节固定牢固。

④在 T 形电缆夹钳电缆头一端 30cm 处缠上黑胶布。

⑤把电缆头从锥孔短节下孔向上穿过，黑胶布位置电缆在锥孔短节下平面处。

⑥将电缆头外层钢丝剥开，顺序排列在分线盘上。

⑦将大锥套放入外层与内层钢丝之间，并向下顶紧。

⑧用榔头和专用大冲子将大锥套砸入锥孔短节的中心孔内。

⑨注意砸紧后，大锥套上沿高出锥孔平面应在 2mm 以内。

⑩用钢锯锯掉外层钢丝，用锉刀锉平钢丝断头。

⑪剥开内层钢丝，顺序排列在分线盘上。

⑫将小锥套套在电缆上，并向下顶紧。

⑬用榔头和专用小冲子将小锥套砸入大锥套内。

⑭注意砸紧后，小锥套上沿高出大锥套上沿应在 1mm 以内。

⑮用钢锯沿小锥套上沿将内层钢丝及缆芯全部锯掉，用锉刀锉平钢丝断头。

⑯把蘑菇头安装到锥孔短节上并用扳手拧紧。

⑰拆卸分线盘，完成快速接头公头制作。

⑱快速接头母头制作方法参照公头制作过程。制作前应先在电缆上穿入合适数量加重杆及固定配件。

⑲拉力强度试验：快速接头的公头和母头对接，上提电缆使电缆张力比正常测井张力高出 2000~3000lbs（10~15kN），保持 5~8min 无异常，完成快速接头制作。

（二）技术要求和注意事项

①用 T 形电缆夹钳固定电缆紧固螺栓时，应顺序循环拧紧，并逐步加力，禁止将单个螺栓一次性拧到底，夹电缆时应选择合适的电缆夹钳，并保证电缆进入夹钳的中心孔内。

②电缆截断位置，直井在距转盘面 1.5~2m 处。

③锥孔短节与电缆头砸接组装时，电缆钢丝分布要均匀，不得重叠。

④确认接头主体与锥孔短节连接紧固牢靠。

⑤快速接头主体与相邻加重杆距离 30~50cm。

⑥加重杆两端的固定配件固定牢固，确保加重杆稳固地固定在电缆上。

第二节　辅助设备操作

一　维修保养集流环

（一）操作步骤

①清洁集流环，用棉纱擦拭干净；检查两端航空插头是否完好，插针无缩针、变形情况。

②用螺丝刀拧下集流环侧面固定螺丝。

③用榔头轻轻敲击靠轴头一端的不锈钢壳体，把集流环芯体从不锈钢筒外壳中抽出。

④用电子清洗剂或无水酒精清洗每个碳刷与金属环。

⑤检查各引线及插座焊点是否有断点、虚焊、短路现象，发现问题及时处理。

⑥检查碳刷磨损情况，若发现碳刷磨损严重，应及时更换。

⑦转动集流环，检查碳刷与金属环的接触情况，若碳刷与金属环接触不良，则调整碳刷位置确保接触良好。

⑧用万用表逐一检查两插座相对应的每根线的通断，阻值应小于0.5Ω。

⑨转动集流环检查每根线的接触电阻是否保持相对稳定（引线间的阻值应小于0.5Ω，接触电阻变化值不应超过0.1Ω）。

⑩用兆欧表检查集流环的每个环线对外壳、各环线之间的绝缘电阻应大于500MΩ。

⑪将集流环主体正确放入不锈钢壳体，用螺丝刀拧紧集流环侧面固定螺丝。

⑫清理现场工具，维修保养完毕。

（二）技术要求和注意事项

①集流环碳刷应有最大接触面积。

②集流环引线间的通断电阻应小于0.5Ω。

③集流环引线对外壳及其线间绝缘电阻应大于500MΩ。

④集流环转动时，引线间接触电阻的变化不应超过0.1Ω。

⑤更换集流环碳刷时要注意防止碳刷弹片变形。

二 检查保养电极系马笼头

（一）操作步骤

①清洁电极系马笼头。

②检查电极系和马笼头外观无损伤、变形。

③卸下马笼头护帽，清洁丝扣。

④用电子清洁剂清洗马笼头和快速接头的插针。

⑤检查插针固定牢靠，弹性良好。

⑥用万用表检查马笼头1~7号插针与快速接头1~7号线之间的通断和绝缘，直流电阻应小于0.5Ω，绝缘电阻大于200MΩ。

⑦检查马笼头插针到电极环之间的通断和绝缘，直流电阻应小于0.5Ω，绝缘电阻大于200MΩ。

⑧检查马笼头10号插针与快速接头主体通断，直流电阻应小于0.5Ω。

⑨检查马笼头10号插针与马笼头外壳之间绝缘，直流电阻应大于50MΩ。

⑩丝扣涂抹润滑脂，戴上护帽。

⑪卸下马笼头和快速接头的硅脂孔顶丝，用注脂枪注满硅脂，拧紧顶丝。

⑫如果拉力棒超过规定拉力限额或超出使用期限，应更换新的拉力棒。

⑬如果快速接头超过规定拉力限额或超出使用期限，应重新制作快速接头。

⑭收拾工具、填写电极系马笼头使用记录。

（二）技术要求和注意事项

①正确使用万用表和兆欧表。

②每隔两个月，应重新制作快速接头。

③马笼头的拉力棒应选用规定的型号并定期更换。

三 更换马笼头拉力棒

（一）操作步骤

1. 拆卸拉力棒

①用台虎钳固定马笼头外壳。

②取出马笼头尾椎。

③用勾扳手卸下马笼头打捞帽。

④卸下平衡管压帽，取下平衡管。

⑤分别取下马笼头单芯塞子母插针和胶套，卸除固定螺钉。

⑥用扳手卸下连接帽，使其与马笼头主体分离。

⑦取下内六方防转块，用扳手卸下自锁螺母。

⑧取下连接管，卸下拉力棒。

2. 安装拉力棒

①把新拉力棒拧紧在连接杆上（禁止拉力棒弱点受到扭力）。

②将连接管套在拉力棒外面（注意连接管套的方向：螺纹端朝马笼头主体方向），露出拉力棒丝扣部分。

③把两个自锁螺母装到拉力棒上并锁紧到位。

④在连接杆和连接管处套上内六方防转套。

⑤将马笼头主体与连接管连接到位。使内六方防转套定位孔与马笼头主体定位螺丝孔对齐，拧紧螺钉，防止马笼头主体与连接杆旋转退扣。

⑥将 7 根缆芯和地线分别插在 1~7 号芯和 10 号芯的马笼头主体单芯塞柱上。

⑦再次检查马笼头接线是否正确，然后将多余的线折叠并用捆扎绳捆扎在防转套筒上。

⑧将平衡管套在马笼头主体上，用勾板手将压套上到马笼头主体上并固定平衡管。

⑨用硅脂枪给平衡管注满硅脂，上紧注脂螺钉。

⑩将胶管移至平衡管端部，用胶布把平衡管和胶管全部缠绕起来并用铅丝扎紧。

⑪把打捞帽通过螺纹连接到马笼头主体，用勾扳手上紧打捞帽和马笼头主体。

⑫把尾椎推入打捞帽内。

⑬检查马笼头的通断、绝缘，通断电阻值应小于 0.5Ω；绝缘电阻值应大于 500MΩ。

⑭上好护帽，收回马笼头。

（二）技术要求和注意事项

①连接部位连接牢固

②更换下来的拉力棒应做好标记。

③选用的拉力棒指标应符合下次测井作业要求。

④规范填写更换记录。

四 制作电极系马笼头

（一）操作步骤

①把打捞帽横放固定于台钻的夹钳上，选取匹配的过渡帽穿入其尾孔，使过渡帽穿到底，在距接端面 9mm 的位置打深度 15mm 的 $\phi 3$ 小孔，截取 $\phi 3$ 铁丝一段，其长度略长于小孔深度 1mm，用榔头将其铆入孔。

②在与马笼头相连的电极系一端，依次套上弹簧、过渡帽、打捞帽、皮囊、压帽，量取 22cm，绕两层绝缘胶布，然后在绕胶布处用铅丝扎紧，共扎两道，每道两圈。

③用斜口钳或电工刀沿距端点一道铅丝的外侧剥除电极外皮。

④顺序剥离电极缆芯，穿上六方连接套，检查连接套是否与安全拉力棒所用六方防转杆配合良好，按连接套长度预留电极拉力芯外胶层，其余用斜口钳或电工刀剥除。

⑤穿上组装模块，把双槽电极大锥体套在拉力芯外层，把大锥体固定在组装模底部卡座内，用台虎钳把组装模夹紧，把拉力芯外第一层钢丝套按排列顺序依次打开，在卡扣槽两侧均匀固定在分线盘卡口内，然后清除散落在钢层间的杂物。

⑥把电极中锥体套在拉力芯外第一层钢丝与第二层钢丝之间，用电极大冲子把其轻轻冲入大锥体内部，确认无误后，用榔头猛敲大冲子底部，将中锥体砸紧。

⑦取掉大冲子，松开拉力芯外层钢丝，用钢锯锯其根部，然后将其折断。

⑧把拉力芯钢丝按顺序均匀打开，排列在分线盘卡口内，套上电极小锥体，用小冲子将其砸紧，方法同上。

⑨将露在锥体外面的残余钢丝全部除掉，用锉刀或砂轮将其磨平。

⑩用斜口钳或剪刀去掉缆芯绝缘层外护套（每根芯外护套根部可余留 10cm），把单芯塞胶套套在每根所用缆芯上。

⑪把各缆芯的绝缘层用剥线钳在头部去掉 5mm，然后套上铜套，用压线钳压紧。

⑫把胶套外拉，使其口端与铜套口端齐平，或铜套口端稍外露，不要把胶套拉到底，检查各缆芯通断与绝缘，若完好，则电极头制作完毕。

⑬选取与马笼头所需数量相当的单芯塞，用 500V 兆欧表检查其绝缘性能，要求必须达到 500MΩ 以上。截取 $0.35mm^2$ 的高温线，其长度一般长于主体长度 50mm 为宜，按单芯塞数量截取。把所取高温线的一端从头部剥掉 5mm 绝缘层，然后把其焊接在单芯塞丝扣一端接线柱上。

⑭截取 15mm 的热缩管，套在焊接处，用温火（有条件最好用电吹风）加热使热缩管缩紧。

⑮在马笼头主体上部选择一单芯塞孔，在其侧旁用钢印打上“1”，把单芯塞套好 O 形密封圈，然后用专用套筒扳手逐个固定在单芯塞孔内。最后把主体 O 形密封圈套好。

⑯在主体另一端抽出高温线头，剥掉 5mm 绝缘层，用万用表测量，按顺序焊接在相对应接线柱上，然后把接头固定好。

⑰用兆欧表检查各单芯塞绝缘，应都大于等于 500MΩ，用万用表检查各单芯塞与另一端接头的对应插头的连接情况，应接触良好，无误。若检查完好，则该部分装配完毕。

⑱把各机械部件用汽油清洗干净，把六方防转杆、拉力棒、六方连接管、拉力棒螺母

试配合，若配合良好则进行组装。

⑲把六方防转杆用台虎钳夹紧，拧入拉力棒，用扳手把拉力棒与防转杆拧紧。

⑳拧紧拉力棒后，穿入一绝缘垫片，套入聚四氟乙烯绝缘管，然后套上六方连接管，注意聚四氟乙烯绝缘管与连接管长度要一致，不能长于连接管。

㉑在拉力棒上端再穿入一个绝缘垫片，然后旋入一个拉力棒螺母上紧。旋入第二只螺母到底，用扳手卡住第一只螺母，另一把扳手备紧第二只螺母，最后加上防退扣螺母。

㉒检查六方连接管与六方防转杆，六个棱面要一致，然后用 500V 兆欧表检查连接管与防转杆间的绝缘，应大于 500MΩ，若符合要求，则该部分组装完毕。

㉓把马笼头主体竖放夹于台虎钳上，把组装好的防转连接体外部套上六方绝缘防转块，然后拧入马笼头主体顶部上紧。把绝缘防转块压到底，用六个 M4 × 30 螺杆紧固于主体上。

㉔把马笼头主体卧放于台虎钳上，顶部向外，把制作好的电极头与防转连接体对应好。

㉕把电极头的六方连接帽紧固于防转连接体的六方防转杆上。

㉖把电极头的单芯塞胶套与铜套依顺序对应插入主体单芯塞的尾部。

㉗在接 10 号焊线时，把它从电缆头的根部剪断，然后，剥除 30~40mm 绝缘层和护套，把它拧在六方连接帽后端裸露的钢丝上（若六方防转杆上有 M4 的螺孔，则应把该线固定在螺孔位置上）。

㉘在接头处用高压胶带将接头、缆芯外胶层以及六方连接帽包扎好，套好 10 号缆芯线与单芯塞，然后包上一层黑胶布，检查各心线及拉力棒的绝缘、通断，应符合《石油测井电缆和连接器的使用与维护》标准的相关规定。

㉙把皮囊套入主体顶部，用压帽固定紧，用双手拉试应不脱出。

㉚用硅脂枪从皮囊尾部向其内部注硅脂，将硅脂注满（尾部硅脂稍外流）。

㉛将皮囊外部擦干净，在其尾端缠绕两道黑胶布，每道两层，然后分别在每道胶布处用铅丝扎紧。

㉜把打捞帽用勾头扳手固定于马笼头主体上，用榔头敲紧，然后把电极弹簧拧在过渡帽的尾端到底。

㉝检查总装后的马笼头的通断与绝缘性能。

㉞收拾工具，操作完毕。

（二）技术要求和注意事项

①用斜口钳或电工刀割电极外皮时操作不当会破坏缆芯铜丝绝缘层。

②砸入锥体时钢丝重叠错位，使锥体固定不牢，严重时可导致仪器落井。

③压紧铜套时压得太紧或太松，导致接触不良，绝缘不高。

五　制作钢丝马笼头

（一）操作步骤

①截一段长度为 2.5 m 左右，外皮铠装钢丝完好，缆芯通断、绝缘良好的七芯电缆。

②检查接线柱总成，用万用表测量出高压接线柱与香蕉插头的直流电阻，其阻值应为零。用兆欧表检查各香蕉插头与接线柱总成外壳以及它们之间的绝缘，其绝缘电阻值应在

500MΩ 以上。

③将电缆从打捞帽里穿过。

④安装电缆护套与加强弹簧。

⑤旋转加强弹簧和护套，使其套在鱼雷外壳上（注意这里是反扣）。

⑥用润滑脂或硅脂润滑电缆，将电缆穿过护套和鱼雷外壳，使电缆露出较长一段。

⑦从电缆顶端量出 20cm 并做一个记号。

⑧将记号处用黑胶布缠绕，将其固定在台钳上。

⑨穿进电缆锥筐，大头朝上直穿到黑胶布缠绕处，将分线盘置于锥筐之上

⑩将外皮钢丝剥开按顺序均匀地固定到分线盘上。套进大锥体，使它进入外层钢丝和内层钢丝之间。

⑪用手或专用冲子将大锥体顶入锥筐。

⑫用榔头和专用冲子将大锥体使劲砸入锥筐，砸紧后，锥体的上沿高出锥筐平面不应超过 3mm。

⑬用钢锯锯钢丝外侧，然后折断外层钢丝。

⑭用平板锉锉平钢丝尖头。

⑮剥开内层钢丝按顺序均匀地固定到分线盘上。

⑯将小锥体穿在缆芯外面、内层钢丝的里面。

⑰用与小锥体直径相当的专用冲子将小锥体砸入大锥体，要使小锥体上沿高出大锥体上沿 1.5mm 以内。

⑱留出一根内层钢丝，用锯锯出凹槽，然后用手折断钢丝。

⑲用平板锉锉平内层钢丝尖头。

⑳将剩下的一根钢丝从锥体往上留 1cm，其余的剪断。

㉑将地线金属套套在钢丝上，把一个长 50 cm 的缆芯（其下端剥去 1 cm 绝缘层）插入金属套并用夹紧钳（锁管钳）夹紧。

㉒去掉缆芯间的充填物及导电屏蔽层，用绝缘制剂清洗缆芯。

㉓把地线与其他缆芯剪得一样齐，留出 7.3 cm 用硅脂润滑缆芯，将它们从公插头密封胶套中穿出。

㉔将缆芯从锁紧圈的孔中穿过，将锁紧圈从鱼雷接头滑过去，旋进鱼雷外壳中。

㉕用扳手上紧锁紧螺圈，要上到不露出丝扣为止。

㉖选择合适的拉力棒，旋进鱼雷接头并用手上紧（不要用扳手上）。

㉗用聚四氟乙烯胶带把鱼雷接头六角形以外部分和拉力棒丝扣以外部分包好。

㉘把六方锁紧套筒套在鱼雷接头外面，露出拉力棒丝扣部分。

㉙把锁紧盘拧在拉力棒上，但不要拧太紧。

㉚把六方锁紧套筒滑向锁紧盘一端。

㉛如果锁紧盘上的外六方锁紧套筒的内六方对不准，可拧松锁紧盘，使其对准套到底。锁紧螺圈。

㉜用内六方扳手拧紧六方锁紧套筒上的顶丝。

㉝给锁紧套筒内注满硅脂。

㉞把 8 根缆芯顶端的绝缘层剥掉 5 mm，套上密封胶套，然后夹上母插头。

㉟把母插头与缆芯顶端的铜丝夹牢，然后把密封胶套捋过来。

㊱把锁紧盘上部的缆芯理顺用塑料胶带包紧。

㊲给鱼雷注满硅脂后，上好堵孔螺丝。

㊳把接线柱总成夹在台虎钳上，把母插头与接线柱接好后，滑过打捞帽，把电缆头外壳与接线柱总成旋紧。

㊴戴上快速接头螺母套和防护帽，此钢丝马笼头制作完毕。

（二）技术要求和注意事项

①对制作所使用的部件要先进行配试，检查合格后方可使用，特别是连接部件应不松不旷。

②电缆头锥体间的电缆钢丝要分布均匀，不能有重叠。

③大锥体进入锥筐及小锥体进入大锥体不宜过深。

④锥体上沿不超过锥筐 2 mm。

⑤使用的鱼雷壳及锥筐上应有定位孔。

⑥选用的拉力棒应无损伤，承受的最大拉断力应符合规定。

⑦拉力棒外一定要安装防转装置，否则电缆在井中转动会造成拉力棒被卸掉，导致仪器落井。

⑧新制作的电缆连接器应进行 1000~1500 kgf 的拉力试验，检查锥体及钢丝的受拉力情况。

六 钢丝马笼头更换为电极系马笼头

（一）操作步骤

①穿戴劳保用品：工衣、工鞋、手套、安全帽。

②准备工具：棉纱、勾头扳手、活动扳手、平口螺丝刀、剪刀、胶布、线绳、硅脂枪。

③用棉纱清理钢丝马笼头表面泥浆。

④用勾头扳手卸开钢丝马笼头的打捞帽，后推 1m。

⑤用棉纱清理鱼雷壳表面泥浆。

⑥用平口螺丝刀卸下鱼雷壳上的防护顶丝和固定顶丝。

⑦用活动扳手卸开鱼雷壳，后退至露出电缆锥体。

⑧用棉纱清理插针表面硅脂。

⑨用剪刀剪断固定插针的线绳。

⑩拔开公母插针，使钢丝马笼头与电缆分离。取出钢丝马笼头打捞帽。

⑪清理鱼雷壳内部。

⑫将四环、五环电极公插针一一对应插入电缆母插针，用线绳固定。用数字表量线，确保接线准确。

⑬用活动扳手上紧鱼雷壳。

⑭用平口螺丝刀将鱼雷壳上的固定顶丝上入电缆锥体固定空内，使电缆不能自由转动。

⑮用硅脂枪向鱼雷壳内打满硅脂，上防护顶丝。

⑯收拾工具。

（二）技术要求和注意事项

①短节未固定，易滚落，损伤仪器，砸伤人员。

②腐蚀性油脂使用不当会腐蚀皮肤或衣物。

七 制作单芯电缆头

（一）操作步骤

①检查电缆铠装层钢丝是否完好。

②把打捞帽密封圈套在打捞帽的密封槽里。

③在打捞帽的密封面上均匀地抹上硅脂和锥筐体连到一起。

④把打捞帽和锥筐体套在 8mm 电缆上，用电缆夹具固定在台钳上，台钳上面留电缆 40cm，在根部 3cm 缠上塑料胶带。

⑤把锥体套在电缆上，用锥体敲几下缠上的胶带，看胶带是否向下移动，如移动要重新缠胶带。

⑥用一字螺丝刀拨开电缆上的一根外层钢丝，拨到锥体处，用手把钢丝理直，从锥体的小孔穿过，用尖嘴钳夹住钢丝把钢丝拉直，把钢丝从锥体下部往上折一下，用斜口钳紧贴锥体下部把钢丝切断。顺时针方向再拨开第二根钢丝和第三根钢丝，按上面步骤操作。

⑦拨开第四、第五、第六根钢丝在锥体上面留 1cm 切断。

⑧按上述方法外层每插 3 根绞断 3 根，每做 3 根预留 2 孔。

⑨操作完外层钢丝后，开始操作内层钢丝，顺着锥体上所留小孔上的内层钢丝根部向上理，找到这根钢丝的头拨开，用手理直从锥体的小孔穿过，拉直步骤同做外层第一根钢丝一样，内层每插 1 根绞断 3 根，然后留出 1 孔。

⑩把剩下的内层钢丝一根根拨开在锥体上面留 1.5 cm 处切断，切完后检查一下穿入小孔的钢丝是否重叠在一起。

⑪从锥体上部量出 20 cm 的缆芯，用斜口钳切断，为了方便穿绝缘套，要剪一个斜坡，把绝缘套套在缆芯上，用斜口钳把刚才留的斜坡剪齐，用剥线钳在缆芯上留 6 mm 剥掉外皮，露出里面的铜丝，由于单芯电缆缆芯太粗，母插头不能套在钢丝上，要把钢丝切断 6 根，把母插头套在铜丝上，用锁紧钳锁紧。

⑫把锥体下面缠的塑料胶带去掉，把电缆从台钳上取下，把锥体拉进锥筐体里，再检查一下钢丝是否有重叠，把铜垫片套在缆芯上，把密封圈套在本体两端的密封槽上，把缆芯从本体穿过，把本体上在锥筐体上，用小管钳上紧，上好防转螺丝。

⑬用兆欧表和万用表检查触点的绝缘和通断。

（二）技术要求和注意事项

①缆芯应清洗干净。

②外层钢丝留 9 根，内层钢丝留 3 根，钢丝排列应均匀、整齐、无弯曲。

③ 3 根留下的内层钢丝应分别与预留的锥体孔接近。

④留下的内、外层钢丝要拉紧，并尽量贴近锥体两侧，断头要钩住锥体，断头不能超出锥体底部的外径。

⑤剪断的内、外层钢丝排列整齐、无变形，长度差小于 2 mm。

⑥剪断的内层钢丝最短处距锥体面 15 mm（正负误差 2 mm 以内）。

⑦剪断的外层钢丝最短处距锥体面 10 mm（正负误差 2 mm 以内）。

八 制作七芯电缆头

（一）操作步骤

①检查电缆缆芯通断、绝缘是否完好。

②将电缆端头截齐，端面整形平整。

③先将加强弹簧拧在鱼雷外壳的顶端，再将电缆从加强弹簧端穿过鱼雷外壳。

④从电缆头量出 20cm，用塑料胶带做一个记号，然后用黑胶布在记号处缠绕几圈。

⑤将分线盘底座打开，电缆头穿过分线盘，缠绕黑胶布的电缆放置在分线盘底座之中，合上分线盘底座，用台钳夹住分线盘底座，然后将电缆锥筐大头朝上穿进电缆，放在分线盘凹槽中。

⑥将外层钢丝一根一根地剥开按顺序均匀置于分线盘上，将大锥套套进外层钢丝与内层钢丝之间，用手顶紧。

⑦在保证钢丝不重叠的情况下，用榔头和专用电缆空心冲子将大锥套砸入锥筐，砸紧后，大锥套上沿高出锥管平面不应超过 2mm。

⑧将外层钢丝从分线盘取出，用钢锯锯掉外层钢丝，然后用平板锉锉平钢丝头。

⑨剥开内层钢丝，将内层钢丝一根一根地剥开按顺序均匀置于分线盘上，将小锥套穿在缆芯外面、内层钢丝的里面，在保证钢丝不重叠的情况下，将小锥套顶紧。

⑩用榔头和与小锥套直径相当的电缆冲子将小锥套砸入大锥套内。砸紧后，小锥套上沿高出大锥套上沿不超过 2mm。

⑪将内层钢丝从分线盘取出，保留一根钢丝截断留 2cm 作地线，其余钢丝用钢锯将钢丝锯掉，用平板锉锉平钢丝尖头。

⑫剥去缆芯的外包装布条。

⑬去掉缆芯间的充填物，用清洗剂将缆芯洗净。

⑭将缆芯用剪刀剪断、剪齐，留 6.5~7.5 cm 长。

⑮将快速插针绝缘套和衬套穿进电缆，将每根缆芯头（含外皮引线）剥去 6mm 绝缘层，用砂纸打磨干净铜丝。

⑯用压线钳把母插头与缆芯顶部的铜丝夹牢，然后把衬套、密封套捋进插头。

⑰打开台钳，取下分缆盘，取出电缆头，用万用表和兆欧表检查电缆的通断和绝缘。

⑱制作完成，工具、材料归位。

（二）技术要求和注意事项

①内外层钢丝在锥套之间应排列整齐，不得叠压。

②制作完成后，内外锥套上边沿与锥筐上边沿的距离不得超过 2mm。

九 验收新电缆

（一）操作步骤

①检查电缆标识，应清晰、齐全、完整。

②电检查缆外观。电缆表面应光滑圆整，不能有跳丝、压痕、划伤、锈蚀现象，铠装层钢丝应分布均匀，基本看不到内层钢丝。

③检查电缆长度。万用表测量 7 芯阻值，计算电缆长度应不小于标称长度 5%。

④检查电缆直径。用游标卡尺测量电缆外径，偏差不超过标称外径的 ±5%。

⑤检查电缆韧性。拖放电缆时要有一定柔韧性，如从滚筒上拖放下来出现扭曲现象，说明外层铠装层覆盖率过高，要立即反馈给有关部门。

⑥检查铠装层钢丝螺旋形状稳定性。从电缆的一端解开外层任意两根相邻钢丝长度不小于 0.5 m，解开时应尽量不改变原有的螺旋形状，解开的钢丝应能具有电缆的螺旋形状，取其中任一根进行复位时应能恢复到自己原来的位置上。

⑦检查缆芯内部结构。检查缆芯间有无高温半导体材料、缆芯绝缘层、钢丝堵水剂。

⑧检查电缆的电气性能。直流电阻、绝缘电阻、对地电容、对称电容、耐电压应符合技术指标规定。

⑨截取一段大于 1m 长的电缆进行拉断力检测和韧性检测，应符合技术要求。

（二）技术要求和注意事项

①操作人员应按要求穿戴劳保用品。

②电性检查时，应保证试样温度与环境温度平衡，空气湿度不大于 80%。

③检查对称电容时注意对称缆芯的编号。

十 安装与调理电缆

（一）操作步骤

1. 安装电缆

①检查电缆的通断、绝缘是否正常。

②将电缆先绕到电缆恒张力滚筒装置上，并计量电缆长度。

③将测井绞车按规定位置停好对正并打好掩木。

④将电缆头从绞车滚筒内侧的通孔穿入，从滚筒外侧拉出。

⑤留足连接滑环线的长度，制作电缆锥套，回抽电缆，使电缆锥套挡在滚筒侧孔的外侧，将滑环线固定后穿过滑环孔。

⑥将固定拖电缆装置的刹车放到适当位置。

⑦将拖电缆装置的计数器清零，测量所上电缆的长度。

⑧慢速开动绞车绕电缆，第一圈要紧贴滚筒壁，绕回到起点之前要自然留出 10~20cm 的倒角。

⑨第一层电缆不应出现明显缝隙，到滚筒另一端升入第二层的位置应和第一层的起点对应。如果进入第二层的位置不对则应进行调整，超过起点应向另一侧挤压调整，提前未

到起点应向同方向挤压调整，如果还不能达到目的，应将电缆回收后改变电缆拉力，重新起电缆。

⑩上电缆时各层拉力选择：

a. 第一层电缆拉力为拉断力的 10%~15%。

b. 第二层电缆拉力为拉断力的 20%~25%。

c. 第三层至中部为拉断力的 33%。

d. 中部至电缆头由 33% 逐渐下降到零。

⑪绕好电缆后将长度、型号、上电缆日期记到电缆记录本上。

2. 调理电缆

①在校深井内控制下放速度，使地面张力保持不小于电缆悬重的 80%，控制上提速度，使地面张力保持不大于电缆悬重的 120%。

②电缆头接上磁性定位短节和加重（推荐 200kg），下放 300m、上提 50m 停车，观察磁性定位器的信号，待电缆不旋转为止，再下放 300m、上提 50m 停车，观察到电缆不动继续下放，以此类推，把电缆放入井内，使电缆扭力释放。

③电缆调理期，电缆最大拉力应小于电缆拉断力的 40%。

④新电缆在头 3 口井的直井段控制下放速度，使地面张力保持不小于电缆悬重的 67%，控制上提速度，使地面张力保持不大于电缆悬重的 133%。

⑤新电缆投产应使用旋转短节，以防仪器影响电缆自由旋转。

（二）技术要求和注意事项

①操作人员必须按要求穿戴劳保用品。

②注意将滑环线固定牢靠，避免滚筒转动损坏滑环缆芯。

③安装电缆时，第一层圈数应控制在滚筒开口宽度 / 电缆直径取整 ±2 圈，小于此圈数电缆缠绕过松，支撑不足，大于此圈数，电缆缠绕过紧，对滚筒挡板的侧向挤压力过大，也不利于电缆后续层数缠绕。

④新电缆投产使用，注意控制下放速度。

⑤上电缆的拉力要合适，如底层电缆张力不够，很容易挤伤电缆。

⑥安装电缆期间，设置警戒区域，禁止人员触摸和跨越运行中的电缆。

十一 识别电缆铠装层的损坏程度

（一）操作步骤

①检查电缆铠装层是否有打扭和断钢丝。轻微打扭应用整形钳使电缆恢复，打扭不能恢复，按叉接法修复电缆；如果有 1~2 根断钢丝可采用薄钢片压住钢丝断头，两断点间隔超过 30m 应附钢丝填充缝隙，超过 2 根断钢丝，推荐叉接法修复电缆。

②清洁电缆，检查电缆铠装层外层钢丝是否存在磨损、腐蚀、锈蚀情况。砂纸轻轻打磨钢丝不见光泽，说明腐蚀严重，应做拉断力和韧性试验。

③用游标卡尺测量电缆 X、Y 直径，其变化超过 10% 时，电缆不可继续使用。

④用游标卡尺测量电缆直径，当电缆直径较原直径减少超过 5% 时，电缆不可继续

使用。

⑤用游标卡尺测量外层单根钢丝，其磨损量超过原直径的 30% 且磨损钢丝数量超过 20% 时，电缆不可继续使用。

⑥拨开外层钢丝，检查两层钢丝间是否有较多铁锈，砂纸轻轻打磨钢丝不见光泽，说明腐蚀严重，应做拉断力和绕曲试验。

⑦绕曲检查方法 1：从电缆头部截取一段电缆，任取内外钢丝各 8 根，在电缆绕曲试验台上进行绕曲试验，如所测分数不合格，说明电缆钢丝已经失去弹性，不得继续使用。

⑧韧性检查方法 2：从电缆头部截取一段电缆，任取内外钢丝各 8 根，用手将其两头对折使其弯曲 180°，如果超过 2 根钢丝弯曲处呈尖针状，断头处多毛刺，说明电缆钢丝已经失去弹性，不得继续使用。

⑨拉断力试验。从电缆头部截取一段电缆，拿到拉力试验台，进行拉力试验，其拉断力若达不到电缆额定拉断力的 75%，电缆不可继续使用。

（二）技术要求和注意事项

①操作人员应按要求穿戴劳保用品。

②测量电缆直径时应相向测量 X、Y 直径，然后求取平均值。

③电缆拉力试验应在专用试验台上进行，并圈闭危险区域。

十二 单层铠装电缆

（一）操作步骤

①用螺丝刀将短节一端外皮钢丝按其排列顺序拨开，平整地贴附在离破损电缆段端头 1m 处，用胶布包扎紧后将短节平行地靠在被修电缆上。

②握住短节内层铠装段，按被修电缆外皮钢丝的反螺旋走向用力向短节外层钢丝解铠方向拉伸，同时围绕被修电缆旋转，在短节外层钢丝解铠的同时又铠装在被修电缆上，直到短节解铠完毕。平整地摆好端头钢丝，包扎紧胶布。

③在铠装段以 1m 间距均匀地包扎上胶布，其长度不少于 10cm。

④用 18 号铁丝在胶布段顺铠装钢丝走向缠紧，铁丝缠段不少于 5cm（10 圈为一组，共扎 5 组以上）。用鱼尾钳沿铁丝走向压紧，用电工钳扭紧铁丝端头。

（二）技术要求和注意事项

①操作人员应按要求穿戴劳保用品。

②铠装电缆长于受修电缆破损部位 2m，与受修电缆同规格型号，80% 以上新度，磨损不超过电缆外铠钢丝 10%。

③短节一端外铠钢丝要按其排列顺序拨开。

④铁丝在胶布段顺铠装钢丝走向缠紧，铁丝缠段不少于 5cm。

十三 双层铠装电缆

（一）操作步骤

①将电缆 A 的端头外层钢丝整体剥开敷在电缆短节上，起始处用胶布缠好。将电缆 A 的外层钢丝向电缆短节顺向缠绕，退至 2.1m 处停止。

②将电缆 A 的内层钢丝平均分三组，依次剥到 2m 处。

③将电缆 A 的缆芯从 2m 处截掉。

④将电缆 B 的端头外层钢丝整体剥开敷在电缆短节上，起始处用胶布缠好。将电缆 B 的外层钢丝向电缆短节顺向缠绕，退至 2m 处停止。

⑤将 A 电缆的三组内层钢丝同时向 B 电缆的内层钢丝缠绕铠装。将端部的钢丝用整形钳进行整形处理，用胶布缠好固定。

⑥将 B 电缆的外层钢丝向 A 电缆缠绕铠装，直至退出电缆短节。将端部的钢丝用整形钳进行整形处理，用胶布缠好固定。

⑦将 A 电缆的外层钢丝向 B 电缆缠绕铠装，直至退出电缆短节，将端部的钢丝用整形钳进行整形处理，用胶布缠好固定，长度不少于 10cm。

⑧用 18 号铅丝将接头处扎好固定，扎铅丝段不少于 10cm，完成后再敷上一层胶布。

（二）技术要求和注意事项

①操作人员应按要求穿戴劳保用品。

②铠装段不少于 4m。

③外观整齐，无跳钢丝现象。

十四 检查七芯电缆通断绝缘

（一）操作步骤

①将电缆头端电缆与马笼头断开，并用气雾清洁剂或酒精清洗电缆缆芯或插针。

②将测井操作系统接线面板上的信号输入开关置于安全位置。

③用万用表分别测量电缆缆芯对应的 1~7 号线，（缆芯阻值 30Ω/km 左右）1~6 号线阻值相近，7 号缆芯阻值略小。

④用兆欧表分别测量 1~7 号线对电缆外铠之间的绝缘，绝缘电阻应大于 500MΩ。

⑤测量完毕后，7 根缆芯依次对电缆外铠（地）放电。

⑥用兆欧表分别测量 1~7 号线之间的线间绝缘，绝缘电阻应大于 500MΩ。

⑦测量完毕后，7 根缆芯依次对电缆外铠（地）放电。

（二）技术要求和注意事项

①正确使用万用表、兆欧表。

②检查缆芯绝缘后，缆芯应对缆铠放电。

③ 7 号芯比其他 6 根缆芯阻值一般相对较小。

④检查缆芯绝缘时，测井操作系统的接线面板一定要在开路状态。

十五 确定电缆断芯与绝缘破坏位置

（一）操作步骤

1. 确定电缆断芯位置

①剥开电缆两端的铠装钢丝，按顺序剥出缆芯的导电铜芯。

②清洁缆芯两端测试连接点。

③用万用表测量各缆芯阻值，判断出故障缆芯。

④根据电缆长度 L 选择合适的电容量挡位。

⑤用电容表同一挡位分别测量断芯电缆两端对缆铠的电容值 C_1，C_2。

⑥由公式 $L_1=\frac{C_1}{C_1+C_2}L$；计算出某一端到断点的长度 L_1。

⑦采用相同或不同的电容测量法进行重复验证，确认断点位置判断无误。

⑧将电缆和工具归位。

2. 确定电缆绝缘破坏位置

①剥开电缆两端的铠装钢丝，按顺序剥出缆芯的导电铜芯。

②清洁缆芯两端测试连接点。

③用兆欧表测量各缆芯绝缘电阻，判断出故障缆芯。

④将万用表置电流测量挡，量程置 50μA 挡或 1 mA 挡接于被测电缆的两端。

⑤将兆欧表一端表笔接缆芯的一端，另一端表笔接缆铠。用均匀的速度摇动兆欧表，读出万用表显示的稳定电流值 A_1。

⑥将兆欧表接缆芯的一端换接到缆芯的另一端，万用表两表笔互换，同样均匀摇动兆欧表，读出万用表显示的稳定电流值 A_2。

⑦使用公式 $L_1=\frac{A_1}{A_1+A_2}L$，计算出缆芯绝缘损坏的具体位置。

⑧采用相同测量方法进行重复验证，确认绝缘破坏位置判断无误。

⑨将电缆和工具归位。

（二）技术要求和注意事项

①对电缆绝缘检查前应确认电缆与地面仪器已经断开。

②对电缆绝缘检查后，应将缆芯与外层钢丝接触进行放电。

③兆欧表未停止转动前，勿接触缆芯、兆欧表接线桩。

④兆欧表应放在平稳处使用，摇动手柄速度应均匀。

⑤利用双端电容法检测电缆断芯位置时，缆芯应彻底断开，且断芯位置只有一处。

⑥利用万用表和兆欧表判断电流绝缘破坏位置，电缆缆芯不能断芯，绝缘电阻应小于0.1MΩ。

十六 叉接法拼接七芯电缆

（一）操作步骤

1. 准备工作

对需要叉接的2根电缆进行通断、绝缘检查。

2. 电缆铠装层的预处理

①剥甲端电缆内外层钢丝。用螺丝刀将端头外层钢丝剥开分成三等份，用胶布包好每一份端头，然后每份分别沿螺旋方向剥开28m，盘成直径0.4~0.5m的三个钢丝圈，并用胶布分段缠好，使钢丝螺距不变形；将露出的内层钢丝及缆芯剪掉21m，余下7m内层钢丝采用外层钢丝处理方法，分三等份拨开，将露出的7 m缆芯剪掉6 m，余1 m备用。

②剥乙端电缆内外层钢丝。将乙端外层钢丝从端头处剥下7m剪掉，将端口处留下的外皮钢丝用胶布规矩地包紧在电缆上；将内层钢丝从端头处剥下1m剪掉，露出1m缆芯，用胶布将断口处留下的内层钢丝规矩地包紧在缆芯上。

3. 拼接缆芯

①将甲、乙两端电缆分别固定在相距约2m的台虎钳上，使其两端1m缆芯部位重叠。

②剥开两根缆芯的屏蔽层，一根按顺茬卷好备用，另一根按逆茬剥开去除。

③将缆芯分开，去除编织物，分别用清洗剂清洗干净。

④首先选甲端7号缆芯，先套上热缩管，然后用剥线钳剥掉绝缘层2cm，露出铜芯，破开成伞状。

⑤从乙端找出7号缆芯，剥掉绝缘层2cm，露出铜芯，破开成伞状。

⑥将甲乙两端剥出的铜丝交叉后，用牙线绳扎牢。

⑦用聚四氟乙烯胶带包扎紧铜丝接头部位两层，并分别包裹铜丝两端各1cm，用热缩管在连接部位热缩，保证密封良好。

⑧将其余缆芯按同样的方法顺序接好，缆芯接头每个螺距应均匀对称。

⑨将接好后的缆芯抻直摆顺恢复原状，接头位置应没有明显突起的鼓包。

⑩在接头段的缆芯上均匀涂抹硅胶，将缆芯屏蔽层恢复原状，并在端处包一层胶布。

4. 内、外铠装层钢丝的叉接

①将甲端7 m长内层钢丝三组在不加外力情况下，按原螺距顺序铠装过缆芯接头部位，到乙端内层钢丝断头处。

②用甲端一组内层钢丝替出乙端相对应的一组钢丝，用同样方法分别替好三组钢丝，使接头部位均匀地分布在6m内层钢丝上。

③将甲端内层钢丝分组每根按不少于4个螺距均匀地替出对应的乙端每组钢丝，并剪掉替出部分，剪后其缺口距离在0.5~0.8cm。缺口处缠绕透明胶带固定断点钢丝。

④将甲端三组外层钢丝在不加外力的情况下，按原螺距顺序铠装过内层钢丝叉接部位，到乙端外层钢丝断头处。

⑤将外层钢丝按7m一组分三组替好，以每组每根钢丝接头距离不小于6个螺距均匀地替出对应的乙端每组每根钢丝。同样剪掉替出部分，剪后其缺口距离0.5~0.8cm。

5. 外铠装层钢丝压钢片

①将厚度为 0.08~0.1mm 的薄钢片剪成长 8cm、宽 3cm，一端成尖形条状钢片用。

②用大力钳（专用钳）将外层钢丝接头处两端夹紧，2 把钳子以钢丝缺口处为中心相距大于 10cm。以电缆为轴心，反方向用力使外层钢丝松开，用螺丝刀（50~75mm）分别挑起断丝两边各 5 根钢丝，然后插入不锈钢片并尽量将钢片拉斜，以加长压距，使其不小于 6cm 长。

③拨出螺丝刀，回转大力钳，使灯笼体钢丝复原。

④释放大力钳，除去钢片露出部分，用此法将所有外层钢丝接头压好，并用大力钳反复将所有接头部位赶平，使其钢丝受力均匀，使接头部位有足够的拉力。

6. 质量检查

①测量电缆叉接处缆芯和外铠直径。

②检查叉接后电缆的通断、绝缘情况。

7. 收尾工作

①将材料及工具归回原位。

②清洁场地。

（二）技术要求和注意事项

①外层钢丝接头间距均匀分布（正负误差 50mm 以内）。

②外层钢丝每个接头间隙应控制在 0.5~0.8cm。

③外层钢丝无变形、无缝隙，电缆整体圆度好、光滑。

④叉接七芯电缆接头处最大外径与原电缆外径之差不大于 0.1mm。

⑤缆芯电阻值变化不应超过 1Ω。

⑥缆芯与缆铠的绝缘电阻不应小于 500MΩ。

⑦抗拉强度不应小于原电缆的 94%。

十七 检查保养马丁代克

（一）操作步骤

①清洁马丁代克无污渍。

②检查马丁代克的测量轮、导向轮是否磨损严重。

③检查深度测量轮转动是否灵活、平稳，有无松旷状况，判断测量轮是否摆动及变形，检查时转动应不少于 2 圈。

④从正面及侧面观察两测量轮的高度差，应处于一个水平面上。

⑤用游标卡尺分别量取测量轮外径，判断测量轮磨损程度对测井的影响。

⑥检查拉力弹簧是否锈蚀，拉力是否正常。

⑦检查紧固各固定螺母和连接销。

⑧检查转动部件转动是否灵活。

⑨将注油嘴注满润滑脂，至顶出新润滑脂为止。

⑩在拉力弹簧表面涂抹润滑油。

⑪用电子清洗剂清洁编码器插座。

⑫将马丁代克与连接线相连，在马丁代克测量轮上画出标记位置，然后转动 10 圈，绞车面板深度应移动了测量轮标称周长的 10 倍。

⑬反向转动测量轮至原位，绞车面板深度应回到初始值。

⑭将马丁代克固定，工具、材料归位。

（二）技术要求和注意事项

①了解测量轮的外径参数。

②光电编码器不能受到强烈撞击，严禁进水或注进润滑脂。

③当通过转动测量轮检查光电编码器是否工作正常时，测井操作系统应取消对深度系统的校正量。

十八　更换马丁代克编码器

（一）操作步骤

①马丁代克整体清洁、干燥。

②将连线与编码器分离。

③卸下编码器座上的固定螺丝，拧松连接装置上的固定螺丝，把编码器与底部连接装置分离。

④清洁马丁代克编码器安装槽，清洁后涂抹润滑脂。

⑤把新编码器安装在编码器座上。

⑥把连接装置的定位突起与丈量轮轴上的定位槽对接，把编码器底座固定在马丁代克的编码器安装槽上，上紧固定螺丝。

⑦所有注油嘴注满润滑脂。

⑧将连接线与编码器相连接，绞车面板深度置零。

⑨在马丁代克测量轮上画出标记位置，然后转动 10 圈，绞车面板深度应移动了测量轮标称周长的 10 倍。

⑩将马丁代克固定，工具、材料归位。

（二）技术要求和注意事项

①光电编码器不能在室外维修。

②光电编码器不能受到强烈撞击，严禁进水或注进润滑脂。

③更换编码器时注意引线定义。

④当通过转动测量轮检查光电编码器是否工作正常时，测井操作系统应取消对深度系统的校正量。

十九 检查测井深度系统

（一）操作步骤

①检查马丁代克各部位紧固螺丝是否牢固，如有松动进行紧固。

②检查测量轮、导向轮、扶正轮转动是否灵活并进行相应的调整。

③检查编码器直流电源是否正常，一般为 5V 或 12V。

④检查编码器有无脉冲信号输出，正常为一组相位相差 90° 的方波信号。

⑤用万用表检查编码器到地面深度处理系统之间连线的阻值，应小于 0.5Ω。

⑥用自检程序检测深度处理系统工作是否正常。

⑦检查深度处理部分到相应显示部分的连接是否正常。

⑧检查深度显示部分的工作是否正常。

⑨在马丁代克测量轮上做一标记，顺时针转动测量轮 10 圈以上，检查深度显示是否正确；逆时针转动同样圈数，检查深度显示应该回到起始深度。

（二）技术要求和注意事项

①正确使用仪器、仪表。

②进行深度检查时，如需更换元器件或备板应先断电。

③检查深度系统连接线通断时，应先断电。

④通过转动深度测量轮检查深度系统时应了解测量轮的周长。

二十 测井绞车操作

（一）准备工作

①检查发动机燃油、润滑油、冷却液、电瓶电压、绞车液压油是否符合要求。

②检查液压排绳的工作状态。

③交流电开关处于断开状态。

④盘刹控制阀处于松开刹车位置。

⑤减速器制动开关处于制动位置。

⑥滚筒控制手柄处于中位。

⑦油门控制器处于最小位置。

⑧使用符合安全用电标准的接地棒。

⑨ PTO 开关处于脱开位置。

⑩发动机限速开关关闭。

（二）操作步骤

1. 启动操作

①按要求启动发动机，检查各仪表指示是否正常，确认发动机工作无异常。

②待发动机温度正常后，踩离合器大约 6s 后，挂合 PTO，指示灯亮后松开离合器踏板。

③发动机怠速运转至少 2min（冬季应适当延长）后，将发动机工作转速设置为

1100~1200r/min 左右。

④接通操作台面板 24V 直流电系统。

⑤接通外接电源或启动车载发电机。

⑥打开照明灯、空调、井口灯以及所需的各种电器。

⑦起动测井仪器系统。

⑧液压系统的设置：转动操作台上的系统压力调节阀，将系统压力设置在一个合适的范围；松开排绳器销定销，将电缆正确地穿过测量头的计量轮。

⑨松开减速器及滚筒刹车，开始正常施工。

⑩液压系统压力由装在操作台上的调压阀（也称张力调节阀）来调节，从而控制电缆张力大小，左旋拉力减小，右旋拉力增大。

⑪根据作业过程中提升负荷的大小，适当调节系统压力，能够使电缆上提即可。

⑫当发生遇卡时，系统会自动卸荷，此时可旋转调压阀缓慢提高系统压力，密切关注电缆张力，在不超过电缆安全拉力的情况下，观察是否能够解卡，否则应立即停车。

2. 关闭操作

①将手柄控制器置于中位。

②关闭地面测井系统。

③拆卸电缆张力测量系统，将电缆从测量头上取出，销紧排绳支架。

④关闭井口灯、照明灯、空调等用电器。

⑤配电箱上各个开关置于关闭状态，关闭车载发电机，降低油门至怠速，关闭直流（24V）电源总开关。

⑥将行星减速器、滚筒刹车置于制动位置。

⑦脱开 PTO，使底盘恢复行驶状态。

⑧关闭发动机。

（三）紧急停止方案

1. 滚筒工作时，PQ 手柄控制器失去控制时采取的措施

①转动操作面板左上方发动机熄火开关；

②按下紧急切断阀开关；

③以上操作无法停车时，尽快到驾驶室熄火。

2. 控制滚筒 PQ 手柄没有反应故障处理方法

①检查 24V 电源是否供电；

②检查紧急切断阀开关；

③检查阀保险是否正常；

④检查速度微调开关，断开速度微调电线后（两根线同色），再试车；

⑤排除滚筒控制手柄 1 的方法，打开深度面板，看到手柄控制 1、手柄控制 2 后，拔下联排插座，把手柄 1 的插座安装到手柄 2 上，手柄 2 的插座不动，再试车。如果有上提或下放，说明手柄 1 已坏需更换；

⑥以上方法操作完后，未工作，检查泵上的紧急切断阀，利用数字万用表检查紧急切断阀线圈的阻值（30Ω），高于或低于 30Ω 需更换；

⑦以上所有操作完后，未解决，紧急与生产厂家沟通。

（四）技术要求和注意事项

①外接电源必须为交流 220V，防止误接。

②液压、柴油发电机启动前和熄火前，配电箱上的所有电源控制开关都置于关闭状态。启动液压发电机前，发动机转速必须在 1100r/min 以上。

③在深井工作时，禁止使用减速机高挡（系统压力 3600psi），待电缆上提到合适深度，再使用高挡工作，防止高挡摩擦片的严重磨损。

④使用柴油发电机供电时，用电功率不能超过发电机额定功率。

⑤要随时检查油温不得超过 65℃。在天热或系统长期连续工作时，应使用散热器给液压油散热。冬季作业液压油需加热时可打开电控箱上电源开关，液压油即能自控加温。

⑥调定系统张力、起下电缆控制手柄操作应缓慢进行，以免冲击损坏液压系统元件。设定系统张力时根据测井的深度调整扭矩阀（每上提 500m 调整），防止电缆张力过大拉断。

二十一 绞车液压系统维修保养

（一）操作步骤

1. 液压及电比例排量控制中位调整

①在萨奥泵伺服油缸测压口（M4 及 M5）处各安装一块 50 bar（1000 psi）测压表。断开外部控制手柄信号（液压或电气）以确保控制机构脱离外部束缚回中位。启动发动机至正常工作转速。

②用一个 13mm 的外六角扳手松开位于中位的调节螺栓锁定螺母。

③用一个 4mm 的内六方扳手顺时针旋转中位调节螺栓，直到某一侧压力表上的压力升高，标记此时扳手的角度位置。然后逆时针旋转中位调节螺栓直至另一侧压力表压力升至相同值，标记此时扳手的角度位置。

④顺时针旋转中位调节螺栓至上述两个扳手标记之间的中间位置。此时两块压力表读数应一致（壳体压力），表明控制机构位于其中位。

⑤在保持中位调节螺栓不动的前提下，用扳手拧紧中位调节螺栓锁定螺母至 13.5 N·m。不要过扭矩。

⑥中位调整结束后关闭发动机。拆下测压表，并安装测压口塞堵。并重新连接外部控制输入信号。

2. 萨奥泵比例排量控制先导模块拆装

①彻底清洗先导模块表面。

②用一个 4mm 的内六角扳手从电比例排量控制阀上松开 4 个安装螺栓，拆下先导模块 PCP。

③检查先导模块表面是否存在刮伤或损坏，清洗内部过滤网。

④在 PCP 壳体上装新 O 形圈。将先导模块紧靠电比例排量控制阀，拧紧安装螺栓至扭矩 5.4 N·m。

3. 液压及电比例排量控制阀拆装

①拆下控制模块前，需彻底清洗外表面。

②用 5mm 的外六方扳手拆下电比例排量控制阀底座上的 6 个盖板安装螺栓。从泵壳体上拆下控制模块（带单向阻尼阀、弹簧及密封垫片）。注意保护暴露表面及泵腔体免受外部物质损坏。

③阻尼堵头在控制模块或者泵壳体表面上。用 4mm 的外六方扳手一次只拆下一个堵头，并标识位置，以避免混淆。重新安装时需清洗干净，安装扭矩为 3 N·m。

④阻尼单向阀安装于控制模块上，首先将弹簧卡座及弹簧从安装孔中取出，然后拿出阻尼单向阀。

⑤清洗并重新安装阻尼单向阀回阀孔，然后安装弹簧及弹簧座于初始位置。

⑥安装新的密封垫片。检查控制模块，确保阻尼单向阀及弹簧（T）在正确的安装位置上。

⑦将控制模块放在壳体上，确保控制连杆反馈销插入斜盘反馈杆连接孔。

⑧左右移动控制模块，以检查控制模块反馈销是否与斜盘反馈连杆正确连接。如啮合正确，当控制模块偏离中位时，能感觉到弹簧阻力。如感觉不到弹簧力，说明控制销没有安装到位。拆下控制模块并按照上述步骤重新安装。

⑨对齐控制垫片，拧紧螺栓扭矩至 16 N·m。

4. 萨奥泵轴及轴封拆装

①将泵摆置于花键轴朝上。

②用一个 5mm 内六角扳手或者 6mm 内六方扳手拆掉轴承压板三个固定螺栓，取下轴承压板。

③拆下紧固螺栓后，内部轴上弹簧力轴组件可能会将油封安装架推出其安装孔 5mm 左右。如轴封安装架不自动跳出，可用橡胶锤轻轻敲打轴端的同时将其撬离安装孔。

④将 O 形圈从轴封安装架上取下。

⑤将唇形轴封从油封安装架上挤出。

⑥从泵上拆下轴，轴承组件可重复利用。

⑦检查轴及轴承有无生锈，是否磨损及污染产生。用手转动轴承以感觉轴承是否工作良好，必要时更换。

⑧检查轴封安装架，新唇形轴封及 O 形圈是否完好无刮痕。

⑨用工具将新唇形轴封压入油封安装架中，小心安装以避免损坏轴封。

⑩安装轴及轴承，并确保卡簧安装到位。

⑪给轴端加装组装衬套或用塑料薄膜缠绕花键或平键轴轴端以防止唇形轴封在安装过程中损坏。

⑫给新 O 形圈抹干净的石油基油脂润滑后安装于轴封安装架上。

⑬穿过轴端将轴封安装架及油封安装到位，安装轴承压板。

⑭顺序给螺栓加扭矩 16~32 N·m 并复检。

5. 液压发电机液压泵流量调节阀拆装及调整

①拧掉流量调节阀调节杆和调节杆护帽，取下调节杆顶部密封圈。

②拧掉阀体护帽，将此护帽放置在下侧位置，将平垫、大弹簧、小弹簧一起拿出。

③拧掉顶部密封螺丝。

④用细棒从阀顶往下慢推滑阀，使其从阀腔中移出。

⑤清洗这些部件，重新装入阀腔前，必须用清洁液压油浸泡润滑。

⑥装入这些部件前，将 PTO 挂上 2~3s，使液压泵短暂运转，排出阀腔内可能的杂物。

⑦装入这些部件前，操作者要用液压油浸泡双手，先将滑阀推入阀腔（装入时一定按照滑阀初始状态进行安装），再把小弹簧、大弹簧、平垫装入阀体并帽内。

⑧将阀体并帽拧紧。

⑨拧紧顶部密封螺丝。

⑩更换调节杆顶部的密封圈，将调节杆、调节杆并帽拧入阀体并帽内 2~3 扣，不要拧入太多，目的是从低位到高位进行调整。

⑪起动发动机，将发动机转速提高到 1500r/min，轻微顺时针调整调节杆（底部用 1/8”英制内六方），观察电压和频率的变化。当电压低于 170V、频率低于 38Hz 时，显示表头上可能没有显示，随着轻微的顺时针调整调节杆，显示表头上会有电压频率出现。当调整到 220V/50Hz 时，用 1/8in 英制内六方稳住调节杆，同时拧紧调节杆并帽。

⑫将发动机转速降至 1100r/min，此时电压 / 频率调整完毕，液压发电机可正常工作。

6. 绞车液压油的保养

①用活动扳手拆下油箱底部放油丝堵，打开放油球阀，把液压油箱旧液压油放至准备好的油桶中。

②用滤子扳手拧松绞车液压油箱外 2 个滤清器，用手将滤清器旋出，将滤芯液压油倒入油桶。

③拆卸绞车液压油箱上盖板一圈螺丝，拿掉上盖板，注意不能损坏盖板密封垫。

④拆卸油箱内铜网滤芯固定螺丝，取出铜网滤芯，清洗或更换铜网滤芯。

⑤用扳手固定新铜网滤芯螺丝，安装上盖板螺丝，注意上盖板密封垫不能损坏。

⑥将油箱外滤清器用手旋入后用滤子扳手拧紧。安装滤清器前将相同牌号的液压油灌满。

⑦关闭油箱放油球阀，拧紧油箱底部放油丝堵。

⑧拧掉液压油箱加油盖，在加油口加入相同牌号的液压油，保证运转后油箱油面保持在标尺 2/3 刻度处。

⑨液压油发现黏度、含水量明显提高时，要彻底更换液压油，同时清洁油箱。

7. 液压发电机液压油的保养

①使用扳手卸开液压发电机油箱放油螺丝或温度传感器，将原有的液压油放至油桶里。

②卸掉滤清器上盖处 4 个内六方螺丝。

③打开上盖取出滤芯。

④换上新滤芯，并用螺丝固定盖上滤清器盖。

⑤拧掉油箱加油盖，用手压泵注入新的液压油清洗油箱后，注入液压油约 18 L。

（二）技术要求和注意事项

①操作人员应按要求穿戴劳保用品。

②确保工作环境干净，无污染物存在。

③在维修保养前必须用三角掩木支好车辆前后轮，防止车辆移动。

④绞车、液压发电机意外启动可能会造成严重的人身伤亡事故。

⑤液压发电机在维修过程中，必须将发电机舱门打开并固定牢靠。

⑥用行吊吊装设备时应防止起重机械伤害，行吊操作人员必须持证上岗。

⑦设备在运行过程中不得随便用手触及，防止在检修过程中造成机械、触电伤害。

⑧避免接触设备内部的运动部件，防止机械伤害和烫伤。如果必须要在设备运转的情况下调节设备时，在旋转部件或发热部件周围要有相应的防范措施。

⑨禁止在液压发电机带有负载的情况下启动或停止系统的运转。

⑩如需要将泵拆下，给与泵相连的每根油管贴上标签。拆解泵上的液压管后，需用干净的堵头将所有油口封闭，以避免灰尘或脏物进入泵体。

⑪换油前，须冲洗所有液压管路。

二十二　检查运行柴油发电机

（一）操作步骤

①拔出油尺，检查机油品质和油位是否符合要求；否则更换机油，或添加机油。

②检查膨胀水箱（或散热器）内的水位，必要时添加冷却水或防冻液。

③检查各部位连接是否牢固，如有松动现象应及时排除。

④检查发电机电源输入状况。

⑤监听发动机声响，观察排气管排烟状况和呼吸器，如有异常现象应及时查找原因并加以排除。

⑥检查并排除发动机漏水、漏油、漏气现象，保持发动机外观和工作环境的清洁、整齐。

⑦观察监视仪表所指示的发动机各项参数，特别是机油压力、机油温度、冷却水温度、气缸内温度和排气温度的变化，做好发动机的运行记录，并对各项参数进行分析，如发现异常，应及时查找并排除相应故障。

（二）技术要求和注意事项

①使用发电机时，请先将发电机拉出舱外，并将其固定牢靠；使用完毕，请将发电机推进舱内，并固定好推拉装置上的紧定螺钉。

②启动发电机前，先进行预热。温度低于13℃时，一般预热60s，高于13℃时，一般预热30s。预热时间一般不超过1min，以免加热器烧坏，并保护蓄电池。

③不能使用乙醚作为启动辅助剂。这是因为来自预热塞或进气管加热器的热，可以引起乙醚蒸发并突然着火，可导致人员伤亡，损坏发动机。

④在加载负载之前，应使发电机工作一段时间。

⑤发电机长时间过载，会引起工作温度升高，烧毁线圈。在使用中应保持负载在额定值内，负载以不超过标称额定功率值的50%为宜。

⑥如果停止电路时发生故障，发动机无法熄火，可向下按压调速器连接杆，以切断喷油泵中的柴油。

⑦发电机油门开关在发电机不工作时，应处于关闭状态，防止将蓄电池的电能耗光，以及导致燃油箱中的燃油流到地面上而引起火灾。

第三节　测井仪器操作

一　检查保养测井仪器

（一）操作步骤

①清洗仪器表面，打开推靠器，清洗推靠器各机械部位。

②检查仪器表面，应无锈蚀或损伤。

③检查密封圈无损伤、老化，密封面无锈蚀。

④检查上下接头丝扣，涂抹丝扣油。

⑤检查仪器上下接头及外壳固定螺丝有无松动，若有松动，应对其进行紧固。

⑥检查机械推靠部分支撑臂是否有弯曲、损伤和活动关节是否活动自如，紧固各部位螺丝、螺母、销子等，润滑机械运动部位。

⑦检查压力平衡系统的是否有渗漏、缺油情况。

⑧检查仪器油量应在安全范围之内。

⑨检查上下端插头、插座有无断裂脱落，用电子清洗剂清洗保持插针接触良好。

⑩对应仪器维修手册或仪器接线表，检查仪器上下接头各连接线的通断与绝缘。

（二）技术要求和注意事项

①清洗仪器时应拧紧仪器护帽。

②检查电子线路时，禁止使用兆欧表，带有功放的电子线路应使用数字万用表。

二　检查更换微球极板

（一）操作步骤

1. 检查微球极板

①用勾头扳手将推靠仪器上接头护帽卸下。

②用干燥的棉纱清洁极板的表面。

③用万用表检查极板的 1 号、2 号、3 号、4 号、5 号电极与推靠器上接头对应插针的连通性，阻值不大于 0.5Ω。

④用兆欧表检查极板的 5 个电极之间及与仪器外壳之间的绝缘性，绝缘电阻不小于 50MΩ。

2. 更换微球极板

①使用开收臂面板将仪器推靠臂打开。

②用螺丝刀将仪器中间部位的插针护盖打开，并清洗硅脂。

③将5个插针从仪器骨架上的单芯塞子上拔下。

④用扳手将极板上的四个固定螺丝卸掉。

⑤将极板及连接线从仪器上取下。

⑥检查待更换极板5个电极的通断性与绝缘性。

⑦裁剪合适长度的聚四氟乙烯管套在极板的连接线上，并用线绳扎牢固。

⑧用螺丝将极板固定在支撑臂底座上。

⑨将极板线从支撑臂下方穿出，并裁剪到合适长度。

⑩将母胶套依次套在5根线上，并用剥线钳剥开3mm左右线头，再用压线钳将母插针压好。

3. 检查结束

①使用万用表测量出极板的1号、2号、3号、4号、5号和单芯塞子的1号、2号、3号、4号、5号，并一一对应连接好。

②用万用表检查极板的1号、2号、3号、4号、5号电极与上接头的1号、2号、3号、4号、5号插针的连通性，电阻不大于0.5Ω。

③用兆欧表检查极板的5个电极与仪器外壳之间的绝缘性及相互绝缘，阻值不小于50MΩ。

④用硅脂将5个胶套连接处用硅脂充满，确保连接处的绝缘性。

⑤盖上保护盖并上好螺丝固定。

⑥打扫卫生，工具归位。

（二）技术要求和注意事项

①穿线时，防止极板导线被仪器的外壳刮破。

②极板线的长度需合适，不宜太长或太短，如果长了，多余部分容易被支撑臂挤破，如果太短，在开收臂时容易拉扯到极板线。

③单芯塞子处应充分填满硅脂，防止下井后泥浆进入。

三 安放自然伽马刻度器

（一）操作步骤

①将自然伽马仪器放在仪器架上，马笼头和自然伽马仪器连接。

②操作工程师采集自然伽马本底信号，将刻度器远离自然伽马仪器。

③安放刻度器，将刻度器标志线与自然伽马仪器刻度标志线对齐，刻度器箭头指向马笼头方向。操作工程师进行刻度数据采集。

④按照以上步骤完成仪器校验。

⑤刻度完成，拆卸仪器并归位。

（二）技术要求和注意事项

①刻度过程中，自然伽马仪器周围30m范围内应无其他放射源的影响。

②安放刻度器时，刻度器箭头方向指向马笼头，同时对齐刻度线。

③自然伽马刻度器按照放射源管理，须定期校验，专人保管。

四 安放井径刻度器

（一）操作步骤

①将马笼头和井径仪器连接。

②将井径刻度器套在井径仪器测量臂上。

③操作工程师将井径测量臂张开，先将刻度器小环套在井径测量臂顶端，操作工程师开始采样。

④小环刻度采样完毕，取下小环，套上大环，操作工程师开始采样。

⑤按同样的操作步骤完成井径的校验工作。

⑥操作工程师将井径推靠臂收拢。

⑦仪器断电后，拆卸仪器，将井径仪器和刻度环等归位。

（二）技术要求和注意事项

①井径刻度器的选取应与井眼直径相匹配。

②更换刻度环时，由操作工程师控制推靠臂的张开或收拢，不能用手压推靠臂进行收拢。

③使用液压推靠井径时，操作人员应在打开推靠前，离开井径臂的张开范围。

④安放刻度器必须保证安放位置准确。

⑤安放井径刻度环，应保证所有井径测量臂同心。

五 安放补偿中子刻度器

（一）操作步骤

①用警示带圈闭工作区域，在规定位置放置放射性标识牌。

②将补偿中子仪器放在仪器架上，然后将马笼头和补偿中子仪器连接。

③检查补偿中子刻度器。

④将补偿中子刻度器卡到补偿中子仪器规定位置上，把定位销插入仪器源室上部的定位孔中，扣好刻度器吊扣，“冰块”刻度拉杆应置于规定位置。

⑤操作工程师开始采集刻度块的测量值。

⑥刻度校验完毕，将刻度器及时归还放射源存储库。

⑦拆卸仪器，然后将其与其他工具归位。

（二）技术要求和注意事项

①安放刻度器前，清洁刻度器接触面和仪器表面。

②补偿中子现场刻度器的调整杆不应随意移动。测前、后刻度时，其位置应与做主校验的位置一致。

③补偿中子仪器校验及刻度时，周围 15 m 以内应没有其他放射源。

④安放刻度器时，刻度器与测井仪相对位置要准确无误。

⑤严禁无关人员进入工作区域。

六 安放密度刻度器

（一）操作步骤

①用警示带圈闭工作区域，在规定位置放置放射性标识牌。

②将密度仪器放在仪器架上，探测器面朝上，然后将马笼头和密度仪器连接。

③将密度刻度器放到密度仪器探测面规定位置并使其紧密贴合。

④操作工程师开始采集刻度器的测量值。

⑤刻度校验完毕，将刻度器及时送还放射源存储库。

⑥拆卸仪器，然后将其与其他工具归位。

（二）技术要求和注意事项

①安放刻度器前，清洁刻度器接触面和仪器表面。

②安放刻度器时，刻度器的定位销要卡入仪器定位孔中。

③刻度器与测井仪相对位置要准确无误且贴合紧密。

④进行仪器校验及刻度时，周围 10m 以内不能有其他放射源。

⑤严禁无关人员进入工作区域。

七 安装双侧向刻度器

（一）操作步骤

①操作人员目视检查双侧向测井仪器外观必须清洁干净，无污渍、锈迹，电极环完整光亮没有氧化现象。

②操作人员目视检查双侧向测试盒电极卡子光亮无氧化，各连接线无破损、接触良好。

③组装下井仪器，连接顺序自马笼头而下依次为：马笼头 + 遥传短节 + 适配短节 + 绝缘短节 + 双侧向测井仪线路 + 双侧向测井仪电极系。

④确保仪器连接正常后通知操作工程师可以开始通电进行仪器刻度检查，在仪器旁边坐岗确保无关人员不得靠近仪器串。

⑤确认刻度完成仪器断电后，将双侧向测试盒电极卡子安装到双侧向测井仪器电极系相应电极上，各个电极系卡子应正确卡在相应电极环上，位置适中接触良好。

⑥确保双侧向测井仪器 10 号引线要与加长电极的鱼雷外壳连接良好。

⑦按照操作工程师提示，依次更换双侧向测试盒上的刻度电阻，分别为：0.2Ω、1Ω、10Ω、100Ω、1kΩ、10kΩ。

⑧操作工程师提示测试盒检查完成，确认仪器断电后，取下双侧向测试盒上的刻度电阻并放置到位，取下测试盒电极卡子，将整套双侧向测试盒放置到位。

⑨用勾头扳手自马笼头开始依次拆卸双侧向仪器串。

⑩整理工具、装置、仪器，确保工作台干净整齐。

（二）技术要求和注意事项

①操作人员必须按要求穿戴劳保用品。

②应在仪器断电情况下连接、拆卸仪器盒，安装测试盒。

③侧向电极系与仪器支架间应有绝缘隔离。

④操作过程应确保力量合适，严禁暴力拆卸。

⑤操作完成后应清理工作场地，清点工具、设备，保持工作场地及工作台干净整齐。

八 维护和保养双侧向测井仪

（一）操作步骤

1. 双侧向仪器线路短节维护和保养

①清洁线路短节外壳。

②用勾头扳手卸下双侧向仪器线路短节上、下护帽并擦拭干净。

③用小平口螺丝刀取出 28 芯插座弹簧挡圈。

④用 T 形拉手取出 28 芯插座，并卸下 28 芯插座尾部航空插头。

⑤用勾头扳手卸下双侧向仪器线路短节上接头。

⑥用锁紧环拆卸工具卸下锁紧环。

⑦用 T 形拉手拉出双侧向仪器电子线路部分。

⑧检查线路骨架螺钉是否松动，如有松动必须拧紧并涂抹 RTV 硅胶。

⑨检查各电路板上器件是否松动、损坏，如有立即报告维修人员及时维修。

⑩检查引线端子有无脱落，电路下端插座的插针有无脱落、污渍。

⑪将双侧向仪器电子线路部分装入线路外壳中，用 T 形拉手缓慢旋转线路骨架找到定位键位置并安装到位。

⑫用锁紧环拆卸工具将锁紧环安装到位。

⑬检查双侧向仪器线路短节上接头 O 形密封圈是否完好，并按规定更换 O 形密封圈。

⑭用棉纱擦拭干净双侧向仪器线路短节上接头螺纹环并涂抹丝扣油。

⑮用勾头扳手将双侧向仪器线路短节上接头安装到位并锁紧。

⑯按之前拆卸双侧向仪器线路 28 芯插座步骤反向操作安装好 28 芯插座。

⑰拆卸上接头螺纹环清洁涂抹润滑脂。

⑱用勾头扳手将双侧向仪器线路短节的下护帽卸下，目视检查 O 形密封圈是否完好，并按规定更换 O 形密封圈。

⑲按双侧向仪器维修手册对线路进行电性检查。

⑳用勾头扳手将上、下护帽安装到位，安装前下护帽涂抹丝扣油。

2. 双侧向仪器电极系维护和保养

①清洁双侧向仪器电极系外壳，除去泥浆、润滑油、杂物和其他外部物质，并晾干。

②检查电极系的玻璃钢（或橡胶）部分是否有损坏。

③检查电极有无腐蚀、断裂或松动现象。

④检查油面，并检查是否有漏油。

⑤用勾头扳手卸下双侧向仪器电极系上护帽，用棉纱擦拭干净螺纹环部位。

⑥检查双侧向仪器电极系 O 形密封圈是否完好，并按规定更换 O 形密封圈。

⑦检查双侧向仪器电极系上端插座的插针有无脱落、污渍，如有立即报告维修人员及时维修。

⑧双侧向仪器电极系下护帽检查保养步骤与上护帽相同。

⑨按双侧向仪器维修手册对电极系进行电性检查。

⑩检查完成后将上、下护帽螺纹环部分涂抹丝扣油，用勾头扳手将上、下护帽安装到位。

（二）技术要求和注意事项

①操作人员必须按要求穿戴劳保。

②禁止用尖锐工具拆卸、安装 O 形密封圈。

③注意检查密封圈凹槽和密封面是否清洁，有无生锈和麻点腐蚀。

④操作完成后应清理工作场地，清点工具、设备，保持工作场地及工作台干净整齐。

九 维护保养撞击式井壁取心器

（一）操作步骤

1. 装配井壁取心器

①确认井壁取心器的耐温、密封、耐压性能应符合现场施工设计要求；各部分螺纹连接紧固，顶丝齐全无松动；取心器整体及弹道无变形。

②检查井壁取心器各插头、插座、插针应无松动损坏，各弹道药室触点与取心器上部插头通断阻值、线间绝缘电阻和对壳体绝缘电阻应达到技术指标要求。

③选发器各插头、插座、插针应无松动损坏，整体工作状态经校验装置检查应达到换挡灵活准确、选发可靠、点火及输出正常。检查完毕将其置于第一颗岩心筒选发状态。

④检查跟踪曲线测量仪器、需下井的加长短节及辅助工具，性能、规格应满足施工要求。

⑤将取心器放到所设警戒区内安全位置的专用架子上，对井壁取心器的药室触点及弹道台阶除锈。

⑥岩心筒的类型、钢丝绳的长度应符合施工方案要求；岩心筒螺纹配合应紧固，排液孔应畅通、无损伤、无裂纹；钢丝绳应无断丝及损伤，锁扣牢固。

⑦将固定岩心筒的钢丝绳按顺序穿入弹道旁的开孔内，并将其固定。

⑧根据施工设计，选择井壁取心药盒的规格。

⑨选择干燥地带设置危险区，并在危险区明显处设置“防电防爆”“严禁烟火”的警戒标志。

⑩打开保险箱，拿出药盒，用专用欧姆表检查药盒点火桥丝阻值应在 1~2Ω 范围内，并依据项目要求的层位、颗数、深度表、井深结构及预计岩性合理选择药盒，逐个放入药室内，使点火桥丝和药室触点接触良好，剩余药盒放回保险箱，并将保险箱及时上锁。

⑪将系好的岩心筒清洁后，套好O形密封圈，抹上少许密封脂，用螺丝刀将密封螺丝拧松，按序号用手压入弹道内（严禁用榔头等铁器敲击），拧紧密封排气螺丝。若岩心筒不易压入弹道，可用塑料榔头或橡胶榔头向下敲打，直到岩心筒台阶到达枪孔侧平面。

⑫用防爆欧姆表检查井壁取心器上部插座各弹道阻值应符合规定要求。如果在哪个挡位发现短路或电阻过大，应立即取出岩心筒检查药盒和点火线路，如有问题及时更换。

⑬站在取心器的侧面，两手拇指和食指夹住钢丝绳距端头1/4处，向下翻，使钢丝绳盘成环状2圈，塞入纵槽槽中或用黑胶布等物捆绑且能保证岩心筒发射时能将其可靠带出，并注意使靠岩心筒的一头在外侧。

2. 连接、拆卸井壁取心器

①将装配完毕的井壁取心器抬放到井场猫道仪器架子上，使岩心筒朝下。

②确认已关闭下井仪器电源并将测井操作系统接线控制开关置于“安全”位置。

③将电缆缆芯对铠装层放电。

④按照施工设计方案要求顺序连接井壁取心器、跟踪曲线测量仪器、加长短节及电缆，连接前应检查各密封面、密封圈、连接接头及插头插座是否完好。

⑤安装适合井况条件的扶正器。

⑥井下取心完成后，确认已关闭下井仪器电源，测井操作系统接线控制开关已置于“安全”位置。

⑦将井壁取心器起出井口并放到钻台下的猫道上。

⑧按顺序将岩心筒从井壁取心器上取下，按编号放入现场地质人员提供的相应岩心袋中。

⑨将岩心从岩心筒中压出，根据跟踪曲线或井壁取心位置深度表确保取心深度、点火位置与岩心筒编号三者相符，按岩心筒编号将岩心交付现场地质人员。

⑩拆卸取心枪，用棉纱擦干净丝扣及活接头，并对取心枪做初步保养，然后将取心枪装车固定。

⑪对施工现场进行清洁，将施工杂物集中清理回收。

⑫维护保养井壁取心器。

⑬清洗井壁取心器主体及弹道并使其干燥。

⑭检查取心器两侧导槽是否规则无变形，主体径向弯曲位移小于16 mm。

⑮清洁弹道内点火触点的氧化物，并在枪体和弹道内涂上防锈油。

⑯用万用表逐一检查点火触点与枪体上部45芯插头的通断，其阻值应小于0.2Ω。

⑰用万用表检查枪体的点火触点对本体的绝缘电阻，应大于1 MΩ。

⑱检查枪体45芯航空插座是否松动和损坏，如有损坏应立即更换。

⑲将使用后的取心器各密封部位的密封圈全部更换并涂上密封脂，螺纹部位清洗干净后，涂上润滑脂。

⑳清洁连接丝扣部位并涂上丝扣油。

（二）技术要求和注意事项

①根据井眼选择枪型，防止小井眼因枪径大而卡死。

②在装枪前必须清洁和打磨枪孔，保证接触良好。

③选取和准备好岩心筒、钢丝绳，保证取心收获率及岩心质量。

④清洁岩心筒，特别是岩心筒上的油脂，防止对所取岩心造成假象。

⑤检查准备好选发器、枪头。

⑥给岩心筒筒座装上O形密封圈。

⑦选取和检查好取心药盒，药盒金属片上有锈时，应当用砂布打磨掉锈斑，保证接触良好。

⑧当给取心器装偏心器时，偏心器的弹簧必须朝向岩心筒的背面。

⑨选取药盒时，首先要弄清楚井下温度。选用温度等级时，应当留有余量。由于药盒的温度指标是1 h的耐温上限，如果火药在井下时间过长，其效能将降低，甚至会发生自爆、自燃。

十 维护保养牵引器

（一）操作步骤

1. 检查与维护、保养测井牵引器

①保持螺纹环处于润滑状态，以免抱死，方便井上操作。

②检查仪器外部各部件螺丝是否松动或者掉落，以免造成仪器的损坏。

③检查仪器油腔内油量是否充足，油量不足会导致压力不够，在井下出现打滑现象，无法正常爬行甚至无法加压。

④检查驱动臂的支臂轴内孔卡簧是否断裂，如有损坏务必及时更换。

⑤下井前应确保扶正器各个轴承转动自如，如发现有不转的轴承应及时更换。

⑥检查所有密封圈，更换受损的密封圈，并在每个O形密封圈处涂一层硅脂。

⑦测量牵引器穿心线通断，电阻应小于0.5Ω。

⑧测井结束后，仪器应立即清洗干净，并在每节驱动段从铜支座的注油孔注满润滑脂，将爬行臂总成内残留井液挤出，防止爬行臂总成内的各齿轮生锈。

⑨每次施工前，再次对爬行器进行全面通电检查，检查开腿和爬行轮运行情况。

2. 现场使用测井牵引器

①将井下测井仪器的最下端连接轮式扶正器底鼻。

②测井仪器最上端连接带转换接头的扶正器，以便与牵引器下端相连。

③将补偿短节、驱动短节及推靠短节同时吊装与井口扶正器对接。对接完以后将扶正器短节与推靠短节相连接，然后将张力CCL短节、电子线路短节与井下扶正器短节相接。

④在张力CCL短节上再加装扶正器短节，配上旋转短节，最后连接马笼头。

⑤地面部分由电源箱通过网线与笔记本电脑连接，电源箱后部通过电缆与下井仪器串连接，即可实现与液压牵引器的通信，从而操控井下牵引器。

⑥仪器完成连接后，在井口测试液压支臂、驱动轮等是否正常工作。

（二）技术要求和注意事项

①牵引器每次注完油后应进行压力刻度，否则可能出现上井时加压压力值与实际压力值不符的现象。

②仪器每爬行 2~3 井次后，须将牵引器的驱动臂卸下，将内部的各部件拆下清洗干净（杂物易附着在各齿轮之间，容易造成不必要的磨损），查看各齿轮的磨损程度，磨损严重的应及时更换。

③仪器各驱动轮每爬行 4000m 左右，须进行一次全面保养，即更换爬行轮。检查爬行轮内部的齿轮（高速爬行器爬行臂总成无轴承结构），检查仪器各段的密封圈。将牵引器各驱动段、油腔、液压、缓冲段拆开，将螺纹环及密封面擦干净，防止井液渗入液压油，导致仪器绝缘下降。同时务必将密封圈取下，将槽内储存的污垢清理干净，否则仪器安装注油后可能会出现渗油情况。

④在做全面保养时，须将仪器驱动段的推力杆和弹簧卸下，并检查推力杆上的 2 道密封圈是否损坏，如有损坏应及时更换。

⑤由于内部完全被液压油浸泡，所有仪器的各段连接处的密封圈无须涂抹硅脂，否则硅脂可能会进入油路导致仪器内部油路堵塞。

⑥每次作业完毕应及时清洗仪器，并检查外部各部件是否完好，观察驱动轮的磨损情况，如果齿轮磨损严重应及时更换。将各节驱动段爬行臂总成拆下，检查小锥齿轮磨损情况，磨损严重及时更换。

⑦将仪器下放至水平井段后，对牵引器供电开始工作。当牵引器向下爬行时，地面张力的显示随之增大，说明牵引器在向井下运动。如果张力变小说明牵引器没有向下运动，或者是爬行速度与绞车配合不合适，应进行调整后再进行爬行。

⑧牵引器遇到阻碍时，如遇电流突然增大，停止牵引，重新打压爬行，如仍然无法通过，收腿上提仪器 10m 左右，重新爬行，另外，可适当增加电压，降低爬行速度，保证电流在安全范围。

⑨通过地面设备给牵引器供电使牵引器的爬行臂张开，爬行初期或在井斜较小井段尽量保持开腿压力 3MPa 左右，随着爬行距离和爬行角度增加适当增加开腿压力，最大开腿压力不超过 10MPa，在狗腿度较大井段在能保证仪器爬行情况下适当降低开腿压力。

⑩推荐的爬行速度为 10m/min 以内，爬行速度过大会造成电机温度过高而损坏电机。

⑪牵引器缺液压油后，对整串仪器进行抽真空注油，严禁直接注油至油箱，造成仪器内部存在空气，仪器每下 2~3 口井，需对仪器重新注油，保证仪器内部液压油清洁。

十一 更换中子源源尾

（一）操作步骤

①使用检测仪器测量作业区域本底值，并备好新源尾、密封圈、丝扣胶等。

②将含源容器横卧，打开容器顶盖。

③源杆水平伸入容器将放射源拉出约 1/2（源壳中部外六方露出容器即可），用开口扳手等工具固定源壳中部外六方，使用开口扳手等工具逆时针旋拧源壳尾部卸下源尾。

④将源体丝扣涂抹丝扣胶并顺时针拧紧新源尾，使用源杆将放射源推入容器并固定，盖好容器顶盖并上锁。

⑤将含源容器与换下的源尾一同送交放射源储存库，放射源储存库管理人员按正常接收程序进行收储。

⑥使用检测仪器测量作业区域数值并与更换前的本底值比对。

（二）技术要求和注意事项

①劳保用品及辐射防护设备穿戴齐全。

②佩戴个人辐射计量牌。

③操作完成后，所有工具、材料及劳保用品进行本底监测。

十二 更换密度源源壳

（一）操作步骤

①操作人员选定作业面，作业面应平整、无遮挡物或障碍物且无孔洞、裂隙，在作业面上铺设厚度不小于 1mm、长宽各不小于 50cm 的单色柔软衬布，并使用检测仪器测量作业区域本底值。

②将新源壳顶丝打开并装好密封圈，与丝扣胶一同放置于衬布上备用。

③使用源杆从容器中取出放射源放置于衬布上，用夹紧工具夹住放射源外壳尾部，逆时针旋拧源杆使其脱离放射源。

④一人用夹紧工具夹住放射源外壳尾部，另一人使用长柄螺丝刀等工具逆时针将源壳顶丝拧下，源壳开口朝下将源芯从源壳内倒出在衬布上，使用镊子等夹持工具按原顺序将源芯放入新源壳，同时在新源壳顶丝涂抹丝扣胶，拧紧新源壳顶丝后放入容器，盖好容器顶盖。

⑤使用辐射检测仪器对旧源壳、容器、橡胶手套、作业面及周围进行辐射检测，并与更换前的本底值比对，以确认源芯是否正常装入新源壳、放射源是否泄漏。

（二）技术要求和注意事项

①劳保用品及辐射防护设备穿戴齐全。

②佩戴个人辐射计量牌。

③操作完成后，所有工具、材料及劳保用品进行本底监测。

十三 维护保养扶正器

（一）操作步骤

1.扶正器的选择与使用

①根据测井项目使用的仪器正确选择扶正器（如灯笼体过线扶正器）。

②使用前、后检查扶正器贯通线的通断和绝缘。

③使用前、后清洁、检查扶正器两头的密封面和 O 形圈；清洁、检查仪器接头和丝扣；清洁、检查扶正器两头的插针和插孔；检查扶正片的磨损锈蚀情况；检查扶正片固定处的销钉或螺丝。

2. 更换扶正簧片

①根据扶正器的型号选择正确的簧片；

②用销钉铳子将销钉敲下（压帽式的用十字起子将固定螺丝卸下），取下扶正簧片；

③将新更换的扶正片放入正确位置，用销子（或螺丝）固定；

④检查扶正片弹性是否合格，转动是否灵活不卡顿。

3. 更换贯通杆

①扶正器绝缘差时需要拆卸清洁中间的贯通杆。

②卸开上丝堵与下护帽。一字起子抵住上插孔，用套筒扳手套在下插针上，旋转套筒扳手将下插针与中间螺杆分离，将贯通杆抽出。

③清洁上、下衬套，上插孔，下插针座，下插针，贯通杆及绝缘胶管，检查密封圈，以上材料存在损伤时需更换。

④上插孔装入上衬套内，旋上贯通杆，从上短节处插入，检查绝缘。

⑤下插针座装入下衬套，塞进下接头旋入贯通杆下端，检查绝缘。

⑥一字起子抵住上插孔，套筒扳手套上下插针，将下插针旋入下插针座。

⑦检查绝缘通断。

（二）技术要求和注意事项

①劳保用品穿戴齐全。

②拆卸弹片时要小心。

十四 更换电成像极板

（一）操作步骤

1. 准备工作

①检查待用极板的五个插头和纽扣电极阻值。

②清洁极板插针并涂抹少量硅脂。

2. 拆卸旧极板

①卸掉铜套锁紧螺丝，偶数极板去掉支撑臂布线槽内的极板线固定铜丝，奇数极板则是卸螺丝取下压线条。

②退出卡环，将铜套向极板方向推，退出铜套上的半圆锁紧销。

③脱开铜套和支持臂上耐磨头的丝扣连接，将铜套向极板反方向退出，露出极板与极板连线接头。

④拔下胶皮套，断开极板线和极板的连接。

⑤取出极板尾部地线连接螺丝，退出极板尾部 L 形连接销，取下极板。

3. 安装新极板

①使用 L 形连接销和连接铜柱将极板固定在支持臂座枕上，将螺丝穿过地线并拧入 L 形连接销内。

②将五芯插头插入极板，带上铜套和机械臂耐磨头的丝扣连接。

③安装铜套上的半圆锁紧销，带上卡环。

④调整铜套丝扣到合适位置，防止极板面在收拢状态与仪器中轴不平行而造成仪器在井下阻卡、极板落井，上紧铜套锁紧螺丝防止铜套在井壁摩擦作用下转动。

⑤固定极板连接线在布线槽内，布线应平整，防止仪器开腿时挤伤极板线。

（二）技术要求和注意事项

①劳保用品穿戴齐全。

②为保护极板内前放安全，极板电性检查应使用数字万用表。

③安装五芯插头时要对正后再插紧，避免损坏插针。

④铜套安装要调整到位后，确保井径完全关闭和打开时极板与仪器本体平行。

十五 维护保养涡轮流量仪

（一）操作步骤

①检查仪器密封面和丝扣，检查仪器接头插孔。

②检查涡轮组件，无形变、裂纹。

③拆卸保养涡轮探头：

a. 顺次卸下导向头、螺母、下宝石座；

b. 使用冲子敲松旋下涡轮组件的铜帽，取出涡轮组件；

c. 清洗铜帽内油污及磁钢上吸附的磁屑；

d. 使用冲子敲松并旋下上宝石总成，注意不能损伤丝扣；

e. 检查上下宝石座及涡轮是否有损伤，判断是否需要更换。

④更换组装涡轮探头：

a. 根据仪器型号及涡轮罩尺寸选择配套的涡轮组件；

b. 按顺序安装上宝石座总成、涡轮组件、下宝石总成、螺母及导向头；

c. 涡轮组件松紧适度，吹动涡轮组件转动灵活无卡顿。

⑤竖直放置仪器，吹转涡轮组件，观察转动情况，无卡顿无正反转；

⑥接地面操作系统，通知操作工程师给仪器供电，上下吹动涡轮组件，操作工程师在地面操作系统记录曲线无异常。

（二）技术要求和注意事项

①劳保用品穿戴齐全。

②禁止野蛮拆卸涡轮探头。

第四节 测井施工工序

一 编制常规测井施工设计

（一）编制内容

1. 基本井况

①井别。

②井型。

③井位坐标。

④设计井身，包括斜深和垂深。

⑤钻井目的层位。

⑥钻探目的与完钻原则。

⑦完井方法。

⑧地质分层数值。

⑨井身结构。主要内容应包括钻井程序、钻头程序、套管程序、水泥返高等。

⑩井斜数据。主要内容应包括造斜始点深度，造斜终点深度，稳斜井段深度，降斜点深度及井底各位置深度的井斜角、方位角、位移。

2. 测井项目

主要内容包括：测井队类别、测井项目、测量井段、曲线深度比例、井壁取心深度及取心颗数。

3. 测井序列及仪器组合

主要内容包括：每个仪器串中仪器和工具的连接顺序及下井次序。

4. 生产准备保证措施

①测井所使用设备、工具及备件的检查保养要求。

②测井所需材料的检查与领取要求。

③该项目专用测井仪器的准备、地面配接、刻度检查要求。

④适合该井况的打捞工具及钻具输送测井专用工具的准备要求。

⑤测井施工环境及条件的要求。

⑥对钻井液的要求等。

5. 现场施工保证措施

①测井时间的通知方式及到井时间的要求。

②对现场测井协作会与测井班前会的要求。

③到井场的生产准备要求。

④对仪器的连接、检查、刻度要求。

⑤对仪器下井速度的要求。

⑥测井过程中对操作工程师的要求。

⑦电缆测井、遇阻遇卡的技术解决措施。

⑧若进行钻具输送测井，还应包括对钻杆弯曲度的要求。

⑨对下井钻杆水眼内径的要求。

⑩测井前使用合适通径规对所有下井钻杆水眼进行通径，并检查清垢是否符合要求。

⑪测井下放钻杆速度要求。

⑫钻具遇阻控制下井仪器承受压力的要求等。

6. 测井资料质量保证措施

①对测井仪器性能的要求。

②对现场操作工程师技术素质及操作技能的要求。

③对操作工程师及资料验收解释人员研究邻井资料，掌握地区地层规律的要求。

④针对各仪器的特点，结合井眼状况加装额定规格的扶正器、间隙器、偏心器等辅助工具的要求等。

7.HSE 措施

①施工人员进行施工现场防火、防有毒气体中毒及突发事故应急措施的培训要求。

②施工人员现场防火要求。

③施工人员劳保用品穿戴要求。

④施工人员持证上岗和坐岗要求。

⑤保证施工人员健康的工作条件要求。

⑥对施工人员的卫生要求。

⑦现场施工的环保要求等，对于井况复杂的高压井，同时还应制定防喷措施与应急计划。

8. 测井井控措施

①所有施工人员测井前要进行施工现场防喷、防火应急措施的培训。

②测井施工人员严禁将火种带入井场，施工车辆、设备按规定做好防火工作（例如车辆及发电机排气管要戴防火帽等）。

③测井施工前，必须对处理井喷事故的专用工具进行检查和保养。

④测井施工人员进入施工现场后，首先必须熟悉各岗位逃生路线。

⑤测井施工前，应首先向驻井监理、井队工程技术人员了解井况、高压层位置，并在班前会上向每一位施工人员交代清楚。

⑥测井车辆的摆放位置应尽量远离井口，靠近撤离通道。

⑦放射源及下井仪器的摆放位置在符合安全施工的前提下应尽量靠近撤离通道。

⑧测井施工中必须严格执行施工技术规程和保证措施，提前做好防喷准备，同时各岗位人员必须持证在岗操作或坐岗，严禁发生脱岗情况。

⑨测井施工中，钻井队应有专人观察钻井液回路，遇有溢流现象，及时通报测井指挥人员。测井施工人员必须在井口值班，发现问题及时汇报。

⑩仪器下放至距高压层 200m 前和上提至距高压层 50m 前，应降速至 2000m/h 以下。

⑪为确保施工安全，测井施工期间钻井队应及时向井中灌注钻井液。

⑫测井前，井队应调整好钻井液性能，确保测井期间不发生井涌现象。同时应测算出油气上窜速度，保证在测井允许的时间范围内进行。

⑬测井仪器组合应尽量简单，同时严格进行测前准备，确保测井仪器的成功率和测井实效。

（二）井控应急措施

①应急抢险原则。以抢救职工生命为第一位，先救人，以最小的环境代价，对物资设备进行抢救。在人员与物资设备险情并发时，要以抢救人员为重，有可能发生二次事故时，做到抢救人员和控制险情并行。

②测井施工队伍的应急指挥原则。项目负责人应为应急指挥第一责任人，施工队长为应急指挥第二责任人，以下分别为安全员、操作工程师等如第一责任人在事故中受伤，则由第二责任人负责指挥，以下类推。所有测井施工人员必须听从责任人指挥参加抢险救助工作或逃生。

③在测井过程中如井涌严重，有引发井喷的迹象，应在井队关闭防喷装置准备工作的同时，由操作工程师收拢下井仪器的推靠臂并给仪器断电，同时由绞车工先慢速上提电缆，待仪器上提避开井喷段后，再快速上提电缆。

④若井队确定井喷在即需立即关闭井口，采取压井措施，测井仪器来不及提出井口，则应当机立断，用断线钳切断电缆，撤出地面设备及危险品。

⑤发生井喷后，应在井场有关负责人的统一指挥下进行防喷抢险和撤退工作。

⑥测井施工人员在井喷失控时，应立即携带测井原始资料、危险品沿逆风方向顺逃生路线快速撤离井场。

⑦发生井喷后，要做好安全防火工作，施工小队要切断所有电源，在保证安全的前提下将测井车辆、设备迅速撤离现场。

⑧发生井喷后，施工小队应立即通知公司指挥调度部门，以便公司组织人员施救，配合甲方控制井喷。

三 电缆输送测井工艺

（一）施工过程

1. 井场布置

①测井绞车停放在井架大门前距井口 25m 以外正对井口，停放到位后拉紧驻车制动器，放置掩木。

②其他车辆停放在合理位置。

③用电车辆安装接地线，铜棒入地大于 50cm，或接在井队接地桩上。

④钻井队应安排有电气操作资质的人员帮助测井队接上电源线，测井队人员协助并监护接电操作。

⑤圈闭电缆运行区域，圈闭放射源运输车并在车前放置放射性警示牌。

⑥布置视频监控探头，位置：井口、井场、绞车仓、操作室。

⑦安装井口监控的同时，将张力线、记号线等井口用线同时带上钻井平台。

2. 井口安装

①测井绞车放出一定长度的电缆，在绞车与钻井“猫道”之间不影响后续作业的空地上盘绕成“∞”形。

②将测井仪器组装台、仪器卡盘、刮泥器、天滑轮、地滑轮等井口设备有序地摆放到“猫道”上。

③指挥钻井工用钻台吊升设备依次将组装台、仪器卡盘、刮泥器、井口工具箱吊升至钻台上，盖好井口。

④依次将T形铁、天滑轮、地滑轮、链条吊升至钻台上，并安装。

⑤天滑轮与T形铁连接，安装在钻井吊卡内确认锁好，并加装二次保险装置，将张力计安装在天滑轮上。地滑轮提升至距钻台面0.4~0.8m，并用链条固定在井架底座大梁上。

⑥将马龙头与电缆依次穿过地滑轮、天滑轮，安装张力线后，通知钻井队提升天滑轮距钻井平台的高度20m以上，确保天滑轮、电缆不与井架摩擦，人员便于观察。

⑦井口安装完成后，钻井队将井口转盘和游动滑车锁死。注意盖住井口组装台及周围缺口，井口转盘上不得搁放工具及其他物品。

3. 井口仪器连接

①按测井设计仪器组合和施工顺序在井口垂直组装下井仪器。

②下井仪器按设计要求安装扶正器、间隙器等辅助工具。

③检查仪器工作状态，进行测前刻度和校验。

④检查后断电，井口深度对零。

4. 安装放射源

①装源人和监护人共同检查仪器源仓、源仓螺栓，检查井口及井口周边封盖情况。

②监护人用专用螺栓扳手卸开源仓螺栓，打开源仓，装源人用专用工具抓牢放射源，从源罐中取出放射源后装入仪器源仓，监护人用专用螺栓扳手上紧源仓螺栓。

③装源完成，仪器下放入井后，监护人负责对源罐进行检漏工作，并记录。

5. 下放电缆

①仪器下井进入液面后停车，记录仪器在钻井液中的悬重。

②仪器下出套管后，给仪器供电并检查仪器状态，做测前校验（需在井内进行校验的项目）。

③下至测量井段的上1/3处进行重复曲线测量。

④电缆输送测井时，套管内电缆运行速度≤6000m/h，裸眼内电缆运行速度≤4000m/h，电缆在距井口、套（油）管鞋、井底50m以内应≤600m/h，出入井口时速度≤600m/h。

⑤电缆下至套管口、造斜点、距离井底50m前上提电缆记录电缆正常张力。

⑥电缆下放过程中，实时监控仪器深度、电缆速度、张力变化，有遇阻情况立即停车并上提仪器。同一深度遇阻3次应提出仪器，交井队通井。

⑦绞车平稳操作，电缆排列整齐，切忌在上下过程中急刹车或突然加速，电缆在滚筒上最少应保留3层不下井。

⑧电缆在裸眼内定点停留的时间不得超过3min（取心、地层测试等特殊作业除外）。

6. 上提电缆测井

①下至井底立即上提测井，张力正常后打开推靠臂。

②按仪器串中最低测速要求控制测井速度。

③上提电缆时，绞车面板应设置极限报警张力值，液压绞车系统应调整扭矩阀。

④仪器距离井口 300m 时，应有专人在井口指挥，电缆上提速度降低至 3000m/h 之内，仪器出井口，速度不高于 600m/h。

⑤上提电缆遇卡时，电缆最大张力不得超过额定值的 50% 和最大安全拉力，拉力棒受力不超过额定值下限的 75%。

⑥主曲线测量完成后进行测后校验（需在井内进行校验的项目）。

⑦对主曲线的可疑部分进行验证测井。

⑧由于井况复杂不能取全资料，须请示测井监督，按批复后的指令执行。

⑨下井仪器遇卡，立即停止上提电缆，收回推靠器，观察电缆头张力和总张力，判断是仪器遇卡还是电缆遇卡。若仪器遇卡，反复活动电缆，考虑电缆使用状况，逐渐增加到最大安全拉力。若是电缆遇卡，立刻拉到最大安全拉力，若用最大安全拉力不能解卡，用同等张力拉紧电缆，向钻井队（采油队或试油队）通告并报主管部门。

7. 卸放射源

①仪器起出井口以后，装卸源人、监护人穿戴放射性防护用品和个人剂量牌，清洗仪器，监护人指挥绞车平稳下放仪器，卸源人、监护人共同用井口卡盘、盖布封严井口，钻井平台上有漏洞时，应采取封盖的防范措施。

②监护人使用专用螺栓扳手卸开源仓螺栓，打开源仓，卸源人使用专用工具抓牢放射源从仪器源仓取出装入源罐。

③卸源完毕监护人指挥绞车起吊仪器，卸源人拆卸井口卡盘、盖布；

④重复以上②、③步骤，完成下一颗源的拆卸工作。

⑤卸源人负责对下井仪器源仓进行检漏工作，记录检漏结果，并紧固仪器源仓。

⑥押源人负责组织将放射源罐放入专用储存仓，并上锁。

（二）施工结束

①进行测后刻度、校验。

②资料检查验收和出图

③拆卸测井仪器。

④按照操作规程拆除井口设备。

⑤清洁、整理好仪器、工具设施，并固定牢靠。

⑥巡查现场，清理工作环境，回收垃圾。

（三）技术要求和注意事项

①严格验收井筒条件是否满足测井要求。

②严格执行测井技术安全交底措施，三方签字。

③严格执行禁止交叉作业的要求。

④测井施工过程中必须执行巡回检查规定。

⑤电缆下放、提严格执行规定速度，严禁超速。电缆运行过程中，严禁任何人跨越、

穿越电缆。

⑥遇卡时，严禁拉断电缆和弱点。

⑦全程视频监控，特别是放射源作业等高风险作业。

⑧现场根据钻井队的统一安排进行联合井控演练。

⑨含硫化氢井必须携带正压式空气呼吸器和便携式硫化氢检测仪。

⑩发现电缆钢丝断裂时，应及时进行处置。

⑪当带有放射源的仪器遇卡时，不应强行拉断电缆弱点，宜进行穿心打捞。

三 钻具输送电缆测井工艺

（一）施工过程

1. 井口安装

①天滑轮挂在井架正前方的横梁上，不影响游动滑车起下、测井，天滑轮转动不与井架摩擦，横梁和吊天滑轮的钢绳应承受160kN以上拉力。

②天滑轮吊升过程中所有钻台人员应离开井口。

③地滑轮用专用链条固定在井口正前方钻井底座梁架上，地滑轮上端用气动绞车提升钢绳悬挂。

④井口张力计安装在地滑轮上，测量电缆夹角、调整绞车面板的电缆夹角设置（张力系数）。

2. 下放钻具至对接位置

①钻井工程师根据测井队提供的仪器串长度和预计的测量（对接）深度，编制钻具组合数据表，打印3份，2份交给测井队，1份放置于钻台司钻房。

②旁通短节以下所有钻具在下井前应用通径规通径一遍，清除钻具内的岩屑和污物。

③接钻杜时丝扣油抹在公扣上。

④下钻过程中，每10~15柱应循环顶通钻井液1次，防止泥浆中有杂物，堆积在公头总成上造成对接失败，循环时安装网眼直径不大于4mm的钻具水眼滤筛，泵压力不超过8MPa。

⑤湿接头对接前，测井人员无法监视下井遇阻情况，司钻应匀速下放钻具，套管中下放速度15m/min，裸眼中下放速度9m/min。

⑥钻具下放过程中，司钻应严密监视井下钻具的应力状态，遇阻力不大于19.6kN，防止仪器遇阻受压损坏。如果发现井下钻具受力异常，应立即起钻，严禁快速短起下钻具。

⑦井队下放钻具时做好相关记录，确保入井钻具深度的准确性。

3. 安装泵下枪总成

①在钻井队下钻过程中，将电缆头从旁通侧孔穿入，从旁通底部引出。再依次穿入加重杆、鱼雷外壳。

②做电缆头，电缆头做好后将电缆缆芯与母头插针对号连接，连接鱼雷外壳、加重杆总成和母接头并打满硅脂。

③再次检查母头锁紧凹槽或加重杆锁紧环，根据钻杆内径选择加重杆冲击套。

4. 湿接头对接

①钻具下放至预定深度后，开泵循环钻井液 1 周。循环钻井液时，应带滤网（孔径不大于 4mm），且应保持泵压 5~8MPa。顶通后打入 $5m^3$ 高密度钻井液。

②测井队指挥钻井队人员操作起吊设备将旁通短节吊至井口上方 15~20m 处。

③操作测井绞车将母接头总成吊起悬停在井口上方，扶正母接头总成对准钻具水眼，测井绞车深度置零。下放电缆，将母接头总成下入钻具水眼（200 ± 50）m 时停车，测量电缆悬重。

④将旁通短节慢慢放下，并安装在输送钻具上，按上扣扭矩将其紧固。

⑤调整钻具方向，使旁通电缆出口与天滑轮电缆方向一致。

⑥以 60~90m/min 的速度下放电缆，母头总成离湿接头公头 50m 时停止下放电缆。上提电缆至对接点前约 200m，电缆静止 2~3min（消除电缆旋转力），记录张力。水平段对接时，下放电缆至遇阻位置。

⑦如采用针式湿接头工具，对接处井斜角较小，可以直接进行对接，对接速度 90~100m/min。

⑧大井斜处对接或棒式湿接头工具对接时，装上旁通密封胶塞，紧固旁通短节的电缆密封，将旁通短节下入井口以下 5m 处。以 2~3m/min 的速度下放电缆，以 5~8MPa 的压力开泵打压对接工具。

⑨当电缆张力明显增加后，以 90~100m/min 速度下放电缆进行对接。裸眼段对接时，钻井队应活动钻具。

⑩下放电缆的过程中，操作工程师用万用表笔连接在电缆分配面板的供电缆芯之间，观察其读数变化判断对接是否成功；对接成功后供电缆芯之间在万用电表上的读数与地面测量值应相同。如用电表读数与地面测量值不同，应查明原因。

⑪如果湿接头对接后绞车深度与计算出的输送工具深度误差太大，应查明原因。

⑫确认湿接头对接成功，操作工程师给下井仪器通电检查仪器工作状态，对未校验的仪器进行测前校验。

5. 电缆的固定和导向

①将旁通短节起出井口，卸掉方钻杆（或者顶驱）。

②绞车工向输送钻具水眼内放入电缆，将电缆固定在旁通短节固定槽内并锁紧。

③在电缆压板顶部的电缆上作标记，钻台工作人员撤到安全区域，绞车工启动绞车施加不低于 13.6kN 的拉力保持 1min 以上，确定电缆无滑动。

④放松电缆，钻井队协助井口工将带导轨的井口补心替换钻井井口补心，如果旁通出口方向和导轨方向不一致应进行调整；钻井队在旁通短节顶端接一根钻杆，将旁通短节放到井口以下 2m 处，并在钻具上固定电缆卡子。如测量井段较长，可再下一根，上电缆固定卡子。

⑤用侧拉滑轮将电缆由电缆导轨拉向一侧，绞车工启动绞车，调整好测井绞车扭矩，将电缆拉紧，并在电缆上保持 4.9~7.35kN 左右的拉力。

⑥在其上一柱钻具安装钻具止回阀，现场应配有灌浆管线。

6. 下放测井

①井口工布置井口电缆防碰装置，操作工程师预置仪器串底部深度，操作系统进入下放测井状态，通知司钻下放钻具进行下测。

②为避免测井过程中加重杆总成脱开，每 10~15 柱向传输工具内灌注钻井液 1 次。

③在坐吊卡（卡瓦）时，应观察电缆，防止挤伤。

④电缆应保持一定拉力，随着旁通短节的下放，拉力同步增加入井电缆在井内流体中的悬重，且不应超过旁通压板或电缆夹板的拉断力。

⑤测井人员应全程监控井口张力表的变化，随时掌握下井仪器受力情况，不能溜钻、顿钻；操作工程师全程监控井下张力变化，遇阻力应不大于 19.6kN。

⑥仪器底端下至距井底 3~5m 处停止下放测量，底部记录点漏测应小于 15m。

7. 上提测井

①上提测井前，确定仪器串底部深度，打开下井仪器推靠臂，操作系统进入上提测井状态。

②平稳上提钻具。调整测井绞车速度，使电缆与输送工具保持同步运行状态。

③上提钻具速度控制在 9m/min 以内，每 1 柱起完时应降低上提速度，以保证放吊卡和卡瓦时，钻具下滑不超过 25cm。若遇特殊情况需下放 25cm 以上时，应待仪器推靠臂收拢后方可下放。

④测至旁通短节离井口 5m 时，结束测量，停止上提输送工具。

⑤收拢下井仪器推靠臂，结束测井。

⑥测井原始资料质量应符合 SY/T 5132 的规定。

8. 拆卸旁通短节，起出泵下枪

①卸掉电缆导向滑轮，上提输送工具将旁通短节提出钻台面。拉直电缆，将电缆卡子卸掉。

②操作测井绞车上提电缆开始拔枪，拔枪时应降低电缆速度，以尽可能慢的速度拔枪，消除拔枪瞬间钻井液对母接头封隔环的损伤。

③拉开加重杆总成后以 60~90m/min 的速度上提电缆，当加重杆总成离旁通短节 100m 时停车。

④卸掉旁通短节并用起吊设备吊起离井口 15~20m，以小于 20m/min 的速度上提电缆取出门重杆总成。

⑤将旁通短节和加重杆总成下放到地面滑板上，拆卸旁通短节和加重杆总成。

（二）井口设备拆卸

①如果测量井段大于套管长度的钻具输送测井，应遵循旁通不出套管的原则，按上述第 2~8 的规定执行，直到把测量井段测完。

②拆卸井口设备，把设备和工具放到滑板上。

③地面操作手将下井仪器及辅助设备、工具等装车并固定。

④操作工程师将地面测井系统各开关置于安全位置，并固定各面板。

⑤清理现场垃圾，恢复现场原貌。

（三）技术要求和注意事项

①钻井队协助井口工拆除井口电缆防碰装置。若使用带导轨的井口补心，测井人员指挥钻井队人员用钻井补心替换带导轨的井口补心。

②将旁通短节和泵下枪放到地面滑板上，测井队拆卸旁通短节和泵下枪。

③钻井队按要求起钻，将仪器起至井口。

④执行 SY 5131—2008《石油放射性测井辐射防护安全规程》中第 8.2 条规定卸放射源。

⑤测井队将仪器从井口拆卸，放在地面滑板上。

⑥将无法在井中校验的仪器连接起来做测后校验。

⑦下井仪器、工具等装车并固定。

⑧巡查现场，清理工作环境，回收垃圾。

四 缆测后钻具输送电缆测井工艺

（一）施工过程

①电缆测井完成后，重新紧固各固定螺丝（声波声系、张力短节螺丝等），按照水平井测井仪器串顺序连接好仪器，并重新紧固每一处丝扣连接，用马龙头对接检查仪器是否正常，并检查各缆芯的阻值。

②检查公头总成的通断绝缘，并将公头总成装入公头外壳，按照要求上紧各连接部位丝扣和顶丝。检查扶正筒和泵下枪匹配情况，然后将扶正筒装入公头外壳，再装入挡环（如需要）

③公头外壳上好护丝，用井队气葫芦将公头吊到钻台并与仪器连接好，用游车吊卡卡住公头外壳，去掉气葫芦挂钩，慢慢下放游车将吊卡坐于井口。

④将天滑轮用气葫芦吊升至天车正前方的横梁处，用专用钢丝绳套和 U 形卡将滑轮固定在横梁上，要确保起下钻具不会碰到滑轮和电缆。

⑤用通井规对钻具进行通径后，与公头外壳接好下钻，井口坐岗人员要提醒钻工对钻具编号、通径，并观察、提醒司钻注意遇阻，遇阻达到 2t 立即停止下钻，上下活动钻具或开泵循环试通过，防止压坏仪器。

⑥下钻过程中，将防喷组件装入电缆（不装密封胶垫，两半防喷螺丝用旧的），并将电缆头穿入旁通。将侧孔的顶丝上好（钢珠不装）。

⑦将电缆压入加重杆，穿入泵下枪头，根据电缆新旧程度留 8~12 根外层钢丝使用快速鱼雷锥体压紧（严禁将全部外层钢丝压紧）。

⑧连接湿接头。将母插针逐一与湿接头公插针对接检查连接可靠后，检查绝缘。

⑨用气葫芦将旁通吊至钻台以上 15~20m，将泵下枪放入钻具水眼深度对零，下放电缆 100m 左右停车，慢慢将旁通短节放下与钻具对接上紧，再接上一根钻杆用游车吊起钻具并调整方向确保不磨电缆。

⑩开泵对接前，将电缆放松，卸下旧的两半防喷螺丝，将两半防喷胶垫装入防喷孔，用新的两半防喷螺丝上好，并接上方钻杆，将旁通短节下放进入井内（防止泥浆喷出

伤人)。

⑪保持电缆运动，通知司钻开泵（一般 2 个凡尔，3~5MPa），待电缆张力明显增大后，以 60~90m/min 的速度下放电缆至遇阻，通知司钻停泵后，停止下放电缆（开泵期间电缆必须运动），下放过程操作员监控缆芯通断。

⑫确认湿接头对接成功后，将旁通短节起出井口，卸下侧孔顶丝装上防喷钢珠再上好顶丝。将电缆用盖板压紧，试拉电缆确保 2000lb（1lb=0.454kg）电缆不滑动。

⑬放松电缆，接上钻杆，将旁通下入井筒 2m 后将井口滑轮安装好，将电缆引向钻具与套管间隙较大的一侧，放好井口滑轮选择合适的位置固定好偏滑轮，确保钻具起下过程不碰、挤电缆和井口滑轮（一般是该井的水平走向）。

⑭井口滑轮、偏滑轮安装检查好后，通知绞车司机调整绞车扭矩，通知司钻按照不超过 9m/min 速度下放钻具。下完第一柱后，接上一回压凡尔，防止泥浆倒流造成脱枪。坐吊卡时要提醒井队注意不要碰到电缆和井口滑轮，要时刻注意井队指重计，遇阻不能超过 2t，达到 2t 及时停止下钻，并与操作员沟通，确定是钻具还是仪器遇阻。

⑮绞车司机和井口坐岗人员观察电缆上提时是否和钻具同步，不同步或拉力过大要及时调整；每次钻具坐吊卡高度不能超过 20cm。

⑯上测到离旁通短节一根单根时，通知司钻停止上提钻具，绞车司机将电缆放松，井口坐岗人员拆掉井口坐滑轮和偏滑轮，拽住电缆指挥司钻慢速起钻同步电缆至旁通到适合拆卸的位置。

⑰确认仪器已经收腿并断电，用盖布盖好井口，拆掉电缆压板、拆下防喷组件，装上旧防喷组件，拆下侧孔顶丝取出防喷钢珠（注意防止落井），指挥绞车以不超过 10m/min 的速度慢速上提电缆，拔开泵下枪，然后上提电缆，上提过程中井口和绞车工要注意观察电缆有无撸钢丝现象。当泵下枪离旁通 100m 时停止上提电缆。

⑱卸下旁通短节（注意防止碰伤、扭伤电缆），用气葫芦吊起离开 15m 左右慢慢上提电缆，将泵下枪起出后与旁通一起放到滑板上，开始起钻，起钻过程井口要全程有人监控。当起出仪器后，有放射源的首先卸掉放射源后再拆卸仪器。

（二）井口设备拆卸

①拆卸井口设备，并放到滑板上。

②地面操作手将下井仪器及辅助设备、工具等装车并固定。

③操作工程师将地面测井系统各开关置于安全位置，并固定各面板。

④清理现场垃圾，恢复现场原貌。

⑤队长检查各岗的收尾工作，了解作业过程中存在的问题，提醒返回途中应注意的安全事项。

（三）技术要求及注意事项

①起吊天滑轮时，测井工要认真观察电缆和钻井气动绞车钢丝绳，防止打扭和缠绕。

②钻井队应将游动滑车和井口转盘锁死，以免钻具旋转造成电缆缠绕打结。

③通径过程只能使用 1 个通径规，并进行编号，不见通径规不能接下一柱钻具，下枪前再次确认通径规位置。

④装卸放射源时，应封严井口，以防落井。

⑤密度探头应安装保护套。

⑥在旁通处固定、拆卸电缆时，井口周围清理干净，并封盖井口，工具不要放在井口周围，防止掉落井筒内。

⑦钻具上扣、卸扣时，液压大钳一定要避开电缆。

⑧测井仪器推靠臂打开后，钻具不能下放。

⑨钻输作业全过程，测井队应安排专人井口坐岗，并做好记录。

⑩绞车操作人员和井口人员通信采用应答方式，确保电缆与钻具同步运行。

五 牵引器施工工艺

（一）施工过程

①仪器完成连接后，在井口测试液压支臂、驱动轮等是否正常工作。

②在直井段，依靠仪器串的自重自然下放，直井段下放速度不超过 5000m/h，进入造斜段降低下放速度，并通过磁定位信号观察电缆与仪器速度是否一致。

③到井斜 70° 左右时遇阻，再下放电缆 10~20m。

④启动爬行器爬行，根据实测磁定位曲线与套管长度出现的变量，及时调整电缆下放速度，保持下放电缆速度与牵引速度相同，观察仪器各参数，及时判断仪器工作状态。

⑤根据电缆张力和送进长度的大小变化，将仪器串送达到水平段指定位置。

⑥断电收拢牵引臂，牵引器停止工作，将牵引器与电缆断开，连接测井仪器与电缆连接，准备测井。

⑦给测井仪器供电，上提电缆测井，上提过程中密切观察电缆的运行状态以及深度、张力等参数变化情况，发现异常及时处理，直至完成测井。

（二）起出工具串

①缓慢上提电缆 50m，无异常后，转入正常上起，同时观察 CCL 信号。若出现工具串遇卡，执行应急程序。

②当上提至井斜 70° 左右时，由于摩擦力和即将进入直井段，电缆张力会增加，上提速度控制在 2500m/h 以内。

③井斜大于 40° 时，上提速度按测井要求；距离井口 50.0m 时，上提速度小于 100m/h。

④井口拆卸仪器和设备，同时下放电缆，将工具串缓慢放至地面管架上，装车完成施工。

（三）技术要求和注意事项

①按推荐的爬行速度爬行，如常规速度爬行器为 4~6m/min，爬行速度过大会造成电机温度过高而损坏电机。

②爬行器遇阻后，不要尝试长时间大电流爬行超障，否则会损坏电路驱动及电机温度过高而损坏电机。

③牵引器射孔作业时，牵引器与射孔串连接前应确认安全短节处于“断开”位置。操作员操作安全短节，应得到指令后，有两人以上确认再进行操作。

④每次作业完毕应及时清洗仪器，并检查外部各部件是否完好，观察驱动轮的磨损情况，如果齿轮磨损严重应及时更换。

⑤由于内部完全被液压油浸泡，所有仪器的各段连接处的密封圈无须涂抹硅脂，否则硅脂可能会进入油路导致仪器内部油路堵塞。

⑥牵引器每次注完油后应进行压力刻度，否则可能出现上井时加压压力值与实际压力值不符的现象。

⑦仪器每爬行 2~3 井次后，须将牵引器的驱动臂卸下，将内部的各部件拆下清洗干净。

⑧仪器各驱动轮每爬行 4000m 左右，需进行一次全面保养。

六 直推存储式测井工艺

（一）施工过程

1. 安装传感器

①钻井队协助测井队安装传感器，配合测井队标定测井深度。

②深度传感器安装到钻机绞车滚筒上。

③钩载压力传感器安装到钻机死绳上，安装时保持大钩处于轻载状态，死绳不发生形变。

④传感器连接线周围应设置警戒线。

⑤连接测井操作系统，供电检查各传感器，确认工作正常。

⑥按照仪器操作手册的要求，在钻井队配合下对深度系统进行刻度。

2. 连接检查下井仪

①按照入井仪器顺序连接下井仪器，接好仪器后通电检查，确认仪器工作正常。

②根据测井设计及现场收集的数据，进行授时、工作时间设定、仪器参数的设置。

③完成装源后组装过渡短节。

3. 下钻测井

①钻井工程师根据测井工程师提供的仪器串和过渡短节的长度计算并设计入井钻具组合，并提交测井队进行确认。

②下放钻具操作应平稳，严禁顿钻、溜钻、旋转钻具。套管内下钻速度不超过 15m/min，裸眼段下钻速度不超过 9m/min。

③下钻过程中，严格按照钻具表以整立柱方式顺序下钻。录井队配合钻井队做好下井钻具的记录。如下钻过程有特殊情况，必须提前告知测井队。

④测井工程师应调整钩载张力门坎，判断钻具上行、下行、坐卡状态，并及时根据钻具下放深度校准测井深度。

⑤下钻过程中，套管内每 2000m 循环顶通不少于 1 次，裸眼段时每 1000m 顶通不少于 1 次，循环顶通泵压不超过 10MPa。

⑥钻具组合中使用浮阀时，每下 5~10 柱应灌满钻具水眼。漏失井液面不在井口时，应根据井下情况监测环空及钻具内液面高度，并根据液面变化及时补充钻井液，做好记录和校核。

⑦下钻至距离出套管口 100m 左右，由井队负责与录井操作人员核对钻具，确定仪器串深度，并签字确认。

⑧下钻至测量井段上部 100m，测井操作人员根据设置的仪器开始工作时间判断仪器是否开始工作。确认仪器开始工作后，开始记录下测时深数据。

⑨下钻测井到距离人工井底 10m 时，控制下钻速度，至距离井底 5m 时，停止下钻测井。

⑩钻井方、录井方、测井方核对下钻数据，由钻井队进行确认。

4. 上提起钻

①钻井队以不超过 9m/min 的速度平稳起钻（特殊测井项目应根据仪器测速要求执行），上提仪器至测量起始深度完成测井。

②起钻过程中，司钻上提钻具坐吊卡时应保持慢速均匀、高度应以能卸掉吊卡为准，钻具接头放入吊卡不应超过 25cm。

③起钻过程中，操作平稳，禁止顿钻、溜钻。起钻测井过程如有特殊情况，必须提前告知测井队。

④漏失井液面不在井口时，应根据井下情况监测液面，吊灌钻井液，保持液面稳定。

（二）拆卸测井仪器

①仪器达到井口后，钻井队用液压大钳拆卸过渡短节。

②放射性测井时，提出测井仪器串，采用测井绞车吊装仪器卸放射源。

③拆卸仪器并读取测井数据。

④在钻井队配合下拆卸绞车传感器、钩载压力传感器。

⑤按照仪器操作手册对仪器进行测后校验。

⑥填写锂电池组使用情况跟踪记录卡。

（三）技术要求和注意事项

①复杂井测井前，宜先使用光钻杆按照测井速度进行模拟测井。

②钻井队安排人员操作气动绞车协助测井队井口起吊组装仪器，封盖井口避免井口落物。

③吊升仪器及下井工具过程中，测井队应安排专人指挥，指挥信号和口令明确。

④钻井队锁死钻盘和大钩，仪器出井前严禁转动，防止仪器受损。

⑤钻井队循环管泥浆时，泵压不超过 10MPa。

⑥对于使用锂电池的仪器，如果发现电池过热，降温后再进行拆卸。

七 钻具输送泵出存储式测井工艺

（一）施工过程

1. 安装传感器和井下工具

安装深度传感器、钩载传感器、钻井液压力传感器，传感器与安全接口箱连接，安装上悬挂器、保护套、调整短节、下悬挂器、数控 / 机械释放器。

2. 井口安装

①测井仪器及下井工具上下钻台前应戴好提升护帽。

②钻井队人员操作气动绞车吊升测井下井工具时，测井队应安排专人指挥，指挥信号和口令明确。

③上、下悬挂器及仪器保护套连接前，应使用测井专用的通径规通径。

④按照设计确定下井工具的连接顺序，按各下井工具的上扣扭矩要求进行连接紧固。

⑤按照测井仪器入井顺序连接仪器，检查确认仪器工作正常。

⑥放射性测井作业时，作业人员应按 SY 5131—2008 和 GBZ 118—2020《油气田测井放射防护要求》的要求装卸放射源。

⑦特殊测井仪器的连接应根据仪器操作手册的要求进行。

3. 下放钻具

①按照钻具记录表的组合顺序下钻。

②对所有下井钻具使用专用通径规进行通径。

③下钻应平稳，不应有顿钻、溜钻现象，下放速度控制在 900m/h。

④下钻过程中在同一井段连续出现三次遇阻，应起钻进行通井作业。

⑤下钻过程中须锁死大钩、钻盘、严禁转动钻具。

⑥按照设计深度循环顶通钻井液，在钻杆水眼内加装网眼小于 5mm 的过滤器，循环压力不大于 5MPa。

⑦下钻过程中，操作工程师根据钻具记录表核实测井深度是否准确，两者差值应在 ±0.5%。

⑧操作工程师调整钩载张力门槛，确保测井软件能正确识别钻具上行、下行、坐卡状态。

⑨下钻至设计深度后，钻台值班人员记录钻具深度，并在钻具上做好标记，操作工程师设置深度，循环钻井液直至钻井液性能达到要求且泵压稳定，循环期间可缓慢活动钻具。

⑩如需下钻至井底，不应加压探底、反复探底、循环探底，探底后使钻具处于设计的释放深度。

⑪钻井液循环结束前，由钻井泵输出设计确定的高、低压力值，记录对应的钻井泵冲数或排量。

4. 机械释放和泵出仪器

①停泵卸掉顶驱或方钻杆，取出钻井液滤网，将释放球投入钻具水眼中并开始计时。将释放球投入钻具水眼的时间由操作工程师与钻井工程师协商确定，以确保仪器启动电池供电之后，释放球到达释放器。

②重新连接顶驱或方钻杆，释放球到达大斜度井段不能依靠重力下行后，采用设计的钻井液压力推送释放球。

③在预估释放球到达释放器时间的前 3min，钻具应停在释放深度不动。

④在推送释放球的过程中，发现钻井液压力变化，不应下放钻具。

⑤根据钻井液压力变化情况，判断剪切钉是否被切断。如果钻井液压力先升后降，且升高的压力与剪切钉额定切断压力相近，则可以确定剪切钉被切断。

⑥释放器剪切销被切断后，钻井液压力会有所下降，此时仍然保持泵冲数不变，上提钻具。

⑦释放器到达下悬挂正常位置时，钻井液压力会有明显下降，此时可以上提钻具测井。上提钻具离井底的距离大于仪器外露长度时，操作工程师根据循环时采集的泵冲数、排量、钻井液压力等相关信息在相同条件下的变化确定仪器是否释放成功。

⑧确认仪器已经完全泵出后上提测井，仪器释放后不应下放钻具。

5. 起钻测井

①起钻应平稳，不应顿钻、溜钻和下放钻具，上提速度不应大于仪器测速要求，且保持匀速。

②坐吊卡（卡瓦）时，钻具回落高度不应超过 10cm，钻具接头顶端在钻台平面的高度应保持一致。

③操作工程师将测井深度系统测量的每柱钻杆长度与钻具记录表实时对比，两者差值应在 ±5% 以内。

④起钻过程中，操作工程师应调整钩载张力门槛，确保测井软件能正确识别钻具上行、下行、坐卡状态。

⑤起钻遇卡时，应由钻井队与测井队共同制订处理措施。

⑥完成测井后，起钻操作应平稳，不应顿钻、溜钻和下放钻具，起钻速度不应超过 600m/h。

（二）井口设备拆卸

①拆除之前应封堵井口。

②依次拆卸上悬挂、保护套、释放器。

③机械释放器上端存有释放球，应预防释放球落井。

④逐节拆卸下井仪器，清洁仪器丝扣和密封圈。

⑤拆除下悬挂短节。

⑥在钻井队人员的协助下，拆卸钩载、深度、立压传感器。

⑦安装和拆卸立管压力传感器时，必须在停泵状态下，放空立管回水后，方可安装和拆卸压力传感器。

⑧读取测井仪器存储器中的测井数据，与测井操作系统记录的时深数据进行深度匹配和校正，形成测井数据文件，检查测井曲线质量应符合 SY/T 5132—2012《石油测井原始资料质量规范》。

（三）技术要求和注意事项

①仪器入井前应检查仪器的测量臂、扶正器、偏心器等工具的弹片及固定螺丝，避免在入井后出现断裂，发生仪器阻卡。

②传感器的安装、拆卸应在钻机关闭动力、泥浆泵关停、游车空载的情况下进行。

③使用吊车装卸井下工具时，起重机操作手、司索指挥人员应持证上岗，在取得吊装作业许可、有效隔离吊装作业区域后方可实施作业。

④仪器保护套、悬挂短节等工具的连接上扣扭矩应符合工具的规定值。

⑤在井口组装、拆卸仪器前，测井人员应盖好井口及周围孔洞，防止落物入井。

⑥放射性测井作业的辐射防护按 SY 5131—2008 和 GBZ 118—2020 的要求执行；含硫化氢测井作业按 SY/T 6277 的要求执行。

⑦钻具输送下放过程中，遇阻压力不得大于保护套机械指标。

⑧上提钻具测井过程中，禁止下放钻具低于原悬重。

⑨出现井涌、井喷时，应执行井控管理规定。

八 过钻头存储式测井工艺

（一）施工过程

1. 安装传感器

①传感器的安装与更换在获得许可后由钻井队指定人员协助完成。

②钻井队协助测井队将深度传感器连接到滚筒轴上，钩载压力传感器连接到大绳死端的悬重液压腔上。

③连接测井操作系统，供电检查各传感器工作状态。

④按照仪器操作手册要求，将滚筒长度、滚筒直径、大绳股数、大绳直径、剩余层数、剩余圈数等参数输入测井时深系统内，在钻井队配合下对深度系统进行刻度。

⑤若采用录井时深数据，深度系统设置为 1s/ 点，起钻过程中，不得随意更改深度。若出现系统死机情况，要及时停止起钻，待深度系统恢复正常且确认数据重新记录后方可继续起钻。录井需保证起钻过程中数据连贯完整，测井结束后，提供包含时间、钻头深度、游车悬重数据的 excel 文件。

2. 下放钻具

①依次与钻具连接悬挂接头和 Portal 钻头。

②使用专用通径规对所有钻具及转换接头进行通径。

③下放速度平稳，复杂井段不大于 600m/h，遇阻压力不大于 19.6~39.2kN。

④下钻过程中，操作工程师根据钻具记录表核实测井深度是否准确，两者差值应在 ±0.5%。

⑤操作工程师调整钩载张力门槛，确保测井软件能正确识别钻具上行、下行、坐卡状态。

⑥钻头下至距井底 2m 处停止，加装泥浆滤网循环钻井液一周。

⑦模拟测井上提 30 柱钻具，不应有遇卡等异常情况，否则需要起钻进行通井作业。

⑧再次下钻距井底 2m 处，加装泥浆滤网循环钻井液两周。

⑨循环完毕后，上提钻具足够的长度（下井仪器组合长度 +5m）。

3. 井口安装

①将已经穿好电缆的天、地滑轮进行吊装，天滑轮安装在二层平台上方的承重横梁上，抗拉强度大于 160kN。地滑轮用链条固定在钻机的大梁上。组装马丁代克和张力计，悬挂在绞车摇臂上，将电缆依次穿过张力计和马丁代克。

②封盖井口避免落物，测井仪器上下钻台前应戴好丝扣保护帽。吊升仪器过程中安排专人指挥，指挥信号和口令明确。

③按照入井顺序连接下井仪器，接好仪器后通电检查，确认仪器工作正常。

④放射性测井作业时，作业人员应按 SY 5131—2008 和 GBZ 118—2020 的要求装卸放射源。

⑤拆卸马笼头顶端的快速鱼雷，将鱼雷穿过旁通短节，组装密封组件。

⑥吊装旁通短节高出井口 5~7m 处停止，连接快速鱼雷，将测井仪器下至 50m 停止。

⑦连接旁通与井下钻具，调整旁通螺丝压紧电缆，侧拉电缆，连接钻具，接入顶驱。

⑧上提电缆，调松压紧螺丝，开始下放仪器。

4. 仪器泵送过程

①下放电缆，直井段下放速度不大于 4000m/h，斜井段下放速度不大于 3000m/h，通过组合钻具中的转换接头时，应减速到 600m/h。

②仪器下放至井斜 30° 左右位置停止。

③调整旁通密封，将旁通下放距井口 5m 以下位置停止。

④司钻开启泥浆泵，先以 20 冲启泵，电缆慢速下放，根据井斜数据、仪器运行状况调整泵冲数和下放速度，保持仪器与电缆同步运行。

⑤距离井底 100m 时，降低泵冲数，速度控制在 1200~1800m/h，直至仪器泵出钻头。

⑥通过曲线响应变化确认仪器泵出钻头。

⑦模拟测井 5min 检查仪器工作状态，确认仪器坐吊成功后，打开仪器推靠臂，切换为存储记忆测量模式。

⑧启动释放短节成功后，回收电缆，起至距井口 100m 处停止，侧拉电缆，卸掉旁通并起吊距井口 15~20m，上提电缆取出马笼头和磁定位仪器。

5. 起钻测井

①司钻、录井以及测井人员核对立柱数和井深信息，确保数据一致，录井队将深度采样点设置为 1s/ 点，测井过程中不得修改。

②以 420~540m/h 速度匀速上提钻具。在上提过程中，未经测井人员同意严禁旋转和下放钻具。

③钻具回坐吊卡时，回坐高度不得超过 10cm。

④测井仪器进入套管后，继续上测 10 柱。

⑤测量结束后，按照不大于 900m/h 的速度将仪器起至井口。

6. 井口拆卸

①拆卸悬挂短节仪器，连接马笼头。

②按照 SY 5131—2008 和 GBZ 118—2020 的要求进行放射源拆卸。

③逐节拆卸仪器，清洁仪器丝扣和密封圈。

④测井仪器全部拆除后，依次卸掉空心钻头和悬挂接头工具，将悬挂短节仪器从悬挂接头中取出。

⑤读取测井仪器存储器中的测井数据，与测井操作系统记录的数据或录井提供的时深数据进行深度匹配和校正，形成测井数据文件，检查测井曲线质量应符合 SY/T 5132—2012。

⑥在钻井队人员的协助下，拆卸钩载传感器、深度传感器。

（二）仪器抓取回收

在完成测井施工井段或钻具卡钻解卡无效、设备长时间维修等特殊情况时，可使用抓取工具直接将仪器从钻具水眼中抓取回收，确保下井和放射源的安全，抓取步骤如下：

①电缆连接马笼头、磁定位和抓取工具。

②使用气动绞车将旁通短节吊至井口，并上起 5m 左右。

③上起电缆，将抓取工具起至井口，放入钻具水眼并下放 10m 左右。

④连接旁通、钻具和顶驱。

⑤下放电缆，将抓取工具下放至井斜 30° 左右位置停止。

⑥开泵泵送抓取工具，距离仪器顶部 100m 时降低泵压，速度控制在 1200~1800m/min，直至抓住仪器后停泵。

⑦上起电缆，观察磁定位变化，在磁定位变化后记录总张力数值。上提过程中注意观察张力变化和仪器运行状态，总张力不超过电缆拉断力的 50%，最大增量不超过弱点拉力 75%。

⑧上起电缆，将仪器起至距离井口 50m 左右，拆卸顶驱、钻具、旁通，并使用气动绞车将旁通上起 20m 左右。

⑨上提电缆将仪器起出井口进行拆卸。

（三）技术要求和注意事项

①仪器入井前应检查仪器的扶正器、偏心器等工具的弹片及固定螺丝，避免在入井后出现断裂，发生仪器阻卡。

②泵送过程中，严禁人员靠近井口。

③泵送仪器时，保持电缆与仪器同步运行，避免张力过大造成仪器泵脱落井。仪器距钻头 100m 应减小泵冲数，降低下放速度，避免仪器泵出钻头时的冲击力过大，造成仪器损坏。

④起下电缆过程中，严禁旋转钻具。

⑤操作工程师和井口坐岗人员通信良好，指挥泵送过程中指令简练明确。

⑥井口坐岗人员记录时间、提钻立柱编号及遇卡情况。

⑦起钻测井遇卡时，最大拉力不应超过下井仪器串单元中最低拉力指标。

⑧钻具遇卡处理，禁止下放低于原悬重，否则会造成仪器受损。旋转钻具不应超过井下工具设计扭矩。

⑨待电池短节内的温度恢复常温后再进行拆卸。

⑩下井钻具数据表应准确无误（钻井队签字确认），下钻时严格按照数据表的排序下入钻杆。如中途调整了钻杆下放顺序，应在测井前重新提供一份签字的钻具数据表。

⑪入井的钻杆应有检验报告，确保不出现刺漏、断裂等。

九　随钻测井施工工艺

（一）施工过程

1. 传感器安装

①到了井场后，先到钻台检查压力传感器、钩载传感器和深度传感器安放位置。

②钻井队协助测井队将泥浆压力传感器连接到泥浆立管上；深度传感器连接到滚筒轴上；钩载压力传感器连接到大绳死端的悬重液压腔上，必要时钻井队提供相应工具。

③将压力传感器、钩载传感器和深度传感器的线装好，车的电源线接好。

2. 仪器组装

①组装电阻率的电池、环空转换器。

②仪器必须在井口带提升短接组装，仪器放入井口后必须打上片式卡瓦和安全卡瓦后，才能提升大勾（顺序先声波其次电阻率再次无磁悬挂）。

③仪器对针时必须强调使司钻慢放，放正不允许歪斜带扣［用链嵌人工带上 2~3 扣，方可用液压大嵌，使用液压大嵌上扣时必须有专门人员看一下压力表达到 4~5MPa。

④声波底部必须装回压阀，使用回压阀可以防止脉冲发生器在下钻过程中蘑菇头上压差大而导致胶杯鼓起破裂。

注意事项：

①仪器上钻台必须用两个气葫芦将仪器绷到钻台（仪器必须带护丝）。

②使用回压阀施工，下钻过程中，仍需要灌好泥浆。

③回压阀底部按井队需要接钻具。

3. 仪器设置参数和浅层测试

①输入并保存与井场有关的参数。

②根据不同的下井目的建立不同的运行号，并将各次所使用的井下传感器参数保存在相应的运行号下。测量仪器参数建立井信息、运行号信息均输入完后，可选 LWE Tool Para 菜单，进行井下传感器参数输入。

③设置仪器参数（先 GR 窗口其次 AC 窗口再次 CT 窗口），参数设置完成，中控授时，点击测井命令方可下井。

④进行浅层测试。装入泥浆滤网，接方钻杆缓慢开泵，排量控制在设计施工的排量范围内，根据现在的施工情况，浅层脉冲测试最好能测量到 2~3 组测量数据判断正常即可停泵下钻，否则查明原因，排除故障，必要时起出更换。在超深井中施工时，灌泥浆时最好在灌满后开泵循环 2~3min，以确定信号是否正常，防止出现仪器在中途损坏后继续下钻施工的情况，同时防止仪器被堵或被卡。

4. 测井施工

①仪器到达测量井段后开泵检测仪器测量到 2~3 组测量数据判断正常即可停泵起钻。

②上提测井时，钻井队以不超过 6m/min 速度匀速起钻，保证测井数据的采集质量。

③钻井队上提过程中，操作平稳，不能顿钻、溜钻。

④上提过程中，每一柱快完时要适当降低上提速度，以便将钻具提到刚好放入吊卡，确保深度准确。

⑤上提过程中，如果钻具遇卡，上提拉力不能超过 490kN。解卡过程中，可以缓慢旋转（转速不超过 15r/min），可以正常循环泥浆（注意加装泥浆滤网）。

⑥提到测量井段上部后，井队可以 25m/min 的速度上提钻具直至井口。

⑦按 SY/T 5132—2012 标准对测井项目中各项原始资料进行质量控制。

5. 井口仪器拆卸及回收

①仪器出井口后先在钻台拆除回压阀及下部的钻具，确定泥浆放空后，开始拆卸仪器（顺序先无磁悬挂仪其次电阻率仪，再次声波仪）。

②将无磁悬挂仪座在牛头卡瓦上，卡上安全卡瓦。用液压大嵌卸开后放入鼠洞内。

③卸开无磁悬挂仪上部钻具的悬挂短接接头，将上部钻具提起以便拆卸井下工具。

④向无磁悬挂仪内注水，冲洗流筒内部。

⑤取掉 2″垫片后，插进提升工具取出弹簧总成及垫片。取出 2″垫片、弹簧总成及调整垫片后，清洗干净，远离井口放置。

⑥将提升工具插入鱼颈顶部，注意：提升工具要处于锁定状态。

⑦用提升工具提出仪器，慢慢下放至钻台下，用清洁剂清洗其外表的泥浆。检查仪器的磨损情况。检查无磁悬挂仪内膛和键销，以及无磁悬挂仪本身的磨损。

⑧如果用提升工具很难取出下井，可尝试用专用插入／取出工具。

⑨用气葫芦将脉冲仪器吊下钻台。

⑩用钻台两个气葫芦将无磁悬挂仪绷下钻台（必须带护丝）。

⑪将电阻率仪座在牛头卡瓦上，卡上安全卡瓦。用液压大嵌卸开后放入鼠洞内。用钻台两个气葫芦将无磁悬挂仪绷下钻台（必须带护丝）。

⑫将声波仪坐在牛头卡瓦上，卡上安全卡瓦。用液压大嵌卸开后放入鼠洞内。用钻台两个气葫芦将无磁悬挂仪绷下钻台（必须带护丝）。

6. 数据读取

①打开电阻率数据读取口读取仪器数据。

②拆卸声波仪接收后端的钢垫片及堵头，插入读取工具读取声波数据。

7. 脉冲拆卸

①将脉冲放在仪器支架上。

②取下定向后帽，松开主轴上的背母和芯轴螺母并旋到丝扣边缘，装上定向后帽，用摩擦管钳拧紧，直至芯轴与连接套松动。

③把定向总后帽卸下，用活动扳手固定芯轴，防止探管转动。

④卸下螺旋线和螺旋线，戴上脉冲发生器尾端护帽。检查保护筒和扶正器冲蚀情况。

⑤从流筒总成上取下底环总成，取出脉冲发生器总成。如果用手拔不动，可用脉器拆卸工具拆卸。

8. 蘑菇头拆卸

①用转子夹夹在转子部位，把脉冲发生器总成放固定在链虎钳上。

②安装蘑菇头拆卸工具和扭矩扳手。

③在护罩上打上链钳施加反向扭矩。

④转动扭矩扳手，取下蘑菇头。

⑤取出 O 形密封圈。

9. 鼻帽和护罩的拆卸

①取出蘑菇头后，护罩上的链钳不动。

②在鼻帽的平面部位打上链钳。注意打紧位置。

③两把链钳同时施加扭矩，鼻帽上的链钳顺时针方向转动，卸下鼻帽。

④向外取下护罩。

10. 定子拆卸

①从定子支撑管的 O 形圈槽内取出 O 形密封圈。

②取下定子。

11. 定子支撑管和转子拆卸

①用内六方扳手从定子支撑管上卸下一平头二圆头三个固定螺丝。

②用软质纤维包好脉冲发生器上的 2″外筒，重新将链钳打在包好的 2″外筒上。

③向外慢慢拉定子支撑管，有时可用勾头扳手打在定子支撑管上的四个螺孔内，逆时针方旋转，将定子支撑管从脉冲发生器上取下。

④将转子从脉冲发生器上取下，取出 O 形密封圈。

12. 顶部轴承拆卸

①用软质纤维将定子支撑管中间部分包好，轻轻固定在链钳架上。由于定子支撑管本体和键块强度低，易受损，因此链钳架主要是起一个支撑作用，而不是起止动作用，而且链钳千万不要夹在键块、丝扣或 O 形圈槽上。

②用一把勾头扳手打在分流器上的小孔内，另一把勾头扳手打在定子支撑管本体上的四个孔所在部位，作为止动端。反扣卸开顶部轴承并取下。

③将分流器取下，取出顶部轴承上的 O 形密封圈。

13. 直翼导流筒拆卸

①用螺丝刀取出轴卡圈，用手往外拔或用橡皮锤轻轻砸即可取出。如果难取出，可用紫铜棒轻轻敲击。

②底部轴承的拆卸。底部轴承在取出 O 形密封圈后，非复杂情况下，用手往外拔即可取出。

14. 地面仪器、设备回收

①关闭操作室一切仪器的电源。

②卸下仪器电源线及数据线。

③固定好计算机、防爆箱、打印机。

④卸下压力传感器、钩载传感器、深度传感器、对讲机，擦拭干净，收回。

⑤回收各种电缆线。

⑥回收泥浆滤网。

⑦回收井下工具，包括悬挂短节、配合接头、浮阀、双工等。

（二）技术要求与注意事项

①每次做浅层测试时，不要在同一个地方进行，以免磨坏套管或损坏钻头。开泵时间不可超过 3min。

②开泵要放泥浆滤网，清洁泥浆，防止杂物进入仪器，影响仪器正常工作。

③每下 15~20 柱（每柱 3 个单根）钻具，要灌一次泥浆，灌泥浆要放泥浆滤网。

④灌泥浆时，泥浆灌满、泵压开始上升时立即停泵，或泵压上升后继续开泵 2min 后再停泵，防止改变数据传输率及测量方式。

⑤施工过程中，对每趟钻的施工都要有详细记录，每趟钻施工完毕，总结出仪器的工作时间、循环时间等。

⑥全井施工完毕，对全井的施工进行总结，打印出测量数据，写出施工报告。施工报告应包括仪器测试报告、有关数据信息、测量过程中记录的数据、打印出的测量数据及施工总结等。

⑦正确填写仪器工作记录表格。仪器工作记录表应与仪器随行。

⑧根据配件消耗的情况，核查各系统配件的数量及性能，对紧缺仪器、配件应提前作出购买计划。

⑨录井队为测井队提供时间与钻头深度对应的曲线。

⑩吊仪器时严禁滑道及坡道站人。

⑪下钻过程中，钻井队任何操作，都必须及时告知测井队！

⑫使用回压阀施工，下钻过程中，仍需要灌好泥浆。

十 穿心打捞施工

（一）操作步骤

1. 打捞工具准备

①工程技术人员根据井身结构、套管和钻具型号尺寸、下井仪器的规格型号和几何尺寸、测井电缆的规格型号，马龙头附件尺寸，以及仪器在井下状态、仪器串打捞位置、钻机型号等因素选择打捞工具。

②要求：打捞筒各部分及与钻具连接部分无直角台阶；打捞筒外径与打捞钻具接箍外径基本一致；卡瓦内径应比需卡获落鱼部位外径小 2~4mm；引鞋应使用平口引鞋。

③检查打捞筒各个部件，外观应无断裂，螺纹应无变形，壳体应无明显磨损。

④快速接头外径应一致，连接后不能出现直角台阶面；快速接头应小于钻具水眼内径 5mm 以上。

⑤准备固定电缆的加重杆及安装工具。

⑥若为非标钻具，钻井队应提供非标钻具与打捞筒连接的接头或标准钻具，能够放置 C 形循环堵头的转换循环短节。

⑦若为顶驱钻机，应协调钻井队使用长吊臂，同时准备顶驱电缆导向器、引导短节、固定法兰、循环接头、短加重杆等，检查顶驱电缆导向器的固定法兰是否与顶驱钻机配套，滑轮是否工作正常，轴套、轴孔、轴杆是否存在磨损。

2. 固定测井电缆

①绞车缓慢上提电缆，直到张力增加超过井内电缆悬重约 1000~1500lbs。

②在转盘平面 0.1m 以上，井口操作工将 T 形卡钳安装在电缆上后放松电缆，使 T 形卡钳坐于井口吊卡上，检验 T 形卡钳紧固情况。

3. 安装天滑轮

①安装天滑轮原则上选择在白天进行；安装期间，钻台上工作人员处在安全区域。

②在转盘上方 2~3m 处（根据井深、井斜、遇卡状态等确定）切断电缆。

③将天滑轮从游动滑车上卸掉后，用吊升设备将天滑轮提升至井架顶部横梁处，并用断裂强度大于30000lbs（约150kN）的钢丝绳固定在横梁上，固定天滑轮钢丝绳应无损伤。若井架顶部横梁不满足悬挂天滑轮要求，应选择井架其他承重能力大于150KN的位置悬挂。

④顶驱钻机应将顶驱鹅颈管法兰卸下，安装顶驱电缆导向器（根据实际情况选择）。

4. 安装地滑轮

①将张力传感器、指重表等连接在地滑轮上。

②对张力系统进行校验，用断裂强度大于30000lbs（约150kN）的链条将张力传感器固定在钻机底座的横梁上。

③检验及安装快速接头。

④在电缆上端安装蘑菇头，组成测井快速接头的公头（以下简称公头）；在绞车端电缆头上安装母头，组成测井电缆快速接头母头（以下简称母头）；在母头上方的电缆上安装加重杆。

⑤系统检查测井电缆快速接头所有连接部位和固定部件，确保其牢固可靠。

⑥将测井电缆快速接头的公头和母头对接，并上提电缆使电缆张力比正常测井张力高出2000~3000lbs（10~15kN），保持5~8min做测井电缆快速接头强度试验。

5. 连接打捞工具

①将引鞋、打捞筒和钻具进行连接，采用液压大钳上扣时，不应超过打捞工具额定上扣扭矩或压力。引鞋、卡瓦室等细平扣，使用液压大钳时压力一般不超2MPa，以防变形受损。

②绞车上提电缆，快速接头的母头接近二层平台时应减速，上提电缆到位后，宜在绞车端电缆做标记，用作上提电缆的参考标记；母头到达预定位置后由井架操作工将母头放入预下井的一柱钻具水眼中。

③司钻操作游动滑车，提起预下井的钻具，内、外钳工应扶持钻具。同时，绞车工下放电缆，直到快速接头的母头露出，能够与公头对接为止。电缆下放到位后，宜在绞车端电缆做标记，用作下放电缆的参考标记。

④连接测井电缆的快速接头，上提测井电缆，使电缆张力超过正常张力1000lbs左右（约5kN）；并拆除T形卡钳。

6. 下放打捞工具

①将打捞工具及钻具下入井中。

②下放电缆，井口工用C形挡板将快速接头的公头卡在钻杆顶端，放松电缆后将快速接头脱开。

③绞车上提电缆，使快速接头的母头到达二层平台附近，井架操作工将母头放入预下井的下一柱钻具水眼里。

④司钻操作游动滑车，提起预下井钻具；同时，绞车工下放电缆，直到快速接头的母头露出，能够与公头对接为止。

⑤连接测井电缆快速接头，上提测井电缆，使电缆张力超过正常张力1000lbs左右（约5kN），抽出C形挡板；

⑥连接钻具，下入井中。

⑦重复上述操作，绞车工上提、下放电缆时，应严格控制电缆起下速度；井口工应定期检查测井电缆的磨损情况，至少每1000m对快速接头的连接部位检查一次。

7. 打捞下井仪器前循环钻井液

①将循环钻井液C形堵头放入钻具母头水眼内。若C形堵头无法直接放入钻具母头水眼，应连接钻井液循环短节，将C形堵头放入循环短节水眼内。

②下放电缆，使快速接头公头坐落在循环钻井液C形堵头上后，放松电缆，将快速接头脱开。

③接方钻杆或顶驱，用低排量（以钻井液顶通低限为准）顶通后循环钻井液1周（防止泥浆从钻杆回返再将杂质带入打捞筒），处理好井中的钻井液，同时冲洗打捞筒内壁。

④循环钻井液时，可以适当活动钻具，活动钻具时应先下放，下放距离以2~3m为宜（根据井内电缆长度、电缆坐到C形堵头时的张力等综合考虑，以井内电缆不发生松垂、堆积为原则）；上提钻具高度以下放前为基准3~5m为宜（根据井内电缆长度、电缆坐到C形堵头时的张力、快速接头试验拉力等综合考虑，以不超过拉力棒、电缆、快速接头安全拉力为原则）；活动钻具目的是防止钻具粘卡，以及固定位置循环破坏井壁。

8. 打捞下井仪器

①循环结束后，卸掉方钻杆（顶驱）、对接电缆快速接头，上提电缆检验电缆张力有无异常变化。

②接上1柱钻杆，缓慢下放，逐渐靠近鱼顶，当张力增加2000lbs（约10kN）时，停止下钻，在钻台面处的钻具上做上标记，记录电缆张力数值。

备注：若整立柱钻具未探到仪器鱼顶，应查找深度误差原因，根据原因分析制定下步措施，不得盲目接钻具继续摸鱼。

③上提钻具，电缆张力恢复正常后再次下放钻具，当张力增加4000lbs（约20kN）时停止下放，在钻台面处的钻具上做上标记，记录电缆张力数值；之后，上提钻具至电缆张力低于摸鱼前张力。

④再次下放钻具至标记处（张力增加4000lbs处），观察电缆张力是否达到恢复到标记处对应的张力数值。

⑤重复以上操作2次以上，确认鱼顶被卡瓦套牢。

备注：为准确判断鱼顶是否被抓牢，可反穿1柱钻具直至电缆松垂予以确认。

如落鱼已经活动，但在原位置进入捞筒困难，可上提电缆2~3m让鱼顶上移后再进行打捞；但不得下放电缆让落鱼下移再打捞，以防井口电缆（快速接头下部）长度不足。

9. 回收测井电缆

①确认仪器捞获后，卸掉一柱钻具，并将T形卡钳安装在电缆快速接头下面的电缆上。

②用游动滑车上提T形卡钳，逐渐增加拉力直到拉断电缆弱点，拉力下降后再上提2m，若拉力保持不变，证明弱点已被拉断。操作之前应进行安全检查，疏散钻台上的人员。

③下放测井电缆，使T形卡钳坐落在井口。将电缆固定好之后，切除快速接头和加重杆，并将电缆两端通过铠装或打结的方式连接在一起。

④绞车上提测井电缆，拉直后去掉T形卡钳。

⑤确认天滑轮和电缆处于正常运行状态，开始以不高于20m/min的速度回收电缆。确保电缆连接位置安全通过天地滑轮，回收至绞车滚筒，电缆在滚筒上正常排列后，方可用正常速度回收测井电缆。回收测井电缆的同时，应活动钻具以防粘卡。

⑥测井电缆的端头离井口100m左右时，绞车停止上起电缆，防止电缆从天滑轮上自行坠落。井口操作工将电缆从井内拉出来，检查断点是否在弱点处，切除张力棒，回收剩余电缆。

10. 回收下井仪器

①测井电缆回收完毕，可起钻回收下井仪器。起钻需平稳，严禁顿钻、溜钻，起钻速度应控制在每小时10柱以内。

②起仪器过程中将游动滑车大钩锁死，严禁转动转盘，同时不允许在钻台上进行与穿心打捞无关的作业。

③打捞筒带下井仪器起到井口时，先用C形卡盘将仪器卡住。

④带有放射源的仪器，应首先将放射源取出。

⑤将C形卡盘座在组装台上进行打捞筒、仪器拆卸。

⑥回收测井仪器及打捞工具，清理现场。

11. 作业结束

①工程处理人员向生产管理部门汇报穿心打捞作业情况。

②操作工程师填写《仪器设备、电缆使用维修记录》。

③队长应写出施工总结，上交生产管理部门。

（二）技术要求和注意事项

①打捞筒出套管后，应根据地层岩性、钻井液性能等进行中途顶通循环，一是维持井壁稳定，二是防止岩屑进入卡瓦与卡瓦室之间的缝隙。砂泥岩剖面，建议500m循环顶通1次；碳酸盐剖面，建议800m循环顶通1次；循环时间以一周为宜；打捞筒距离鱼顶10m左右处，充分循环钻井液（建议2周）以清洗打捞筒。

②穿心打捞应提前规划钻具下深，采用1个立柱探摸鱼顶，根据预计的鱼顶深度，在立柱的中间1根摸到鱼顶为宜，避免加重杆过早从水眼中露出或立柱没有活动空间。

③下放打捞工具要求如下：

a. 作业过程中，要始终保持测井电缆快速接头的母头低于游动滑车，防止快速接头被缠绕进游动滑车的钢丝绳之中；顶驱钻机系统要始终保持测井电缆加重杆低于电缆导向器连接油壬，防止加重杆接触导向器而造成意外。

b. 下放钻具要平稳，套管内保持每小时下放13~14柱、裸眼井段每小时下放不超过10柱，同时严禁活动转盘。接近卡点部位时，应慢速逐渐靠近卡点。

c. 下放钻具时，绞车工应密切关注电缆张力，张力突然增大时，应立即放松电缆，并通知司钻停止下钻，防止测井电缆在下钻过程中被卡断。

d. 下放打捞工具过程中，司钻和井口人员要密切观察悬重变化，发现异常情况，立即停止下钻，慢速上提至恢复正常后再下钻。

e. 存在井控风险或高含H_2S的井，钻井队应按相关要求执行。

f. 顶驱钻机下钻过程中应注意观察顶驱本体是否磨损电缆。

十一 转井口法处置环空测井电缆缠绕

（一）操作步骤

①停止绞车上提电缆的操作，记录此时绞车面板深度和张力。

②操作人员戴好绝缘手套，关停抽油机，要求抽油机驴头位于最高位置。

③锁紧抽油机机械刹车，锁闭控制柜开关门。

④确认环空压力为零后，打开四通观察口堵头。

⑤指挥人员通过四通观察口查看电缆缠绕方向。

⑥若看不到油管上有电缆，指挥员指挥配合人员顺时针转动偏心井口。

⑦指挥员判断好电缆缠绕方向后，指挥仪绞车上提电缆，并保持 50~100kg 的张力。

⑧观察员在电缆入井口做一个明显标记。

⑨指挥员指挥配合人员转动偏心井口，观察员观察记号位移情况。

⑩若电缆记号有向上移动的迹象，说明转动方向无误。

⑪指挥员通过四通观察口观察电缆情况，若电缆呈垂直状态，电缆解缠可能成功。

⑫指挥员指挥绞车以小于 10m/min 的速度上提电缆。

⑬指挥员继续通过观察口观看电缆运行情况，直至仪器起出井口。

⑭若上提电缆过程中又出现电缆缠绕油管的情况，重复④ ~⑪，直至仪器起出井口。

⑮配合人员拆卸下井仪器。

⑯安装观察孔堵头。

⑰松开抽油机机械刹车，打开抽油机控制柜，恢复抽油机正常生产。

（二）技术要求和注意事项

①操作人员必须按要求穿戴劳保用品。

②开关抽油机控制开关，应戴绝缘手套。

③解缠前，应确认抽油机控制柜已锁紧，机械刹车已拉紧。

④打开四通堵头前，应确认环空压力为零。

⑤通过四通观察口观察时，应使用防爆手电筒进行照明。

⑥绞车操作应严格服从井口指挥，并将调压阀设置至合理位置。

⑦指挥员判断电缆缠绕方向后，应由观察员进行确认后再进行转动偏心井口操作。

⑧若无法打开观察孔，则先顺时针转动偏心进行解缠。

⑨环空带压时，应先释放环空压力再进行解缠处理。

⑩缠绕圈数一般很少能大于 2 圈，转动时应控制偏心井口转动圈数，确认转动方向无误后再进行转偏心操作。

⑪解缠过程中绞车应保持一定张力。

扫一扫
获取更多资源

参考文献

［1］丁次乾．矿场地球物理［M］．青岛：中国石油大学出版社，2006

［2］侯庆功，张晋言．采集与评价技术［M］．北京：中国石化出版社，2014.

［3］王敬农．石油地球物理测井技术进展［M］．北京：石油工业出版社，2006.

［4］冯启宁，鞠晓东，柯式镇，等．测井仪器原理［M］．北京：石油工业出版社，2010.

［5］王群．地球物理测井概论［M］．北京：石油工业出版社，2013.

［6］汤天知．石油地球物理测井［M］．北京：石油工业出版社，2019.

［7］刘向君．测井原理及工程应用［M］．北京：石油工业出版社，2006.

［8］刘红岐，张元中．随钻测井原理与应用［M］．北京：石油工业出版社，2018.

［9］吴锡令，生产测井原理［M］．北京：石油工业出版社，2005.

［10］石油测井情报协作组．测井新技术应用［M］．北京：石油工业出版社，1998.